창·의·력·과·학

I&I 아이앤아이

개정2판

지구과학(상)

무한상상

바야흐로 창의력의 시대입니다.

과학창의력 향상은 단순한 과학적 흥미만으로는 부족합니다. 과제 집착력, 자신감을 바탕으로 한 체계적인 훈련이 필요합니다. 창의력 과학 아이앤아이 (I&I,Imagine Infinite)는 개정 교육 과정에 따라서 창의적 문제해결력의 극대화에 중점을 둔 새로운 개념의 과학 창의력 통합 학습서입니다.

과학을 공부한다는 것은

1. 과학 개념을 정밀히 다듬어 이해하고
2. 탐구력을 기르는 연습(과학 실험 등)을 꾸준히 하여 각종 과학 관련 문제에 대한 이해와 분석과 상상이 가능하도록 하며
3. 각종 문제 상황에서 창의적 문제 해결을 하는 과정을 뜻합니다.

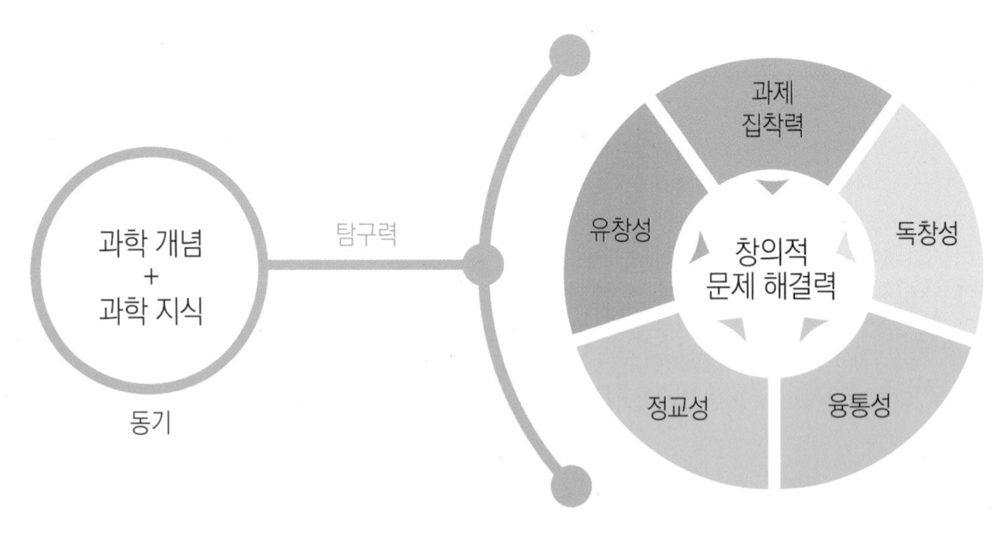

창의적 문제 해결력이 길러지는 과정

이 책의 특징은

1. 각종 그림을 활용하여 과학 개념을 명확히 하였습니다.
2. 교과서의 실험 등을 통하여 탐구과정 능력을 향상시켰습니다.
3. 창의력을 키우는 문제, Imagine Infinitely 에서 스스로의 창의력을 기반으로 하여 창의적 문제해결력을 향상할 수 있도록 하였습니다.
6. 영재학교, 과학고, 각종 과학 대회 기출 문제 또는 기출 유형 문제를 종합적으로 수록하여 실전 대비 연습에 만전을 기했습니다.
7. 해설을 풍부하게 하여 문제풀이를 정확하게 할 수 있도록 하였습니다.

이 책은

과학고, 영재학교 및 특목고의 탐구력, 창의력 구술 검사 및 면접을 준비하는 학생에게 창의적 문제와 그 해결 방법을 제공하며 각종 경시 대회나 중등 영재교육원을 준비하는 학생에게 심화 문제를 제공하고 있습니다. 고교 과학에서 필요한 문제해결 방법을 제공합니다.

영재학교 · 과학고 진학

현황

과학영재학교(영재고)의 경우 전국에 8개교로 서울, 경기, 대전, 세종, 인천, 광주, 대구, 부산에 각 1개씩 있으며, 과학고는 총 20개교로 서울2, 부산2, 인천2, 대구1, 울산1, 대전1, 경기1, 강원1, 충남1, 충북1, 경북2, 경남2, 전북1 ,전남1, 제주1개교가 있습니다. 두 학교가 비슷한 것처럼 보이기도 하지만 설립 취지, 법적 근거, 교육 과정 등 여러 면에서 서로 다른 교육기관입니다.

모집 방법

과학영재학교는 전국 단위로 신입생을 선발하지만, 과학고의 경우 광역(지역)단위로 신입생을 선발합니다. 과학영재학교는 학생이 거주하는 지역과 상관없이 어떤 지역이든 응시가 가능하고, 1단계 지원의 경우 중복 지원할 수 있지만 2단계 전형 일자가 전국 8개교 모두 동일해서 2단계 전형 중복 응시는 불가능합니다. 과학고의 경우 학생이 거주하는 지역에 과학고가 있을 경우 타 지역 과학고에는 응시할 수 없으며, 과학고가 없다면 타지역 과학고에 응시 가능합니다.

모집 시기

과학영재학교는 3월말~4월경에 모집하고, 과학고의 경우 8월초~8월말에 모집합니다.

지원 자격

과학영재학교는 전국 소재 중학교 1, 2, 3학년 재학생, 졸업생이 지원할 수 있으며, 과학고는 해당 지역 소재 중학교 3학년 재학생, 졸업생이 지원할 수 있습니다. 과학고의 경우 학생이 거주하는 지역 소재 중학교 졸업자 또는 졸업 예정자가 지원할 수 있습니다. 즉, 과학영재학교의 경우 중학교 각 학년마다 1번씩 총 3번, 과학고의 경우 중학교 3학년때 1번만 지원할 수 있는 것입니다.

전형 방법

과학영재학교는 1단계(학생기록물 평가), 2단계(창의적 문제해결력 평가, 영재성 검사), 3단계(영재성 다면평가, 1박2일 캠프) 전형이며, 과학고는 1단계(서류평가 및 출석면담), 2단계(소집 면접) 전형으로 학생을 선발합니다. 과학영재학교의 경우 1단계에서 학생이 제출한 서류(자기소개서, 수학/과학 지도교원 추천서, 담임교원 추천서, 학교생활기록부 등)를 토대로 1단계 합격자를 선발하고, 2단계는 수학/과학/융합/에세이 등의 지필 평가로 합격자를 선발하며, 3단계는 1박2일 캠프를 통하여 글로벌 과학자로서의 자질과 잠재성을 평가하여 최종 합격자를 선발합니다. 과학고의 경우 1단계에서 지원자 전원을 지정한 날짜에 학교로 출석시켜 제출 서류(학교생활기록부, 자기소개서, 교사추천서)와 관련된 내용을 검증 평가해 1.5~2 배수 내외의 인원을 선발하고, 2단계 소집 면접을 통해 수학 과학에 대한 창의성 및 잠재 역량과 인성 등을 종합 평가해 최종 합격자를 선발합니다.

준비 과정

과학은 창의력과 밀접한 관계가 있습니다. 문제를 푸는 과정, 실험을 설계하고 결론을 찾아가는 과정 등에서 창의력의 요소인 독창성, 유창성, 융통성, 정교성, 민감성의 자질이 개발되기 때문입니다. 이러한 자질이 개발되면 열정적이고 창의적이 되어 즐겁게 자기 주도적 학습을 할 수 있습니다. 어릴 때부터 이러한·자질을 개발하는 것도 중요하지만 호기심 많은 학생이라면 초등 고학년~중등 때부터 시작하여도 늦지 않습니다. 일단 과학 관련 도서를 많이 접하고, 과학 탐구 대회 등의 과학 활동에 많이 참여하여 과학이 재미있어지는 과정을 거치는 것이 좋습니다. 이후에 중학교 내신 관리를 하면서 문제해결력을 길러 각종 지필대회를 준비하는 것이 좋을 것입니다.

창의적 사고를 위한 요소

유익하고 새로운 것을 생각해 내는 능력을 창의력이라고 합니다.
사고를 원활하고 민첩하게 하여 많은 양의 산출 결과를 내는 유창성, 고정적인 사고의 틀에서 벗어나 다양한 각도에서 다양한 해결책을 찾아내는 융통성, 새롭고 독특한 아이디어를 산출해 내는 독창성, 기존의 아이디어를 치밀하고 정밀하게 다듬어 더욱 복잡하게 발전시키는 정교성 등이 대표적인 요소입니다.

아이앤아이는 창의력을 향상시킵니다.

창의력을 키우는 문제 에서는 문제의 유형을 단계적 문제 해결력, 추리 단답형, 실생활 관련형, 논리 서술형으로 나눠 놓았습니다.
창의적 사고의 요소들은 문제 해결 과정에 포함됩니다.

단계적 문제 해결력 유형의 문제

이 유형의 문제를 해결하기 위해서 기본적으로 유창성과 융통성이 필요합니다. 문제의 한 단계 한 단계의 논리 구조를 따라잡아야 유창하게 답을 쓸 수 있을 것이기 때문입니다. 또 각 단계마다 창의적 사고의 정교성과 독창성이 요구됩니다.

추리단답형 유형 문제

독창적인 사고의 영역입니다. 알고 있는 개념을 바탕으로 주어진 자료와 상황을 명확하게 해석하여 창의적으로 문제를 해결해야 합니다.

실생활 관련형 문제

우리 생활 속에 미처 생각하지 못하고 지나쳤던 부분에 숨겨진 과학적 현상을 일깨워줍니다. 과학이 현실과 동떨어진 것이 아니라 신기하고 친숙한 것임을 이해시켜 과학적 동기부여를 해줍니다.

논리서술형의 문제

대학 입시에서도 비중이 높아진 논술 부분을 대비하기 위해 필수적인 부분입니다. 이 문제를 풀기 위해서는 창의적 사고 요소의 골고루 필요합니다. 현재 과학의 핫 이슈를 자신만의 이야기로 풀어나갈 수 있어야 하며, 과학 관련 문제의 해결책을 창의적으로 제시할 수 있어야 할 것입니다. 이 문제들을 통하여 한층 정교해지는 과학 개념과 탐구 과정 능력, 창의력을 느낄 수 있을 것입니다.

실험에서의 탐구 과정 요소

과학에서 빼놓을 수 없는 것이 과학적인 탐구 능력입니다.

탐구 능력 또는 탐구 과정 능력이란 자연 현상이나 사물에 관한 문제를 연관시켜 해결하는 능력을 말합니다. 과학 관련 문제를 해결하기 위해서는 몇 가지 단계가 필요한데, 이 단계에서 필요한 요소를 탐구 과정 요소라고 합니다. 탐구 과정 요소에는 기초 탐구 과정 요소인 관찰, 분류, 측정, 예상, 추리와 통합 탐구 과정 요소인 문제 인식, 가설 설정, 실험 설계(변인 통제), 자료 변환 및 자료 해석, 결론 도출 등이 있습니다.

기초 탐구 과정 중 분류의 예

우리 주위의 여러 가지 물체나 현상 등을 관찰하여 특징과 용도에 따라 나눔으로서 질서를 정하는 과정을 말합니다. 분류를 하기 위해서는 모둠의 공통된 특징을 가려서 분류 기준을 정해야 합니다.

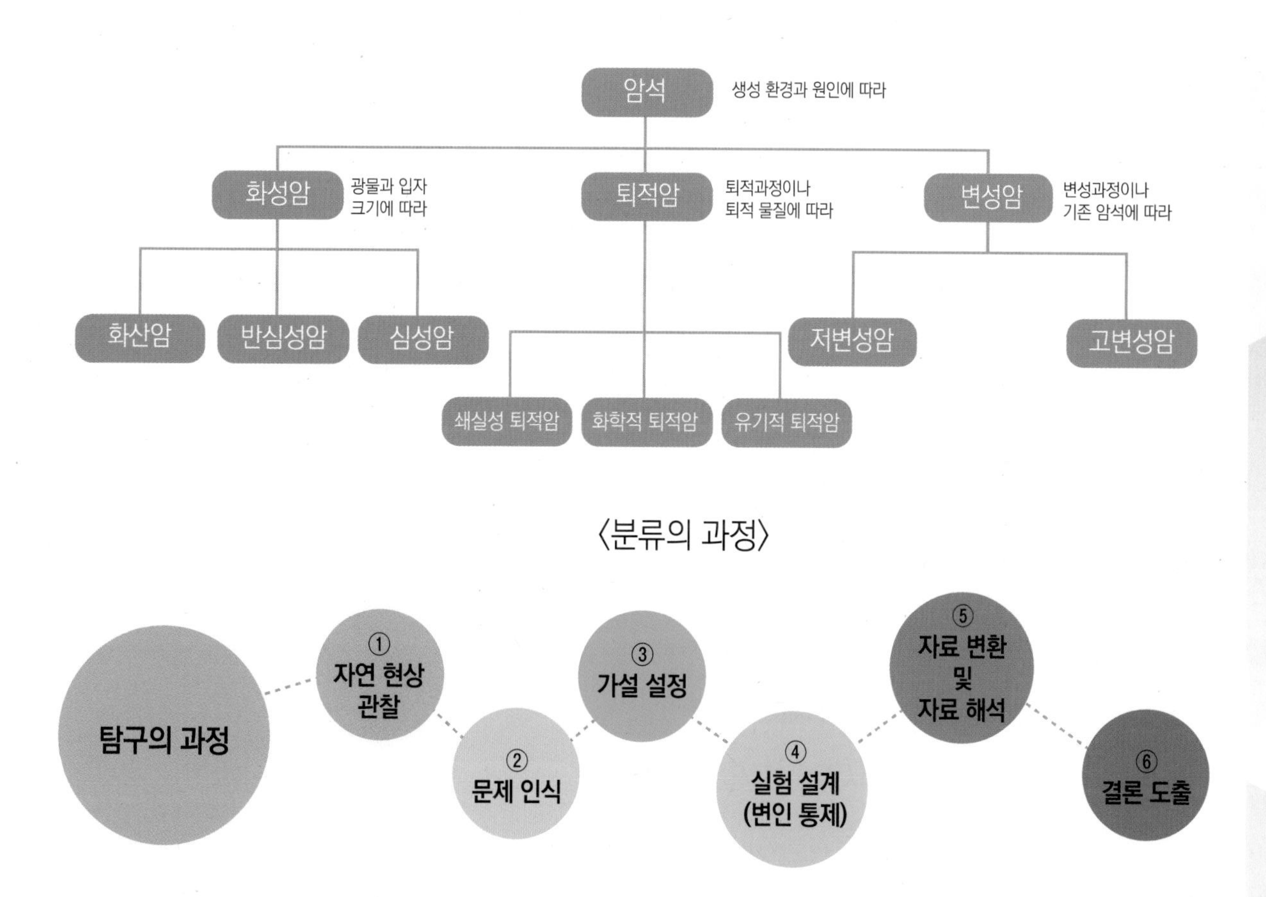

① 뉴턴 : 내가 자고 있는데 누가 날 깨우는 거야? 어라? 사과가 떨어져 나를 깨운 것이구나!

② 그런데 사과는 왜 아래로만 떨어지는 것일까? 사과뿐만 아니라 다른 물체도 아래로 떨어지는구나.

③ 우리가 알고 있는 힘 외에 어떤 다른 힘이 있다는 가설을 세워 보자.

④ 두 물체 사이의 잡아당기는 힘이 얼마인지 실험해 보자. 다른 힘들이 있으면 안되니까 전기적으로 중성이어야 하고, 거리를 재고, 질량을 재고, 힘을 측정해야 하겠지?

⑤ 여러 번 실험을 해서 자료를 종합해 보니

⑥ 새로운 힘이 존재하는데, 그 힘의 크기는 두 물체 사이의 거리의 제곱에 반비례하고, 질량의 곱에 비례하는구나! 이 힘을 만유인력이라고 해야지.

창·의·력·과·학

아이앤아이

단원별 내용 구성

도입

· **아이앤아이**의 특징을 설명하였습니다.
· 창의적 사고를 위한 요소, 탐구 과정 요소를 요약하였습니다.
· 각 단원마다 소단원을 소개하였습니다.

개념 보기

· 개정 교육 과정 순서입니다.
· 중고등 심화 내용을 모두 다루었습니다.
· 본문의 내용을 보조단 내용과 유기적으로 연관시켰습니다.
· 개념을 간략하고 명확하게 서술하되, 각종 그림 등을 이용하여 창의력이 발휘되도록 하였습니다.

교과 탐구(교과 실험)

· 학교 교과 과정의 실험 중 필수적인 것을 실었습니다.
· '실험과정 이해하기'에서 실험에 대한 이해도를 질문하였습니다.
· 탐구 과정 능력을 발휘할 수 있도록 하였습니다.

개념 확인 문제

· 시험에 잘 출제되는 문제와 함께 다양한 문제를 제시하였습니다.
· 심화 단계로 넘어가는 중간 과정 문제를 많이 해결해 보도록 하였습니다.
· 기초 개념을 공고히 하는 문제를 제시하였습니다.

개념 심화 문제

- 한번 더 생각해야 해결할 수 있는 문제를 실었습니다.
- 고급 문제 해결을 위한 다리 역할을 하는 문제로 구성하였습니다.

창의력을 키우는 문제

- 창의적 문제 해결력을 향상할 수 있도록 하였습니다.
- 단계적 문제 해결형, 추리단답형, 논리서술형, 실생활 관련형으로 나누어서 창의적 문제 해결을 극대화하도록 하였습니다.
- 구술, 심층면접, 논술 능력 향상에도 도움이 될 것입니다.

대회 기출 문제

- 각종 창의력 대회, 경시 대회 문제, 수능 문제를 단원별로 분류하여 실었습니다.
- 영재학교, 과학고를 비롯한 특목고 입시 문제를 각 단원별로 분류하여 실었습니다.

Imagine Infinitely (I&I)

- 각 단원 관련 흥미로운 주제의 읽기 자료입니다.
- 말미에 서술형 문제를 통해 글쓰기 연습이 가능할 것입니다.

정답 및 해설

- 상세한 설명을 통해 문제를 해결할 길잡이가 되도록 하였습니다.

Contents 목차

창·의·력·과·학

아이앤아이

지구과학(상)

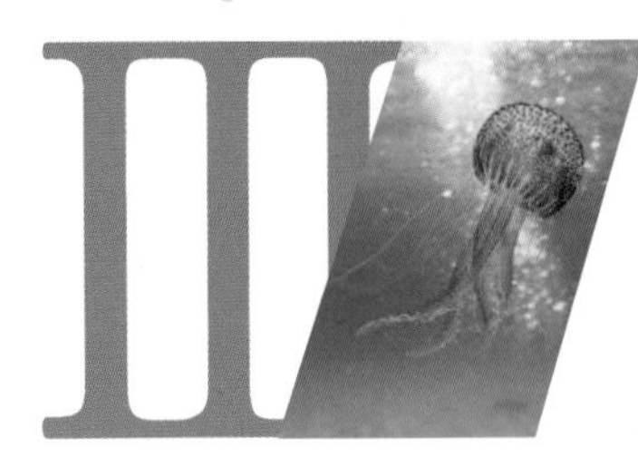

창·의·력·과·학

아이앤아이

지구과학(하)

IV

기권과 우리 생활 010

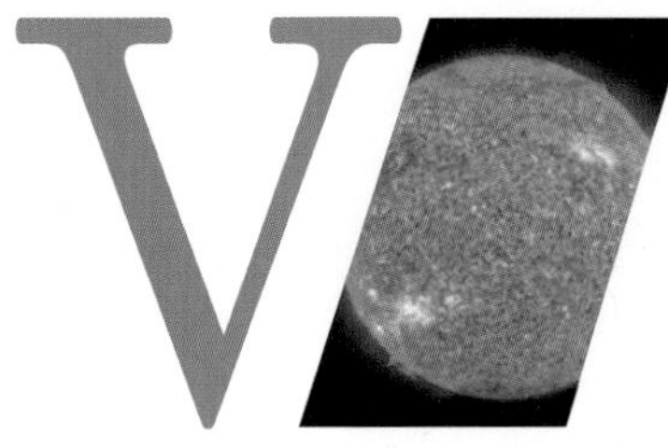

V

태양계 096

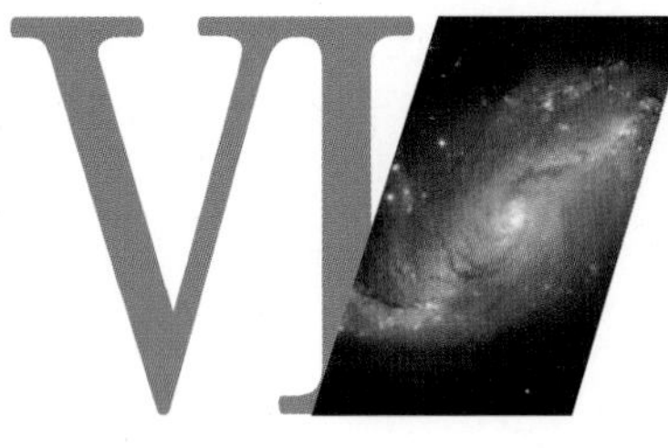

VI

외권과 우주 개발 156

Earth Science

I

01 지구계와 지권의 변화

지구의 다양한 광물과 암석은 어떻게 만들어졌을까?

Ⅰ 지구계와 지권의 변화

1. 지구계와 지권의 물질

(1) 지구계

: 지구는 크게 기권, 수권, 지권, 생물권으로 구성되며 태양 복사 에너지를 기본으로 네 가지 구성 요소가 서로 상호 작용[1]한다.

구성 요소	특징
기권	지구를 감싸는 다양한 기체로 이루어진 부분이다.
수권	물이 차지하고 있는 공간으로 해수, 빙하, 지하수, 강, 호수 등이 포함된다.
지권	지각, 맨틀, 핵으로 구분하며, 지구 무게의 대부분을 차지한다.
생물권	다양한 생물이 살고 있는 영역이다.

Q1 지구계 환경 내에서 일어나는 물질 순환과 에너지 흐름의 기본이 되는 에너지는 무엇인가?

(2) 지구의 내부[2]

내부 구조	특징
지각	고체 지구를 감싸는 껍질. 해양 지각과 대륙 지각으로 구성된다.
맨틀	지진파 속도가 갑자기 빨라지는 모호면 아랫부분으로 고체 상태이며 밀도가 지각보다 크다.
외핵	S파가 통과하지 못하는 것으로 보아 액체(용융 상태의 철, 니켈, 규소)로 추정된다.
내핵	철과 니켈로 이루어진 고체 상태로 추정된다.

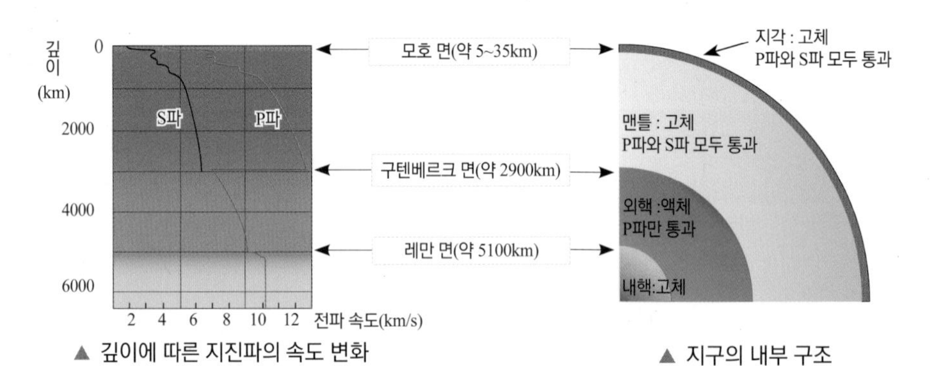

▲ 깊이에 따른 지진파의 속도 변화 ▲ 지구의 내부 구조

※ 지진파에 의한 지구 내부 연구 결과 : 지진파는 매질의 성질에 따라 속도가 변하고, 서로 다른 물질들의 경계면[3]을 지날 때에는 반사 또는 굴절[4]한다.

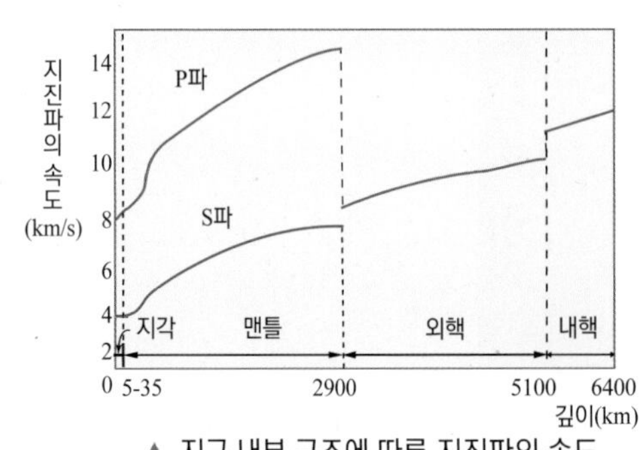

▲ 지구 내부 구조에 따른 지진파의 속도

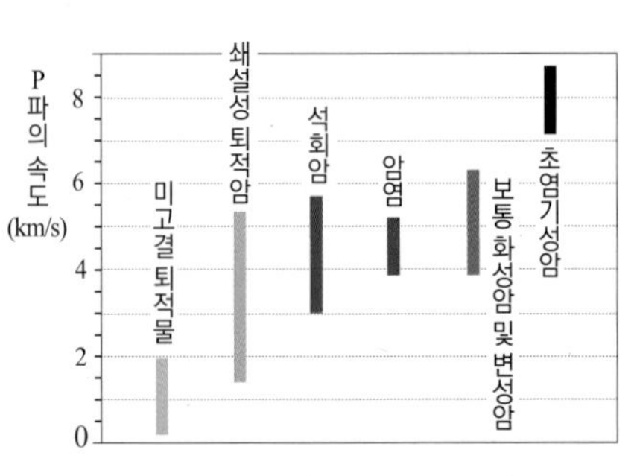

▲ 암석 내부의 P파의 진행 속도

Q2 맨틀과 외핵의 경계에서 지진파의 속도가 급변하는 면을 무엇이라 하는가?

---

❶ 지구계의 상호 작용

기권, 지권, 수권, 생물권은 물질과 에너지를 서로 주고받으며 지구의 모습을 끊임없이 변화시킨다.

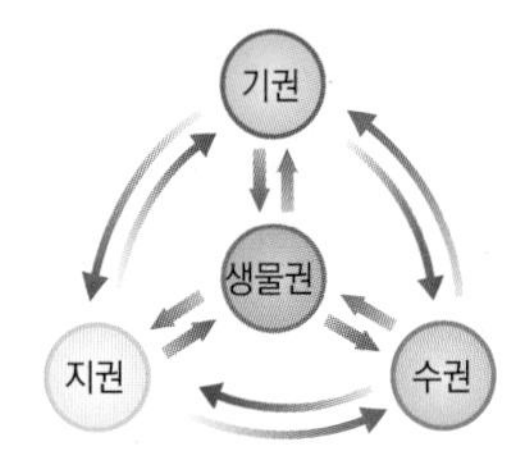

❷ 지구의 내부를 연구하는 방법

- 직접 시추법(현재까지의 최대 시추 깊이는 약 12~13km)
- 운석 연구
- 지각 열류량 연구
- 중력 탐사 연구

❸ 불연속면

지진파의 속도가 급변하는 경계면

경계면	경계
모호로비치치불연속면	지각과 맨틀의 경계
쿠텐베르크면	맨틀과 외핵의 경계
레만면	외핵과 내핵의 경계

❹ 지진파의 굴절 및 반사

빛이나 소리처럼 지진파도 서로 다른 두 물질의 밀도가 다른 경계면에서 굴절되거나 반사된다.

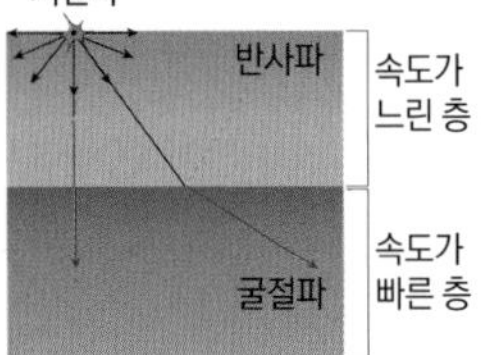

미니사전

미고결 퇴적물
굳지 않은 퇴적물을 말한다.

쇄설성 퇴적암
기존 암석이 풍화되어 만들어진 퇴적물로 형성된 퇴적암

초염기성암
SiO_2의 함유량이 중량 백분율로 45% 이하인 암석

(2) 지각의 구성

① 지각은 단단한 암석으로 이루어진 지구의 가장 겉 부분으로 인간이 생활하고 있는 기본 환경을 구성한다.
② 지각은 암석으로 구성되어 있고 암석은 광물로 이루어져 있으며, 광물은 여러 가지 원소로 이루어져 있다.

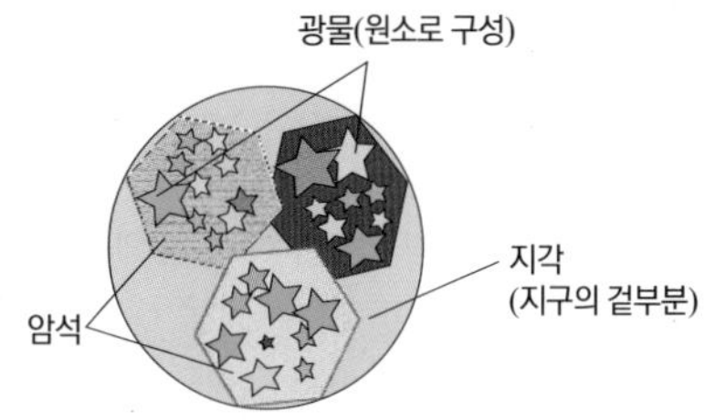

▲ 지각의 구성 물질

지각 〉 암석 〉 광물 〉 원소

구분	성분	평균 두께	평균 밀도
대륙 지각	화강암질 암석	35km	$2.7g/cm^3$
해양 지각	현무암질 암석	5km	$3.0g/cm^3$

▲ 지각의 구조

③ 지각 구성 원소

- 지각 구성 8대 원소 : 지각을 구성하는 원소 중 전체 질량의 98% 이상을 차지한다.
- 산소 〉 규소 〉 알루미늄 〉 철 〉 칼슘 〉 나트륨 〉 칼륨 〉 마그네슘

원소	산소(O)	규소(Si)	알루미늄(Al)	철(Fe)	칼슘(Ca)	나트륨(Na)	칼륨(K)	마그네슘(Mg)
질량비(%)	46.6	27.7	8.13	5.00	3.64	2.83	2.59	2.09
부피비(%)	91.8	0.88	0.47	0.43	1.03	1.27	1.83	0.29

④ 암석

- 한 종류 또는 여러 종류의 광물이 자연의 작용으로 집합체를 이루어 구성되며, 색깔, 무늬, 알갱이의 종류와 모양 등 여러 가지 기준으로 분류할 수 있다.
- 암석들은 생성 환경과 생성 과정에 따라 화성암, 퇴적암, 변성암으로 구분한다.

구분	특징	비고
화성암	마그마가 식어서 굳어진 결정 작용에 의해 만들어진 암석	지각의 대부분을 차지
퇴적암	다양한 퇴적물이 쌓여서 다져져서 굳어진 암석	지표의 약 75% 차지 지구 역사가 기록됨
변성암	고온, 고압 하의 지하 변성 작용에 의해 원래 암석의 성질이 변한 암석	평행한 줄무늬가 나타남

④ **광물**[5][6] : 자연계에서 무기적으로 생성된 홑원소 물질 또는 화합물로서 화학 성분이 일정하거나 내부 구조(원자들의 배열 상태)가 일정한 균질한 고체를 말하며, 조암 광물이 대부분을 차지한다.

- 자연산 : 인공적으로 생성된 것은 화학 성분이나 결정 구조가 같더라도 광물이 아니다.
  예 인공 다이아몬드는 광물이 아니다.
- 무기물 : 동물이나 식물에 의해 직접적으로 생성된 것은 광물이 아니다.
  예 조개 껍질(방해석과 구성 성분이 동일)은 광물이 아니다.
- 균질한 고체 : 한 가지 종류의 물질로 구성된 불균질한 고체나, 액체는 광물이 아니다.
  예 얼음은 광물이지만 물은 광물이 아니다.

Q3 우리의 생활 주변에서 광물이 이용된 것들을 조사하여 발표해 보자.

⑤ 지각을 이루는 광물의 부피(%)

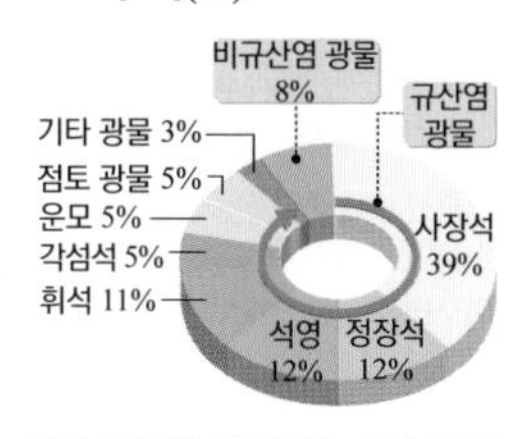

조암 광물의 약 92%는 산소와 규소를 주성분으로 하는 규산염 광물이다.

⑥ 광물이 아닌 것

비결정질의 무기물 고체, 석탄(유기물 고체), 석유(액체), 천연가스(기체)

광물의 발달

지구에서 삶을 영위하고 있는 인류는 오래 전부터 광물 또는 광물자원을 활용해 왔다. 즉, 인류문명의 발달은 광물의 응용과 활용을 통해 이루어진 것이다. 과학자들은 현재까지 약 3,500종에 이르는 광물들을 발견하여 보고하였다. 이들 대부분 광물들은 지각에서 산출되지만 몇 가지 광물들은 운석에서 발견되었으며 달에서 우주인들이 가져온 암석에서도 2가지 신종 광물들이 보고된 바 있다.

광물의 특성

일정한 화학 조성 : 일정한 화학식으로 나타낼 수 있도록 구성 성분들이 일정한 비율로 결합한다.

일정한 내부 구조 : 광물 구성 원자들이 어떤 규칙성에 따라 공간적으로 배열되어 있다.

미니사전

조암 광물
암석을 구성하는 주된 광물 중 우리 주변에서 흔히 볼 수 있는 광물로 장석, 석영, 흑운모, 각섬석, 휘석, 감람석 등을 말한다.

2. 광물의 물리적 성질과 분류

(1) 광물의 물리적 성질

① **겉보기 색**[1] : 대부분의 광물에서 나타나는 종류에 따른 고유한 색깔을 발한다.

- 무색 광물 : 석영, 장석, 백운모
- 유색 광물 : 흑운모, 각섬석, 휘석, 감람석

광물	석영	장석	흑운모	황	감람석
모양					
색/조흔색	무색/흰색	흰색, 옅은 분홍색/흰색	검은색/흰색	노란색/옅은 노란색	황록색/흰색

② **조흔색** : 조흔판[2]에 광물을 그었을 때 나타나는 가루의 색을 말하며, 겉보기 색깔이 비슷하여 구별하기 어려운 광물을 구별하는 데 이용한다.

광물	금	황철석	황동석	자철석	적철석	흑운모
색						
	노란색			검은색		
조흔색	노란색	검은색	녹흑색	검은색	붉은색	흰색

▲ 광물의 색과 조흔색

③ **굳기** : 광물의 상대적인 단단한 정도, 두 광물을 서로 부딪쳐 나타난 흔적을 비교한다. 모스 굳기계[3]는 대표적인 광물의 단단한 정도를 비교한 표이다.

④ **결정형** : 광물 특유의 겉모양, 광물을 이루고 있는 입자들의 배열 상태에 따라 결정된다.

광물	석영	장석	흑운모	금강석	방해석	감람석
결정형						

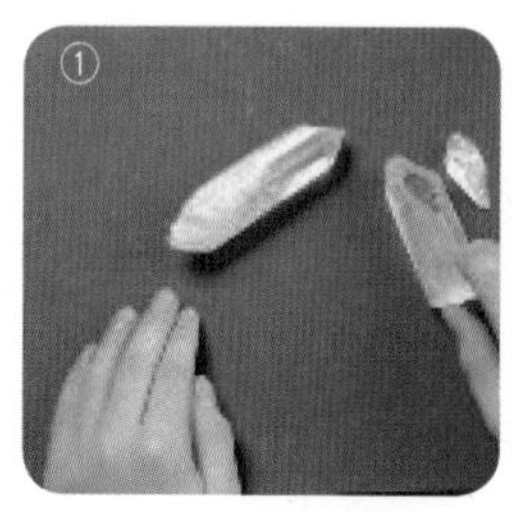

▲ 광물의 결정형(① 석영 : 육각 기둥 모양 ② 흑운모 : 얇은 판 모양 ③ 황철석 : 정육면체 모양)

---

❶ **광물의 또 다른 색을 결정하는 것은?**

귀중한 보석의 이름은 원래의 광물의 이름과 종종 다르게 불린다. 예를 들어 사파이어는 강옥이 변해서 만들어진 두 종류의 보석들 중 하나이다. 강옥에 포함된 적은 양의 티타늄과 철 원소에 의해 가장 값비싼 블루 사파이어가 만들어진다. 강옥에 크롬이 들어가면 반짝이는 붉은색의 루비가 된다.

❷ **조흔색과 조흔판**

유약을 바르지 않고 구워낸 초벌구이 자기판을 조흔판이라고 한다. 표면이 거칠고 흰색이어서 광물을 문질러 가루색인 조흔색을 잘 관찰할 수 있다. 조흔판의 굳기가 7 이므로 굳기가 7 이상인 광물은 사용할 수 없다. 굳기가 7 이상인 광물은 망치 등으로 가루를 내어 가루의 색을 조흔색으로 한다.

❸ **모스 굳기계**

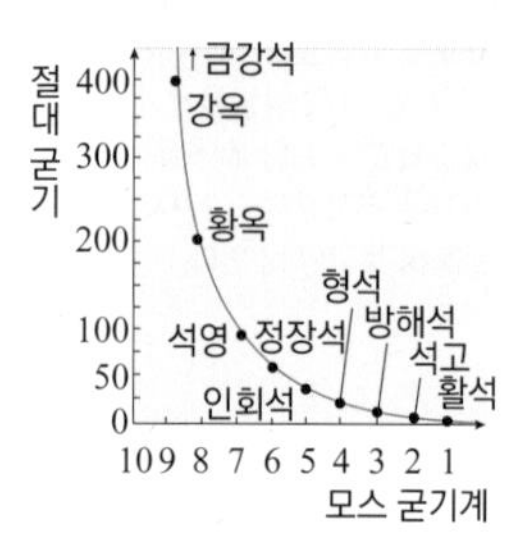

모스(F. Mohs)는 주위에서 쉽게 얻을 수 있는 열 가지 광물들을 서로 긁어서 어느 쪽이 흠집이 나는지 관찰하여 굳기를 상대적인 10가지 순서로 나누었다. 모스 굳기는 광물의 상대적인 굳기를 나타내는 것으로 수치는 굳기의 대소만을 나타낸다. 모스 굳기는 10개의 광물들의 상대적인 굳기 순서로 배열한 것으로 굳기 2인 활석이 굳기 1인 석고보다 두 배 더 단단하다는 의미는 아니다. 대략적인 실제 단단한 정도는 그래프와 같다.

〈모스 굳기계〉

활석(1)-석고(2)-방해석(3)-형석(4) - 인회석(5)-정장석(6)-석영(7)-황옥(8)-강옥(9)-금강석(10)

⑤ 쪼개짐/깨짐

쪼개짐	광물이 일정한 방향으로 평탄한 면을 따라 갈라지는 현상
깨짐	광물에 힘을 가하면 쪼개짐 없이 불규칙하게 떨어져 나가는 현상

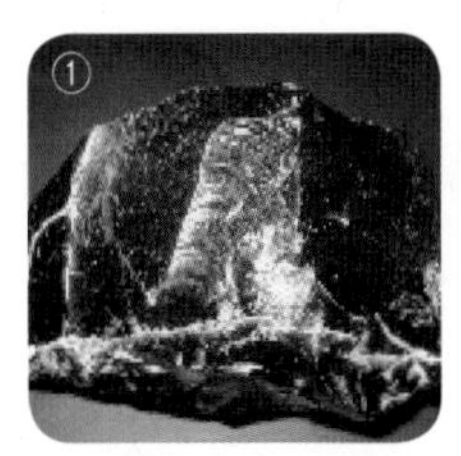

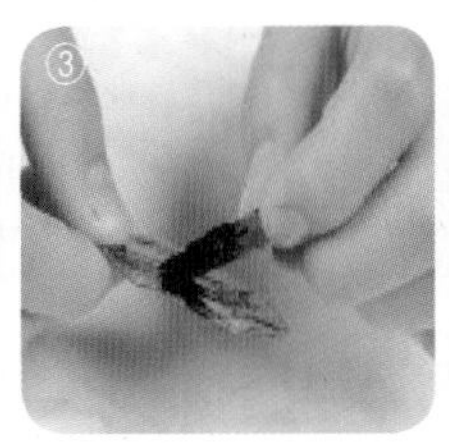
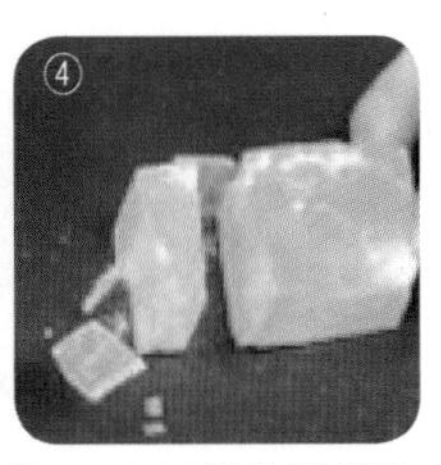

▲ 광물의 쪼개짐과 깨짐 현상 : ① 깨짐(흑요석) ② 깨짐(석영) ③ 쪼개짐(흑운모) ④ 쪼개짐(방해석)

⑥ 기타 물리적 성질

자성	광물이 자석에 달라붙는 성질, 자철석에는 철가루나 클립이 달라붙는다.
복굴절	방해석을 글씨 위에 올려놓으면 글씨가 겹쳐져 보인다.
염산과의 반응	방해석에 묽은 염산을 떨어뜨리면 거품이 발생한다.
광물의 광택	광물 고유의 반짝거리는 정도, 광물 결정면에서 반사되는 빛의 정도

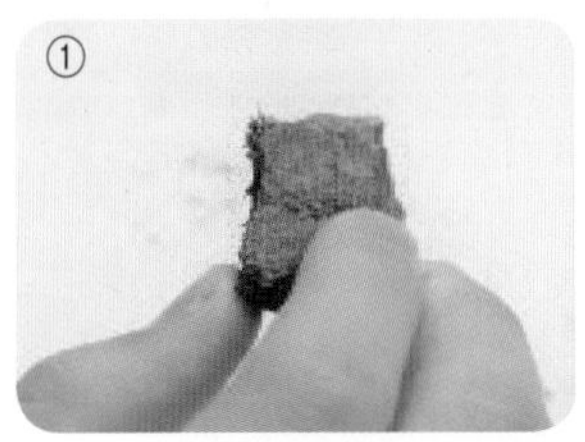

▲ 광물의 기타 성질 : ① 자철석의 자성 ② 황철석의 금속 광택 ③ 방해석의 유리 광택
④ 방해석의 염산과의 반응 ⑤ 방해석의 글씨가 겹쳐져 보이는 현상

< 전문적인 광물 감정 방법 >

사용 도구	연구 방법	감정 대상의 형태	비고
가시광선	육안 관찰, 쌍안 현미경 확대경, 편광 현미경	광물, 연마편, 광물 입자, 박편	광물의 물리적 광학적 특성 이용
자외선(UV광선)	발광성 분석	토양, 광물 또는 광물 입자	물리적 성질 중 발광성
적외선(IR광선)	적외선 분광 분석	광물 분말	
열	열분석(DTA, TG)	광물 분말	탈수 온도, 중량 측정
X-선	X-선 회절 분석④	광물 분말, 결정	회절선 분석
전자선	전자 회절 분석 전자 현미경 분석(EPMA)	연마편, 광물 입자, 분말	정성 및 정량 분석
방사능	방사능 사진법	광물 표본, 연마편, 입자	사진 건판에 감광
기계적 성질	비중 측정 경도 측정	광물 입자, 분말 광물, 연마편	비중병, 졸리 천칭, 중액 상대 또는 절대 경도
화학적 성질	용해도, 부식, 맛	광물	
결정 형태	면각 측정	결정	접촉 또는 반사 측각기
화학 성분	정성·정량 화학 분석	분말	습식 또는 기기 분석

광물의 특성

광물	색 /조흔색	결정형	쪼개짐/ 깨짐	굳기
석영	무색 /흰색	육각 기둥 모양	깨짐	7
장석	흰색 /흰색	두꺼운 판 모양	두 방향 쪼개짐	6~6.5
흑운모	검은색 /흰색	얇은 판 모양	한 방향 쪼개짐	2.5~3
방해석	흰색 /흰색	기울어진 육면체 모양	쪼개짐	3
자철석	검은색 /검은색	팔면체 모양	깨짐	5.5 ~ 6.5
적철석	검은색 /붉은색	-	깨짐	5~6
각섬석	녹색 /흰색	가는 기 둥 모양	두 방향 쪼개짐	5~6
휘석	녹색 /흰색	짧은 기 둥 모양	두 방향 쪼개짐	5~6.5
감람석	황록색 /흰색	짧은 기 둥 모양	깨짐	6.5~7
황동석	노란색 /녹흑색	-	깨짐	3.5~4
황철석	노란색 /검은색	입방체 모양	깨짐	6~6.5
흑요석	검은색 /흰색	-	깨짐	5~5.5

실제 광물과 표본으로 제시된 광물과는 조금 다르게 관찰될 수 있다. 암석 속에서 석영은 무색 투명한 기둥 모양으로, 정장석은 분홍색으로, 사장석은 회색으로, 흑운모는 검은색의 반짝거리는 물질로 우선적으로 구별이 가능하다.

④ X선 회절법

광물에 X선을 비추었을 때 광물에서 수 cm 떨어진 사진 건판에 무늬가 나타나는데 이를 **라우에 점무늬**라 부른다. 분석 결정질 광물은 반점 무늬가 규칙적인 특징을 보인다.

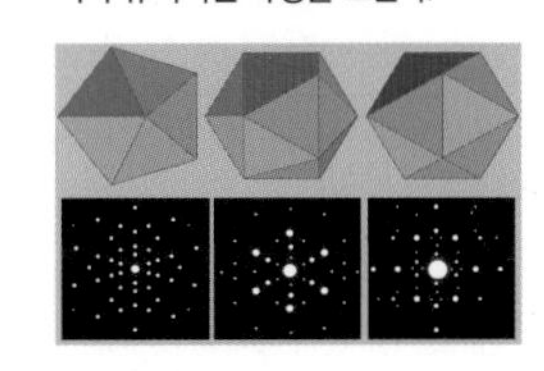

미니사전

박편
암석, 광물을 현미경으로 관찰할 수 있도록 0.02 ~ 0.03mm 두께로 연마한것. 조암 광물들을 빛으로 투과시켜 관찰이 가능하다.

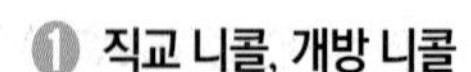

❶ 직교 니콜, 개방 니콜

광물은 편광 현미경으로 관찰하는데, 재물대 아래에 편광 물질1을 놓고 관찰한다. 시료와 광원 사이의 편광 물질2를 하나 더 놓아서 편광 물질1과 진동 방향이 직각이 되도록 하면 직교 니콜이라고 하고, 편광 물질1만 있는 상태에서 시료를 관찰하는 경우는 개방 니콜이라고 한다.

❷ 소광

직교 니콜하에서 이방체 광물을 재물대 위에 놓고 회전시켜서 90˚ 마다 한 번씩 암흑이 되는 현상을 소광이라고 한다. 이는 빛의 진동 방향이 서로 직각이 되어 광선이 통과하지 못하기 때문에 일어난다.

❸ 광물의 다색성

개방 니콜에서 광물의 박편(두께 0.02~0.03mm인 조각)을 재물대 위에 놓고 회전시키면, 회전 각도에 따라 광물의 색과 밝기가 일정하게 변한다. 이런 성질을 다색성이라 한다. 이것은 빛이 광물을 통과할 때 방향에 따라 흡수되는 정도가 다르기 때문에 생긴다. 이 다색성을 이용하여 광물을 정확히 구별할 수 있다.

❹ 광물의 화학 조성

광물의 특성은 화학 구조와 결정 구조에 의해 결정되며 일단 어떤 광물의 특성을 알게 되면 그 성질을 이용하여 광물을 판별하는데 이용할 수 있으므로 광물을 감정하기 위하여 꼭 화학 분석을 하거나 결정 구조를 알아낼 필요는 없다.

❺ 고용체

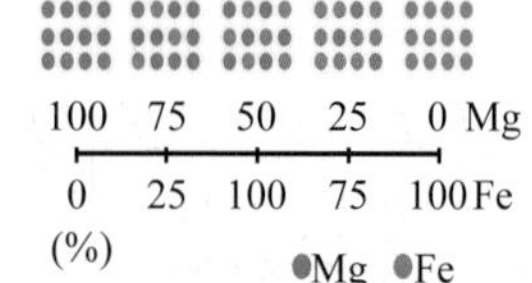

같은 감람석이라도 들어 있는 마그네슘(Mg), 철(Fe)의 양이 차이가 날 수 있다.

미니사전

능면체(菱面體)
마름모로 둘러싸인 육면체로 평행 육면체에 속한다.

(2) 광물의 감정

구분	특징
야외에서의 감정	색, 조흔색, 경도 등을 육안 및 기타 방법으로 측정한다. 탄산염 광물은 염산과의 반응 여부로 감정한다. 미세한 결정은 휴대용 확대경(루페)을 이용한다.
기기 감정	광물 성분 분석 : 전자 현미경 분석기, 원자 흡수 분광 분석, X선 형광 분광 분석 결정 구조 : 주사 전자 현미경, 투과 전자 현미경

(3) 광물의 광학적 성질 : 광물에 빛을 통과시켰을 때 나타나는 여러가지 현상들을 말한다.

광물은 편광 현미경을 이용하여 관찰할 때 광학적 등방체와 이방체로 구분된다.

① **소광** : 직교 니콜❶에서 이방체 광물의 광축과 편광판의 방향이 겹쳤을 때는 간섭색이 없어지는데 이런 현상을 소광❷이라 한다.

② **이방체 광물** : 개방 니콜에서 다색성❸, 직교 니콜에서는 소광과 간섭색을 볼 수 있다.

▲ 다색성

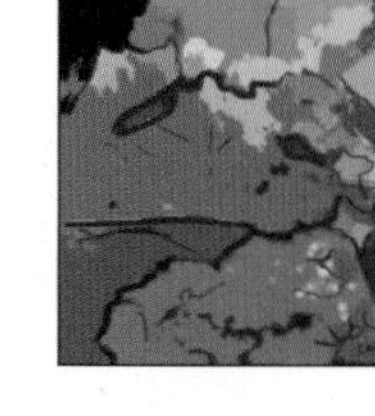

▲ 간섭색

▲ 광물 박편

(4) 광물의 화학적 성질

① **유질 동상** : 서로 비슷한 화학 조성❹을 가지고 있으면서 동시에 동일한 결정 구조를 가지는 광물을 말한다. ㉠ 방해석($CaCO_3$), 능철석($FeCO_3$), 마그네사이트($MgCO_3$)

② **동질 이상** : 화학 성분은 같으나 결정형이 다른 광물을 말한다.

㉠ 금강석과 흑연

광물	성분	생성 조건	결정형	색깔	투명도	굳기	비중
금강석	C	고온 고압	8면체	무색	투명	10	3.5
흑연	C	저온 저압	능면체	흑색	불투명	1~2	2.3

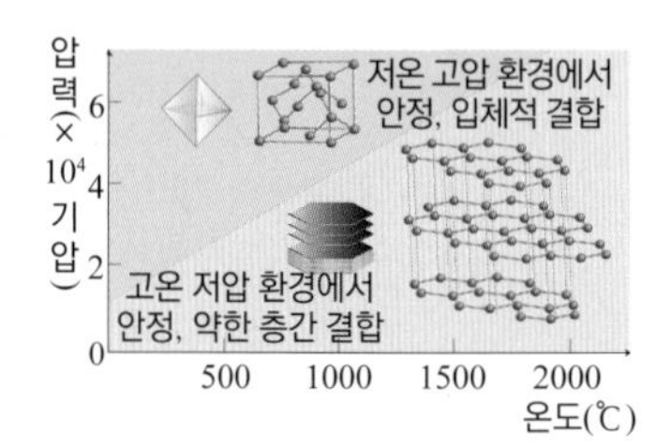

▲ 금강석과 흑연의 안정 조건과 결정 구조

③ **고용체**❺ : 결정 상의 화학 조성이 어떤 범위 내에서 연속적인 변화를 보이는 광물로 주요 조암광물 중에서 석영과 정장석만이 비고용체 광물이다.

㉠ 감람석 : $(Mg,Fe)_2SiO_4$, → 각 결정에서 Mg_2SiO_4, Fe_2SiO_4의 비율이 다르다.

Q4 흑연과 다이아몬드는 둘다 탄소(C)로 이루어진 광물이지만 그 성질과 강도가 매우 다르다. 그 이유는 무엇인지 설명하시오.

(5) 광물의 분류❻

① **규산염 광물**❼

- 규산염 광물은 모두 산소-규소 사면체의 동일한 기본 구성 단위가 있다.
- 규산염 구조들은 다른 원소들을 통해 연결된다. (철(Fe), 마그네슘(Mg), 칼륨(K), 등)
- 장석은 지구 지각의 50%를 차지하며, 두 번째로 풍부한 규산염 광물은 석영이다.

광물	쪼개짐/깨짐	규산염 구조		견본
감람석	깨짐		독립 사면체	
휘석	2 방향 쪼개짐		단일 사슬	
각섬석	2 방향 쪼개짐		이중 사슬	
흑운모	1방향 쪼개짐		층상	
석영	깨짐		망상	

▲ 규산염 광물의 결합 구조

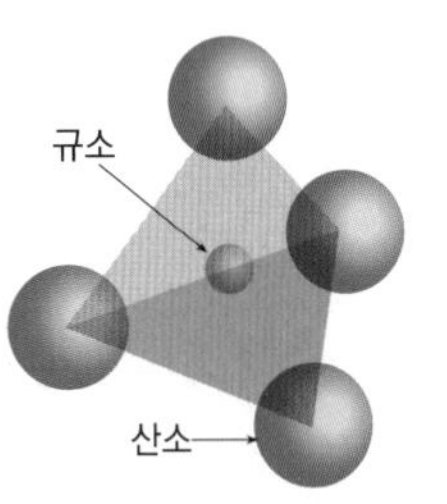

▲ 규산염의 사면체 구조

- 네 개의 산소는 사면체의 꼭지점 위치에 배열
- 크기가 작은 규소 양이온은 산소가 이루는 사면체의 중앙에 위치

② **탄산염 광물**⑦ : 탄산염 이온(CO_3^{2-})과 한 종류 이상의 양이온들로 구성된다. 가장 일반적인 탄산염 광물은 방해석($CaCO_3$)이며, 묽은 염산(HCl)과 반응하여 이산화 탄소(CO_2)를 발생시킨다.

③ **인산염 광물**⑦ : 다양한 화성암과 퇴적암에서 산출되며 인산 비료를 제조하는데 사용되는 인(P)을 추출하는 중요한 자원으로 활용된다.

④ **금속 광물(광석 광물)** : 유용한 금속 광물을 추출하기 위하여 이용하는 광물들을 광석 광물(Ore Mineral)이라 부른다. 원소 광물, 황화 광물⑦, 산화 광물 등이 광석 광물에 해당한다.

광물군	이온	광물의 종류
원소 광물	없음	구리, 금, 금강석, 백금, 은, 유황
산화 광물	O^{2-}	자철석, 적철석, 강옥(Al_2O_3), 석석(SnO_2), 얼음(H_2O)
할로겐 광물	Cl^-, F^-, Br^-, I^-	암염(NaCl), 형석(CaF_2), 칼리염(KCl 등)
황화 광물⑦	S^{2-}	황철석(FeS_2), 황동석($CuFeS_2$), 방연석(PbS), 섬아연석(ZnS)
탄산염 광물	CO_3^{2-}	방해석($CaCO_3$), 돌로마이트($CaMg(CO_3)_2$; 백운석)
황산염 광물	SO_4^{2-}	석고($CaSO_4$), 무수석고, 중정석($BaSO_4$)
규산염 광물	SiO_4^{4-}	감람석, 휘석, 각섬석, 석영, 흑운모, 정장석, 사장석

▲ 다양한 광물군과 종류

Q5 다음 광물에 대한 설명 중 옳은 것은 ○표, 옳지 않은 것은 ×표 하시오.

(1) 규산염 광물에서 단일 사슬 구조는 층상 구조 구조와 쪼개지는 방향이 같다. ( )

(2) 탄산염 광물은 묽은 염산과 반응하여 이산화 탄소를 발생시킨다. ( )

(3) 원소 광물에는 석고, 무수석고, 중정석 등이 있다. ( )

Q6 다음은 연필을 만드는데 사용되는 다양한 광물 자원에 대한 설명이다. 제시된 그림을 참고하여 연필을 만드는데 사용되는 광물 자원이 바르게 이어지지 않은 것은?

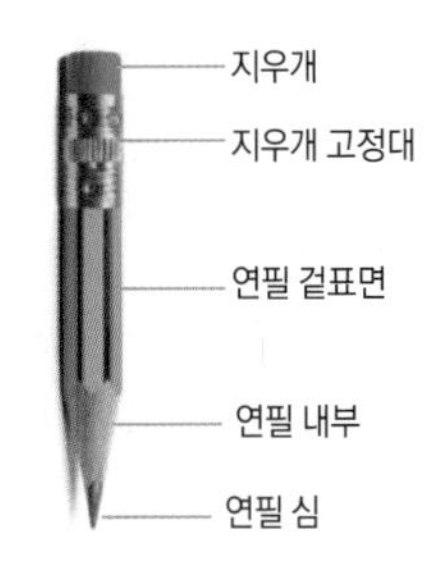

① 연필심-흑연
② 연필 겉표면-중정석
③ 연필 몸통-점토
④ 지우개 고정대-놋쇠
⑤ 지우개-석유

⑥ 광물의 분류

자연에서 규산염 광물들이 가장 많이 산출되며 다음으로 산화 광물들이 많다. 규산염이나 산화 광물에 비해서 흔하지는 않지만 다른 종에 속하는 중요한 광물들로서는 황화물, 탄산염, 황산염, 인산염 광물 등이 있다.

⑦ 광물의 실물 사진

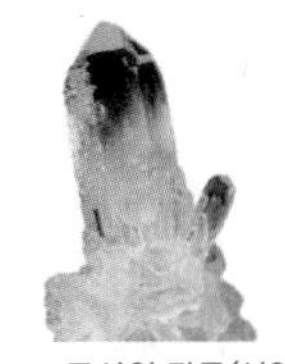

▲ 규산염 광물(석영)

▲ 탄산염 광물(방해석)

▲ 인산염 광물(인회석)

▲ 황화 광물(황철석)

미니사전

다색성
빛이 광물을 통과할 때 방향에 따라 흡수되는 정도가 다르기 때문이며 다색성을 이용하여 광물을 정확히 구별한다.

소광
복굴절하는 광물이 직교 니콜 상태에서 재물대를 360° 회전하는 동안 90°마다 한번씩 어둡게 나타나는 현상. 직교 니콜에서 두 니콜의 진동 방향과 광물의 진동 방향이 평행할 때 나타난다.

간섭
빛이 광물을 지날 때 방향에 따라 광속이 달라 복굴절이 일어나 두 개의 광파가 상호 작용하기 때문. 서로 45°를 이루면 최대 간섭색(interference color)을 보여 줌.

3. 암석의 생성과 순환

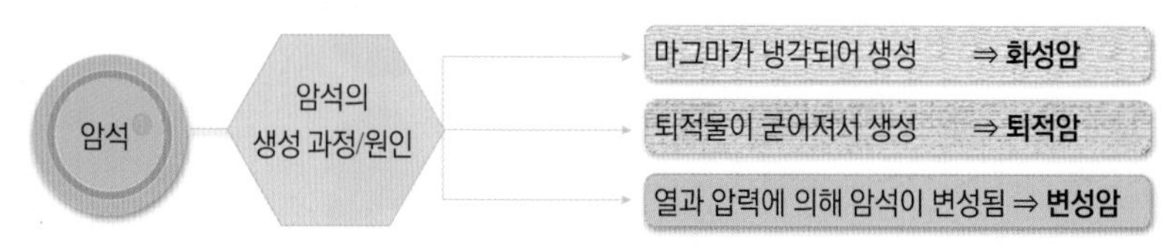

▲ 암석의 분류 기준

(1) 화성암 (Igneous rocks)

- 화성암[2]은 지하 심부나 지표 부근의 마그마[3]나 지표에서 용암이 식어서 굳어진 암석이다.
- 마그마와 용암 : 마그마는 지표 가까이의 암석이 지구 내부의 높은 열과 압력때문에 녹아서 만들어진 액체 물질이며, 용암은 마그마에서 기체가 빠져나간 물질이다. 마그마는 해령이나 열점, 베니오프대(섭입대)나 대륙 조산대 하부에서 생성된다.

① 마그마의 생성

- **마그마의 생성 조건**

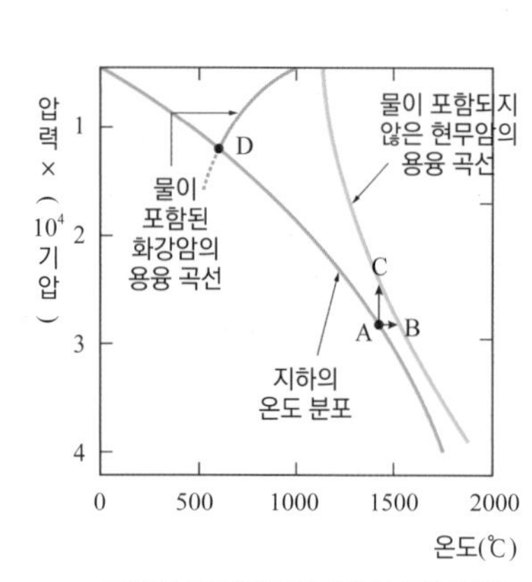

▲ 지하의 온도 분포와 암석의 용융 곡선

- 지표 부근에서는 온도 증가율이 약 30℃/km이지만 깊이가 증가할수록 온도 증가율이 감소하고, 압력이 상승하기 때문에 암석의 용융 온도도 상승한다.
- 현무암질 마그마의 생성 : 지하의 온도는 현무암의 용융 온도보다 낮아 현무암질 마그마가 생성되기 어렵지만 어떤 원인에 의해 온도가 상승하거나(A → B) 압력이 감소하면(A → C) 현무암질 마그마가 생성될 수 있다.
- 화강암질 마그마의 생성 : 화강암은 함수 광물인 운모나 각섬석을 많이 포함하고 있는데, 암석이 물을 포함하면 용융 온도가 낮아지기 때문에 대륙 지각 하부인 약 30km 깊이(D)에서 화강암질 마그마가 생성된다.

- **마그마의 생성 장소**

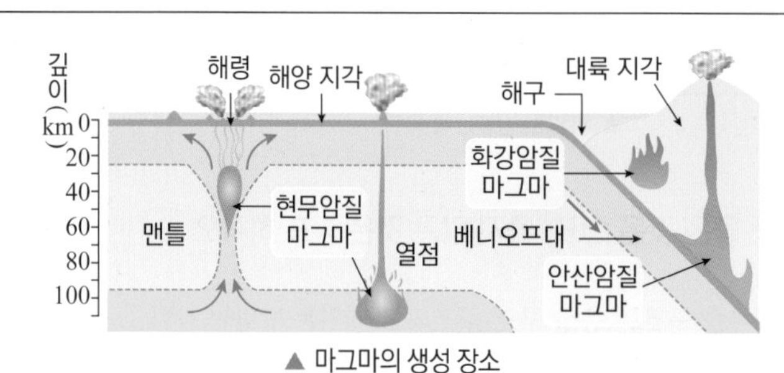

현무암질 마그마 : Mg, Fe, Ca 함량이 많다.

안산암질 마그마 : Mg, Fe, Ca 함량이 적다.

▲ 마그마의 생성 장소

- **해령** : 맨틀 대류가 상승하면 압력이 하강하여 현무암질 마그마가 생성된다.
- **열점** : 방사성 동위 원소의 붕괴열 등에 의해 온도가 상승하여 상부 맨틀의 70 ~ 250km 깊이에서 현무암질 마그마가 생성된다.
- **베니오프대(섭입대)** : 판의 이동에 따라 해양판이 대륙판 아래로 비스듬히 섭입되는 섭입대(베니오프대)에서 함수 광물이 맨틀에 공급되면 안산암질 마그마가 생성된다.
- **대륙 조산대 하부** : 지하 약 30 ~ 35km 깊이의 대륙 지각 하부에서 물을 포함하는 화강암의 용융 온도가 지하의 온도와 같아져 화강암질 마그마가 생성된다.

- **마그마의 냉각과 광물의 검출** : 마그마가 냉각되면 용융점이 높은 광물부터 차례로 정출되면서 마그마의 화학 조성이 변한다.

---

① 암석의 분포

지표면 부근에는 퇴적암이 약 75% 정도 분포하며, 지하(지표~지하 16km)에서는 화성암과 변성암이 95%로 대부분을 차지한다. 16km 아래에는 대부분 화성암이 분포한다.

② 화성암의 구분

	어둡다	중간	밝다
화산암	현무암	안산암	유문암
반심성암	휘록암	섬록반암	석영반암
심성암	반려암	섬록암	화강암

화산암(지표면에서 빨리 식음)은 결정 구조 크기가 작고, 심성암(지하 깊은 곳에서 천천히 식음)은 결정 구조 크기가 크다.

③ 마그마의 상승 원인

주변암보다 밀도가 낮아 부력에 의해 상승

· 마그마가 이동하는데 작용하는 요인 : 마그마의 조성 성분, 마그마의 열지수, 마그마의 점성(끈적거리는 정도)

미니사전

용융
고체가 가열되어 액체가 되는 변화

함수 광물 [Hydrous mineral]
물분자(수산화기)를 화학 결합 속에 포함하는 광물. 가열하면 물(H_2O)이 빠져 나온다.

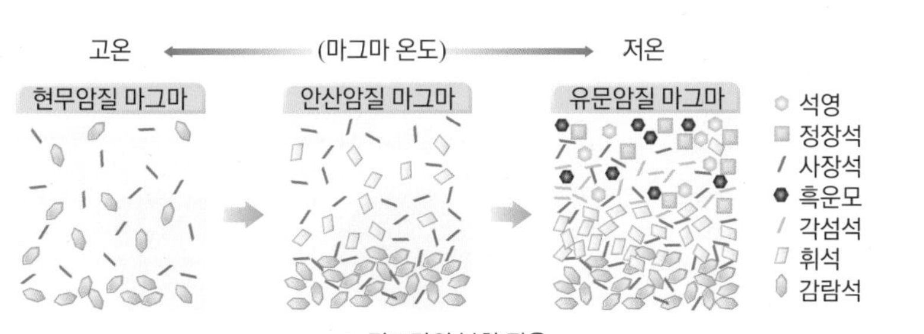

▲ 마그마의 분화 작용

- 현무암질 마그마가 냉각되면 SiO_2 함량이 적고 Mg, Fe, Ca 함량이 많은 광물(휘석, 감람석, Ca 사장석)이 먼저 고온에서 정출되어 바닥에 가라앉는다. 광물의 밀도가 크고 색이 어둡다.
- 과정이 진행되면서 남아 있는 마그마는 처음보다 Mg, Fe, Ca 함량이 적어지고 Na, K, SiO_2 함량이 많아지면서 안산암질 마그마가 된다. 광물의 밀도가 작아지고 색도 밝아진다.
- 마그마가 계속 냉각 분화되면서 유문암질 마그마로 변하다가, 마지막에는 열수 용액만 남는다.

- **보웬의 반응 계열** : 20세기 초 마그마의 결정 작용에 대한 선구자적인 연구를 수행한 지질학자인 보웬(N.L. Bowen)은 마그마의 온도가 내려가면 그 속에 녹아 있던 성분이 용융점이 높은 것부터 결합하여 일정한 순서대로 정출된다는 이론을 제안하였다.

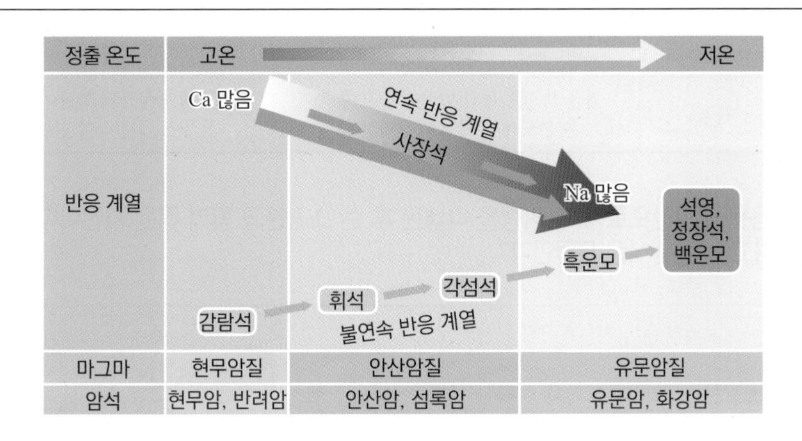

· 불연속 반응 계열 : 유색 광물은 온도가 하강함에 따라 초기에 감람석이 정출되고 냉각 작용과 결정화 작용이 진행되면서 감람석은 잔류 용액과 반응하고, 휘석이 정출된다. 이런 과정이 진행되면서 각섬석, 흑운모 순서로 정출된다.
· 연속 반응 계열 : 무색 광물에서는 감람석과 함께 결정화된 Ca 성분이 많은 사장석이 먼저 정출되고 온도가 하강함에 따라 Na 성분이 많은 사장석이 정출된다.
· 연속 반응 계열에서 사장석은 사장석에 포함된 Na과 Ca이 서로 치환되면서 사장석의 화학 조성이 조장석($NaAlSi_3O_8$)과 회장석($CaAl_2Si_2O_8$) 사이에서 연속적으로 변하는 고용체이다.

Q7 다음 중 현무암질 마그마의 분화 작용이 진행됨에 따라 마그마에 포함된 함량이 적어지는 성분을 모두 고르시오. (2개)

① K ② Na ③ Fe ④ Mg ⑤ SiO_2

④ 화산암

용암으로 흐르다 굳은 화성암

② 화성암의 일반적인 분류

구분			색 : 어두운 색 ←→ 밝은 색 SiO_2 함량 : 적다 ←→ 많다		
화산암④	냉각속도 빠르다 ↑	입자크기 작다 ↑	현무암	안산암	유문암
반심성암			휘록암	섬록 반암	석영 반암
심성암	↓ 느리다	↓ 크다	반려암	섬록암	화강암

• 화학 성분(색)에 따른 분류⑤

구분	염기성암	산성암
암석	현무암⑥, 반려암	유문암, 화강암⑥
SiO_2 함량	적음	많음
색깔	어둡다	밝다
특징	검은 색 광물들의 함량이 높으며, 높은 온도에서 식어 만들어진 암석	밝은 색 광물들의 함량이 높으며, 낮은 온도에서 식어 만들어진 암석

⑤ 산성암과 염기성암

화학에서의 산, 염기와는 관련 없이 SiO_2 함량에 따라 분류된 것이다.

⑥ 현무암과 화강암의 비교

구분	현무암	화강암
입자	화산암 (세립질)	심성암 (조립질)
색	어둡다	밝다
구성 광물	감람석, 휘석	석영, 장석
이용	맷돌, 돌하르방	비석, 건물 외벽

Q8 다음은 설악산으로 수학 여행을 다녀온 후 쓴 소감문과 함께 찍은 사진이다. 설악산을 구성하고 있는 암석은 무엇인가?

(소감문) …드디어 도착한 설악산! 설레는 마음으로 가볍게 발걸음을 옮겼다. 설악산의 첫인상은 마치 산 전체가 하나의 큰 바위처럼 늠름한 모습이었다. 단풍이 곱게 진 설악산의 모습은 너무나도 아름다웠다. 특히 붉게 물든 단풍나무와 밝은 빛깔의 설악산 바위들의 조화는 한 폭의 그림 같았다. 가까이서 보니 밝은 바탕에 검은 반점들이 나있었다.

• 냉각 속도에 따른 분류 : 광물의 결정 크기로 구분, 화성암을 이루는 광물의 결정 크기는 마그마의 냉각 속도에 따라 달라진다

구분	화산암	반심성암	심성암
암석	현무암, 유문암	휘록암, 석영 반암	반려암, 화강암
냉각 속도	지표에서 급격히 냉각	비교적 얕은 깊이에서 중간 속도로 냉각	지하에서 서서히 냉각
알갱이의 크기	작다(육안 구분이 힘들다)	화산암과 심성암의 중간 크기	알갱이가 크다
특징	비교적 덜 단단하며, 기체가 빠져나간 구멍이 보이기도 한다.	화산암과 심성암의 중간 성질을 가진다.	단단하며, 거칠고 검은 알갱이가 반짝 거린다.

• 화성암의 산출 위치에 따른 조직

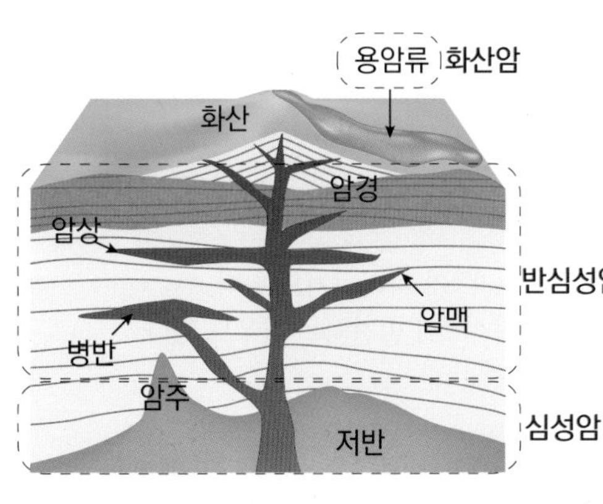

▲ 화성암의 산출 위치와 상태에 따른 광물 입자

● 심성암(조립질 조직)

저반	관입암체 중 지하 깊은 곳에서 큰 규모로 관입하여 천천히 냉각되어 굳은 것
암주	면적이 $100km^2$ 이하로 저반보다 규모가 작은 것

● 반심성암(반상 조직)

암상	소규모의 관입암체 중 층리면이나 엽리에 평행하게 관입하여 형성된 판상의 화성암체
병반	화성암체의 일부가 두꺼워져서 렌즈 모양 또는 만두 모양으로 부풀어 오른 것
암맥	주로 절리를 따라 비스듬하게 관입한 것
암경	마그마가 지표로 나오는 화도에서 굳은 것

● 화산암(세립질 조직)

용암류	마그마가 지표로 분출하여 굳은 것

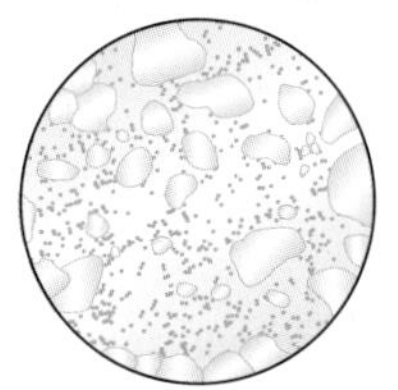

화산암 : 세립질

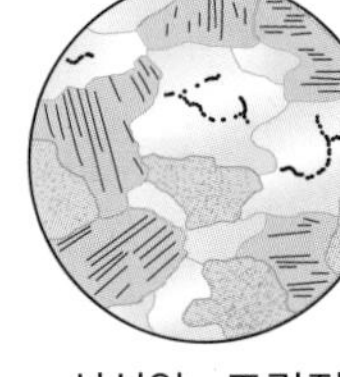

심성암 : 조립질

화산암 : 급속 냉각 ⇒ 입자 크기 작다
심성암 : 서서히 냉각 ⇒ 입자 크기 크다

- 마그마가 냉각, 고결될 때 마그마의 냉각속도는 광물의 크기에 직접적인 영향을 끼친다.
- 마그마의 냉각속도가 느릴수록 광물은 더 많이 성장할 수 있어 상대적으로 조립질의 광물이 된다.
- 조립질 : 구성 광물 입자 5mm 이상, 입자의 크기가 육안으로 관찰할 수 있을 정도이다.
- 세립질 : 구성 광물 입자 1~5mm 이하, 입자가 육안으로 관찰하기 힘든 미세한 크기이다.

• 화학 성분(SiO_2 함량)에 따른 구분

- 염기성암 : SiO_2 함량이 52% 이하로 색이 어둡고 세립질 조직을 보인다.
- 중성암 : SiO_2 함량이 52% 이상 66% 이하의 암석이다.
- 산성암 : SiO_2 함량이 66% 이상으로 색이 밝고 조립질 조직을 보인다.

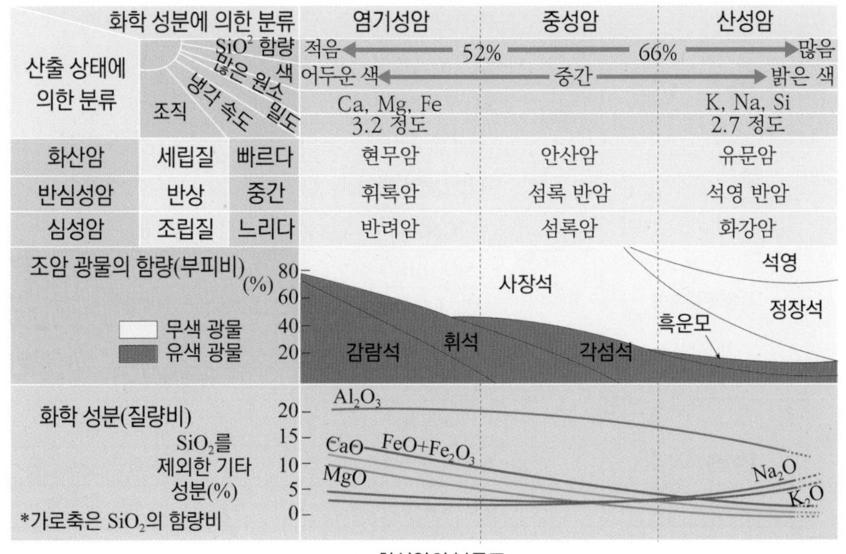

산출 상태에 의한 분류 / 화학 성분에 의한 분류	조직	냉각 속도	염기성암	중성암	산성암
SiO_2 함량			적음 ← 52%	66%	→ 많음
색			어두운 색 ←	중간	→ 밝은 색
많은 원소 / 밀도			Ca, Mg, Fe 3.2 정도		K, Na, Si 2.7 정도
화산암	세립질	빠르다	현무암	안산암	유문암
반심성암	반상	중간	휘록암	섬록 반암	석영 반암
심성암	조립질	느리다	반려암	섬록암	화강암

▲ 화성암의 분류표

화성암의 조직(구성 광물 입자)

- 현정질 조직 : 광물 입자가 육안 구별 가능
- 비현정질 조직 : 광물 입자 육안 구별 불가능
- 등립질 조직 : 구성광물 입자가 모두 비슷한 크기
- 반상질 조직 : 구성광물 입자가 큰 것, 작은 것이 섞여 있음

화성암의 산출 상태에 따른 구분

- 관입 : 마그마가 기존암의 층리나 엽리에 평행하게 또는 가로질러 관입하거나 가로질러 내부에서 고결되는 경우로, 포획암[7]이 나타나기도 한다.
- 분출 : 마그마가 지표로 유출되어 냉각, 고결되는 경우이다.

관입암

지각에 마그마가 관입해서 만들어진 암석

⑦ 포획암

화성암에 포함되어 있으나, 화성암과는 종류가 달라 쉽게 구별된다. 이는 마그마의 관입이나 분출에 주위의 암체나 지층의 일부가 파괴되어 응고된 것이다.

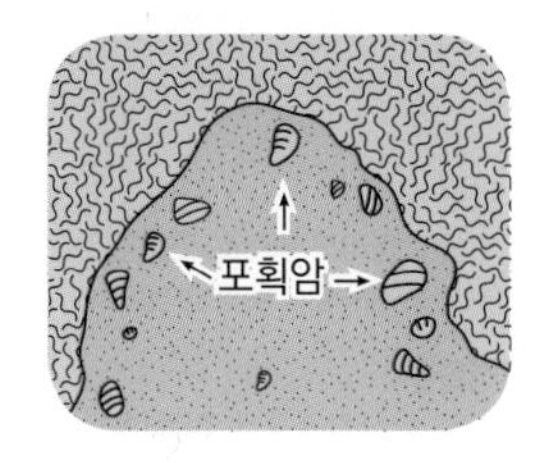

❶ 층리

퇴적암의 가장 일반적인 특징은 퇴적물이 퇴적될 때 퇴적물 자체에 변화가 생겨 만들어지는 층리이다. 층리는 대개 수평(중력에 수직한 방향)으로 만들어지며 공급되는 퇴적물의 크기, 색깔, 종류에 따라 다양하게 생성된다.

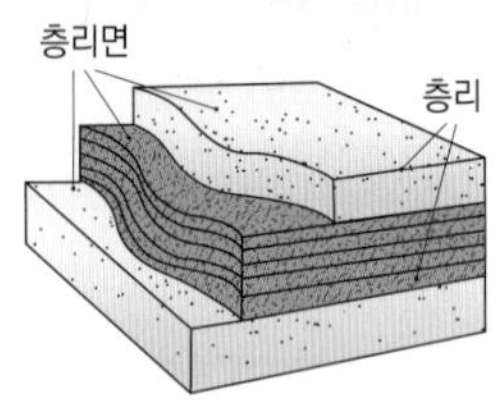

❷ 화석

지질시대에 살았던 동식물의 유해나 흔적이 자연적으로 암석 내에 보존된 것이다.

화석은 생물의 서식 환경과 시대에 대한 정보를 제공한다. 생존 기간이 짧은 생물 종은 퇴적암의 생성 시대를 알려주는 화석으로 유용하며 특정한 환경에서 서식하는 생물종의 화석은 퇴적암의 생성 환경을 알려주는 화석으로 가치가 있다. 생물체의 유해는 이후 이동될 수 있지만 생물의 흔적 화석은 기록된 곳에서 이동하기 어려우므로 퇴적암의 생성 환경을 알려주는 화석으로 더 유용하다.

▲ 암모나이트 화석

미니사전

풍화
암석이 물리적 화학적 작용으로 부서져 토양이 되는 변화 과정이다.

석회질
주로 탄산칼슘으로 이루어진 물질. 석회질 암석의 대부분은 방해석이다.

(2) 퇴적암 (Sedimentary rocks)

① **퇴적암** : 자갈이나 모래, 진흙과 같은 알갱이가 퇴적하거나, 생물의 유해가 퇴적되어 굳어진 암석을 말한다.

- 지표에 있던 암석이 풍화에 의하여 잘게 부스러져 생긴 알갱이 ㉠ 모래, 자갈
- 바다에 녹아 있던 물질이 침전되어 만들어진 알갱이 ㉠ 소금, 석고
- 생물의 부스러기 ㉠ 조개 껍질, 나뭇잎

② 퇴적암의 특징

- 퇴적물의 크기나 모양, 색깔 등이 달라져서 생기는 층리[❶]가 나타나기도 한다.
- 과거에 살았던 생물의 유해나 그 흔적이 남아 있는 화석[❷]이 발견되는 경우도 있다.

③ 퇴적암의 생성 과정

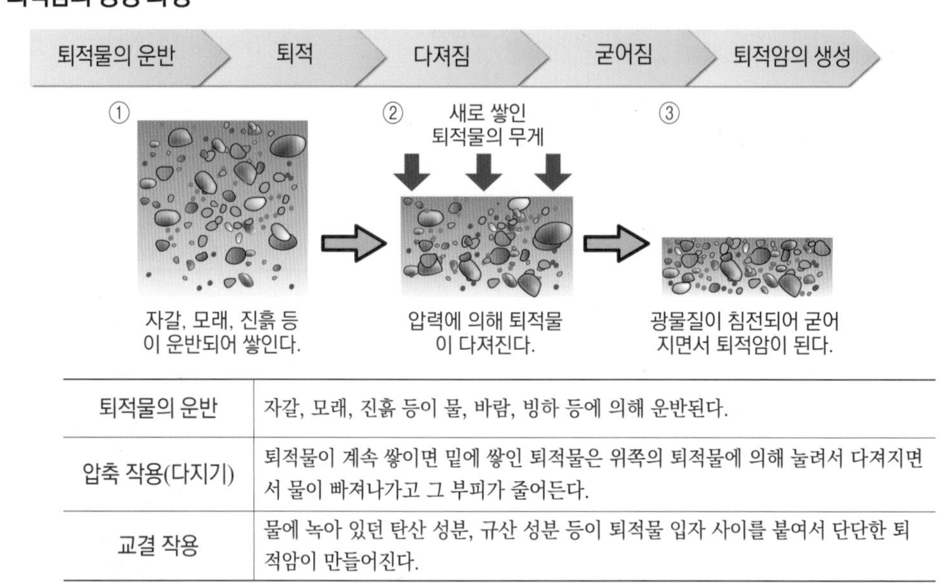

퇴적물의 운반	자갈, 모래, 진흙 등이 물, 바람, 빙하 등에 의해 운반된다.
압축 작용(다지기)	퇴적물이 계속 쌓이면 밑에 쌓인 퇴적물은 위쪽의 퇴적물에 의해 눌려서 다져지면서 물이 빠져나가고 그 부피가 줄어든다.
교결 작용	물에 녹아 있던 탄산 성분, 규산 성분 등이 퇴적물 입자 사이를 붙여서 단단한 퇴적암이 만들어진다.

④ 퇴적암의 분류

- 쇄설성 퇴적암 : 주로 기계적 풍화작용과 운반작용에 의한 퇴적 물질로 생성된다.
- 화학적 퇴적암 : 화학적 풍화를 겪은 물질들이 침전, 또는 모여 생성된다.
- 유기적 퇴적암 : 생물의 유해가 쌓여 생성된다.

분류	구성 물질	퇴적암	
쇄설성 퇴적암	자갈(2mm 이상)	역암, 각력암	
	모래(1/2~2mm)	사암	
	미사(1/16~ 1/256mm)	미사암(또는 침니암)	
	점토(1/256mm 이하)	셰일	
	화산진, 화산재	응회암	
	화산력, 화산암괴	집괴암	
화학적 퇴적암	$CaCO_3$	석회암	침전물
	$SiO_2 \cdot nH_2O$	처트(각암)	
	$CaMg(CO_3)_2$	돌로스톤(백운석)	
	$CaSO_4 \cdot 2H_2O$	석고	증발 잔여물
	NaCl	암염(돌소금)	
유기적 퇴적암	식물체	석탄	
	산호, 조개류, 방추충($CaCO_3$)	석회암, 돌로스톤	
	규질 생물체(SiO_2)	처트, 규조토	

Q9 퇴적암에서는 화석이 발견되고 화성암에서는 발견되지 않는 이유는?

⑤ 퇴적 환경과 주요 퇴적암

퇴적 환경		주요 퇴적물	주요 퇴적암
육상 환경	하천	점토, 모래, 자갈	역암, 사암, 이암, 셰일
	호수	점토, 모래, 자갈, 생물의 유해	역암, 사암, 이암, 셰일, 증발암
	빙하	점토, 모래, 자갈, 암편	역암
	사막	점토, 모래	사암
전이 환경	삼각주	점토, 모래, 자갈	역암, 사암, 이암, 셰일
	해빈	모래	사암
해양 환경	대륙붕	점토, 모래, 자갈, 생물의 유해	역암, 사암, 이암, 셰일, 석회암
	대륙 사면	점토, 모래, 생물의 유해	사암, 이암, 석회암
	심해저	점토, 침전물, 생물의 유해	석회암, 처트

⑥ 퇴적암의 종류

퇴적물	점토	모래, 점토	자갈, 모래, 점토
퇴적암	셰일	사암	역암
퇴적물	석회질 물질	화산재	소금
퇴적암	석회암	응회암	암염

⑦ 퇴적 환경[3]을 지시하는 퇴적 구조

- 평행 층리
- 사층리 : 유수의 방향과 지층의 상하판단에 유용하다.
- 유기적 퇴적암 : 생물의 유해가 쌓여 생성된다.
- 점이 층리 : 물밑에 굵은 입자가 먼저 가라앉고 위로 갈수록 가는 입자가 퇴적되어 생긴 층리이다.
- 사구 : 모래가 언덕처럼 대규모로 퇴적된 구조이다.
- 건열 : 굳지 않은 진흙의 퇴적물이 건조할 때, 수분을 잃어 수축하면서 표면에 만드는 다각형의 균열 구조이다.

건열 ▷
건조한 기후 환경에서 진흙층이 수축되어 갈라지면서 생성됨

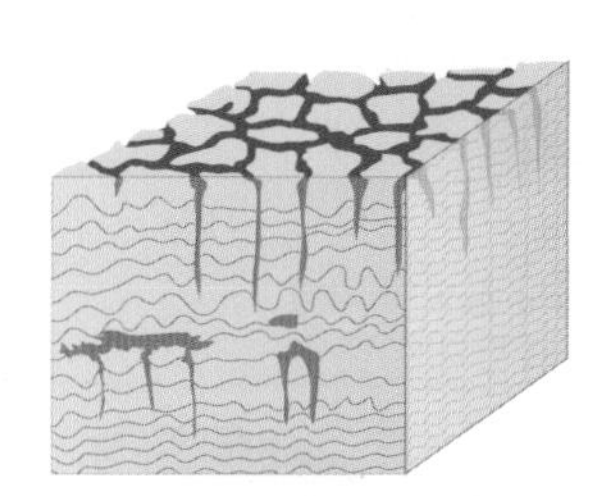

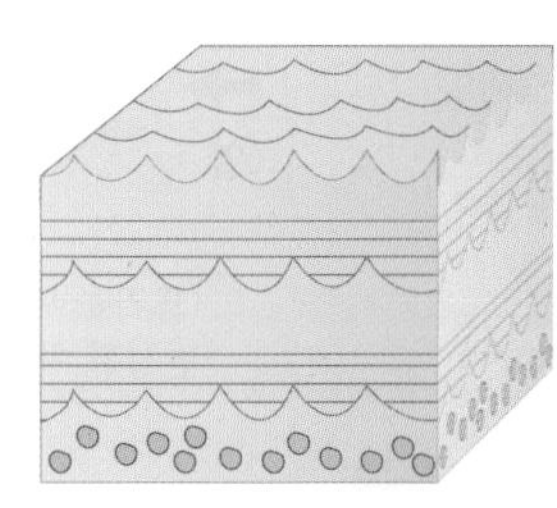

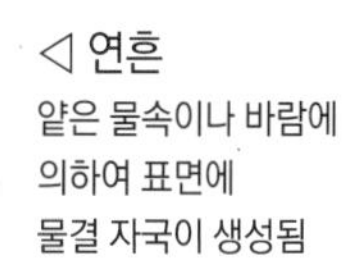

◁ 연흔
얕은 물속이나 바람에 의하여 표면에 물결 자국이 생성됨

사층리 ▷
바람이나 물에 의해 퇴적물이 이동할 때 층리가 경사지게 생성됨

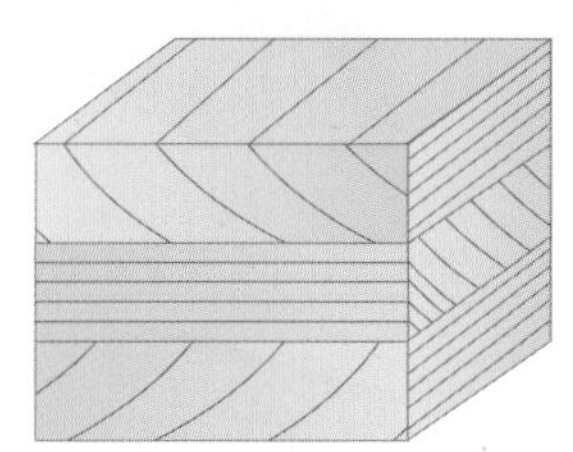

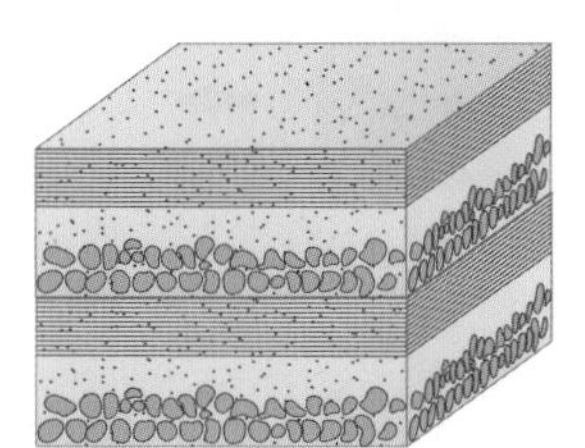

◁ 점이층리
다양한 크기의 입자들이 섞인 퇴적물이 쌓일 때 위로 갈수록 입자의 크기가 점점 작아짐

Q10 퇴적암은 지표면의 풍화, 침식, 운반, 퇴적 환경을 반영하여 생성되므로 여러 가지 퇴적 구조를 보인다. 퇴적 환경을 반영하는 퇴적 구조에는 어떤 것들이 있을까?

③ 퇴적암과 퇴적 환경

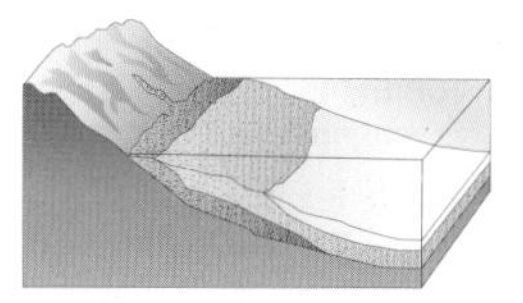

퇴적암은 우리에게 과거 환경을 알 수 있는 증거를 제시해 준다. 그 예로 역암은 급류처럼 굵은 알갱이를 가라앉힐 수 있는 물가 환경, 셰일은 늪과 같은 환경에서 만들어진다. 퇴적물 알갱이의 크기가 클수록 해안 가까이에 퇴적되고, 크기가 작을수록 해안에서 멀리까지 운반되어 퇴적된다.
또한 퇴적암 속의 화석은 그 시기에 살았던 생물체가 바다에서 살았는지, 육지에서 살았는지, 추운 곳에서 살았는지, 더운 곳에서 살았는지 등을 알려주며, 더 나아가 서로 다른 지역에 분포하는 암석을 비교할 수 있게 하는 중요한 역할을 한다.

카르스트(Karst) 지형

주로 방해석으로 이루어진 석회암은 지하수에 잘 녹는 성질이 있어서 석회암 지대의 지하에서 동굴이 발달한다.

- 종유석, 석순, 석주 : 석회 동굴 안에서의 특이한 지형, 관광지로 개발
- 돌리네(doline) : 지하의 석회암 기반암이 지하수에 의해 용해되어 형성된 깔때기 모양의 지형
- 우발라(uvala) : 돌리네가 점점 넓어져 규모가 커진 것
- 테라로사 : 석회암이 지하수에 의해 침식받을 때 포함된 불순물이 녹지 않고 풍화되어 만들어진 비옥한 토양
- 카렌 : 석회암 침식에 의해 만들어진 뾰족한 암석

미니사전

처트
대부분 미세한 석영 결정으로 구성되어 있어 매우 단단하고 치밀한 세립질 퇴적암의 일종

돌로스톤
석회암이 퇴적 중이나 퇴적 후에 $CaCO_3$의 일부가 돌로마이트 $CaMg(CO_3)_2$에 의해 바뀌어 생성된 것

(3) 변성암 (Metamorphic rocks)

① **변성암** : 변성 작용[1]에 의해 재구성된 암석을 말한다.

② **변성 작용** : 암석이 지하에서 높은 열과 압력을 받게 되면 광물 결정의 크기가 달라지거나 광물 입자가 재배열됨. 또 광물의 성분이 달라져서 새로운 광물로 변한다.

• **접촉 변성 작용**(열 변성암)

- 마그마의 관입으로 기존 암석이 열과 가스를 공급받아 주변에서 일어나는 변성 작용이다.
- 높은 열을 받으면 일부 구성 광물들이 녹아 천천히 식으므로 결정의 크기가 크다.
- 변성 과정에서 생긴 미세한 광물 입자들이 방향성 없이 치밀하게 만들어진 혼펠스 조직을 갖게 된다. 예 대리암, 규암 등

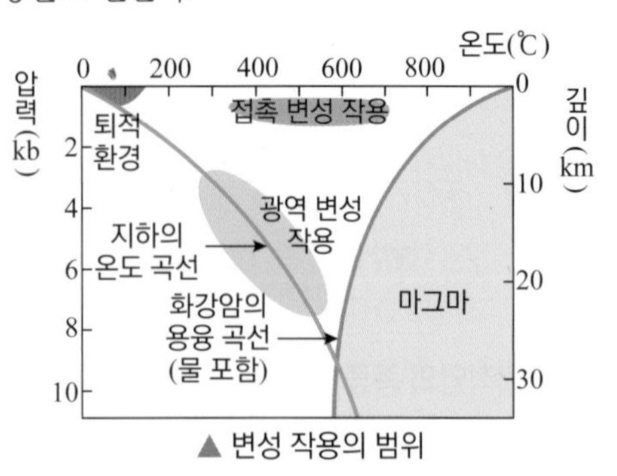

▲ 변성 작용의 범위

• **광역 변성 작용**

- 넓은 범위에 걸쳐 높은 열과 압력 때문에 암석의 성질이 변하는 작용이다.
- 암석이 큰 압력을 받으면 압력에 수직인 방향으로 광물들이 평행하게 재배열되어 엽리[2]가 발달한다. 예 점판암, 편암, 편마암 등

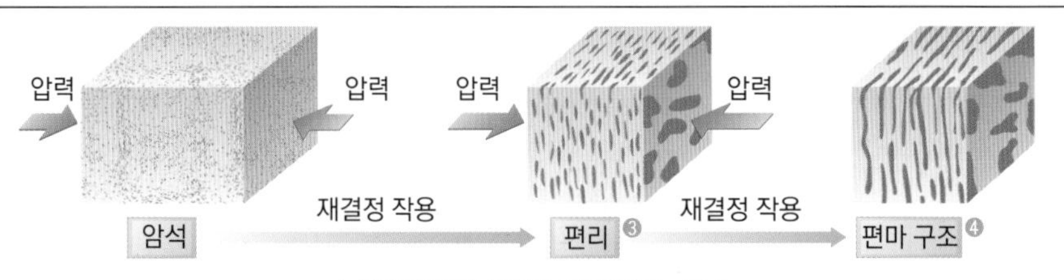

▲ 편리와 편마 구조가 만들어지는 원리

③ **변성암의 분류**

❶ 변성 작용의 요인 분류

- 온도 : 땅 밑으로 들어감에 따라 100m당 3℃씩 올라간다. 온도가 올라가면 화학 반응이 촉진되고 낮은 온도에서 안정적이던 광물은 온도가 올라감에 따라 불안정해지기 때문에 높은 온도에서 안정적인 새로운 광물로 바뀌게 된다.
- 압력 : 넓은 범위에 걸쳐 큰 압력이 가해지면 광물들 사이의 간격이 좁아지고 원자들이 재배열되어 새로운 광물을 생성한다.
- 물과의 반응 : 암석 속에는 어떤 형태든지 물이 존재하고 물속에는 이온 상태로 녹아 있는 물질이 많아서 주변의 광물과 반응한다.

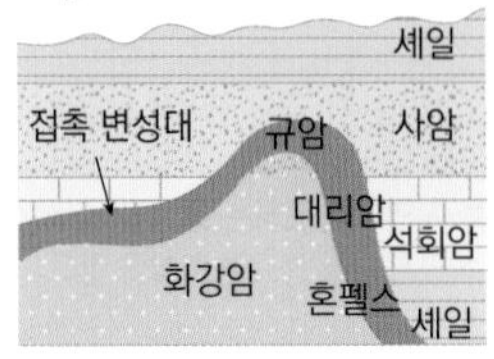

▲ 접촉 변성 작용에 의한 변성

❷ 엽리(foliation)

광역 변성 작용의 결과로 암석 내에서 압력에 수직한 방향으로 광물들이 재결정되어 나타나는 다양한 선구조를 말하며 이중 가장 대표적인 것이 편리/편마 구조이다. 편리/편마 구조는 온도보다는 압력 조건이 상대적으로 더 중요하다.

❸ 편리

암석이 압력을 받아 운모와 같은 판상의 광물이 재결정될 때 압력에 수직한 방향으로 배열되게 되는데 이를 편리구조라 한다.

❹ 편마 구조

편리 구조가 압력을 더 받게 되면 광물의 재결정 작용이 더욱 심해져서 유색광물과 무색광물이 분리되며 띠 모양의 호상 구조를 보이는데 이를 편마 구조이다.

• 변성암 분류표

기존 암석	변성 작용	저변성 ← 변성암 → 고변성
셰일	접촉 변성 작용 광역 변성 작용	혼펠스 슬레이트 → 천매암 → 편암 → 편마암 (세립) → 결정이 커짐 → (조립)
사암, 처트	접촉 변성 작용 광역 변성 작용	석영, 편암, 규암
석회암, 돌로마이트	접촉 변성 작용 광역 변성 작용	대리암
현무암	광역 변성 작용	녹색편암 → 각섬석 편암 → 편마암
유문암	광역 변성 작용	흑운모 편암 → 편마암
화강암	광역 변성 작용	화강 편마암 → 편암

Q11 다음 암석을 변성암이라고 판단할 수 있는 근거는 무엇인가?

(4) 암석의 순환

① **암석의 순환**[5] : 암석이 퇴적암, 변성암, 화성암의 과정을 되풀이 하여 순환하는 것을 말한다.

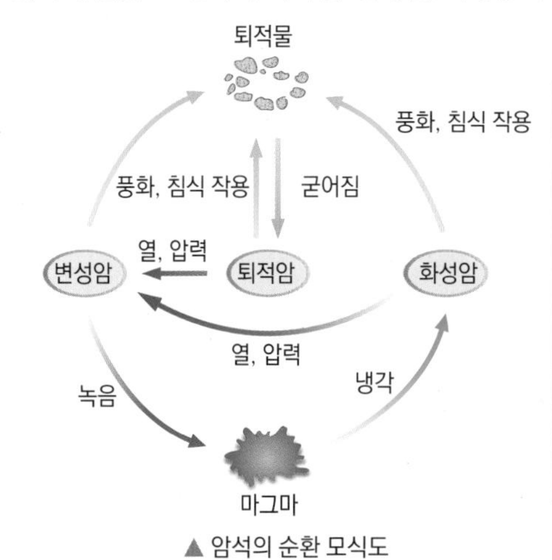

▲ 암석의 순환 모식도

<암석이 순환하는 예>
- 마그마가 식는다.(냉각) → 화성암
- 암석이 풍화, 침식 작용을 받는다. → 퇴적물
- 퇴적물이 다져지고 굳어진다. → 퇴적암
- 화성암과 퇴적암이 높은 열과 압력을 받는다. → 변성암
- 암석이 지하 깊은 곳에서 열과 압력을 받아 녹는다. → 마그마

② **암석의 순환 과정**
- 실제로 지각 내에서 한 번의 암석 순환이 일어나기 위해서는 수억 ~ 수십억 년의 시간이 걸린다.
- 지구 내부에 있는 에너지가 이동할 때에는 화산과 지진 활동이 일어난다.
- 지각은 끊임없이 수직적으로 융기와 침강 운동을 하며 수평으로 이동한다.

Q12 암석의 순환 과정에서 퇴적물이 형성되는 데 관여하는 에너지는 무엇인가?

엽리는 모든 변성암에서 나타나는가?

규암 대리암

편암, 편마암 같이 압력을 받아 변성된 변성암에는 엽리가 나타난다. 그러나 규암, 대리암과 같은 한 가지 광물로만 이루어진 변성암은 큰 결정을 이룰 뿐 엽리를 보이지는 않는다.

암석을 관찰할 때

가능한 풍화를 적게 받은 신선한 면을 고른다. 암석 풍화면의 색은 암석 원래의 색이 아니다.

암석의 이용

- 대리암 : 장식용 석재나 조각용 재료
- 화강암 : 돌기둥, 축대, 비석, 건축자재
- 사암 : 숫돌, 전구
- 전파암 : 벼루, 숫돌, 구들장
- 석회암 : 소석회, 소독제, 표백분, 시멘트
- 현무암과 안산암 : 건축재료, 주춧돌, 축대, 맷돌
- 응회암 : 건축재료
- 편마암 : 정원석

⑤ 암석의 순환 에너지

암석은 외부의 에너지에 따라 오랜 세월에 걸쳐 새로운 암석으로 변해 간다. 암석의 순환을 일으키는 외부 동력으로 풍화, 침식 작용에는 태양 복사 에너지, 열과 압력의 작용에는 중력 에너지, 지구 내부 에너지가 관여한다.

미니사전

호상 구조
밝고 어두운 색이 교대로 배열된 무늬를 보이는 구조

혼펠스
조직이 매우 치밀하고 단단한 변성암

4. 지표의 변화

(1) 풍화 (Weathering)

• 풍화 작용 : 암석이 오랜 세월 동안 잘게 부서지거나 성질이 변하는 과정으로 풍화의 주된 요인[1]은 식물, 바람, 물, 공기 등이다.

풍화 작용	특징	예
기계적	암석이 잘게 부서지는 과정(크기를 작아지게 함)	기온과 압력의 변화에 의한 풍화, 물의 동결 작용
화학적	암석이 녹는 과정(화학 성분을 변화시킴)	용해 작용, 산화 작용, 가수분해 작용, 수화 작용
유기적	생물체의 작용에 의해서 기계적·화학적 풍화를 촉진시키는 과정	식물 뿌리에 의한 풍화 작용

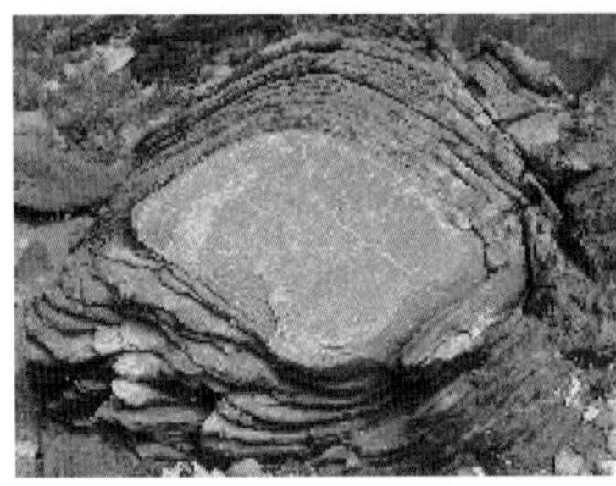
▲ 암석이 풍화되어 양파 모양으로 떨어져 나간 모습(박리 작용)

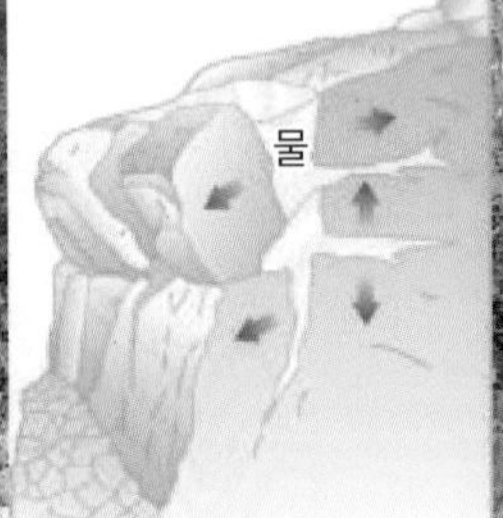

▲ 얼음 때문에 바위틈이 커져 일어나는 풍화

▲ 식물 뿌리에 의한 풍화(강원도 영월)

(2) 토양

① **토양**[2] : 풍화 작용의 영향으로 암석이 잘게 부수어져 만들어진 흙을 말한다.

• **성숙한 토양의 단면** : 기반암 → 모질물 → 심토 → 표토(아래부터)

• **토양의 생성 순서** : 기반암 → 모질물 → 표토 → 심토

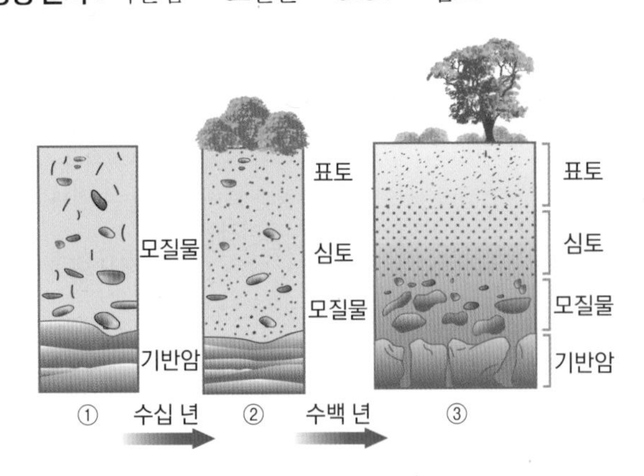

초기의 토양	모질물로 구성되며 유기물이나 양분이 거의 없어 식물이 자라지 못함
중기의 토양	미생물에 의해 공기 중의 질소가 토양 내에 질소 화합물로 고정되면서 식물이 자랄 수 있는 표토 형성
성숙한 토양	표토가 생긴 후 수 백 년이 지나면 부식물이 많아지고 두꺼워짐 토양 속에 스며든 물에 용해된 물질이나 콜로이드 상태의 성분과 점토가 아래 부분으로 모이면서 심토가 형성, 심토에는 식물의 생장에 필요한 영양분이 농축되어 있음

① 풍화 요인

· 온도 : 땅 밑으로 들어감에 따라 100m당 3℃씩 올라간다. 온도가 올라가면 화학 반응이 촉진되고 낮은 온도에서 안정적이던 광물은 온도가 올라감에 따라 불안정해지기 때문에 높은 온도에서 안정적인 새로운 광물로 바뀌게 된다.

· 압력 : 넓은 범위에 걸쳐 큰 압력이 가해지면 광물들 사이의 간격이 좁아지고 원자들이 재배열 되어 새로운 광물을 생성한다.

· 물과의 반응 : 암석 속에는 어떤 형태든지 물이 존재하고 물속에는 이온 상태로 녹아 있는 물질이 많아서 주변의 광물과 반응한다.

② 토양의 분류

〈점토 함유량에 따라〉

종류	점토 함량(%)
사토	< 12.5
사양토	12.5 ~ 25
양토	25 ~ 37.5
식양토	37.5 ~ 50
식토	> 50

〈성인에 따라〉

· 원적토 : 생성된 그 자리에 그대로 쌓인 토양

· 운적토 : 기원지에서부터 운반되어 쌓인 토양

- 충적토 : 물에 의해 운반되어 쌓인 토양(선상지, 삼각주)
- 풍적토 : 바람에 의해 운반되어 쌓인 토양(황토)
- 빙적토: 빙하에 의해 운반되어 쌓인 토양(호상 점토, 규조토)

토양의 성질에 영향을 미치는 요인

기후(온도와 강수량), 지형(기복과 유로), 토양 생물, 모암의 성분과 조직, 토양 생성에 걸린 시간, 원암의 화학성분 등

② 토양의 성질③

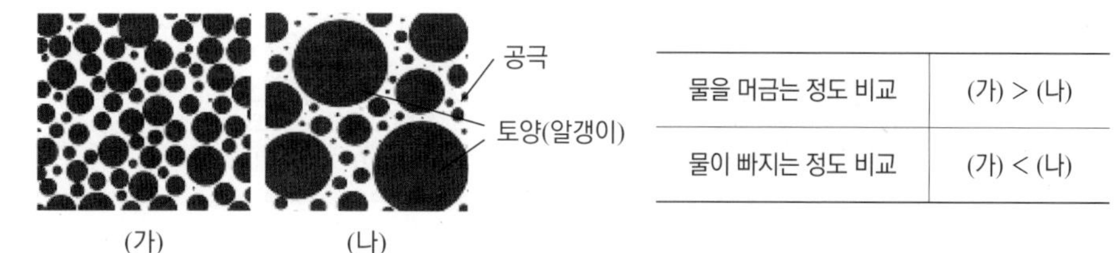

물을 머금는 정도 비교	(가) > (나)
물이 빠지는 정도 비교	(가) < (나)

- 크기가 큰 알갱이로 되어있는 (나)흙이 (가)흙보다 물이 더 잘 빠진다. 알갱이 사이의 구멍의 크기가 크기 때문이다.
- 크기가 비슷한 알갱이로 되어있는 (가)흙이 크기가 많이 차이나는 (나)흙보다 더 많은 물을 머금을 수 있다.

③ **토양의 물리적 성질**

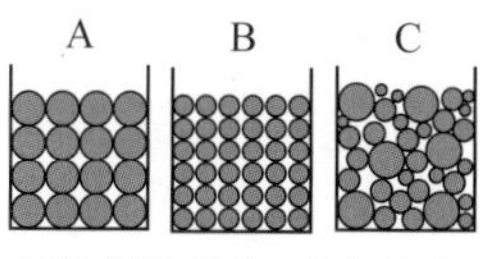

- 토양이 물을 머금는 정도(공극률) : 토양의 부피에 대한 공극의 부피비 $= \frac{\text{공극의 부피비}}{\text{토양의 부피비}} \times 100(\%)$ 공극률은 입자의 크기가 고를수록 크고, 입자가 고를 경우 입자의 크기에 관계없이 일정하다. A = B > C
- 물이 잘 빠지는 정도(투수성) : 토양이 물을 통과시킬 수 있는 능력, 입자(공극)의 크기에 비례한다. A > C > B

(3) 자연적인 지표 변화 : 지표면에서는 침식작용, 운반작용, 퇴적작용이 끊임없이 일어나서 지표면의 모습이 변화한다.

① **유수에 의한 지표 변화**④ : 지표 위를 흐르는 물은 유속이 빠를 때에는 침식 작용을, 유속이 느릴 때는 퇴적 작용을 일으킨다.

유수의 작용	지형
침식 작용	V자곡, 폭포, 돌개 구멍, 우각호, 하안 단구, 사행천
퇴적 작용	선상지, 범람원, 삼각주, 자연 제방

④ **유수의 작용**
- 하각 작용 - V자곡, 폭포
- 측각 작용 - 곡류, 우각호, 하안단구, 사행천
- 퇴적 작용 - 선상지(상류), 범람원, 자연 제방, 삼각주(하류)

- **지형의 예**

V자곡	강의 상류에서는 침식이 활발하여 폭이 좁고 깊은 골짜기
선상지	경사가 급한 계곡의 물이 평지로 나오면서 갑자기 유속이 줄어들어 만들어지는 부채꼴 모양의 퇴적 지형
곡류⑤	강이 굽이쳐 흐르면서 중류에서 침식과 퇴적을 일으켜 형성
우각호	곡류가 흘렀던 곳에 더 이상 물이 흐르지 않고 소 뿔 모양의 호수가 형성
삼각주	하류에는 강물이 바닷물과 만나 유속이 느려지므로 퇴적이 활발하여 형성

⑤ **곡류에서의 지표 변화**

곡류에서 안쪽에서는 유속이 느려서 퇴적이 일어나고, 바깥쪽에서는 유속이 빨라 침식이 일어난다.

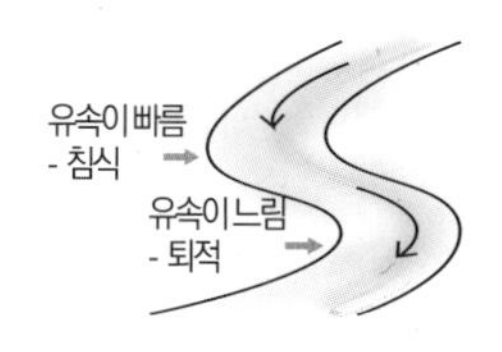

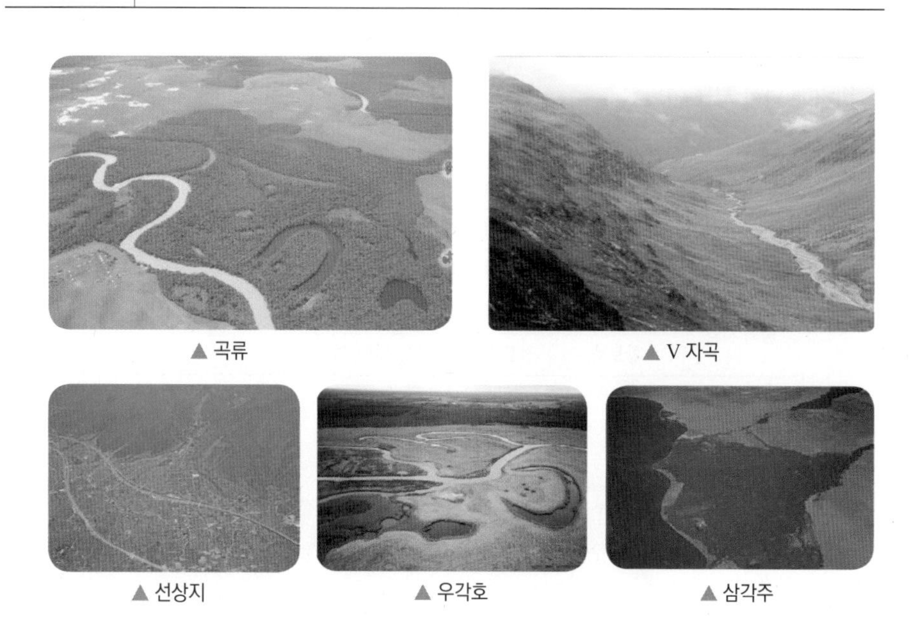
▲ 곡류 ▲ V 자곡
▲ 선상지 ▲ 우각호 ▲ 삼각주

⑥ **석회 동굴**

석회암 지층의 표면에서 스며든 물이 땅 속으로 흘러가면서 만든 지하수의 통로가 점점 커져서 동굴이 형성된다.

⑦ **석주, 석순, 종유석**

종유석과 석순의 발달이 계속되어 서로 만나 기둥모양을 이룬 생성물이다.

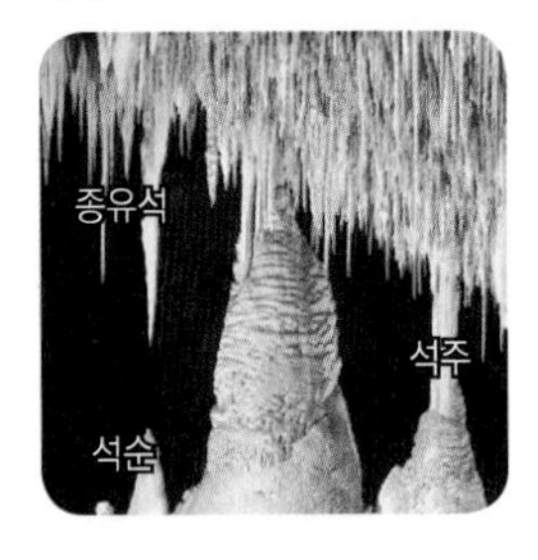

⑧ **해수에 의한 침식 작용과 퇴적 작용**

침식 작용이 활발한 곳은 파도가 집중되는 돌출부(곶)이며, 파도가 분산되는 만입부(만)에서는 퇴적 작용이 활발하게 일어나 해수욕장이나 갯벌이 생성된다.

⑨ **사취**

해안 지방에서 한끝은 육지와 다른 쪽은 바다쪽으로 뻗어있는 좁고 긴 퇴적 지형이다.

⑩ **풍식 지형**

해안 지방에서 한끝은 육지와 다른 쪽은 바다쪽으로 뻗어있는 좁고 긴 퇴적 지형이다.

버섯 바위 오아시스

⑪ **사구의 형성**

바람이 불어오는 쪽의 경사는 완만하고, 반대쪽의 경사는 급하다.

사구는 바람이 불어가는 쪽으로 서서히 이동한다.

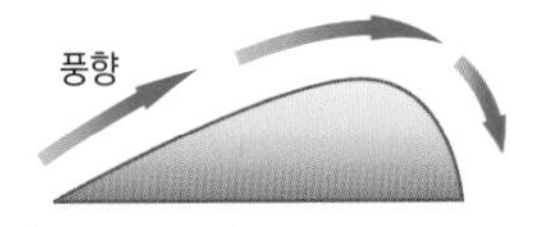

② **지하수에 의한 지표 변화** : 지하수가 석회암 지대를 통과하면 석회 동굴⑥, 종유석, 석순, 석주⑦ 등이 만들어진다.

$$\underset{(CaCO_3)}{\text{석회암}} + \underset{(H_2O)}{\text{물}} + \underset{(CO_2)}{\text{이산화 탄소}} \underset{\text{종유석, 석순, 석주(퇴적)}}{\overset{\text{석회동굴(침식)}}{\rightleftarrows}} \underset{(Ca(HCO_3)_2)}{\text{탄산 수소 칼슘}}$$

석회 동굴	주로 방해석으로 이루어진 석회암은 지하수에 잘 녹는 성질이 있어서 석회암 지대의 지하에서 발달
종유석, 석순, 석주	석회 동굴안에서의 특이한 지형
돌리네	석회 동굴이 발달한 지역에서 땅이 무너지거나 움푹하게 들어간 형태
카르스트 지형	돌리네가 많이 나타나는 지형

③ **해수에 의한 지표 변화**⑧

해수의 작용	특징	지형의 예
침식 지형	밀려드는 파도가 해안의 암석을 깎아내어 형성	해식 절벽, 해식 동굴
퇴적 지형	깎인 퇴적 물질이 쌓여 형성된 지형	해식 대지, 해안 단구, 해빈, 사주, 사취⑨, 석호, 육계도

▲ 해안 단구

▲ 해식 동굴

▲ 해식 절벽

▲ 사취

▲ 석호

▲ 해빈

Q13 해안선은 일반적으로 세월이 지나면 돌출부에서는 침식 작용, 만에서는 퇴적 작용이 나타나 단조로워진다. 그러나 항상 단조롭게 나타나지 않는 이유는 무엇일까?

④ **바람에 의한 지표 변화**⑩

바람의 작용	지형	특징
풍식 지형	버섯 바위	바람에 날린 모래에 의해 침식되어 버섯모양의 바위가 형성
	오아시스	바람에 의해 지표가 침식되어 지하수면이 드러난 곳에서 형성
	삼릉석	암석과 바위가 바람에 날린 모래에 의해 침식되어 형성
풍퇴 지형	사구⑪	바람에 날린 모래가 퇴적되어 모래 언덕 형성
	황토층	점토가 날려 와서 쌓인 지층

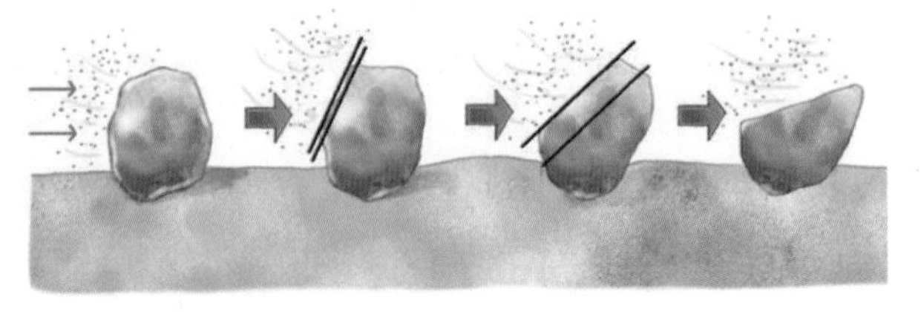
▲ 삼릉석이 되어가는 과정

⑤ **빙하에 의한 지표 변화**[12]

혼	빙하가 움직일 때 산 정상 부근을 깎아 삼각뿔 모양으로 뾰족한 형태 형성
U자곡	빙하의 침식으로인해 바닥이 평평하게 U자 모양으로 형성된 골짜기
빙퇴석	빙하가 녹아 운반되던 물질이 한꺼번에 퇴적되어 형성. 크기가 불규칙하고, 퇴적물에 모가 나 있으며, 마찰에 의해 생긴 흠집이 있다.
빙식호	빙하의 침식과 퇴적물에 의해서 형성된 호수

⑥ **자연 재해에 의한 지표 변화** : 집중 호우, 태풍, 홍수, 지진, 화산 활동, 지진 해일[13]

⑦ **인위적인 지표 변화** : 대규모 간척 사업, 주택 산업 단지 건설, 항만 도로 건설, 철도나 댐의 건설

▲ 홍수로 인한 지표 변화

▲ 화산에 의한 지표 변화

▲ 건설로 인한 지표 변화

Q14 다음 각 지형의 공통점을 쓰시오.

(1) 삼각주와 선상지 :
(2) 버섯 바위와 삼릉석 :
(3) 빙퇴석과 파식 대지 :
(4) V자곡과 U자곡 :
(5) 해식 동굴과 석회암 동굴 :

(4) 지형의 순환

지표면은 풍화 작용에 의해 암석이 잘게 부서져서 돌조각이나 토양으로 변하고 유수, 지하수, 빙하, 해수, 바람들에 의해 높은 곳은 깎여서 낮아지고 낮은 곳은 퇴적물들이 메워서 평탄해지게 된다. 이와 같이 지표면이 오랜 세월에 걸쳐서 평탄화 작용과 융기 작용을 되풀이하면서 순환하는 것을 지형의 순환이라 한다.

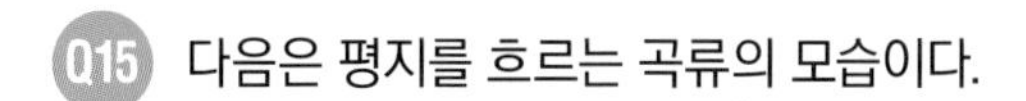
Q15 다음은 평지를 흐르는 곡류의 모습이다.

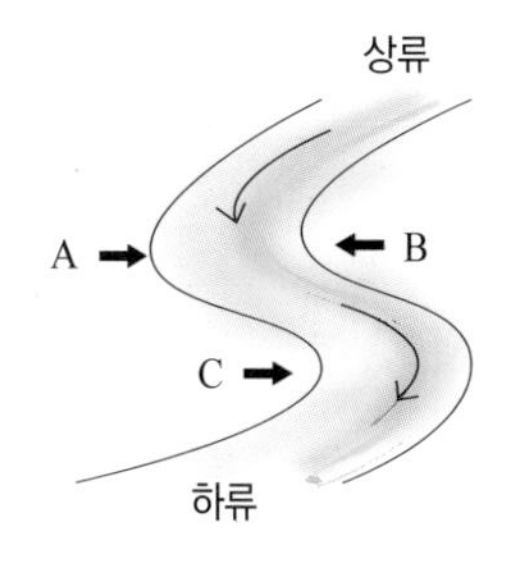

(1) A, B, C 중 침식작용이 가장 활발하게 일어나는 곳을 고르고 그 이유를 유속과 연결지어 설명하시오.

(2) 다음 문장을 완성하시오.

C부근에서 화살표를 따라 강의 왼쪽을 내려오는 동안 강물의 깊이는 점차 ( )

Q16 지표면이 오랫동안 풍화, 침식을 받았는데도 평탄하지 않고 아직도 큰 산맥들이 많이 분포하는 이유는 무엇일까?

[12] **빙하에 의한 지표 변화**

·혼

·U자곡

·빙퇴석

·빙식호

[13] **지진 해일**

지진에 의해서 생기는 해일로 쓰나미 (tsunami)로도 불린다.

지진 해일이 해안에 도착하면 바닷물이 빠르게 빠져나가면서 다음 해일이 밀려오는 일이 되풀이된다. 규모 6.3 이상으로 진원의 깊이 80km 이하의 얕은 곳에서 수직 단층 운동에 의한 지진이 일어날 경우 지진 해일이 일어나게 될 가능성이 크다.

참고 문헌 및 학습 자료

서울대학교 과학교육연구소 : 과학탐구수업 지도자료
교육과정평가원 : 이런 수업 어때요?
조원식 : 우리땅 우리돌 길라잡이
인터넷 사이트 및 멀티미디어 자료
환경지질연구정보센터
http://ieg.or.kr
서울시과학전시관 우수학습동영상
http://www.ssp.re.kr
공주사대 과학교육연구소
http://earth.kongju.ac.kr

탐구 Ⅰ 광물의 구별

탐구 과정 이해하기

실험 1

① 각 광물의 굳기는 얼마인가? 손톱, 동전, 쇠못으로 각 광물을 긁어 보고, 광물에 흠집이 생기는지 관찰해 보자.

② 글씨가 겹쳐 보이는 광물은 무엇이 있는가? 글씨 위에 올려 놓아 보자.

③ 철가루가 달라붙는 광물은 어느 것인가?

④ 묽은 염산과 반응하여 거품이 생기는 광물은 무엇인가?

실험 2

⑤ 규산염 광물의 기본 구조는 무엇일까?

생각해 보기

실험 1

준비물 : 광물 표본, 돋보기, 조흔판, 묽은 염산, 샤알레, 철가루, 동전, 쇠못

관찰하기

실험 방법

① 여러 가지 특성을 비교하여 광물을 구별해 보자.

② 각 광물의 특성을 표로 정리해 보자.

실험 2

준비물 : 고무 찰흙(녹색, 파란색), 빨대, 자, 가위, 성냥개비, 각도기

실험 방법

① 가위로 빨대를 잘라, 10cm 길이로 6개를 만든다.

② 위와 같은 방법으로 더 짧은 길이(약 6cm)의 빨대를 4개 만든다.

③ 녹색 고무 찰흙을 적당히 떼어내어 둥글게 만든다. 모두 4개를 만든다.

④ 파란색 고무 찰흙으로도 같은 방법으로 1개를 만든다. 녹색 고무 찰흙보다 작게 만든다.

⑤ 녹색 고무 찰흙은 각 꼭지점에, 파란색 고무 찰흙은 사면체의 중앙에 위치하도록 각 고무 찰흙을 빨대로 연결한다.

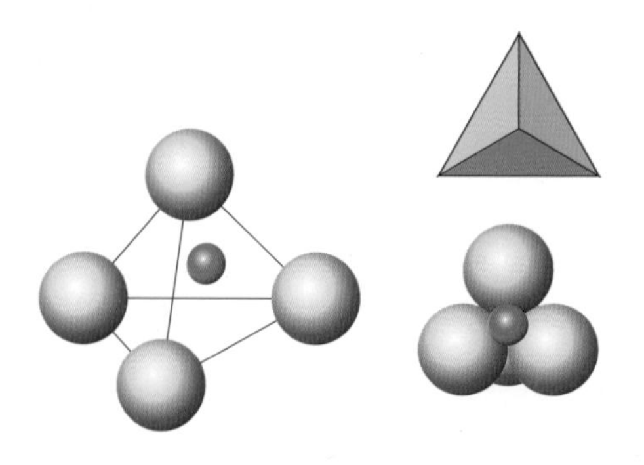

정답 및 해설 02쪽

탐구 결과 해석 하기

01

[실험 1] 각 광물의 중요한 특성을 기록해 보자.

	광물명	특징
1	석영	
2	장석	
3	방해석	
4	자철석	
5	황철석	
6	황동석	
7	적철석	

02

[실험 2]에서 만든 모형은 어떤 광물을 의미하는 것일까?

결론 도출 및 개념 응용

03

각 광물을 구분하는 데 어떤 성질이 주로 이용되었는지 토의해 보자.

04

[실험 2]의 구조물에서, 녹색 고무 찰흙과 파란색 고무 찰흙은 각각 무엇에 해당하는가?

결론 도출 및 개념 응용

05

다음은 금강석과 흑연의 물리적 성질과 그 이용에 대한 설명이다. [수능 기출]

- 금강석은 (A) 특성을 활용하여 연마재로 이용한다.
- 흑연은 (A), (B) 특성을 활용하여 연필심의 재료로 이용한다.
- 두 광물의 물리적 성질이 서로 다른 원인은 (C)의 차이 때문이다.

A, B, C에 해당되는 광물의 특성을 가장 적절하게 짝지은 것은?

	A	B	C
①	굳기	쪼개짐	결정 구조
②	굳기	쪼개짐	화학 조성
③	깨짐	굳기	화학 조성
④	쪼개짐	굳기	결정 구조
⑤	쪼개짐	굳기	화학 조성

탐구 II 스테아르산의 결정 만들기

실험 1 | 스테아르산 결정 만들기

준비물 : 시험관 2개, 비커 2개, 수조 2개, 페트리 접시 2개, 스테아르산, 알코올 램프, 석면 철망, 돋보기, 얼음, 시험관 집게, 면도칼, 면장갑

①

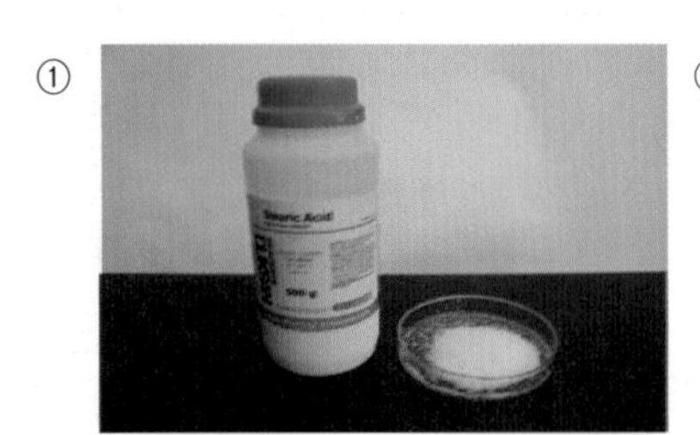

②

③

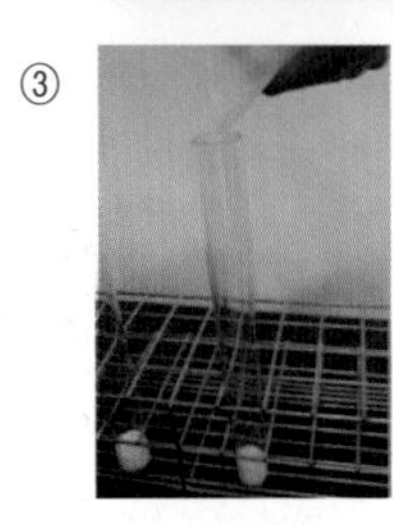

④

⑤

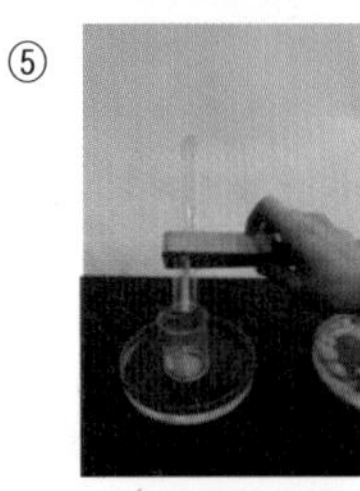

⑥

⑦

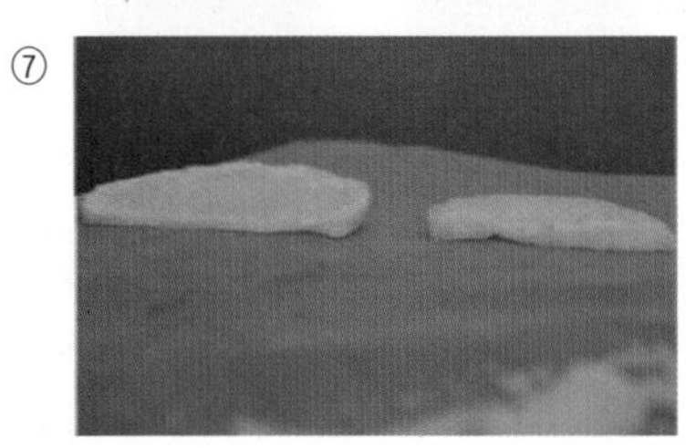

실험 방법

① 두 시험관에 스테아르산을 각각 넣고, 물이 담긴 비커에 담아 알코올 램프로 가열한다. 이때, 가끔 시험관을 흔들어 스테아르산이 완전히 녹을 수 있도록 한다.

② 시험관 안에 들어 있는 액체 스테아르산을 하나는 더운 물 위에 올려 놓은 비커 속에 붓고, 다른 하나는 얼음물 위에 올려져 있는 비커에 붓는다.

③ [과정 ②]에서 굳어진 각각의 스테아르산을 면도칼로 자르고, 단면을 돋보기로 관찰해 보자.

* 스테아르산 : 스테아르산은 원래 긴 탄소 사슬을 가진 에스테르 형태로 산출된다. 돼지 기름과 우지(牛脂)에 30% 정도의 스테아르산이 들어 있다.

탐구 과정 이해하기

실험 1

① 어느 쪽 비커에 들어 있는 스테아르산이 먼저 굳어지는가?

② 어느 쪽 비커에 들어 있는 스테아르산의 결정이 더 큰가?

③ 이런 차이가 생긴 과정과 이유를 설명하라.

실험 2

④ 설탕을 녹였다가 다시 식히는 이유는 무엇인가?

실험 2 | 각설탕과 녹였다가 굳힌 설탕 덩어리 관찰하기

준비물 : 가열 용기(국자), 각설탕, 가루 설탕, 유리판, 샬레 2개, 알코올 램프, 돋보기, 면도칼, 면장갑

실험 방법

① 설탕 가루를 국자에 담아 알코올 램프로 가열한다.
② 설탕이 녹으면 이를 유리판에 부어 식힌다.
③ 주어진 각설탕과 한번 녹았다가 굳은 설탕 덩어리를 관찰한다.

» 추리

01 (실험 2)에서 원래의 설탕 알갱이를 눈으로 확인할 수 있는 것은 어느 것인가?

02 (실험 2)에서 손으로 만져보고 부수어 보자. 둘 중 더 단단한 것은 어느 것인가?

» 결론 도출 및 일반화

03 (실험 1)은 무엇을 알아보기 위한 것인지 한 문장으로 정리하여 쓰시오.

04 위의 실험 결과를 이용하여 아래 그림 A, B와 화강암, 현무암을 연결짓고 설명해 보시오.

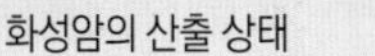
화성암의 산출 상태

화강암

현무암

05 (실험 2)에서 각설탕과 한번 녹았다가 굳은 설탕 덩어리는 각각 화성암과 퇴적암 중 어느 암석에 비유할 수 있을까?

개념 확인 문제

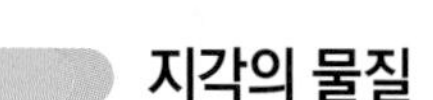

지각의 물질

01 **다음 표는 지각을 구성하는 원소의 질량비를 나타낸 것이다. A, B에 해당하는 원소의 이름은 각각 무엇일까?**

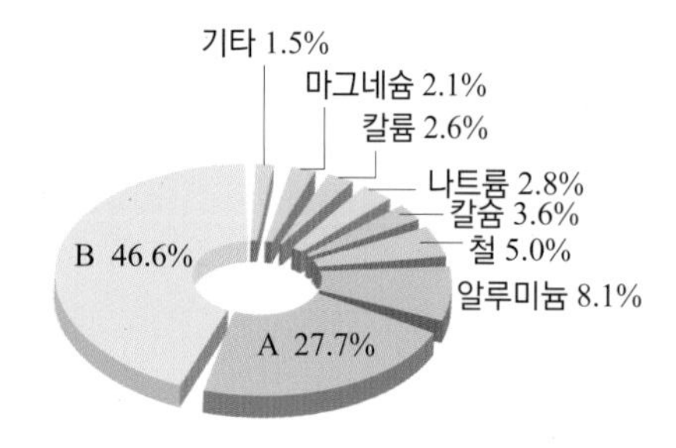

02 **다음과 같이 조암 광물을 두 그룹으로 나눈 기준은 무엇일까?**

(가)그룹 : 석영, 장석

(나)그룹 : 감람석, 흑운모, 각섬석, 휘석

03 **광물에 대한 다음 설명 중 옳지 않은 것은?**

① 자석과 반응하는 것은 자철석이다.

② 방해석은 염산과 반응한다.

③ 석고를 손톱으로 긁으면 아무런 변화가 없다.

④ 흑운모는 얇은 판 모양으로 쪼개지는 성질이 있다.

⑤ 황동석, 황철석, 금은 조흔색을 이용하면 구별 가능하다.

04 **광물과 그 이용의 예가 알맞게 연결되지 못한 것은?**

① 시멘트 - 방해석　② 반도체 - 석영

③ 치약 - 활석　④ 페인트 - 운모

⑤ 공업용 절단기 - 각섬석

05 **다음 〈보기〉는 광물의 굳기를 알아보는 실험 결과이다. 세 광물을 단단한 것부터 굳기 순서대로 바르게 나열한 것은?**

보기

(가)를 (나)로 긁었더니, 흠집이 생겼다.
(나)를 (다)로 긁었더니, 흠집이 생겼다.
(다)를 (가)로 긁었더니, 긁히지 않았다.

① (가)>(나)>(다)　② (다)>(나)>(가)

③ (다)>(가)>(나)　④ (나)>(다)>(가)

⑤ (가)=(나)=(다)

06 **광물의 물리적 성질 중 원소의 화학 결합 양식과 관계있는 것끼리 모은 것은?**

① 색, 굳기, 쪼개짐　② 굳기, 쪼개짐, 깨짐

③ 쪼개짐, 깨짐, 조흔색　④ 조흔색, 굳기, 색

⑤ 쪼개짐, 색, 조흔색

07 **석영과 장석의 성질을 다음과 같이 표로 정리하였다. 두 광물을 구별할 수 있는 성질을 모두 고르면?**

광물 / 성질	결정형	조흔색	쪼개짐	염산 반응
석영	육각기둥	흰색	깨짐	변화 없음
장석	두꺼운 판	흰색	두 방향으로 쪼개짐	변화 없음

08 **다음 단어 퍼즐을 완성하시오.**

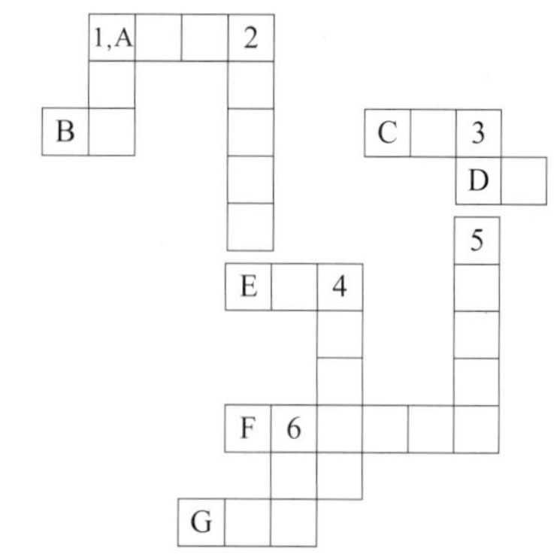

[세로 열쇠] (1 ~ 6)

1. 흰색의 조흔판에 문지를 때 나타나는 광물 가루의 색깔
2. 광물의 성질은 (　　)과 화학적 성질 등으로 나뉜다.
3. 지구의 겉 부분인 지각을 구성하며, 광물들로 이루어진 것
4. 독일의 광물학자가 10가지 광물을 선정하여 굳은 정도에 따라 등급을 정한 것
5. 흑운모의 쪼개짐 모양
6. 굳기 5~6이고 길쭉한 기둥 모양에 녹색 또는 갈색인 광물

[가로 열쇠] (A ~ G)

A. 암석을 이루는 주된 광물
B. 흑운모의 조흔색
C. 대륙 지각을 이루고 있는 주된 암석
D. 유리의 주재료가 되는 광물
E. 광물의 색과 조흔색이 서로 다른 대표적 광물
F. 석영의 결정형 모양
G. 자석에 달라붙는 성질, 즉 자성이 있는 광물

09 방해석은 글씨가 써 있는 흰종이 위에 올려놓으면 글씨가 겹쳐져 보이는 특징을 갖는다. 이런 현상을 무엇이라 하는가?

10 화강암에서 보이는 석영은 대부분 타원이지만 육각기둥 모양으로 자란 석영 결정 또한 존재한다. 두 석영의 겉모양(외형)이 다른 이유는 무엇인가?

11 수경이는 야외 지질 조사를 나가기 위하여 필요한 물품들을 다음 〈보기〉와 같이 준비하였다. 묽은 염산을 이용하여 알아낼 수 있는 광물은 무엇인지 쓰고, 이것은 화성암, 변성암, 퇴적암 중 어느 암석에서 가장 많이 산출되는지 쓰시오.

보기

망치 지질도 자석 묽은 염산
줄자 사진기 필기 도구

12 다음 〈보기〉는 어떤 광물에 대한 설명이다. 이 광물의 이름을 쓰시오.

보기

화강암을 이루는 중요한 광물 중 하나이다.
지각을 구성하는 조암 광물의 약 12%를 차지한다.
K, Al, Si 및 O와 같은 성분으로 이루어져 있다.
도자기를 만드는 원료가 된다.
화학적 풍화 작용을 받으면 고령토가 된다.

13 암석들을 각각의 방법으로 분류하고자 한다.

(가) (나) (다) (라)

(1) 만약 암석을 (가), (나)와 (다), (라)로 구분하고자 한다면 분류 기준은 무엇인지 적어보시오.

(2) 또 다른 방법으로 암석을 구분할 수 있겠는가? 만약 있다면 어떤 방법이 좋은지 쓰시오.

암석의 생성과 순환

14 화성암을 다음과 같이 네 가지로 분류할 때, 화강암과 현무암은 각각 어느 곳에 속하는지 그 이유와 함께 설명하시오.

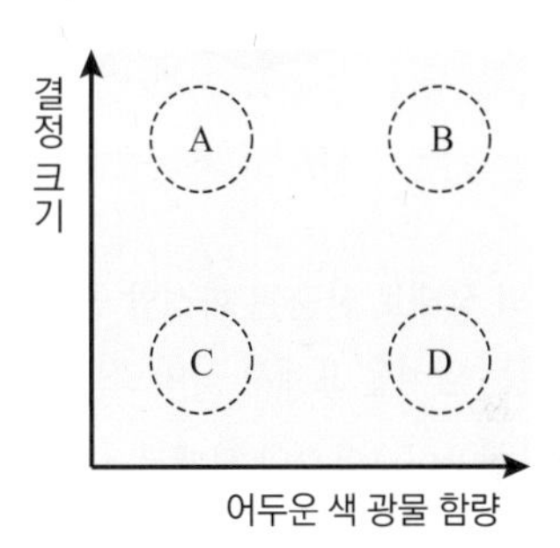

15 액체 스테아르산을 하나는 더운물 위에 띄워 놓은 페트리 접시에, 다른 하나는 얼음물이 들어 있는 페트리 접시에 부어서 냉각시켰다. 실험 결과를 〈보기〉에 순서대로 바르게 완성한 것은?

보기

얼음물에 부은 스테아르산은 더운물에 부은 스테아르산의 경우보다
A. 온도차가 ( )
B. 냉각하는데 걸리는 시간은 ( )
C. 따라서 결정의 크기는 ( )

① 크다, 길다, 작다
② 크다, 짧다, 작다
③ 작다, 길다, 작다
④ 작다, 짧다, 크다
⑤ 크다, 짧다, 크다

16 **표는 화성암의 종류와 구성 광물의 부피비를 나타낸 것이고, 그림은 화성암이 생성된 장소를 나타낸 것이다.**

조직 \ SiO_2 함량	~52%	52%~66%	66%~
세립질	현무암	안산암	유문암
조립질	반려암	섬록암	화강암
주요 조암광물의 부피비(%) (20, 40, 60, 80)	감람석, 휘석	사장석, 각섬석	석영, 정장석, 흑운모

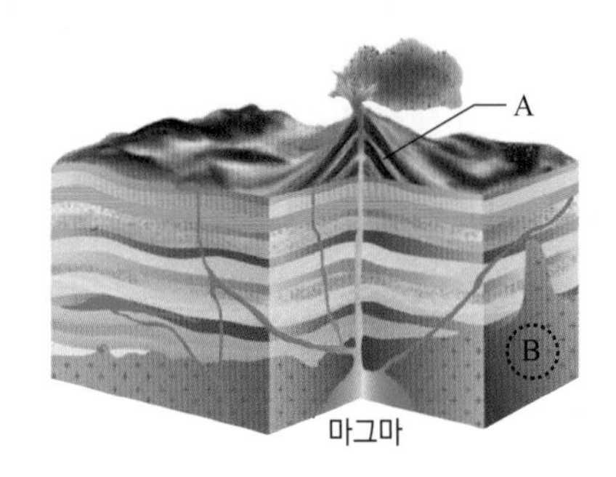

(1) A의 상태로 산출된 화성암 중 가장 어두운 색을 띠는 암석을 표에서 찾아 쓰시오.

(2) 화성암이 A와 B의 상태로 산출되는 과정에서 마그마의 냉각 속도를 등호 또는 부등호로 비교하시오. (단, 냉각 속도가 빠르다는 것은 냉각 속도의 차이가 크다는 의미이다.)

17 **화성암을 화산암과 심성암으로 구분하는 기준은 무엇인가?**

18 **다음 〈보기〉는 퇴적암이 만들어지는 과정을 나타낸 것이다. 순서대로 바르게 나열하시오.**

보기

ㄱ. 오랜 시간이 지난 후 굳어져 암석이 된다.
ㄴ. 퇴적물이 강, 호수, 바다의 밑바닥에 쌓인다.
ㄷ. 새로 쌓인 퇴적물의 무게에 의해 다져진다.
ㄹ. 물에 포함된 광물질이 침전되어 퇴적물을 결합시킨다.

19 **그림은 현무암질 마그마의 분화 과정을 나타낸 것이다.**

고온 ← (마그마 온도) → 저온

현무암질 → 안산암질 → 유문암질

암석 A, 암석 B, 암석 C

석영, 정장석, 사장석, 흑운모, 각섬석, 휘석, 감람석

(1) 유색 광물과 무색 광물의 결정이 정출되는 순서를 쓰시오.

(2) 마그마가 분화함에 따라 CaO, K_2O의 함량비는 어떻게 변하는지 설명하시오.

(3) 마그마의 분화 과정에서 생성된 암석 A와 C의 성질(색, 비중, 용융점, SiO_2 함량, 유색 광물의 비율)을 비교하시오.

20 **다음 〈보기〉는 스테아르산의 결정 만들기 실험 과정이다.**

보기

(가) 스테아르산을 넣은 시험관을 물이 담긴 비커에 넣어 스테아르산이 완전히 녹을 때까지 알코올램프로 가열한다.
(나) 액체로 된 스테아르산의 절반 정도를 얼음물이 들어 있는 비커에 조심스럽게 붓는다.
(다) 나머지 스테아르산을 가열하여 녹인 후 더운 물 위에 띄워 놓은 페트리 접시에 조심스럽게 붓고 완전히 굳을 때까지 기다린다.
(라) (나)와 (다)의 스테아르산이 모두 굳은 다음 면도칼로 자르고, 자른 단면을 돋보기나 현미경으로 관찰한다.

(1) 스테아르산이 냉각되는 시간과 결정의 크기는 어떤 관계가 있는지 쓰시오.

(2) 과정 (다)와 같은 원리에 의해서 만들어지는 암석을 쓰시오.

(3) 과정 (다)의 구성 광물 결정의 크기가 큰 까닭을 세 가지 근거 자료(생성 장소, 결정의 형성 시간, 시간적 간격)를 제시하여 서술하시오.

21 다음 그림은 퇴적암으로 이루어진 지층 사이로 마그마가 뚫고 들어온 모습이다. (가)와 (나)에서 발견할 수 있는 암석의 이름을 각각 써 보시오.

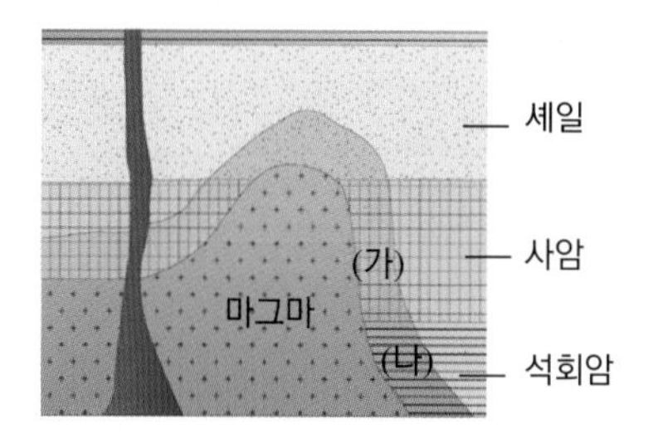

22 다음은 물질의 모양이나 성질이 변하는 예이다. 〈보기〉와 같은 원리로 만들어진 암석은?

> **보기**
> 흙으로 빚은 그릇을 뜨거운 가마에서 구워내면 더 단단해진다.
> 구겨진 셔츠를 뜨거운 다리미로 눌러 다리면 주름이 펴진다.

① 사암 ② 역암 ③ 대리암
④ 석회암 ⑤ 현무암

23 표는 몇 가지 암석들을 관찰하여 그 특징을 기록한 것이다. 이 암석들을 화성암, 퇴적암, 변성암으로 분류할 때 옳은 것은?

암석	주요 구성 광물	색	화석 유무	기타 특징
A	장석, 석영, 운모	밝은 색	없다	조립· 등립질
B	점토, 운모류	어두운 색	있다	층리 발달
C	석영, 장석, 운모	어두운 색	없다	편마 구조
D	방해석	밝은 색	있다	염산 반응
E	감람석, 휘석, 사장석	어두운 색	없다	세립질

	화성암	퇴적암	변성암
①	A, D	B, E	C
②	A, E	B, D	C
③	A, E	C, D	B
④	B, C	D, E	A
⑤	C, E	B, D	A

24~25 다음은 여러 지역을 답사하여 암석의 특징을 기록한 것이다.

지역	특징	
① 북한산		• 밝은 색과 어두운 색의 결정들이 고르게 분포한다. • 알갱이 크기가 비슷하다.
② 김포		• 크고 작은 자갈과 모래 입자들이 모여 있다. • 층은 보이지 않는다.
③ 속리산		• 밝고 어두운 색의 광물이 교대로 띠를 이룬다. • 줄무늬의 휘어진 구조가 보인다.
④ 제주도		• 검은색으로 구멍이 숭숭 뚫려 있다. • 알갱이가 작다.
⑤ 제주도		• 화산재가 쌓여서 만들어졌다. • 회색이나 검은색을 나타낸다.

24 화석이 나올 가능성이 있는 암석을 모두 골라 기호를 쓰시오.

25 ⑤번은 제주도 용머리 해안에서 발견된 암석의 특징을 설명한 것이다. 이 암석은 무엇인가?

① 편마암 ② 현무암 ③ 대리암
④ 석회암 ⑤ 응회암

26 다음의 여러 가지 암석에 대한 설명 중 옳지 않은 것은?

① 변성암에서는 줄무늬인 층리를 볼 수 있다.
② 화성암은 마그마가 굳어져 만들어진 암석이다.
③ 퇴적암의 종류에는 역암, 사암, 셰일 등이 있다.
④ 변성암은 다른 암석이 높은 열과 압력을 받아 만들어진 암석이다.
⑤ 퇴적암은 여러 가지 퇴적물이 층을 이루며 쌓여 만들어진 암석이다.

27 그림 (가)는 암석의 순환 과정을, (나)는 지구 환경 요소의 상호 작용 중 일부를 나타낸 것이다. 이에 대한 설명으로 옳지 않은 것은?

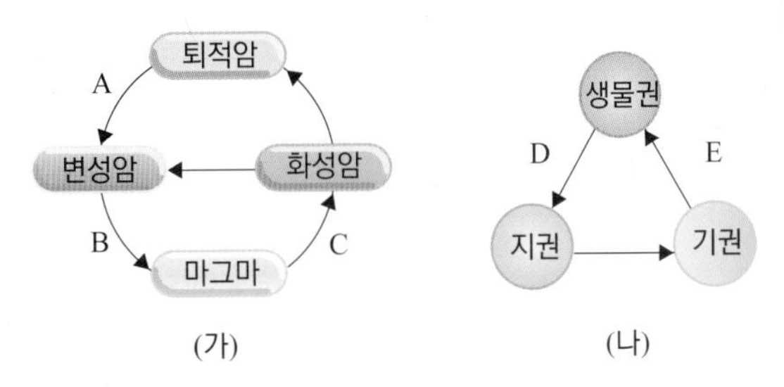

(가) (나)

① A는 높은 열과 압력에 의한 것이다.
② B는 풍화, 침식, 운반 작용에 의한 것이다.
③ C에서는 냉각 속도에 따라 광물 입자의 크기가 달라진다.
④ D 과정에서 석회암이 만들어질 수 있다.
⑤ E 과정은 기후 변화에 영향을 받는다.

28 그림의 (　　)안에 알맞은 단어를 〈보기〉에서 골라 적어 보시오.

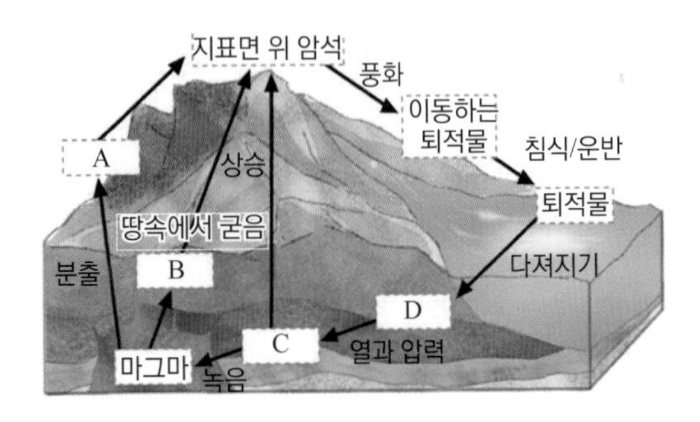

보기

화성암　화산암　토양　지하수
심성암　퇴적암　변성암

A (　　　　　　)　　B (　　　　　　)
C (　　　　　　)　　D (　　　　　　)

29 다음 지형의 이름과 생성의 주된 원인이 바르지 못한 것은?

① 유수의 퇴적 작용 - 삼각주, 선상지
② 빙하의 침식 작용 - U자곡, 혼
③ 바람의 침식 작용 - 버섯바위, 오아시스
④ 해수의 침식 작용 - 해식 절벽, 해식 동굴
⑤ 지하수의 침식 작용 - 곡류, 우각호

30 암석의 순환과정을 나타낸 다음 그림을 바르게 완성한 것은?

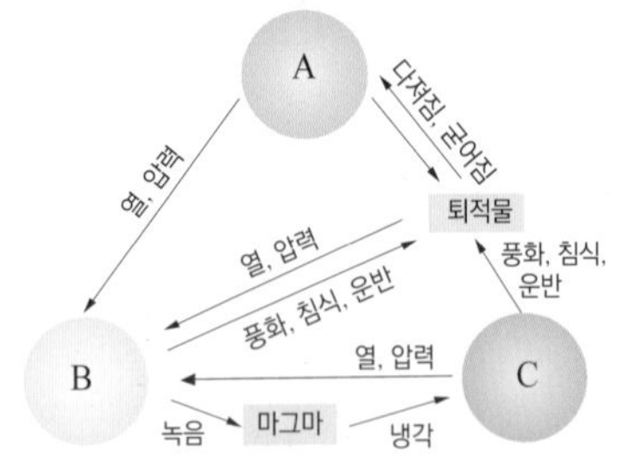

	A	B	C
①	화성암	퇴적암	변성암
②	화성암	변성암	퇴적암
③	변성암	퇴적암	화성암
④	퇴적암	화성암	변성암
⑤	퇴적암	변성암	화성암

31 화학적 풍화는 어떤 기후에서 빨리 진행되는지 설명하시오.

32 풍화에 대한 설명이 바르지 못한 것을 고르시오.

① 식물의 뿌리는 풍화의 원인 중 하나이다.
② 바람에 날리는 모래가 암석을 깬다.
③ 공기중에 오염 물질이 적을수록 풍화가 잘된다.
④ 지표의 암석이 풍화되면 토양으로 변화한다.
⑤ 물이 녹았다 얼었다 반복하며 풍화가 일어난다.

33~34 그림 (가) ~ (라)는 여러 가지 지형을 나타낸 것이다. (단, (라)는 빙하에 의해 형성된 지형이다.)

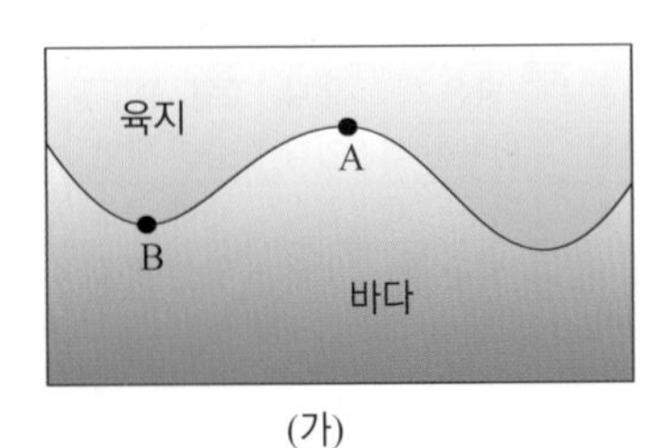

(가)

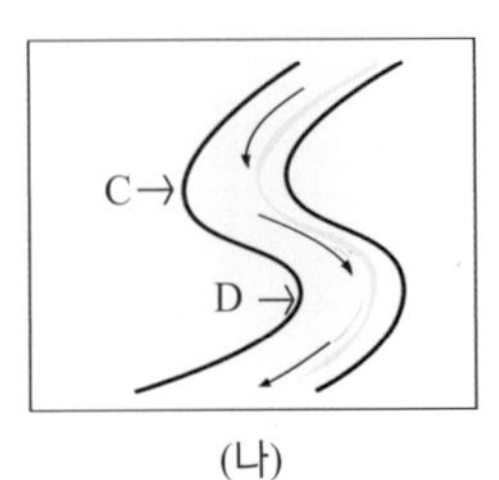

(나)

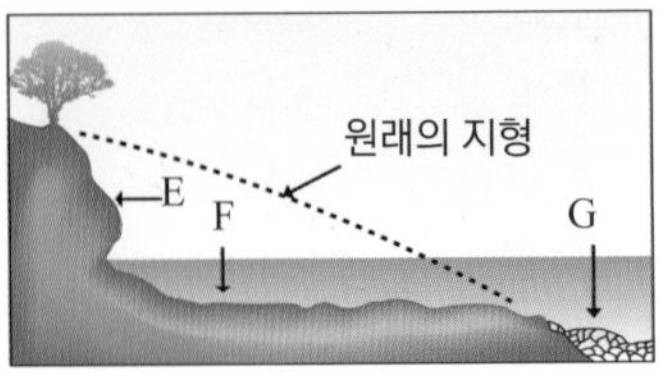

(라)

(다)

33 그림 (가) ~ (라)의 A ~ H 지점에서 퇴적 작용이 활발한 곳만을 있는 대로 고르시오.

34 (가)~(라)의 지형의 다음 단계 모습은 어떻겠는가? 다음 중 옳은 것 두 개를 고르시오.

	지형	지형 변화
①	(가)	해안선이 단조롭게 변한다.
②	(나)	곡류가 더욱 구불구불하게 변한다.
③	(다)	해식 절벽이 사라진다.
④	(라)	산꼭대기가 더욱 뾰족해진다.
⑤	(가)	육지가 점차 사라진다.

35 다음 〈보기〉의 지형의 공통점은 무엇인지 쓰시오.

보기

선상지 퇴적 대지 종유석

36 다음 그림은 사구를 나타낸 것이다. 사구의 경사와 바람의 방향과의 관계에 대하여 설명해보자.

37 강의 상류에서 하류로 이동하면서 형성된 지형을 〈보기〉에서 순서대로 골라 기호를 바르게 나열하시오.

보기

(가) 선상지 (나) V 자 계곡
(다) 삼각주 (라) 곡류

38 A, B에 알맞은 용어를 쓰시오.

몇 해 전부터 '아시아 먼지'라고도 불리는 봄날의 불청객인 (A)가 꾸준히 우리나라를 찾고 있다. 올해는 특히 (A) 발생 일수가 예년보다 많을 것이라고 하는데 이는 (A)의 '고향' 중국에서 고온 건조한 날씨가 계속되고 있기 때문이다. (A)는 단순히 시야를 가려 뿌옇게 보이는 것뿐만 아니라, 건강에 많은 해를 끼친다. 또 (A)는 지형의 변화에도 많은 영향을 미치게 되는데 (A)는 유수, 지하수, 해수, 바람, 빙하 등 지형의 변화에 영향을 주는 요인 중 (B)과 밀접한 관련이 있다.

39 오랜 시간에 걸쳐 형성된 성숙한 토양은 4개의 층상 구조를 가진다.

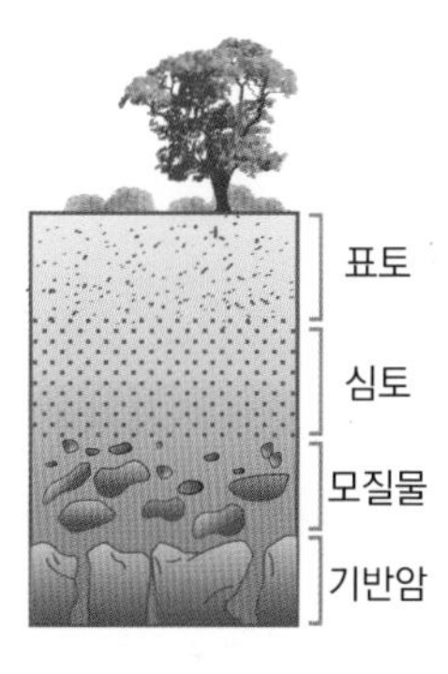

(1) 암석을 풍화시키는 데 가장 중요한 역할을 하는 요인 두 가지를 쓰시오.

(2) 이러한 토양층이 형성되기까지의 과정을 풍화 작용과 관련지어 설명하시오.

40 달 표면에 있는 크고 작은 구멍은 오래 전 운석 충돌에 의해 만들어진 것으로 옛날의 모습을 거의 그대로 유지하고 있다. 이처럼 오랜 시간이 흘러도 달의 모습이 변하지 않는 이유는 무엇인가?

41 토양 오염의 원인이 아닌 것은?

① 가축 배설물
② 산성비
③ 토양의 안식년제
④ 폐수의 방출
⑤ 과도한 농약 사용

개념 심화 문제

01

철수는 석영, 정장석, 흑운모, 감람석, 방해석을 아래와 같이 분류하여 보았다. (가)~(마)에 해당하는 광물을 바르게 짝지은 것은?

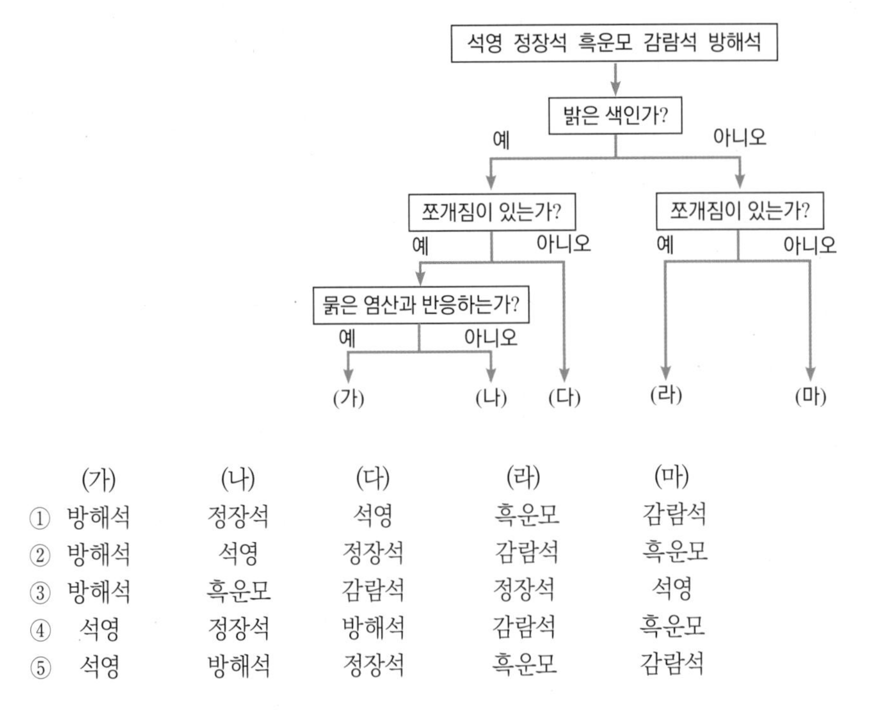

	(가)	(나)	(다)	(라)	(마)
①	방해석	정장석	석영	흑운모	감람석
②	방해석	석영	정장석	감람석	흑운모
③	방해석	흑운모	감람석	정장석	석영
④	석영	정장석	방해석	감람석	흑운모
⑤	석영	방해석	정장석	흑운모	감람석

02

암염, 석영, 방해석에 대한 설명으로 옳은 것만을 〈보기〉에서 있는 대로 고르시오.

보기

가. 굳기가 같다.
나. 쪼개짐이 있다.
다. 서로 다른 결정 구조를 가진다.
라. 마그마로부터 만들어진다.

03

다음 사진은 4가지 주요 광물인 흑운모, 장석, 석영, 방해석을 순서 없이 나타낸 것이다. A ~ D의 광물들의 성질에 대한 설명으로 옳은 것만을 〈보기〉에서 있는 대로 고르시오.

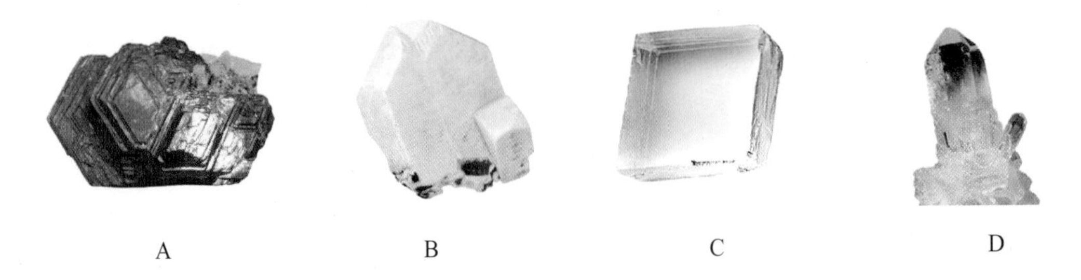

보기

가. A와 B는 규소(Si)와 산소(O)가 주성분이다.
나. A, B, C는 한 방향 이상의 쪼개짐을 가진다.
다. C와 D는 화강암을 이루는 광물이다.
라. A ~ D는 모두 염산과 반응하여 기포를 발생시킨다.

04

다음 표는 몇 가지 광물의 물리적 성질을 나타낸 것이다.

구분	활석	방해석	감람석	석영
굳기	1	3	6.5	7
쪼개짐/깨짐	1방향	3방향	깨짐	깨짐
색	담록색	무색	담록색	무색
조흔색	백색	백색	담갈색	백색

다음과 같은 순서의 실험을 통해 위의 광물들을 구별하고자 할 때, 각 과정에서 알 수 있는 광물의 이름을 각각 쓰시오.

(1) 과정 1 : 손톱(굳기=2.5)으로 긁었더니 광물 표면이 긁혔다. (   )

(2) 과정 2 : 나머지 광물 중 망치로 깨뜨렸더니 평탄한 면으로 쪼개졌다. (   )

(3) 과정 3 : 나머지 광물 중 가루색이 흰색으로 나타났다. (   )

05

조암 광물을 (가)와 (나)로 구분하였다.

(가)	석영, 장석
(나)	감람석, 흑운모, 각섬석, 휘석

같은 부피의 (가) 광물의 무게를 (나) 광물의 무게와 비교해 보면 (나) 광물이 더 무겁다. 그 이유는 무엇인지 설명하시오.

06

뒷산에서 산출된 암석을 표본으로 가져왔는데, 표본은 대부분 투명한 광물로 구성되어 있고 묽은 염산을 떨어뜨렸더니 기포가 발생했다. 이 암석은 무슨 광물이며, 이 광물이 산출되는 뒷산의 과거 환경을 추측하여 설명하시오.

개념 심화 문제

07 다음 표는 암석의 육안 관찰을 통해 얻은 특징들이다.

특징	질문
• 결정의 크기가 1~5mm 정도로 육안 확인 가능 • 어두운 색을 띠는 광물의 양이 대략 10% 정도 • 석영, 장석, 운모로 구성	(1) 암석이 형성된 곳은?
• 입자의 평균 크기 4~5cm • 입자 사이의 물질은 모래나 점토로 구성 • 입자들의 모서리가 각진 상태임	(2) 암석의 명칭은?
• 광물의 크기가 1mm 이상이며 밝고 어두운 두 종류의 광물이 줄무늬를 이룸 • 광물들이 길죽한 형태임 • 암석의 쪼개짐 면이 완전히 평탄하지 않거나 파도 모양을 이룸	(3) 암석에 작용한 변성 작용은?
• 묽은 염산과 반응함 • 스트로마톨라이트가 발견됨	(4) 암석의 퇴적 환경은?

08 건우는 과학 시간에 광물의 굳기를 알아보는 실험을 하였다. 이름을 알지 못하는 4개의 광물 A ~ D의 상대적인 굳기를 알아보기 위해 물질 (가) ~ (다)를 이용하여 광물을 각각 긁었더니 다음과 같은 결과가 나왔다.

광물	물질 (가)	물질 (나)	물질 (다)
A	X	X	O
B	X	X	X
C	O	O	O
D	X	O	O

O : 광물이 물질에 의해 긁힘
X : 광물이 물질에 의해 긁히지 않음
광물의 상대적인 굳기 : B > D > A > C

이러한 실험 결과가 나오기 위해서 물질 (가) ~ (다)에 적절한 것을 옳게 짝지어 보시오. (단, 물질 (가) ~ (다)는 순서없이 손톱, 못, 동전 중 하나이다)

09 그림 (가)는 마그마 생성 위치를, (나)는 지하의 온도와 지구 내부 구성 암석의 용융 곡선을 나타낸 것이다. 다음 설명 중 옳은 것만을 〈보기〉에서 있는 대로 고르시오.

[수능기출 유형]

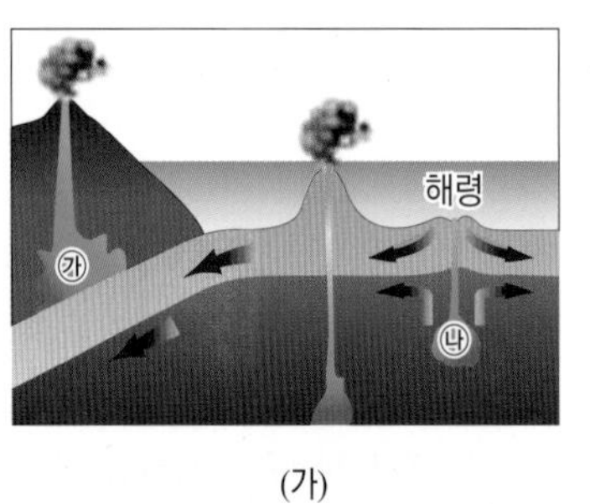

(가)

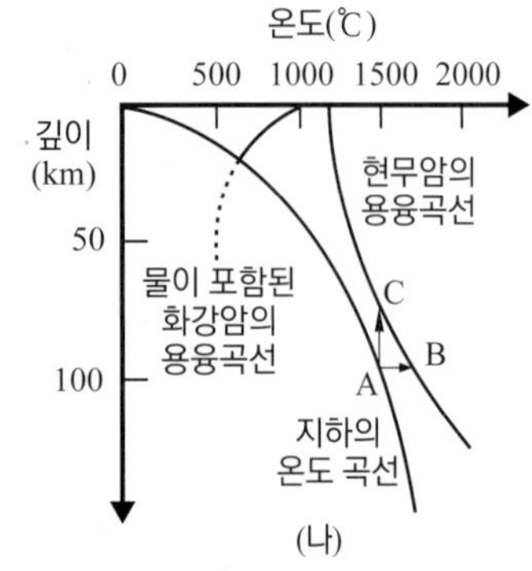

(나)

보기

ㄱ. ㉮에서는 열과 물의 작용으로 마그마가 생성된다.
ㄴ. ㉯에서는 A → C의 과정으로 마그마가 생성된다.
ㄷ. 현무암질 마그마는 화강암질 마그마보다 깊은 곳에서 생성된다.

10~11 다음 그림은 현무암질 마그마가 식으면서 정출되는 광물의 종류와 마그마의 SiO_2 함량비를 나타낸 것이다.

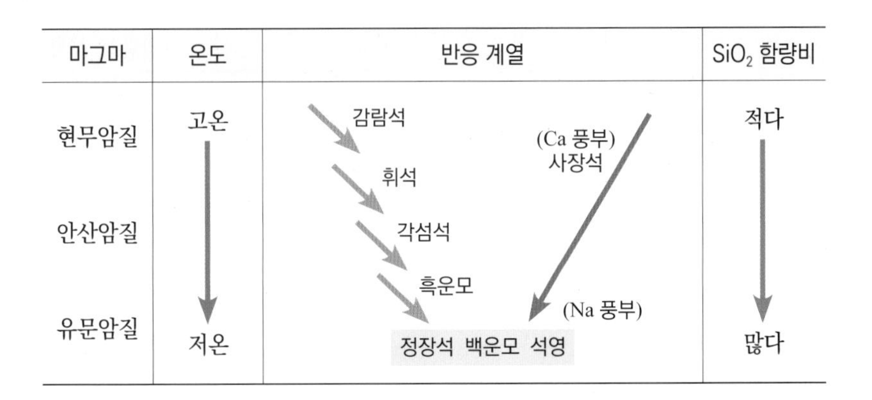

10

이에 대한 해석으로 옳은 것만을 〈보기〉에서 있는 대로 고르시오.

보기

ㄱ. 마그마는 현무암질 → 안산암질 → 유문암질 순으로 분화한다.
ㄴ. 유색 광물은 주로 분화 말기에 정출된다.
ㄷ. 분화가 진행됨에 따라 용암의 점성이 커진다.

11

온도가 냉각됨에 따라 정출되는 광물에 대한 설명으로 옳지 않은 것은?

① 화강암에 포함된 사장석은 Na-사장석이다.
② 화강암은 마그마의 분화 과정 후기에서 생성된 암석이다.
③ 화성암에는 철질 광물과 규장질 광물이 함께 산출될 수 있다.
④ 감람석이 많이 포함되어 있는 화성암에는 석영도 많이 들어 있다.
⑤ 저온에서 정출된 광물은 고온에서 정출된 광물보다 풍화에 강하다.

개념 돋보기

마그마에서 광물의 정출

유색 광물은 온도가 하강함에 따라(마그마가 식음) 감람석, 휘석, 각섬석, 흑운모 순으로 정출되고, 무색 광물에서는 Ca 성분이 많은 사장석이 먼저 정출되고 온도가 하강함에 따라 Na 성분이 많은 사장석이 정출된다. 더 낮은 온도에 다다르면 무색 광물들이 주로 정출되고 그 순서는 K-장석, 백운모, 석영이다. 최종적으로는 마그마에 존재하던 유체(물)가 남게 되고 여기에 포함되어 있던 SiO_2 성분과 함께 이동하다가 굳어져 석영맥을 형성한다.

온도	광물 생성
고온	감람석 → 휘석 → 각섬석 → 흑운모 / (Ca 풍부) 사장석 → (Na 풍부)
저온	정장석 백운모 석영

개념 심화 문제

12 **다음 표는 어느 지역에서 채취한 조립질 화성암을 관찰하여 주요 구성 광물의 종류를 나타낸 것이다.**

암석	구성 광물
A	석영, 정장석, 흑운모
B	감람석, 휘석, 사장석
C	휘석, 각섬석, 사장석

(1) SiO_2 함량이 많은 암석부터 차례대로 쓰시오. (　　　　)

(2) 밀도가 큰 암석부터 차례대로 쓰시오. (　　　　)

(3) A 암석의 암석명은 무엇인가? (　　　　)

13 **야외에서 화강암을 구성하는 광물 중 석영이나 장석은 색과, 굳기, 광택 등을 이용하여 쉽게 식별할 수 있지만 유색 광물은 식별하기가 쉽지 않다. 화강암에 포함된 입자가 큰 각섬석과 흑운모를 야외에서 육안이나 확대경으로 식별하는 방법을 설명하시오.**

14 **화강암은 백색과 무색 투명한 광물을 많이 포함하고 있기 때문에 전체적으로 밝은 색을 띤다.**

(1) 화강암을 구성하는 무색 투명한 광물의 이름을 쓰시오.

(2) 다음 중 화강암의 가장 중요한 경제적 가치를 고르시오.

A. 석유　B. 다이아몬드　C. 비료　D. 시멘트　E. 건축 자재

(3) 화강암이 변성 작용을 받으면 어떠한 암석이 되는가?

(4) 다음 중 화강암의 형성과 관련된 것을 모두 고르시오.

A. 단층　B. 화산 폭발　C. 마그마의 관입　D. 지각 심부　E. 마그마의 느린 냉각

15

그림은 화성암의 종류와 구성 광물의 부피비(%)를 나타낸 것이고, 아래의 표는 서로 다른 세 지역에서 채취한 결정이 비교적 크고 고른 화성암 A, B, C의 구성 광물의 종류와 함량(%)을 나타낸 것이다.

색	어두운색	중간색	밝은색
세립질(화산암)	현무암	안산암	유문암
조립질(심성암)	반려암	섬록암	화강암

주요조암광물(부피비 %)
80
60
40
20
감람석
휘석
장석
각섬석
석영
흑운모

(단위 : %)

암석＼광물	감람석	휘석	각섬석	흑운모	장석	석영	기타	계
A	-	-	3	15	56	25	1	100
B	32	19	2	-	44	-	3	100
C	2	27	18	1	45	-	7	100

위의 자료를 보고 철수는 A, B, C 세 암석에 대해서 〈보기〉와 같이 판단하였다. 철수의 판단 중 옳은 것만을 〈보기〉에서 있는 대로 고르시오.

보기

가. 가장 밝은 색을 띠는 암석은 A이다.
나. 가장 어두운 색을 띠는 암석은 B이다.
다. A는 화강암, B는 반려암, C는 현무암이다.
라. A, B, C 세 암석에 공통으로 가장 많이 들어있는 광물은 장석이다.

16

그림은 어떤 두 암석 A와 B에 대한 사진이다.

암석 A

암석 B

위 두 암석에 대한 설명으로 옳은 것만을 〈보기〉에서 있는 대로 고르시오.

보기

가. 암석 A와 B는 모두 퇴적암이다.
나. 암석 A와 B는 모두 깊은 바다에서 만들어진다.
다. 암석 A에서는 층리가 발견되나, B에서는 발견되지 않는다.
라. 암석 A의 알갱이들은 B의 알갱이들보다 더 멀리 운반되어 온 것이다.

17 다음은 산과 강가에서 각각 채집해 온 암석이다.

산에 있는 암석

강 하류에 있는 암석

계곡을 위에서 아래로 내려오면서 돌을 관찰하면 윗부분의 돌들은 계곡 아랫 부분이나 강 하류의 돌보다 대체로 크고 모가 나있으며, 표면이 거칠고 크기가 다른 돌들이 섞여 있다. 이런 현상이 나타나게 되는 이유를 설명하시오.

18 모래와 자갈은 두껍게 쌓이면 이들의 무게에 의해 다져진 후 입자들이 서로 결합되어 단단한 퇴적암이 된다.

(1) 모래와 자갈이 다져지는 과정에서 쌓인 퇴적물에 어떤 변화가 일어나는가?

(2) 퇴적암의 알갱이를 단단하게 결합시키는 물질이 무엇인지 설명하시오.

19 영희는 선생님과 함께 야외 학습을 나가서 그림과 같은 지층의 단면을 관찰하였다. 선생님께서는 화강암과 접촉해 있는 어두운 부분의 암석은 열에 의해 변성 작용을 받은 것이라고 설명해 주셨다.

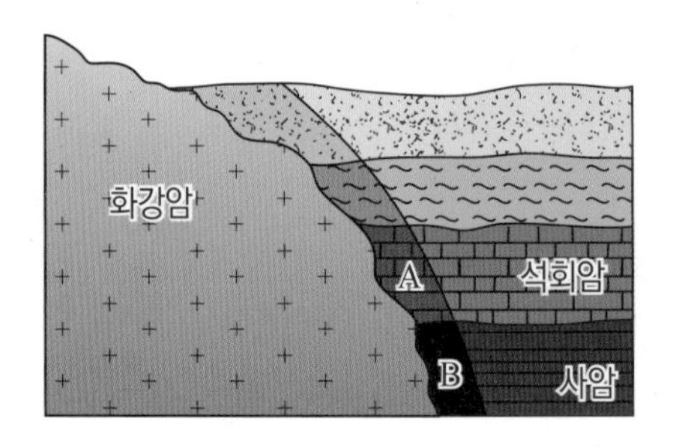

영희는 A, B 부분의 암석에 대해서 아래와 같이 추리하였다. 옳게 추리한 것만을 〈보기〉에서 있는 대로 고르시오.

보기
가. A 암석의 알갱이는 원래의 암석보다 크기가 크고 치밀할 것이다. 나. A 암석은 건물의 내부 장식이나 조각 재료로 많이 쓰일 것이다. 다. B 암석은 원래의 암석보다 단단하며 풍화 작용에 잘 견딜 것이다. 라. A, B 암석에 묽은 염산을 떨어뜨리면 A 암석만 반응할 것이다.

20 **그림은 지각을 이루는 물질의 순환 과정을 나타낸 것이다. 그림에 대한 설명으로 옳은 것만을 〈보기〉에서 있는 대로 고르시오.**

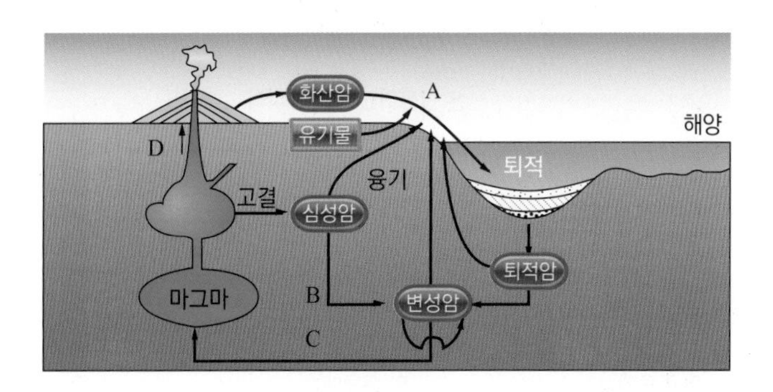

보기

ㄱ. A 과정에서는 태양 복사 에너지가 중요한 역할을 한다.
ㄴ. B, C 과정에서는 지구 내부 에너지가 중요한 역할을 한다.
ㄷ. D 과정은 주로 대륙의 주변부보다는 중앙부에서 일어난다.

21 **다음은 과학반 학생들이 여러 지역을 지질 답사한 후 암석의 특징을 스케치하고 기록한 것이다. 각각의 암석을 화성암, 퇴적암, 변성암으로 구분하시오.**

ㄱ.

밝고 어두운 색의 광물이 교대로 띠를 이루며 휘어진 구조가 보인다.

ㄴ.

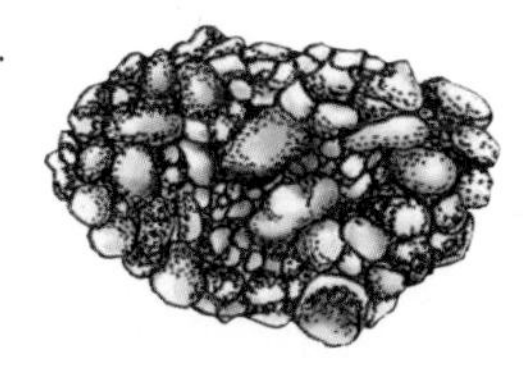

크고 작은 자갈과 모래 입자들의 집합체이다.

ㄷ.

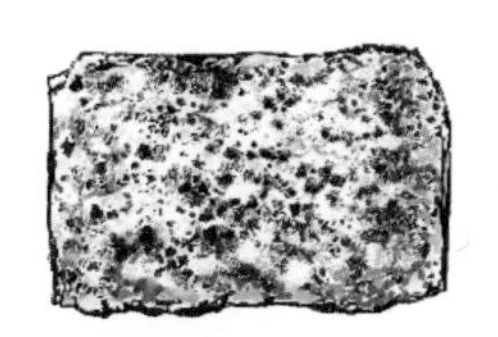

밝은 색과 어두운 색의 결정들이 고르게 분포하고, 크기가 비슷하다.

ㄹ.

화석이 없고, 검은색으로 매끈하며 얇은 판으로 쉽게 쪼개진다.

화성암(　　　　)　　변성암(　　　　)　　퇴적암(　　　　)

개념 심화 문제

22 다음 특성에 따라 암석을 분류하여 빈칸에 알맞은 암석의 이름을 쓰시오.

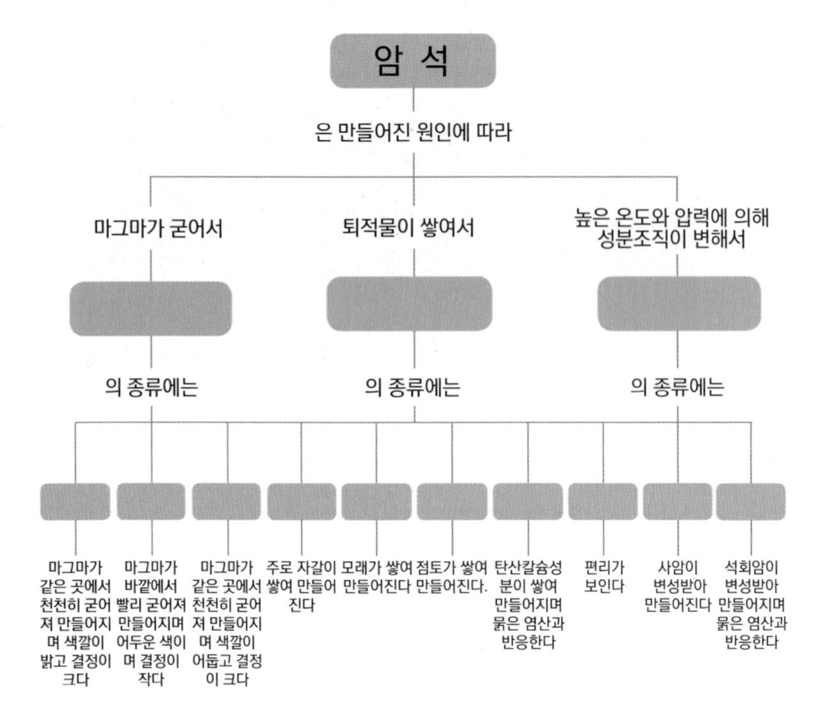

23 그림은 퇴적암, 변성암, 화성암을 나타낸 것이다. (가)~(다)에 대한 설명으로 옳은 것은?

(가) (나) (다)

① (가)는 사막 환경에서 주로 만들어진다.
② (나)는 화석이 발견될 가능성이 가장 높다.
③ (나)의 줄무늬는 무게로 다져져 생긴 것이다.
④ (다)는 지표면 부근에서 만들어진 암석이다.
⑤ (가), (나), (다) 암석의 성인은 모두 다르다.

개념 돋보기

편광 현미경 사용법

1) 빛이 박편을 투과하기 위해서 일단 박편의 두께를 얇게 만든다.
2) 얇게 만든 박편 위에 커버글라스를 덮는다.
3) 반사경을 조정하여 접안렌즈를 통해서 충분히 시야가 밝아지도록 한다.
4) 시료를 현미경의 제물대인 회전판 위에 올려놓고 커버글라스 부분이 대물렌즈 쪽으로 향하도록 박편을 놓는다.
5) 조동, 미동 나사를 조정하여 접안렌즈를 통해서 박편의 상이 가장 잘 보이는 상태로 관찰한다.
6) 대물렌즈의 축과 현미경 재물대의 회전축을 일치시킨다(중심 맞추기).
7) 조절나사를 돌려 원의 중심을 십자선 중심에 놓이도록 조작한다.

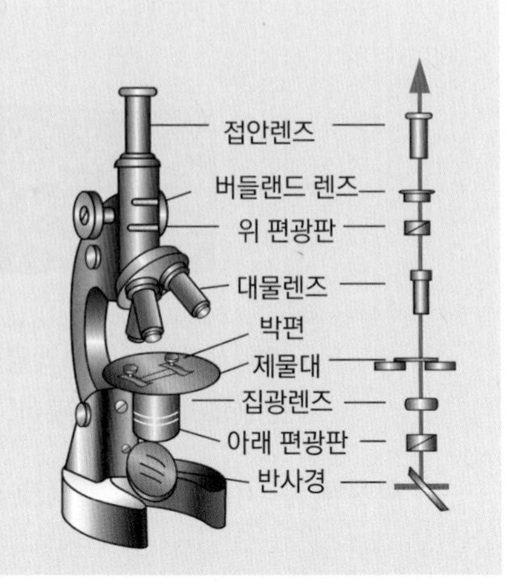

정답 및 해설 05쪽

24

다음 사진 중 (가), (나)는 어떤 암석의 사진이고 (다), (라)는 그 암석의 일부분을 편광 현미경으로 관찰한 그림이다.

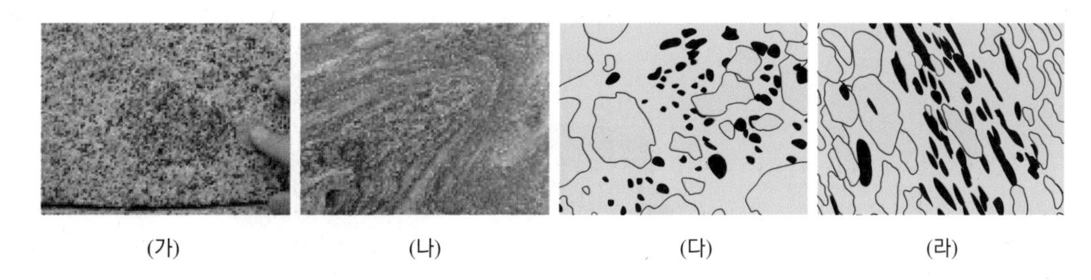
(가) (나) (다) (라)

(1) (나)와 같은 암석은 화성암, 변성암, 퇴적암 중 무엇일까? 그리고 그렇게 판단한 이유는 무엇인가?

(2) (라)의 그림을 볼 때 (다)의 암석이 어느 방향으로 힘을 받았을지 (라)의 그림에 표시하시오.

25

아래 그림 (가)~(다)는 생성 과정이 서로 다른 세 종류의 암석을 촬영한 사진이다. (가), (나), (다)에 해당되는 암석이 옳게 짝 지어진 것은?

(가) (나) (다)

	(가)	(나)	(다)
①	현무암	편암	화강암
②	대리암	역암	역암
③	화강암	사암	편암
④	화강암	편암	역암
⑤	사암	화강암	편암

개념 돋보기

편광 현미경의 개방 니콜에서 관찰

위 편광판을 뺀 후 개방 니콜에서 광물의 박편을 재물대 위에 놓고 회전시키면, 회전 각도에 따라 광물의 색과 밝기가 일정하게 변한다. 이러한 성질을 다색성이라 한다. 이것은 빛이 광물을 통과할 때 빛의 진행 방향에 따라 흡수되는 정도가 다르기 때문이다.

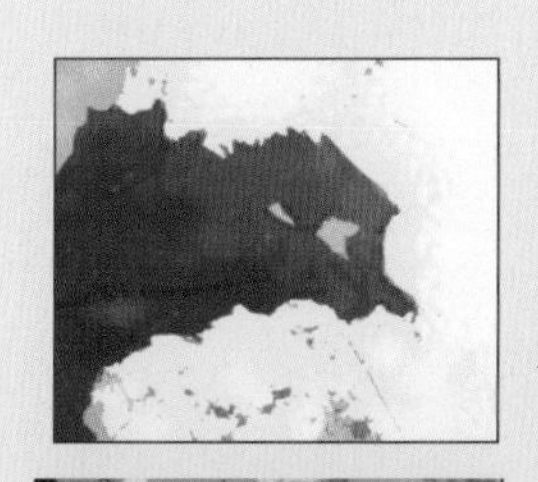
개방 니콜

편광 현미경의 직교 니콜에서 관찰

위 편광판을 끼워 광물을 관찰하면 간섭색이 나타난다. 이는 빛이 광물을 지날 때 방향에 따라 광속이 달라서 복굴절하여 간섭 현상이 일어나기 때문이다.

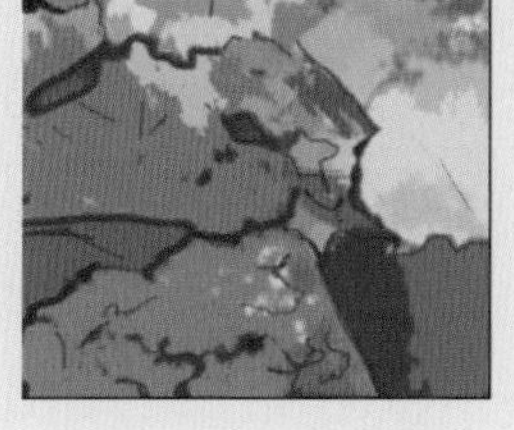
직교 니콜

창의력을 키우는 문제

단계적 문제 해결력

01 **다음은 우리 주변에서 흔히 볼 수 있는 암석들의 사진이다. 이 암석들을 아래 기준에 따라 구분해 보자.**

▲ 역암　▲ 셰일　▲ 화강암

▲ 현무암　▲ 편마암　▲ 대리암

(1) 색깔이 밝은 암석 :
　색깔이 어두운 암석 :

(2) 줄무늬가 있는 암석 :
　줄무늬가 없는 암석 :

(3) 큰 알갱이가 있는 암석 :
　작은 알갱이로만 이루어진 암석 :

02 **다음은 여러 가지 퇴적암의 사진이다.**

▲ 역암　▲ 셰일　▲ 사암

(1) 알갱이의 크기가 가장 큰 것에서 가장 작은 것 순서로 나열하시오.

(2) 역암의 알갱이는 화강암의 광물 알갱이와 어떻게 다른가?

암석의 분류 방법

알갱이의 종류, 크기, 모양, 배열 상태, 암석 표면의 상태 등을 기본으로 분류한다.

화강암의 분류

색	어두운색	중간색	밝은색
세립질 (화산암)	현무암	안산암	유문암
조립질 (심성암)	반려암	섬록암	화강암

주요 조암 광물 (부피비 %)
80
60
40
20
석영
장석
휘석
각섬석
감람석
흑운모

퇴적암의 분류

- 알갱이의 크기에 따라 분류 : 자갈로 이루어진 역암, 모래로 이루어지면 사암, 그보다 작은 알갱이로 이루어지면 실트암, 점토암이라 한다. 모래, 실트, 점토가 섞여 있으면 이암, 이암이 어떤 면을 따라 잘 쪼개지면 셰일이라 한다.
- 쇄설성 퇴적암 : 주로 기계적 풍화작용과 운반작용에 의해서 생성
- 화학적 퇴적암 : 화학적 풍화를 겪은 물질들이 모여 만들어진 암석, 암염과 석고
- 생물학적 퇴적암 : 생물의 유해로 만들어진 암석, 석회암, 석탄

단계적 문제 해결력

03 다음 자료는 유명한 범죄 수사물 TV 외화 시리즈 CSI(Crime Scene Investigator)의 한 장면이다.

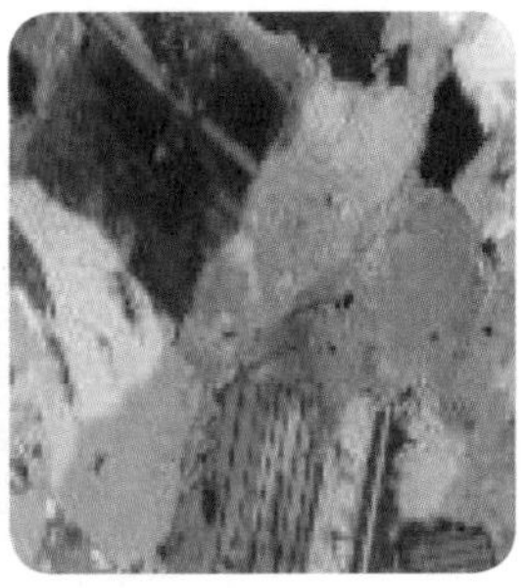

수사 반장은 사건 현장에서 찾은 손수건을 현미경으로 살펴보다가, 손수건에 묻어 있는 콧물 속에 모래, 석탄, 각섬석 결정이 달라붙어 있는 것을 발견하였다. 수사 반장은 가스 공장에서 일하면서 자갈 채취장에서도 일하는 사람을 용의선상에 올려놓고 그의 손톱 밑을 긁어서 조사했다. 거기에도 석탄 먼지와 각섬석 결정이 들어 있었다. 또 용의자의 바지에서도 진흙, 운모 및 암석 부스러기 등이 발견되었는데, 이는 사건 현장의 토양 및 암석과 일치하였다. 이를 증거로 반장은 범행을 부인하는 용의자를 추궁하였고, 그는 결국 과학적 증거에 굴복하여 자신의 죄를 자백하게 된다. 이와 같이 광물이나 암석, 토양 알갱이는 범죄 수사의 중요한 증거물이 되기도 한다.

(1) 광물, 암석, 토양이 지역별로 특별한 특성을 나타내는 경우가 많다. 이런 사실을 과학적으로 해석하면 어떤 곳에 이용할 수 있을지 그 예를 쓰시오.

(2) 철수와 영희는 지각의 구성 물질인 광물과 암석이 생활에서 어떻게 이용되는지 알아보기 위해 몇 개 학교의 건물과 운동장의 구성 물질을 조사하여 표와 같이 정리하였다.

조사 장소		구성 물질
학교 건물	건물 바깥벽	벽돌, 시멘트, 화강암
	교실 및 복도 바닥	시멘트 또는 인조 대리석
	기타(유리창, 출입문, 창틀)	유리, 알루미늄, 철, 나무 등
운동장	철봉대 바닥	모래
	운동장 바닥	고운 모래, 흙
	화단	암석, 자갈, 토양

위의 표를 보고 판단할 수 있는 내용을 모두 쓰시오.

광물의 감별

(1) 일차 감별
- 색, 조흔색, 경도 등을 육안 및 기타 방법으로 측정
- 탄산염 광물은 염산과의 반응 여부로 감정
- 미세한 결정은 휴대용 확대경(루페)을 이용

(2) 편광 현미경
- 광물(박편)의 광학적 성질을 이용하여 감정

(3) X선 회절
- 광물 결정 내의 특정면에서 특정 파장의 X선이 반사하여 생기는 회절상(단결정법) 또는 강도를 측정(분말법)하여 감정

(4) 기타 기기 감정 사용

① 광물 성분 분석
- 전자현미경 분석기(electron-probe micro-analyzer)
- 원자흡수 분광분석(atomic absorption spectroscopic analysis)
- X선 형광 분광분석(X-ray flourescence spectroscopic analysis)

② 결정 구조
- 주사 전자 현미경(Scanning Electron Microscope : SEM)
- 투과 전자 현미경(Transmitting Electron Microscope : TEM)

창의력을 키우는 문제

서술형 단답형

04 **다음은 낙동강 하구에 발달한 삼각주에 대한 자료이다.**

- 낙동강 삼각주의 면적 : 550,000,000 m^2
- 삼각주 퇴적물의 평균 두께 : 80 m
- 매년 삼각주에 쌓이는 퇴적물의 양 : 1,100,000 m^3

(1) 삼각주 형성 이후 낙동강을 따라 내려온 퇴적물이 삼각주에 쌓이는 양이 일정하다면 낙동강 삼각주의 나이는 얼마일까?

(2) 퇴적물이 삼각주 곳곳에 고르게 쌓인다면 삼각주의 퇴적층은 매년 얼마정도 두꺼워 질까?

삼각주

강의 하류에서는 강물이 바닷물과 만나 유속이 느려지므로 퇴적 작용이 활발하여 삼각형 모양의 퇴적 지형을 형성한다. 퇴적물은 주로 실트(silt)와 점토로 이루어져 있고 삼각주는 해수면과 거의 같은 높이를 보인다. 우리나라에서는 낙동강과 영산강 하구에 소규모의 삼각주가 있다.

범람원

기울기가 완만한 강의 하류에서 장마에 의해 운반되어 온 많은 양의 토사가 유속이 느려진 곳에 쌓여 생긴 평야를 말한다.

선상지

경사가 급한 산골짜기에서 흐르던 물이 갑자기 경사가 완만하고 넓은 평지로 흘러나오면 유속이 느려진다. 이러한 지역에서는 상류에서 운반해 온 자갈과 모래를 퇴적시키게 되는데 그 모양이 부채꼴 같아서 선상지라 한다.

천정천

퇴적 작용이 활발하게 일어나 하천바닥이 지표보다 높아진 하천

하안 단구

강바닥이 침식으로 평탄해진 후 지각변동으로 융기하면 그 가장자리는 강둑이 되고 강 중심에 다시 침식이 일어나 새수로가 형성된다. 이 과정의 반복으로 하천의 양쪽에 형성된 계단 모양의 지형

논리 서술형

05

영희는 지난 번 야외 지구과학 수업에서 강의 상류와 하류에서 자갈의 크기와 종류가 서로 다른 것을 발견하였다. 그래서 학교로 돌아와, 강의 상류에서 하류로 감에 따라 자갈의 크기와 종류가 어떻게 변하는지 좀 더 자세히 알아내기 위해서 오른쪽 그림과 같은 장치를 만들고, 다음과 같은 실험을 하였다.

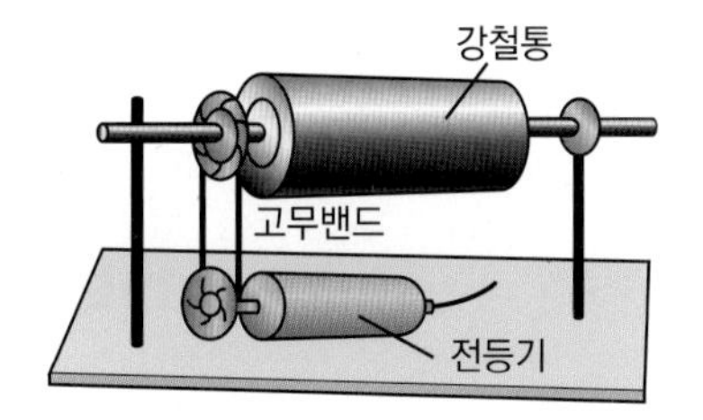

실험 과정

ㄱ. 강철통에 크기와 모양이 같은 화강암, 사암, 석회암, 셰일, 규암 덩어리를 5개씩 넣고 물을 반 정도 채운다.
ㄴ. 전동기를 돌려 강철통을 회전시킨다.
ㄷ. 10일 간격으로 강철통에 들어 있는 암석 덩어리의 크기와 모양을 관찰하고, 물을 갈아준다.

(1) 위의 실험 과정에 더 추가해서 알아낼 수 있는 사실은 무엇이 있을까?

(2) 위 실험에 대한 실험 결과를 다음과 같이 기술하였을 때 옳은 것을 모두 고르고 그 이유를 서술하시오.

실험 결과

ㄱ. 시일이 지남에 따라 암석 덩어리의 크기는 점점 작아졌다.
ㄴ. 시일이 지남에 따라 암석 덩어리의 모양은 둥글게 되었다.
ㄷ. 나중에는 규암 덩어리와 그보다 작은 화강암 조각만 남았다.

풍화

- 풍화 작용 : 암석이 오랜 세월 동안 잘게 부서지거나 성질이 변하는 과정
- 풍화 요인 : 식물, 바람, 물, 공기
- 기계적 풍화 작용 : 암석이 잘게 부서지는 과정
- 화학적 풍화 작용 : 암석의 화학 성분을 변화시키는 과정

암석의 크기와 침식, 퇴적, 운반 작용

지표면에서는 암석이나 토양을 깎거나 뜯어내는 침식 작용, 깎인 물질을 이동시키는 운반 작용, 이동된 물질이 쌓이는 퇴적 작용이 끊임없이 일어나서 지표면의 모습이 항상 변화하고 있다.

쓰레기 매립장 지반 구조의 조건

- 쓰레기 층의 조기 안정화가 이루어진다.
- 매립장 주변의 환경오염을 극소화 할 수 있다.
- 침출수에 의한 지하수의 오염이 거의 없다.
- 화재의 발생이나 폭발 등의 재해 발생우려가 극히 적다.
- 안정화에 의한 토지 이용을 조기에 할 수 있다.

토양의 성질에 영향을 미치는 요인

- 기후 : 온도와 강수량
- 지형 : 기복과 유로의 형태
- 토양 생물 : 표면의 식생과 내부에 서식하는 유기체
- 원암석 : 암석의 광물 조성(화학 성분)과 조질 및 구조
- 시간 : 토양의 생성 과정에 걸린 시간

기후와 토양의 성질

Ca, Na, Mg, K 성분이 부족하면 산성 토양(온난 다우 지역)이, CaO, MgO, K_2O, Na_2O 성분이 많이 남으면 알칼리성 토양(건조 지역)이 된다.

논리 서술형

06 어느 마을에서 쓰레기 매립장을 건설하려고 한다. 다음 그림과 같은 지층 구조를 보이는 지역에서 A, B 두 곳이 후보지로 거론되고 있다.

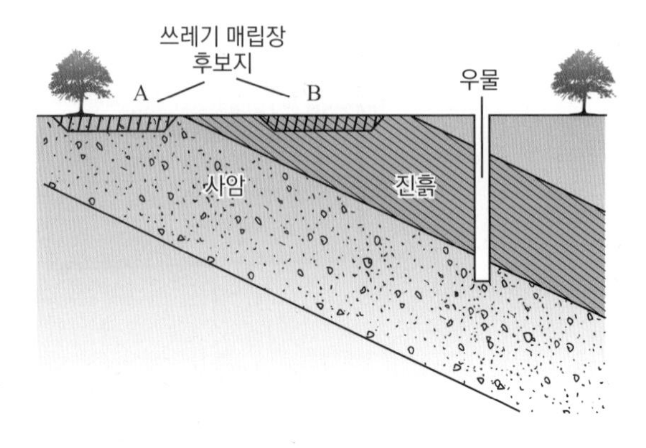

A, B 두 곳 중에서 쓰레기 매립장으로 적절한 곳을 고르고, 그 이유를 두 곳의 지질학적인 조건과 비교하여 설명하시오.

※ **지반 구조 조사** : 모든 건축물 건립의 가장 기초 단계는 지질 구조 파악 및 기초 토양의 성질 조사와 이 건축물이 주변 환경에 어떠한 지구 환경적인 영향을 줄 것인지를 파악하는 일이 선행되어야 한다.

터널 및 캐번 건설 등을 담당하는 회사에서는 암반 공학 부분, 암석 구조 및 고환경에 대한 전문 지식을 필요로 하여 지질학 관련 분야 전문가들이 필요하다. 그리고 특정 탐사 기구를 활용한 지반 조사 및 유전 탐사 등의 관련 지식이 요구되며, 토양 환경 관련 업체 종사자들은 오염된 환경의 오염 정도 파악 및 오염 복원에 대한 기술적인 자문을 실시한다. 이를 위해서 토양 오염에 관한 전문 지식을 겸비하고 실제 환경 조사를 실시할 수 있는 현장성을 확보한다.

정답 및 해설 08쪽

논리 서술형

07 다음 글을 읽고 물음에 답하시오.

2009년 9월 23일 새벽 5시쯤, 오폐수와 슬래그(제강 작업 뒤 남은 찌꺼기)를 가둬둔 포스코 광양제철소의 동쪽 호안(Revetment ; 침식 방지를 위해 설치한 공작물) 제방이 붕괴됐다. 사고 조사 결과 약 300m 정도의 제방 도로가 바다 방향으로 4m 가량 밀려났으며, 제방 안쪽의 각종 오폐수와 제방과 맞닿은 산업 폐기물 매립장 침출수가 인근 광양만으로 흘러나와 지역 생태계가 치명적인 위협에 노출됐다. 그런데 취재진이 붕괴된 제방 내부를 소형 카메라로 촬영한 결과, 제방 아래에 석회동굴로 추정되는 거대한 동굴이 자리 잡은 것으로 드러났다. 오폐수를 가둬두기 위해 만든 제방 아래 정체를 알 수 없는 구멍이 뚫려 있는 것이다. 촬영 사진을 살펴보면, 석회 종유석으로 보이는 광물질이 동굴 천정에 매달려 있으며, 그 아래로는 물이 흐르고 있다. 순천대 사진예술학과 손영호 교수는 "렌즈 특성을 고려할 때, 이 동굴의 직경이 40cm에서 1m 정도로 보인다"며 "동굴의 길이도 최소 10m 이상으로 추정된다"고 설명했다.

- CBS 노컷뉴스 수정 발췌 -

(1) 위 글에서 나타난 동굴과 종유석이 생성되는 과정을 식으로 나타내 보시오.

(2) 석회암 지대에 생기는 특별한 지형에 대해 설명해 보시오.

석회암 지형

암석이나 토양 중에서 물을 많이 포함할 수 있는 공간(공극)이 큰 것이 있다. 이런 곳에서 지표로 스며들어 간 물이 모여서 지하수가 되고 석회암 지대와 만나면 특별한 석회암 지형이 만들어진다.

카르스트 지형

주로 방해석으로 이루어진 석회암은 지하수에 잘 녹는 성질이 있어서 석회암 지대의 지하에서 동굴이 발달한다.

- 종유석, 석순, 석주 : 석회 동굴안에서의 특이한 지형, 관광지로 개발

석회암 + 물 + CO_2 (탄산칼슘)
↑↓
탄산수소칼슘 (종유석, 석순, 석주)

- 돌리네(doline) : 석회 동굴이 발달한 지역에서는 땅이 무너지면서 움푹하게 들어간 형태 발달. 돌리네의 가운데에는 빗물이 빠져나가는 배수구인 낙수혈(sinkhole)이 존재
- 우발라(uvala) : 돌리네가 성장하여 인접한 2개 이상의 돌리네가 결합되어 형성된 와지

▲ 돌리네

논리 서술형

08 그림은 깊이에 따른 지하의 온도 분포와 현무암 및 화강암의 용융 곡선을 나타낸 것이다.

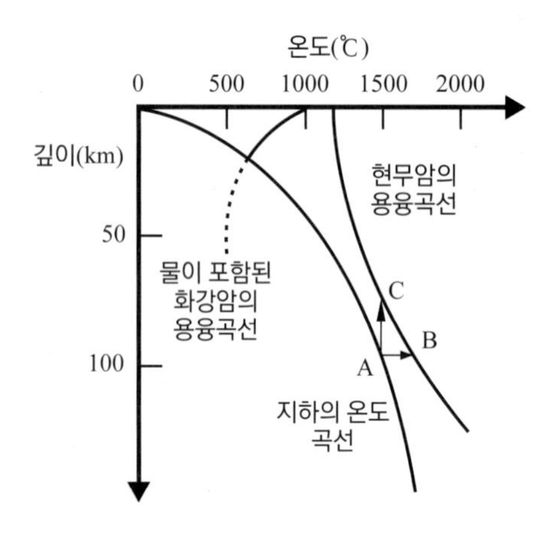

(1) 고체 상태의 A점 물질이 현무암질 마그마가 되는 과정을 설명하시오.

(2) 물이 포함된 화강암질 마그마가 생기는 과정을 설명하시오.

(3) 이에 대한 설명으로 옳은 것만을 〈보기〉에서 모두 고르시오.

보기

ㄱ. 지하 100km 정도의 깊이에는 어디서나 마그마가 존재한다.
ㄴ. 현무암질 마그마는 화강암질 마그마보다 생성 온도가 높다.
ㄷ. 해령 하부에서는 A → B 과정을 거쳐 현무암질 마그마가 생성된다.

마그마 생성에 영향을 주는 온도와 압력, 물

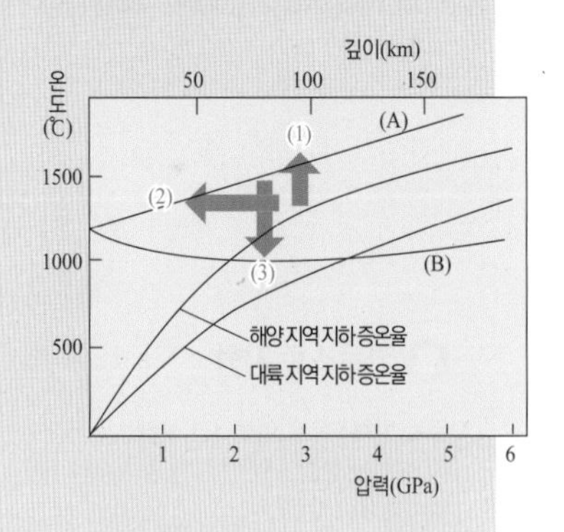

그림에서 (1)의 경우는 압력이 일정할 때 온도가 상승하는 경우로 지각 하부에서 맨틀 물질이 대류함에 따라 고온 물질이 상승하여 용융이 일어나는 경우이다. (2)는 온도에 관계없이 물질이 상승하여 압력 강하에 따라 융점이 강하하는 경우로 지각 운동에 의해 일어난다.

이외에도 두 판의 충돌대에서는 기계적 에너지가 열적 에너지로 전환되는 과정에서 마그마가 생성될 수 있다. 물을 함유하고 있는 암석(B)은 물을 포함하지 않은 암석(A)에 비하여 상대적으로 용융점이 낮아져 온도와 압력이 일정할 때 물의 첨가로 용융이 일어나는 경우도 있다. 마그마의 생성은 위의 모든 요소가 복합적으로 작용하여 생성되기도 한다.

논리 서술형

09 다음 물음에 답하시오.

(1) 1970년대 직선으로 만들었던 하천 모습을 근래에 자연스럽게 되돌리고 있는 이유를 아래의 표를 참고하여 설명해 보자.

이름	채집 지역	사는 곳(생태)
미꾸라지	강원도 청평	물의 흐름이 느린 곳
물개	경기도 여주 홍천	유속이 완만한 하천이나 저수지의 표층이나 중층
돌상어	북한강	유속이 빠르고 바닥에 자갈이 깔린 곳
꾸구리	경기도 여주 남한강	물살이 빠르고 자갈이 깔린 하천 상류
둑중개	한강 양구	하천 상류의 유속이 매우 빠른 곳의 돌 밑에 숨어삼

(2) 다음 그림은 시간이 지날수록 (가)에서 (나)로 해안선 모양이 변화하는 과정을 보여 주고 있다. 그림과 같이 해안선이 점차 단조로워지는 이유를 설명해 보시오.

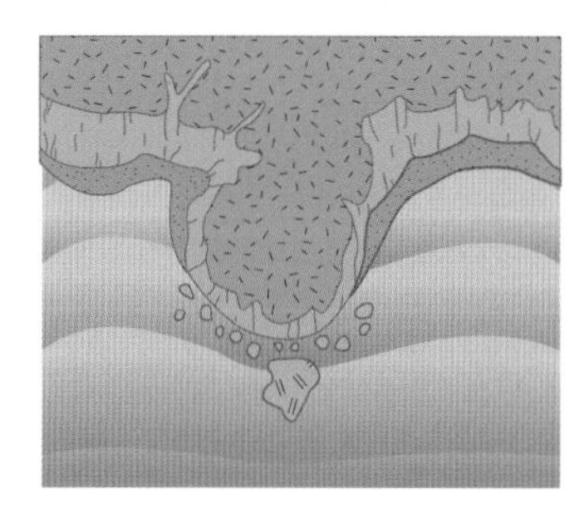
(가)

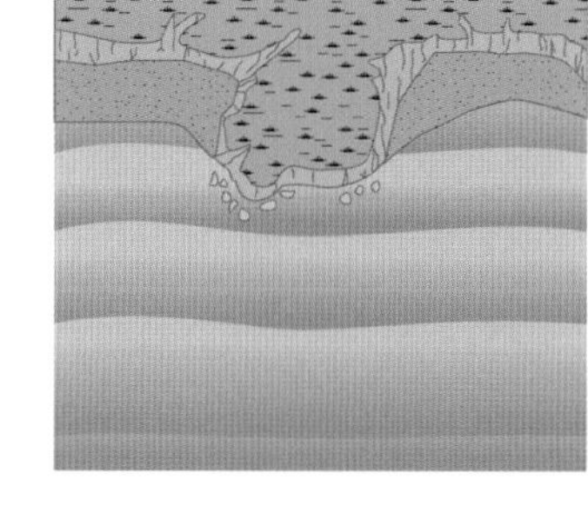
(나)

유수

흐르는 물은 침식, 운반, 퇴적 작용을 한다. 하천이 육지를 침식하는 속도는 장소와 지표면의 조건에 따라 다른데, 보통 육지 1m를 침식하는데 약 1~1.5만 년이 걸린다. 하류로 갈수록 지류들이 합쳐지므로 유량이 증가하여 하천의 폭은 넓어지고 깊이는 깊어진다.

해안선의 변화

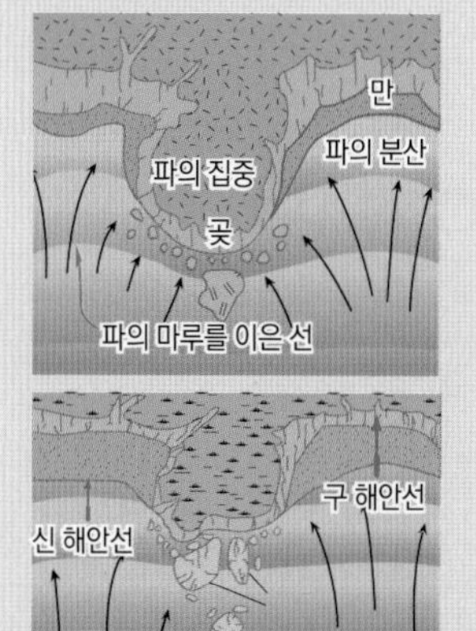

해파의 속도는 수심에 따라 달라진다. 해안에 접근할수록 해파 에너지는 곶에서 집중되고, 만에서 분산되는 현상이 나타난다. 따라서 곶에서는 침식이 만에서는 퇴적 환경이 나타나 시간이 진행됨에 따라 해안선은 점차 단조로워진다.

변성 작용

지표의 저온 저압 상태에 놓여 있던 암석이 침강하여 지하 깊은 곳에 놓이게 되면, 새로운 온도와 압력에 적응하기 위하여 암석에 변화가 일어나게 된다. 즉, 암석은 고체 상태를 유지하면서 암석을 이루는 광물 입자의 배열이 달라지고 결정이 커지며 화학 조성이 달라지게 된다.

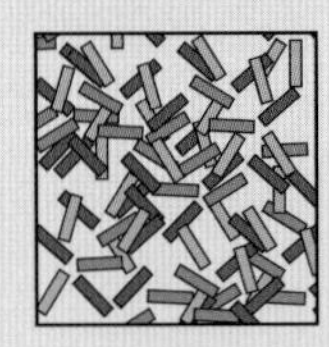

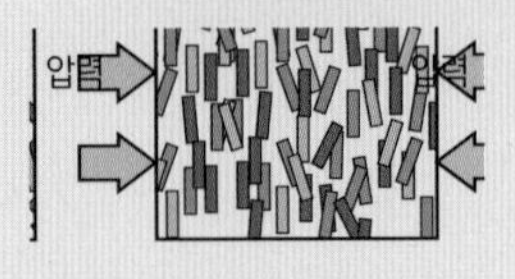

▲ 광물의 재배열

광물의 화학적 성질

- 동질이상 : 화학 조성은 같지만 물리적 성질이 서로 다른 광물
  예) 금강석과 흑연
- 유질동상 : 화학 성분은 다르지만 결정형이 같은 광물
  예) 방해석, 능철석, 마그네사이트
- 고용체 광물 : 화학 성분과 물리적 성질이 일정한 범위 내에서 변하는 광물
  예) Na-사장석, Ca-사장석

논리 서술형

10 **그림은 Al_2SiO_5로 이루어진 세 광물이 생성될 수 있는 온도와 압력 조건을 나타낸 것이다. 자료에 대한 옳은 설명만을 〈보기〉에서 있는 대로 고르시오.**

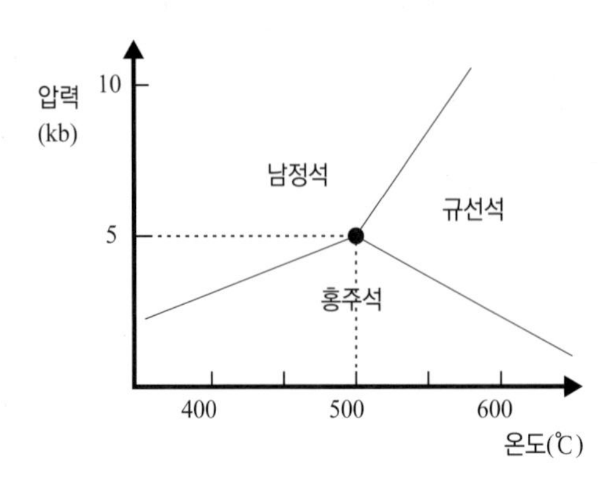

보기

ㄱ. 세 광물은 동질이상의 관계이다.
ㄴ. 남정석과 규선석이 함께 발견되는 변성암은 5kb 이하에서 생성되었다.
ㄷ. 남정석과 홍주석이 함께 발견되는 변성암은 500℃ 이하에서 생성되었다.

논리 서술형

11 **영희는 화산암이 분포하는 두 지역 (가)와 (나)를 답사하여 관찰한 내용을 다음과 같이 정리하였다.**

(가)

- 암석의 색깔이 어둡다.
- 주상절리가 발달되어 있다.
- 주변 화산체의 경사가 완만하다.

(나)

- 암석의 색깔이 밝다.
- 주상절리가 발달되어 있다.
- 주변 화산체의 경사가 급하다.

(1) 위에 대한 설명으로 옳은 것만을 〈보기〉에서 있는 대로 고르시오.

보기

ㄱ. 유색 광물의 함량은 (가)보다 (나)의 암석에 많다.
ㄴ. 암석을 생성한 용암의 점성은 (가)보다 (나)가 크다.
ㄷ. 주상절리는 용암의 종류와 관계없이 만들어질 수 있다.

(2) 주상절리가 만들어지는 과정을 설명하시오.

주상절리

단면의 형태가 육각형 또는 삼각형으로 긴 기둥 모양을 이루고 있는 절리이다. 주로 마그마의 냉각 과정에서 수축되어 일정한 모양을 이루어 형성된다.

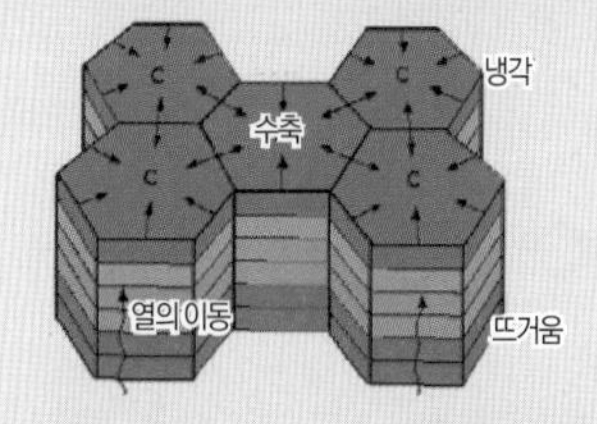

위에 놓여 있던 암석이 깎여 다른 곳으로 운반되면 압력이 점점 약해지므로 밑에 있던 암석은 팽창하면서 지표에 노출되기 전에 많은 틈(절리)을 형성한다.

용암의 점성

용암에는 매우 유동성이 높은 것이 있는 반면에, 점성이 높아 거의 유동하지 않는 것도 있다. 용암의 점성은 그 화학 조성, 가스의 함량, 온도 및 결정화의 정도에 의해 좌우된다. 일반적으로 고온이며 가스 함량이 클수록 점성은 낮다. 또한 이산화 규소 SiO_2의 양이 많고(즉, CaO, MgO, FeO의 양이 적다), 결정화가 진척되면 점성이 높아진다. 따라서 점성이 낮은 용암의 분출은 완만하지만, 점성이 높은 용암의 분출은 폭발적이 된다. 폭발적인 분출이 일어나면 마그마나 암편이 흩어져 화산재 · 화산력 · 화산암괴로 부려진다. 이와 같은 분출에서 방출된 마그마로부터는 가스가 급격히 빠져나오기 때문에 부석(물에 뜨는 돌)과 같은 공극이 많은 암석이 생기기도 한다.

창의력을 키우는 문제

논리 서술형

12 **다음은 북한산의 어느 지역을 지질 답사하고 기록한 사실이다. 다음 기록 사실에서 알아낼 수 있는 지질학적 역사를 유추해 기록해 보자.**

지질 단면		암석명	암석에서 관찰되는 특징
상부		역암	자갈(직경 3~10cm), 모래가 섞여있음 입자들이 서로 접착되어있음 상부로 갈수록 입자의 크기가 작아짐 뚜렷하지는 않지만 층리가 발달 화강암의 조각이 들어 있음
하부		화강암	조립질 조직 방향성의 배열 없음 석영, 정장석, 사장석, 흑운모

북한산의 화강암

북한산의 화강암은 쥬라기 화강암류로 생각된다. 대부분 북한산 암석의 구성 광물의 크기 및 함량비로 보아 관입암 중 화강암에 해당한다. 쉽게 관찰이 가능한 광물로는 석영, 정장석, 사장석, 흑운모 등이 있다.

화성암의 조직

〈조립질〉

〈반상 조직〉

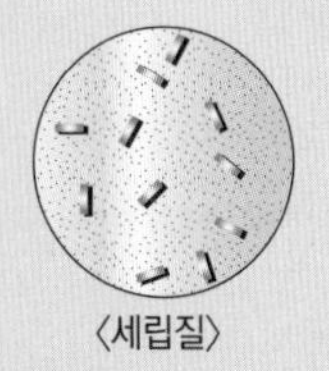
〈세립질〉

암맥과 포획암

암맥(dike, dyke)이란 기존 암석의 틈을 따라 관입한 판상의 화성암체를 가리키며 암맥을 구성하는 암석을 맥암이라고 한다. 암맥은 위치에 따라 화산암에서 심성암에 이르는 여러 가지 조직을 보여준다. 특히 모암에 접한 부분은 내부에 비하여 보다 빨리 냉각되므로 세립질내지는 유리질 조직을 보여 준다. 포획암(xenolith)은 암석 내에 포함된 외래 기원의 암석을 가리킨다. 포획암은 관입한 화성암보다 먼저 생성된 암석이다.

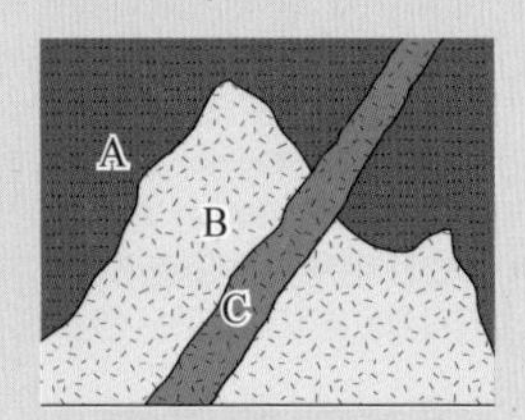

생성시기 A > B > C

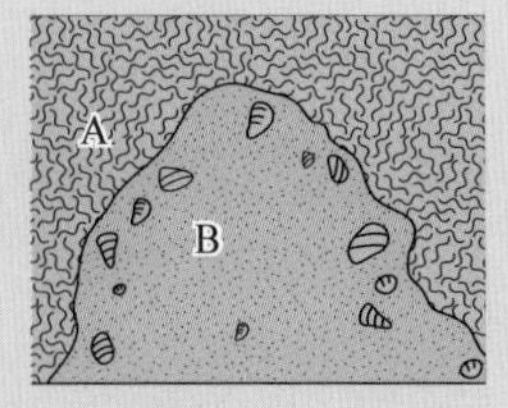

생성시기 A > B

논리 서술형

13

그림은 화성암에 포함된 여러 성분의 질량비 변화를 SiO_2함량비에 따라 나타낸 것이고, 표는 화성암 A와 B의 주요 화학 성분의 함량비를 나타낸 것이다. (단, 화성암 A는 조립질이고, 화성암 B는 세립질이다.)

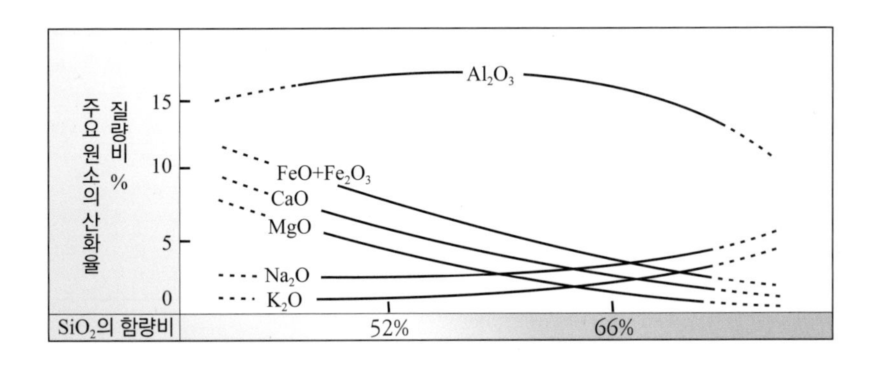

	(가)	(나)	$FeO + Fe_2O_3$	MgO	CaO	Na_2O	K_2O
화성암 A	69.9	14.8	3.3	1.0	2.2	3.3	4.0
화성암 B	59.6	17.3	6.5	2.7	5.8	3.5	2.1

(1) 자료에 대한 옳은 설명만을 〈보기〉에서 있는 대로 고르시오.

보기

ㄱ. (가)는 SiO_2이고, (나)는 Al_2O_3이다.
ㄴ. 화성암 A는 화성암 B보다 밝은 색이다.
ㄷ. 화성암 A는 유문암이고, 화성암 B는 섬록암이다.

(2) 위 그래프와 아래 표를 분석해서 알 수 있는 사실을 모두 써 보자.

• 화성암의 평균 화학 성분(무게 %)

화학 성분	화강암	유문암	섬록암	안산암	반려암	현무암	감람암
Si_2	73.80	74.57	56.57	59.59	48.36	46.77	43.52
TiO_2	0.20	0.17	0.84	0.77	1.32	3.00	0.81
Al_2O_3	13.75	12.58	16.67	17.31	16.84	14.65	3.99
Fe_2O_3	0.78	1.30	3.15	3.33	2.55	3.71	2.51
FeO	1.13	1.02	4.40	3.13	7.92	7.94	9.84
MnO	0.05	0.05	0.13	0.18	0.18	0.15	0.21
MgO	0.26	0.11	4.17	2.75	8.06	6.82	34.02
CaO	0.72	0.61	6.74	5.80	11.07	12.42	3.46
Na_2O	3.51	4.13	3.39	3.58	2.26	2.59	0.56
H_2O	5.13	4.73	2.12	2.04	0.56	1.07	0.25
P_2O_5	0.14	0.07	0.25	0.26	0.24	0.37	0.81

화강암

마그마가 지하 깊은 곳에서 서서히 냉각되어 만들어진 심성암의 한 종류이다. 우리나라 화강암은 대부분 중생대에 관입한 것으로 북동-남서 방향으로 분포되어 있다. 대륙 지각과 구성 성분이 비슷하고 건축 자재 등의 원료로 이용된다.

현무암

마그마가 지표나 지표 근처에서 급히 냉각되어 만들어진 화산암의 한 종류이며, 대양저의 지각을 이루고 있다. 우리나라에는 백두산에서 마천령 산맥의 대부분과 연천에서 추가령 사이, 제주도, 울릉도, 독도, 해금강 등지에 분포되어 있다. 용암이 식을 때 용암 속에 있던 수증기나 기체가 빠져나가 표면에 많은 구멍이 나 있다.

화성암의 생성

화성암의 생성은 크게 화산 활동과 같이 지표 밖으로 마그마가 분출되어 용암으로 흐르는 경우와 지각 내부에서 마그마가 형성되거나 관입한 경우로 나누어 볼 수 있다.

지각 내부의 온도가 지표보다는 높으므로 냉각 속도는 지각 내부에서 더 느리다. 따라서 광물의 크기는 지표에서 만들어지는 분출암보다 더 커진다. 일반적으로 분출암의 경우 세립질(경우에 따라서는 반정을 가지기도 함), 관입암의 경우는 조립질로 나타난다.

대회 기출 문제

01 **다음 표는 지구를 구성하는 일부 주요 구성 원소가 지각, 맨틀, 지구 전체에서 차지하는 질량비(%)를 나타낸 것이다.**

[수능 기출 유형]

구성 원소	지각(%)	맨틀(%)	지구 전체(%)
O	46.6	43.7	29.5
Si	27.7	22.5	15.2
Fe	5.0	9.9	34.6
Mg	2.1	18.8	12.7

이에 대한 설명으로 옳은 것만을 <보기>에서 있는 대로 고르시오.

보기

ㄱ. 지각과 맨틀은 대부분 원소 광물로 구성되어 있다.
ㄴ. 유색 광물은 지각보다 맨틀에 더 많다.
ㄷ. 핵에는 철이 매우 풍부하다.

※ **유색 광물**(mafic) : 짙은색을 띠는 흑운모, 휘석류, 각섬석류, 감람석류(철, 마그네슘, 칼슘 함량이 높음)
※ **무색 광물**(felsic) : 밝은색을 띠는 석영, 정장석, 사장석(철, 마그네슘, 칼슘 함량이 낮음)

02 **다음 표는 지구 내부의 구성 물질과 여러 가지 운석의 주요 성분을 나타낸 것이다.**

[수능 기출 유형]

지구	주요 성분
지각	화강암질, 현무암질
맨틀	감람암질
핵	Fe, Ni

운석		주요 성분
철질 운석		Fe, Ni
석철질 운석		Fe, Ni, 규산염
석질 운석	에이콘드라이트	현무암질
	콘드라이트	감람암질

위 표를 보고 판단했을 때, 옳은 내용만을 <보기>에서 있는 대로 고르시오.

보기

ㄱ. 지각과 맨틀은 석질 운석의 성분과 유사하다.
ㄴ. 핵은 철질 운석의 성분과 유사하다.
ㄷ. 철질 운석에 비해서 석질 운석의 밀도가 크다.

※ 석질 운석의 약 90%는 콘드룰(Chomdrule)이라는 둥근 알갱이(휘색,감람석)를 포함하고 있어 콘드라이트(Chondrite)라 함. 콘드라이트는 태양계 형성 초기 환경을 알려 줄 수 있음.

03 표는 석영과 방해석의 물리·화학적 성질을 나타낸 것이다. 두 광물을 구분하는 기준으로 적절한 성질만을 있는 대로 고른 것은?

[수능 기출 유형]

	A	B	C	D
	화학 조성	조흔색	굳기	쪼개짐/깨짐
석영	SiO_2	흰색	7	깨짐
방해석	$CaCO_3$	흰색	3	쪼개짐

① A, B ② A, C ③ B, D ④ A, C, D ⑤ B, C, D

04 그림은 모양과 색이 다른 석영 표본이고, 표는 이 표본의 특징을 간단히 정리한 것이다.

[수능 기출 유형]

(가)

(나)

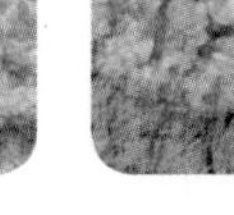

표본	결정 모양	색
(가)	자형	보라색
(나)	타형	회색

이에 대한 설명으로 옳은 것만을 <보기>에서 있는 대로 고르시오.

보기

ㄱ. (가)와 (나)는 결정질이다.
ㄴ. (가)는 쪼개짐이 있고 (나)는 깨짐이 있다.
ㄷ. (가)의 조흔색은 보라색이고 (나)의 조흔색은 회색이다.

① ㄱ ② ㄴ ③ ㄷ ④ ㄱ, ㄴ ⑤ ㄱ,ㄷ

05 그림은 세 광물을 특성에 따라 구분하는 과정을, 표는 세 광물의 모스 굳기를 나타낸 것이다. 이에 대한 설명으로 옳은 것만을 〈보기〉에서 있는 대로 고르시오.

[수능 기출 유형]

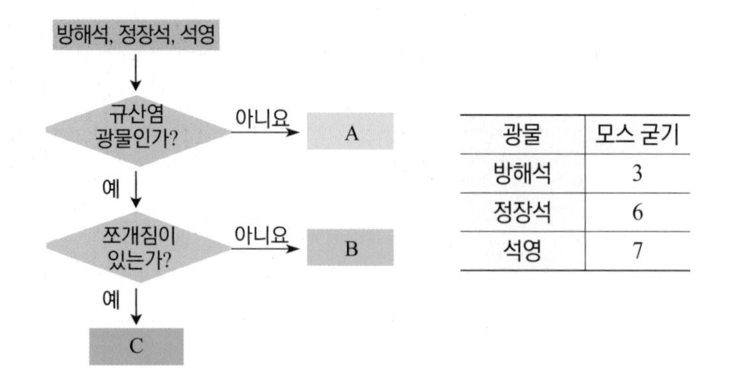

광물	모스 굳기
방해석	3
정장석	6
석영	7

보기

ㄱ. A에서 빛의 복굴절이 나타난다.
ㄴ. B는 A에 긁힌다.
ㄷ. C는 석영이다.

06 다음 표는 여러 광물의 특징을 정리한 것이다.

특징 \ 광물명	석영	장석	방해석	흑운모	황철석	황동석
색	무색, 흰색	흰색, 분홍색	무색, 흰색	갈색	노란색	노란색
조흔색	-	흰색	흰색	검은색	검은색	녹흑색
굳기	7	6	3	2~3	6	3~4
깨짐/쪼개짐	깨짐	쪼개짐	쪼개짐	쪼개짐	깨짐	깨짐

이에 대한 설명으로 옳은 것만을 있는 대로 고르시오. (단, 동전의 굳기는 3.5이다.)

① 광물의 굳기가 증가 할수록 깨짐이 발달한다.
② 석영은 일정한 방향으로 갈라지는 성질이 있다.
③ 석영과 방해석은 묽은 염산을 떨어뜨려 구별할 수 있다.
④ 장석은 동전에 긁히지 않고, 방해석은 동전에 긁힌다.
⑤ 황철석과 황동석은 광물 가루의 색으로 구별할 수 있다.

07 표 (가)와 (나)는 각각 지구와 운석의 주요 원소 구성비(질량 %)를 나타낸 것이다.

[수능 기출 유형]

원소	지각	맨틀	핵	지구 전체
O	45.4	43.7	-	29.5
Si	25.8	22.5	-	15.2
Al	8.1	1.6	-	1.1
Mg	3.1	18.8	-	12.7
Fe	6.5	9.9	86.3	34.6
Ni	-	-	7.4	2.4

(가) 지구

원소	석질 운석	철질 운석
O	33.2	-
Si	17.1	-
Al	1.2	-
Mg	14.3	-
Fe	27.2	90.8
Ni	1.6	8.6

(나) 운석

이에 대한 설명으로 옳은 것만을 <보기>에서 있는 대로 고르시오.

보기

ㄱ. 석질 운석의 주요 원소 구성비는 지각과 가장 유사하다.
ㄴ. 철질 운석의 주요 원소 구성비는 핵과 가장 유사하다.
ㄷ. 지구 내부로 갈수록 무거운 원소의 구성 비율이 감소한다.

08 아래 그림은 두 종류의 석영 결정으로 하나는 화강암 내에서 나와 결정이 보이지 않지만 다른 하나는 공동에서 자란 석영 결정으로 육각형의 모양을 보인다. 두 석영의 겉모양(외형)이 다른 이유는 무엇인지 서술하시오.

[대회 기출 유형]

※ [참고] 석영은 보통 무색투명하지만 자주색이나 분홍색을 띤 경우도 있다. 순수한 석영은 규소와 산소로만 이루어져 있으나 다른 원소나 불순물이 포함되어 색깔이 달라지게 되기 때문이다.

09 표는 규소(Si), 산소(O) 및 금속 원소로 이루어진 규산염 광물(감람석, 휘석, 각섬석, 흑운모, 석영 등)의 SiO_4 사면체 결합 형태를 나타낸다.

[대회 기출 유형]

광물의 예	A	B	C	D	E
SiO_4 결합구조	Si O				
광물	1 : 4	1 : 3	4 : 11	2 : 5	1 : 2

(1) 쪼개짐이 발달되는 광물의 기호를 쓰시오.

(2) 깨짐이 발달되는 광물의 기호를 쓰시오.

10 그림은 SiO_4 사면체를 기본으로 하는 규산염 광물의 결합 구조를 나타낸 것이다. (가)~(마)에 알맞은 내용을 쓰시오. (단, (가), (나), (다)는 정수비로 쓸 것)

[대회 기출 유형]

SiO_4 결합구조	Si O			
Si : O	1 : 4	(가)	(나)	(다)
쪼개짐/깨짐	깨짐	(라)	(마)	1방향 쪼개짐
광물	(바)	휘석	(사)	(아)

※ **규산염 광물의 SiO_4 사면체 구조형**

- 독립 사면체 : SiO_4 사면체가 독립으로 있고, 인접 사면체와는 중간에 양이온을 통해 결합.
- 단쇄상 구조 : 사면체마다 2개의 산소가 인접 사면체와 공유하여 연속되는 쇄상 구조
- 복쇄상 구조 : 사면체마다 2~3개의 산소가 인접 사면체와는 공유하는 이중 쇄상 구조
- 판상형 구조 : 사면체마다 3개의 산소가 인접 사면체와 공유하는 층상 구조

11 그림 (가)는 보엔의 반응 계열을, (나)는 규산염 광물의 SiO_4 사면체 결합 구조를 나타낸 것이다. 이에 대한 설명으로 옳은 것은?

[수능 기출 유형]

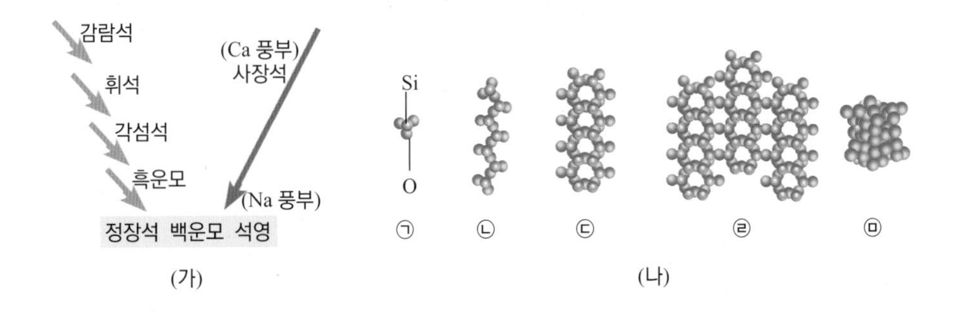

① 정출되는 온도는 흑운모가 감람석보다 높다.
② 밀도는 감람석이 석영보다 크다.
③ $\frac{\text{Si 원자 수}}{\text{O 원자 수}}$는 ㉠구조가 ㉡구조보다 크다.
④ ㉣구조를 가지는 광물은 주로 2방향의 쪼개짐이 나타난다.
⑤ 백운모의 SiO_4 사면체 결합 구조는 ㉤이다.

12 그림은 마그마 A와 B의 화학 조성을 질량비(%)로 나타낸 것이다. A와 B는 각각 현무암질 마그마와 유문암질 마그마 중 하나이다. 이에 대한 설명으로 옳은 것만을 〈보기〉에서 있는 대로 고르시오.

[수능 기출 유형]

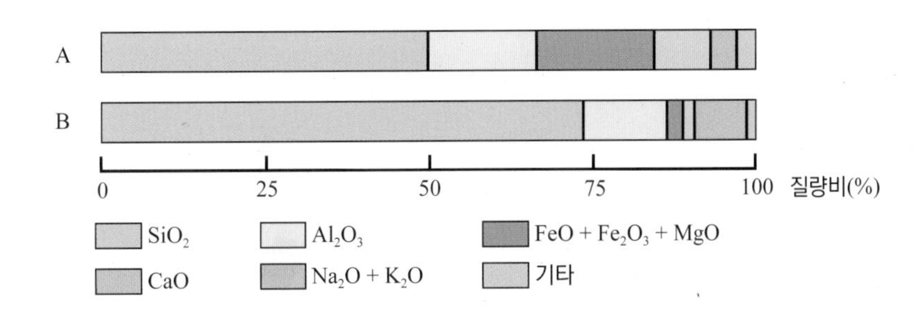

보기

ㄱ. A는 유문암질 마그마이다.
ㄴ. CaO의 질량비는 A가 B보다 크다.
ㄷ. 유색 광물은 A보다 B에서 많이 정출된다.

13 그림은 철수가 화성암을 분류한 과정을 나타낸 것이다.

[수능 기출 유형]

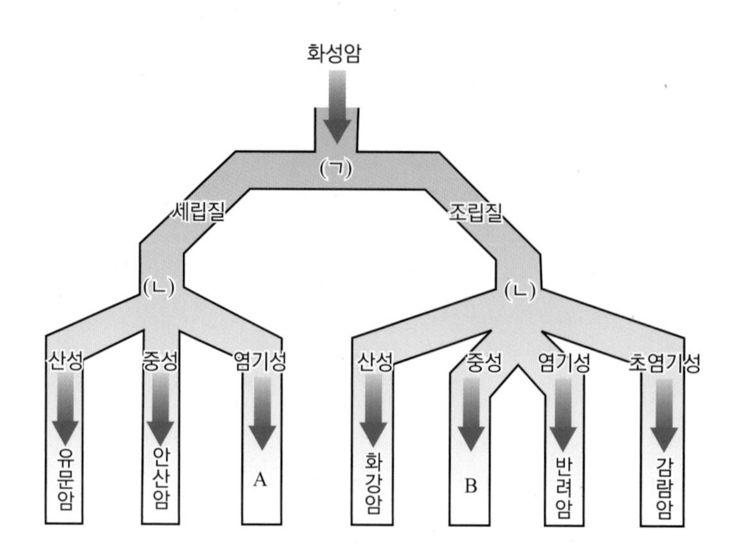

그림의 ( ) 안에 들어갈 말로 적절한 것을 바르게 짝지은 것은?

	(ㄱ)	(ㄴ)	(A)	(B)
①	색	조직	현무암	응회암
②	색	광물 조성	섬록암	현무암
③	조직	색	응회암	섬록암
④	조직	광물 조성	섬록암	현무암
⑤	조직	광물 조성	현무암	섬록암

14 그림은 화강암을 구성하고 있는 대표적인 광물인 석영, 사장석, 흑운모를 순서 없이 나타낸 것이다. 구성 광물에 대한 설명 중 옳은 것만을 있는 대로 고르시오.

[수능 기출 유형]

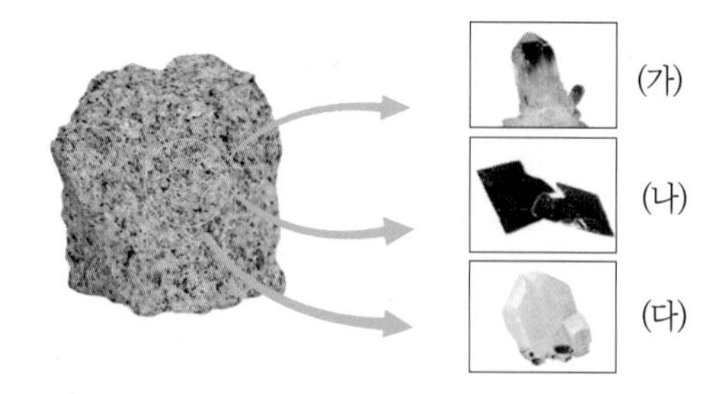

① 유색 광물은 (나), (다)이다.
② 가장 단단한 광물은 (가)이다.
③ 염산과 반응하는 광물은 (나), (다)이다.
④ 가장 많은 부피비를 차지하는 광물은 (가)이다.
⑤ 철과 마그네슘 성분을 가장 많이 포함한 광물은 (나)이다.

15 육안 관찰을 통해 (가) 화강암과 유문암 (나) 화강암과 반려암을 분류하고자 할 때 고려할 점을 〈보기〉에서 바르게 짝지은 것은?

[대회 기출 유형]

보기

ㄱ. 사장석의 포함 여부
ㄴ. 석영의 포함 여부
ㄷ. 굳기(모스 굳기계)의 비교
ㄹ. 조흔색을 이용한 구별
ㅁ. 알갱이(조직) 크기의 차이
ㅂ. SiO_2 (이산화 규소) 함량비

	(가)	(나)
①	ㄱ	ㄷ
②	ㄴ	ㄱ
③	ㄴ	ㄹ
④	ㄹ	ㅂ
⑤	ㅁ	ㅂ

16 다음 표는 세 종류의 화성암에 대한 자료이다.

[수능 기출 유형]

암석	SiO_2 함량(%)	조직	무색 광물	유색 광물
A	50	조립질	사장석	휘석 > 각섬석
B	60	세립질	사장석 > 석영	각섬석 > 휘석
C	72	조립질	석영 > 사장석	흑운모 > 각섬석

이에 대한 설명으로 옳은 것만을 <보기>에서 있는 대로 고르시오.

보기

ㄱ. A는 염기성 심성암이다.
ㄴ. B는 C보다 밝은 색을 띤다.
ㄷ. 유색 광물의 함량은 A가 C보다 많다.

※ SiO_2 함량에 따른 암석 구분
- 산성암 : SiO_2 함량이 66%이상 - 중성암 : SiO_2 함량이 52~66% - 염기성암 : SiO_2 함량이 45~52%

17 다음은 암석에 대한 설명이다.

[대회 기출 유형]

"암석은 성인에 따라 (　(가)　)로 분류된다. 이들 중 지하에서 발생한 화학 조성이 다양한 마그마(나)가 냉각되면서 생성되는 암석은 산출되는 상태에 따라 (　(다)　)로 구분되고 다양한 조직을 보이기 때문에(라) 이에 따라 암석을 (　(마)　)와 같이 분류하기도 한다."

※ 화성암의 조직
- 완정질 : 유리질을 함유하지 아니하고 결정만으로 이루어져 있는 조직. 화성암의 일부, 반심성암, 심성암 따위에서 볼 수 있다.
- 유리질 : 유리로 된 암석 조직. 마그마가 급속히 식으면서 굳어진 화산암에서 볼 수 있다.
- 반상 조직 : 큰 결정이 작은 알갱이 모양 결정의 집합 속 또는 유리 속에 흩어져 있는 암석 조직.

(가)~(마)에 해당하는 예를 <보기>에서 바르게 고른 것은?

보기

ㄱ. 완정질, 반상 조직, 유리질　　ㄴ. 엽리, 편리, 편마 구조　　ㄷ. 현무암질, 안산암질, 유문암질
ㄹ. 규산염, 인산염, 탄산염　　ㅁ. 퇴적암, 변성암, 화성암　　ㅂ. 암주, 암맥, 저반, 병반, 암상
ㅅ. 쇄설성, 화학적, 유기적　　ㅇ. 석회질, 규질　　ㅈ. 화산암, 반심성암, 심성암

	(가)	(나)	(다)	(라)	(마)
①	ㅈ	ㅅ	ㅂ	ㄴ	ㄹ
②	ㅁ	ㄷ	ㅂ	ㄱ	ㅈ
③	ㅈ	ㄹ	ㄴ	ㅁ	ㅇ
④	ㅈ	ㄷ	ㄴ	ㄱ	ㅅ
⑤	ㅁ	ㄷ	ㅂ	ㄴ	ㅇ

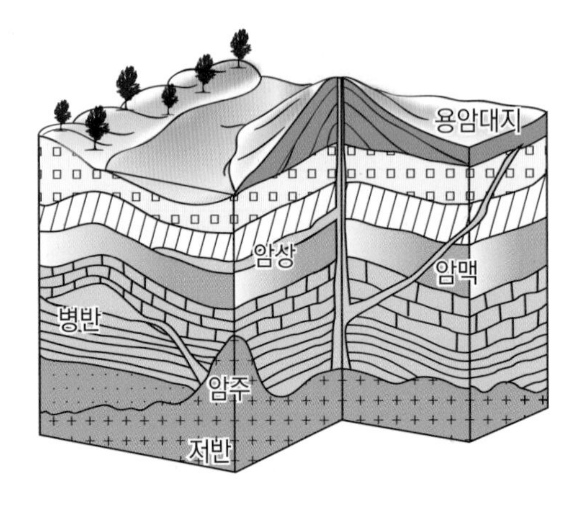

※ 화성암의 산출상태
- 암주 : 원형의 분포를 보이는 관입 화성암
- 암맥 : 기존 암석의 틈을 따라 관입한 판상의 화성암체.
- 저반 : 마그마의 관입과 고화에 의해 형성된 큰 화성암체
- 병반 : 화성암체가 지층 속을 뚫고 들어가 형태가 볼록한 렌즈 모양을 하는 암석 덩어리.
- 암상 : 마그마가 지층면에 평행하게 들어가서 판자 모양으로 굳은 것.

18 그림 (가)와 (나)는 두 종류의 화성암 박편을 편광 현미경으로 관찰한 것이다.

[수능 기출 유형]

(가)

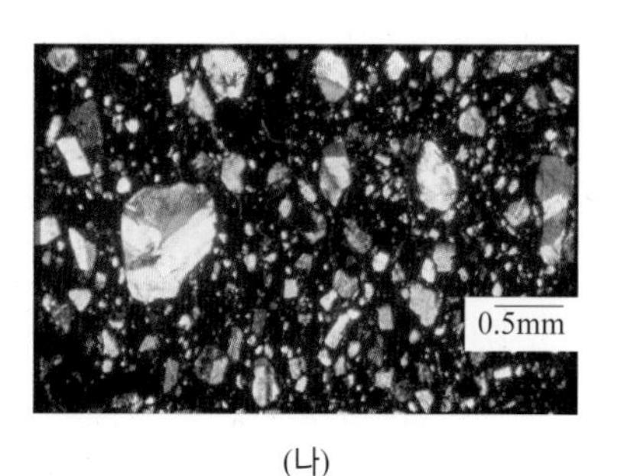

(나)

두 암석에서 광물 결정의 크기가 다르게 나타나는 이유로 옳은 것만을 <보기>에서 있는 대로 고르시오.

보기

ㄱ. 마그마의 냉각 속도가 다르기 때문이다.
ㄴ. 마그마의 SiO_2 함량이 다르기 때문이다.
ㄷ. 마그마에서 정출되는 광물의 종류가 다르기 때문이다.

19 강에서 쌓여 생성된 퇴적암과 빙하 작용에 의해 생성된 퇴적암을 비교하였다. 이에 대한 설명으로 옳은 것만을 〈보기〉에서 있는 대로 고르시오.

[대회 기출 유형]

보기

ㄱ. 강에서 쌓인 퇴적암에는 층리가 생성될 수 있다.
ㄴ. 빙하 작용에 의해 쌓인 퇴적물의 입자들은 크기가 고르다.
ㄷ. 강에서 쌓인 자갈에는 일정한 방향으로 긁힌 자국이 관찰된다.
ㄹ. 강에서 쌓인 퇴적물은 빙하 퇴적물보다 모가 더 나 있다.
ㅁ. 빙하 퇴적물은 과거 기후를 알려 주는 좋은 자료이다.

※ 빙하 퇴적암

빙퇴석 : 빙하가 이동하다가 따뜻한 지역에서 녹게 되면 빙하 속에 있는 암석, 자갈, 토양 물질 등이 녹아 섞여 이루어지는 퇴적층. 암석과 빙하가 마찰하면서 긁힌 자국이 있으며 유수에 의한 퇴적층과는 달리 다양한 크기의 입자들이 섞여 있다.

대회 기출 문제

20 철수와 친구들은 선생님과 함께 방학 중에 단양에 있는 석회암 동굴을 견학했다. 동굴 내부에는 천장에 고드름 모양으로 달린 종유석, 바닥에서 돋아 오른 석순, 종유석과 석순이 만나 기둥처럼 생긴 석주를 비롯하여 동굴 벽에는 갖가지 모양의 무늬가 발달해 있었다. 학교에 돌아와 선생님은 다음과 같은 실험을 해 보고 석회암 동굴이 생성된 까닭을 파악해 보라고 하셨다.

[대회 기출 유형]

실험(가) 석회수가 들어 있는 병에 빨대로 입김을 불어 넣으니 처음에는 석회수가 뿌옇게 흐려졌다.
실험(나) 계속해서 입김을 불어 넣으니 석회수가 다시 맑아졌다.
실험(다) (나)의 용액을 가열하니 기체가 발생하면서 용액이 다시 뿌옇게 흐려졌다.

(1) 실험 (가)와 (나)는 석회암 동굴에서 각각 무엇이 생성되는 원리에 해당하는지 설명하시오.

(2) 실험 (다)에서 발생하는 기체가 무엇인지 설명하시오.

21 석회암 지대에는 돌리네, 우발레, 카렌 등과 같은 독특한 지형이 발달된다.

[대회 기출 유형]

(1) 이와 같이 석회암 지대에 발달되는 특징적인 지형을 무엇이라 하는가?

(2) 어떤 석회암이 심한 풍화 작용을 받으면 붉은 색을 띠는 토양이 된다. 이 토양을 무엇이라 하는가?

- 돌리네 : 지하의 석회암 기반암이 지하수에 의해 용해되어 형성된 깔때기 모양의 지형
- 우발레 : 돌리네가 점점 넓어져 규모가 커진 것
- 테라로사 : 석회암이 지하수에 의해 침식 받을 때 포함된 불순물이 녹지 않고 풍화되어 만들어진 비옥한 토양
- 카렌 : 석회암 침식에 의해 만들어진 뾰족한 암석

22

석회암 지대에서 석회암은 아래와 같은 화학 반응에 의하여 그림과 같이 석회암 내에 석회 동굴과 동굴 내에 다양한 형태의 동굴 퇴적물을 형성한다. 화학 반응식의 (가)와 (나)의 과정에서 생성되는 지형은 어떤 것이 있을까?

[대회 기출 유형]

$$CaCO_3 + H_2O + CO_2 \underset{(나)}{\overset{(가)}{\rightleftarrows}} Ca(HCO_3)_2$$

※ [**참고**] 우리나라의 석회암 분포 - 우리나라는 고생대 초에 평안 분지에서 바다에서 쌓인 해성층인 조선계 지층이 평남과 황해도에 넓게 분포하며, 남한에서는 옥천 조산대에 속한 강원도 남동부와 이에 인접한 충북과 경북의 일부 지역에 비교적 넓게 나타난다. 이러한 조선계 지층은 대부분 석회암으로 이루어져 있으며 이 석회암은 시멘트의 원료로 주로 사용된다. 강원도의 삼척, 동해, 영월, 충북의 단양 그리고 경북의 문경 지역에서 시멘트 공업이 발달하게 되었고, 석회암의 분포 지역에는 석회 동굴, 돌리네 같은 카르스트 지형이 형성되어 있다.

23

퇴적암과 변성암에는 광물 입자들이 나란하게 배열된 줄무늬가 발달되어 있다.

[대회 기출 유형]

(1) 퇴적암에서 볼 수 있는 줄무늬의 명칭을 쓰고, 생성 과정을 설명하시오.

(2) 변성암에서 볼 수 있는 줄무늬의 명칭을 쓰고, 생성 과정을 설명하시오.

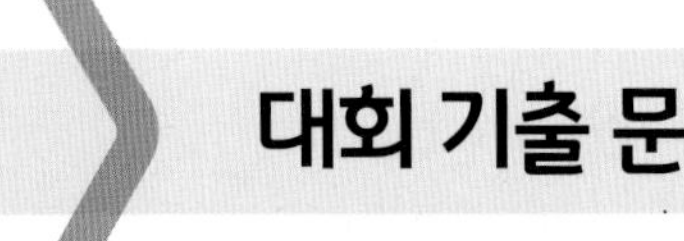

대회 기출 문제

24 **그림은 경기도 전곡 지역에서 발굴된 구석기 시대의 주먹도끼이다. 이것을 관찰하여 다음과 같은 결과를 얻었다. (단, 재결정 작용은 암석이 높은 열을 받았거나 다시 식으면서 결정이 생기는 과정으로, 광물 알갱이가 커진다.)**

[수능 기출 유형]

날카롭게 깨진 면이 관찰된다. 조직이 치밀하고 단단하다. 주로 재결정된 석영으로 구성되어 있다.

관찰 결과로 보아 주먹도끼의 재료로 볼 수 있는 암석은?

① 사암 ② 규암 ③ 대리암 ④ 화강암 ⑤ 현무암

25 **다음은 세 종류의 암석을 관찰하여 특징을 나타낸 것이다.**

[수능 기출 유형]

(가)		광물들이 비교적 크고 고른 입상 조직을 이루고 있다.
(나)		크고 작은 알갱이들이 대체로 불규칙하게 모여 있다.
(다)		광물들이 일정한 방향으로 배열되어 있다.

각각에 해당하는 암석의 종류를 바르게 짝지은 것은?

	(가)	(나)	(다)
①	화성암	퇴적암	변성암
②	화성암	변성암	퇴적암
③	퇴적암	변성암	화성암
④	퇴적암	화성암	변성암
⑤	변성암	퇴적암	화성암

※ **입상 조직** : 화성암 표면에서 육안으로 광물 입자들이 하나하나 구별되어 보이는 조직. 구성광 물 입자의 크기에 따라 조립질(5mm이상), 중립질(1~5mm), 세립질(1mm이하)로 구분한다.

26 다음 그림은 연평균 기온과 연평균 강수량에 따른 풍화 작용의 종류와 풍화 정도를 나타낸 것이다. 아래 자료로부터 추리할 수 있는 것으로 옳은 것은?

[대회 기출 유형]

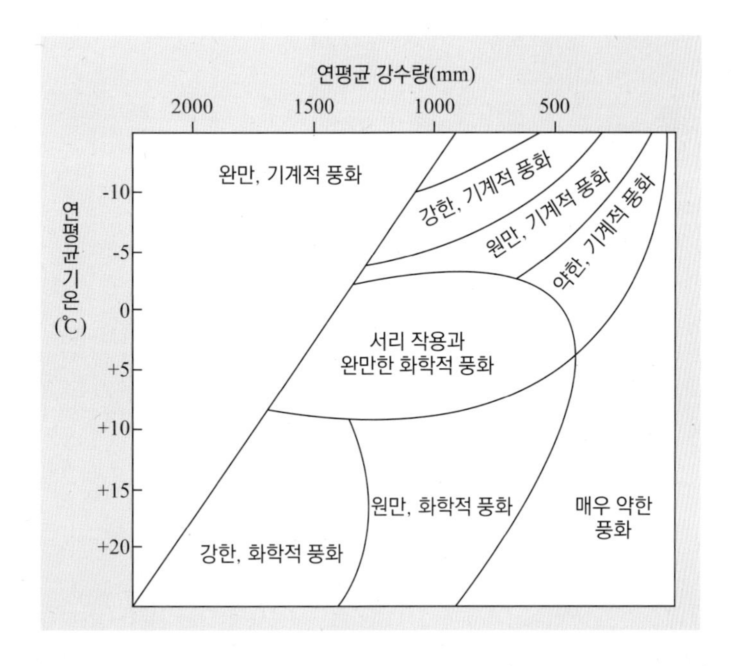

① 서리 작용은 기온이 낮을수록 잘 일어난다.
② 연평균 강수량 1000mm, 연평균 기온이 5℃인 지역에서는 완만한 화학적 풍화 작용이 우세하다.
③ 화학적 풍화는 기온이 낮고 강수량이 적을수록 잘 일어난다.
④ 기계적 풍화는 강수량이 많고 온도가 높아질 때 잘 일어난다.
⑤ 달에서는 서리 작용으로 인한 풍화가 잘 일어날 것이다.

27 다음은 성숙 토양이 만들어지는 과정의 일부를 나타낸 것이다. 이에 대한 설명으로 옳은 것만을 〈보기〉에서 있는 대로 고르시오.

[수능 기출 유형]

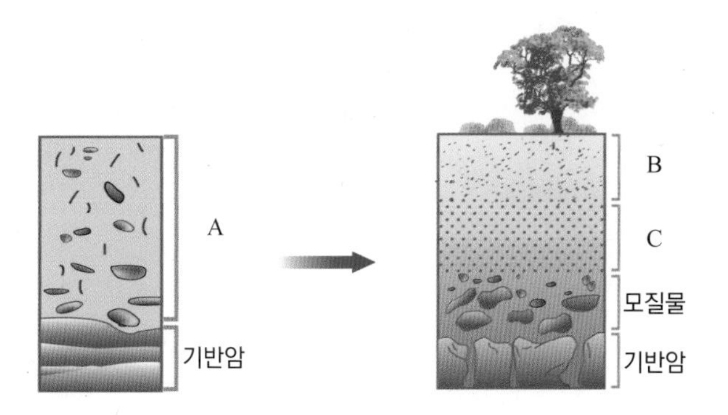

보기

ㄱ. B층은 C층보다 먼저 형성된다.
ㄴ. 점토 광물의 비율은 C층이 A층보다 높다.
ㄷ. 유기물의 양은 A층이 B층보다 많다.

황사

발원지 및 이동경로
커얼친 사지
(만주)
고비 사막
내몽골 고원
타클라마칸 사막
3~4
일
1일
12
시간
1일
황토고원
황사 주 이동경로
우리나라까지 12시간에서 3~4일만에 도달

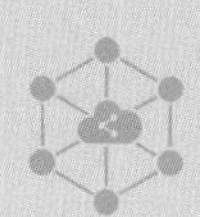

올봄, 황사가 왜 없을까?

매년 봄이면 우리를 괴롭혔던 황사가 2009년에는 잠잠하다. 14일 기상청 확인 결과 지난달 19일 이후 우리나라에서 황사 현상이 나타나지 않고 있고 올 봄 황사는 지난 3월 14일과 15~18일 두 차례에 그친 것으로 나타났다. 그동안 봄철에 한 달 가까이 황사가 없었던 경우는 드물었다. 기상청은 이 같은 이유가 저기압 약화와 바람 때문이라는 설명이다. 보통 내몽골 고원과 고비 사막 등지에서 발생한 먼지 등 부유 물질들이 저기압으로 상승한 뒤 서풍을 타고 우리나라에 오는 게 황사이다. 하지만 최근 이들 지역에서 저기압이 크게 약해졌고 서풍 대신 동풍이 계속 불면서 황사가 없었다. 기상청 관계자는 "황사는 발원지인 중국 쪽에 고기압이 형성돼 황사가 거의 없었다"며 "아직 봄이 다 끝난 것은 아니고, 앞으로 중국 쪽에 저기압이 발생하면 얼마든지 다시 예년처럼 황사가 올 수 있다"고 덧붙였다. 기상청은 또 앞으로 지구 온난화 등으로 발원지 쪽에 저기압이 적게 발생하면 황사가 줄어들 수 있겠지만 더 큰 문제는 중국의 사막화 확대라는 설명이다. 황사 발원지인 중국에 사막 지역이 더 늘어나면 그만큼 황사가 자주 발생하기 때문이다. 이밖에 황사는 더 이상 봄에만 발생하는 게 아니라는 분석이다. 지난해 12월과 올해 2월에 대형 황사가 발생했듯 계절을 가리지 않고 나타난다는 것. 이 역시 기상 이변과 관련이 있는 것으로 풀이된다. 한편 기상청은 당초 올 봄 황사가 평년(1973~2000년) 평균인 3.6일보다 많이 발생할 것으로 예측했지만 이날 현재 전국 평균 발생 일수는 2.2일에 그치고 있다. 황사 발생 일수는 지난 2001년에 20.1일로 가장 길었고 지난해에는 4.0일을 기록했다.

-머니투데이 기사

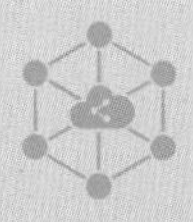

언제 불어 닥칠지 모르는 '황사'

기상청이 올해 봄철 황사가 평년보다 많이 발생할 것으로 전망한 가운데 앞으로 언제든지 황사가 발생할 가능성이 있다며 주의를 촉구했다. 13일 기상청은 지난 2월 봄철 황사 전망을 통해 평년(1973년~2000년) 평균 3.6일보다 많이 발생할 것으로 전망했다. 그러나 올 봄 황사는 두 차례(3월14일 및 3월15일~18일) 우리나라에 영향을 주어 4월13일 현재 전국 평균으로 2.2일 발생했으나, 지난 3월19일 이후 최근까지 약 25일 동안 우리나라에 황사가 유입되지 않고 있다. 기상청은 최근 황사가 유입되지 않은 원인에 대해 최근 우리나라에 황사가 유입되지 않은 이유는 황사 발원지 지역의 저기압 활동이 평년보다 약한 상태를 보이고 있을 뿐만 아니라 발원지 지역의 풍계 또한 동풍 계열의 바람이 유지되면서 우리나라로 황사가 유입되지 않은 것으로 분석했다. 일반적으로 황사는 발원지 지역에 강한 저기압이 형성되면서 황사 입자가 상승하고 그 후면에 위치한 고기압이 우리나라로 접근하면서 북서풍이나 서풍에 의해 한반도에까지 날아오게 된다. 기상청측은 "우리나라에 주로 영향을 미치는 황사 발원지인 내몽골 고원, 고비사막의 된토 고원 등에서는 기온이 높고 건조한 상태를 보이고 있어 황사 발원지에서 저기압이 강하게 발생할 경우 언제든지 황사는 발원될 수 있는 상태"라고 밝혔다. 이어 "현재 황사 발원지 부근의 기압골 활동이 평년에 비해 약하고 우리나라에는 동풍 계열의 바람이 유지되고 있으나 향후 봄철 동안 북쪽 기압골이 일시적으로 활성화되면서 황사가 발생할 가능성은 여전히 남아 있다"고 설명했다.

-메디컬투데이 2009.04.13

해설 p 12

Q. 황사가 주로 봄철에 집중적으로 발생하는 이유를 황사 발원지의 환경과 연관지어 설명해 보자.

Earth Science

II

우리가 발 디디며 살고 있는 지구의 내부는 어떻게 생겼을까?
육지 모습은 어떻게 변해왔을까?

02 지각 변동과 판 구조론

Ⅱ 지각 변동과 판 구조론

1. 지구의 내부 구조

(1) 지구 내부의 조사 방법

① **직접적인 방법**

시추법	화산 분출물 조사	지질 구조 조사
드릴로 구멍을 뚫어 물질을 채취하여 조사	화산이 폭발할 때 나오는 물질 조사	여러 가지 지각 변형 과정에서 지표에 드러난 지하 깊은 곳의 지각 일부를 조사

② **간접적인 방법**[1] : 지구 내부를 조사하는 가장 효과적인 방법은 지진파 분석이다.

지진파 분석	운석 분석	고온·고압 실험
지진이 발생할 때 전달되는 지진파 분석	운석에는 태양계 생성 초기의 물질이 보존되어 있다.	실험실에서 지구 내부와 비슷한 상태로 만들어 실험

(2) 화산[2]

① **화산 분출물**

종류	정의	상태
화산가스	화산 폭발시 분출되는 가스	기체
용암	지하 깊은 곳의 마그마가 지표로 흘러나오는 것	액체
화산 쇄설물	화산 폭발시 분출되는 고체상태의 물질	고체

▲ 흘러나오는 용암

화산 쇄설물	화산진	화산재	화산력	화산암괴	화산탄
크기	0.25mm이하	0.25~4mm	4~64mm	64mm이상	유선형이나 고구마 모양을 갖는것

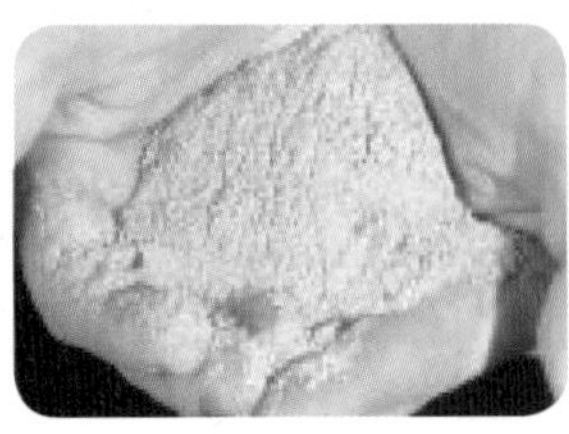
▲ 화산재

▲ 화산력

▲ 화산탄

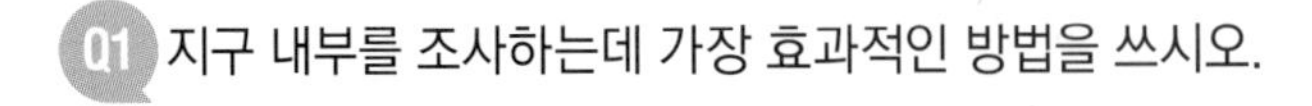
Q1 지구 내부를 조사하는데 가장 효과적인 방법을 쓰시오.

---

❶ 간접적인 물체 내부 조사 방법

물체 내부를 직접 볼 수 없는 경우에는 X-선 촬영, MRI 검사, 초음파 검사 등과 같이 간접적인 방법을 이용하여 조사할 수 있다.

❷ 화산에 의해 생성된 지형

· 화구 : 깔대기 모양으로 움푹 꺼진 화산의 꼭대기(지름 1km 이내)

▲ 화구

· 화구호 : 화구에 물이 고여 만들어 진 호수 (예) 한라산의 백록담

· 칼데라 : 화산 폭발이 끝난 후에 일어나는 함몰이나 대폭발로 만들어 진 큰 웅덩이(지름 1km 이상)

· 칼데라호 : 칼데라에 물이 고여 만들어진 호수 (예) 백두산 천지

▲ 백두산 천지

· 절리 : 마그마가 냉각될 때, 암석이 압력을 받거나 화성암이 식으면서 수축될 때 암석에 생기는 틈. 또 점토질 퇴적암에서 습기가 빠져 나갈 때나 지각이 횡압력을 받았을 때, 습곡에서 암석의 내부에 장력이 작용할 때 생성된다.

미니사전

마그마
지하 깊은 곳에서 암석이 녹아 생성된 것으로 가스를 포함한 것

용암
마그마가 지표면 상으로 분출된 것

화산
지하의 마그마가 지각을 뚫고 지표로 분출되어 만들어진 산

화산 분출물
지하에서 생성된 마그마가 지각의 약한 부분을 뚫고 지표로 올라오면서 분출하는 물질

② 용암의 종류에 따른 화산의 형태

	순상 화산, 용암 대지	성층 화산	종상 화산
용암의 종류	현무암질	안산암질	유문암질
경사	완만	↔	급함
온도	높다	↔	낮다
점성[3]	작다	↔	크다
유동성[3]	크다	↔	작다
화산 가스의 양	적다	↔	많다
분출 형태	조용한 분출	↔	격렬한 분출
예	한라산, 개마고원	후지산	산방산, 백록담

③ 화산 활동의 영향

이용	피해
· 화산 지대에 온천이 분포하여 관광지로 이용됨 · 화산재에 무기질이 풍부하여 비옥한 토양으로 변함 · 화산 활동으로 인해 지하 광물이 모여 금, 은, 구리와 같은 금속 광상 생성 · 화산에서 발생되는 열에너지를 이용하여 지열 발전소[4] 건설	· 용암이나 화산재 분출, 지진 해일로 인한 인명, 재산 피해 · 화산 활동과 함께 분출한 수증기 상승으로 많은 비가 내려 홍수 피해 · 화산재가 상층에서 오랫동안 머물며 햇빛을 차단해 지구의 온도를 낮춤

▲ 뉴질랜드 와이라케이 지열 발전소

▲ 화산재

Q2 용암의 점성은 이 성분이 커질수록 증가한다. 이 성분은 무엇인가?

(3) 지진 : 지구 내부의 에너지가 지표로 나와 땅이 흔들리는 현상이다.

① 지진의 종류

• 지진의 원인에 따라

인공 지진	자연 지진
땅 속 화약 폭발, 지하 핵실험	단층 생성, 화산 폭발 ,함몰

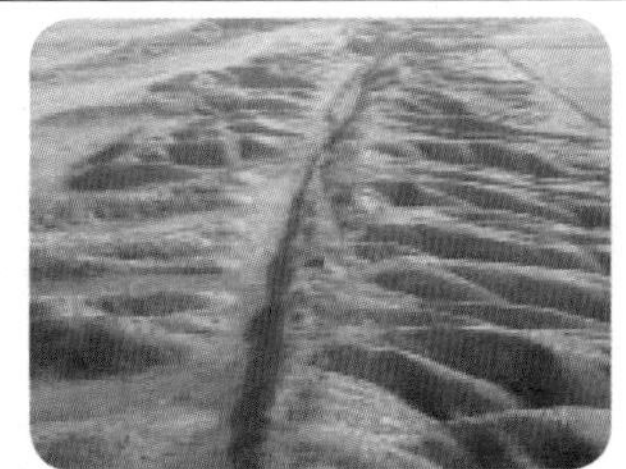

• 지진의 깊이에 따라[5]

종류	천발 지진	중발 지진	심발 지진
진원의 깊이	70km이하	70~300km	300km이상

③ 점성과 유동성

점성은 끈끈한 정도, 유동성은 어떤 물질이 잘 흐르는 정도를 말한다. SiO_2가 많이 포함될수록 점성이 커지며, 플레인 요구르트를 숟가락으로 떠보면 끈끈하여 잘 흐르지 않는 것과 같이 점성이 크면 유동성이 작다.

④ 지열 발전소

뜨거운 암석으로부터 에너지를 얻는 발전소

6km 깊이의 시추공을 통해 뜨겁고 건조한 암석에 찬물을 보내면 따뜻한 물로 가열되어 발전소로 다시 회수되어 열에너지가 전기에너지로 전환된다.

⑤ 깊이에 따른 지진의 종류

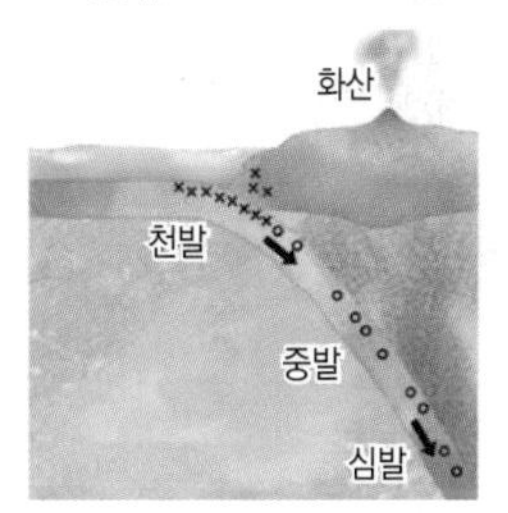

미니사전

순상 화산
유동성이 매우 큰 용암이 분출되면서 만들어진 경사가 매우 완만한 방패 모양의 화산

용암 대지
마그마가 지표면 상으로 분출된 것

성층 화산
용암 분출과 화산 쇄설물 분출이 번갈아가면서 일어나 만들어진 화산

종상 화산
점성이 큰 용암이 분출되어 용암이 멀리까지 가지 못하여 만들어진 경사가 큰 화산

광상
경제적 가치가 있는 광물 자원이 암석 속에 자연 상태로 집중되어 있는 곳

진원과 진앙

· 진원 : 지진이 최초로 발생한 곳
· 진앙 : 진원 바로 위 지표상의 지점

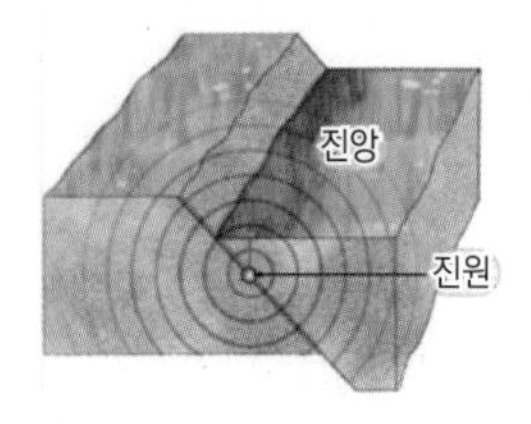

⑥ 지진 해일

바다 속에서의 지진, 화산 폭발 등에 의하여 바닷물이 높아져 육지로 넘쳐 들어오는 현상

전세계의 화산대와 지진대

· 환태평양 : 태평양 연안을 따라 둥글게 분포, 전세계 지진의 80% 발생
· 알프스-히말라야 : 지중해에서 히말라야 산맥을 거쳐 인도네시아에 이르는 지역, 대륙의 충돌로 습곡 산맥 발달, 지진, 화산 활발
· 해령 : 태평양, 인도양, 대서양 등의 바다 속에 길게 분포

⑦ 관측된 지진 중 가장 강력했던 지진<규모 순>

순위	발생연도	장소	규모
1	1960.05	칠레	9.5
2	1964.03	미국 알래스카	9.2
3	1957.03	알류산	9.1
4	2004.12	인도네시아	9.0
5	1952.11	캄차카 반도	9.0
6	2011.03	일본 후꾸시마	8.8
7	1906.01	에콰도르	8.8
8	2005.03	인도네시아	8.7
9	1965.02	미국 알래스카	8.7
10	1950.08	티벳	8.6
11	1938.02	인도네시아	8.5

② 지진의 영향

이용	피해
인공 지진을 발생시켜 지하의 구조를 알아냄으로써 석유가 저장되어 있는 곳이나 도로, 건물, 댐 등을 건설하기에 알맞은 장소를 찾아냄	건물이 무너져 가스관이 파괴 전선의 합선이나 누전, 화재 발생 산사태나 지진 해일⑥로 인한 인명, 재산 피해

③ 지진의 피해를 줄이기 위한 대처 방법

집안에 있을 때	· 방석으로 머리를 보호하거나, 책상 밑으로 가서 몸을 웅크린다. · 불을 끄고 가스밸브를 잠근다. · 불이 났을 때 침착하고 빠르게 불을 끈다. · 비상시 대피를 고려해 문을 열어서 출구를 확보해둔다.
야외에 있을 때	· 야외에서는 머리를 보호하고 위험물로부터 몸을 피한다. · 담이나 대문, 기둥 가까이에 가지 않는다.
백화점, 극장, 지하, 운동장에 있을 때	· 안내자의 지시에 따라 행동한다. · 지진을 느끼면 좌석에서 즉시 머리를 감싸고 진동이 멈출때까지 그대로 있는다. · 엘리베이터를 이용하지 말고, 비상계단을 이용한다.

④ 지진의 세기

• 규모와 진도

	규모	진도
정의	지진이 발생할 때 나오는 실제 에너지를 나타낸 것	지진이 발생할 때 사람의 느낌이나 주변 물체의 흔들림 정도를 나타낸 것
표기	아라비아 숫자	로마자
진원과의 관계	진원과 상관없이 일정	진원으로부터 멀수록 작아짐

• 지진의 영향⑦

규모	진도	인체, 구조물, 자연계 영향
2.9 미만	Ⅰ	특별히 좋은 상태에서 극소수의 사람만이 느낌.
3.0~3.9	Ⅱ	건물의 위층에 있는 소수의 사람만 느낌.
	Ⅲ	건물의 위층에 있는 사람들이 뚜렷하게 느낌.
4.0~4.9	Ⅳ	창문이 흔들리며 많은 사람들이 느낌.
	Ⅴ	거의 모든 사람이 느낌. 그릇과 창문이 깨지기도 하며, 물체가 넘어지기도 함.
5.0~5.9	Ⅵ	모든 사람이 느낌. 많은 사람이 놀라 대피함.
	Ⅶ	모든 사람이 놀라 뛰쳐나옴. 보통 건축물은 약간의 피해 발생.
6.0~6.9	Ⅷ	일반 건축물은 부분적인 붕괴 등 상당한 피해 발생.
	Ⅸ	특수 설계된 건축물에도 상당한 피해 발생. 지표면에 균열 발생.
7.0 이상	Ⅹ	대부분의 건축물이 부서짐. 지표면에 심한 균열이 생김. 철로가 휘고 산사태 발생.
	ⅩⅠ	남아 있는 건축물이 거의 없으며, 지표면에 광범위한 균열 발생.
	ⅩⅡ	전면적인 파괴 상황. 수평면이 뒤틀리며 물건이 하늘로 던져짐.

Q3 진도와 규모의 차이점을 쓰시오.

(4) 지진파 : 지진이 발생할 때 생기는 파동이다.

① **지진파의 성질** : 성질이 다른 물질의 경계면에서 굴절하거나 반사, 전달되는 물질의 종류와 상태에 따라 전파 속도가 급격히 변한다.

② **지진파의 종류**

종류	실체파	표면파(L파)
특징	지구 내부를 통과하는 지진파 지구 내부 조사에 이용 (예) P파와 S파	지구 표면을 따라 전파되는 파 지각이나 상부 맨틀의 구조를 연구하는데 이용 (예) 러브파와 레일리파

	P파	S파	L파
속도	5~8km/s	약 4km/s	약 3km/s
도착 순서	1	2	3
진폭	작다	중간	크다
피해	작다	중간	크다
파동	종파⑧	횡파⑧	혼합
통과 물질	고체, 액체, 기체	고체만 통과⑨	지표면으로 통과
진행모습	매질의 진동 방향 ↔ 압축 팽창 ▲ 지진파의 진행 방향	매질의 진동 방향 ↕ ▲ 지진파의 진행 방향	매질의 진동 방향 ↕ ▲ 지진파의 진행 방향
물질의 진동 방향	파의 진행 방향과 평행	파의 진행 방향에 수직	혼합
지진파의 기록	초기미동 (PS시⑩) P파 S파 시간 경과		
지진계	수평동(좌우동) 지진계에 기록	수직동(상하동) 지진계에 기록	혼합

③ **지진계** : 지진의 진동을 알아내 지진파를 기록하는 기계를 말한다.

• 지진계의 원리 : 지진계의 모든 부분은 진동하지만 무거운 추는 관성⑪ 때문에 정지해 있으므로 추 끝에 달려 있는 펜에 의해 회전 원통에 감긴 기록지 위에 지진에 의한 진동량이 기록된다.

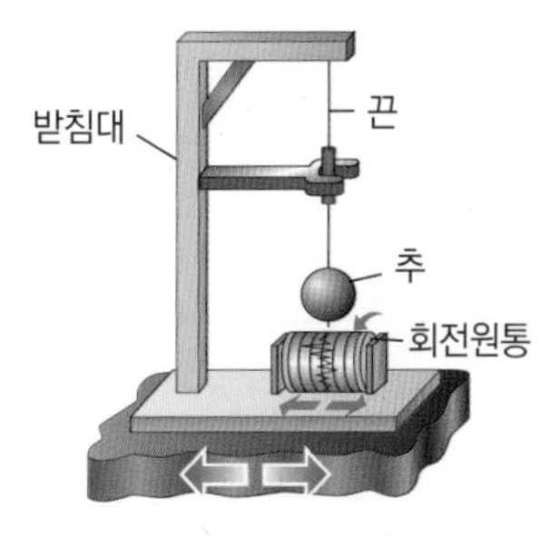

▲ 수평동 지진계
수평 방향의 지진파를 기록한다.

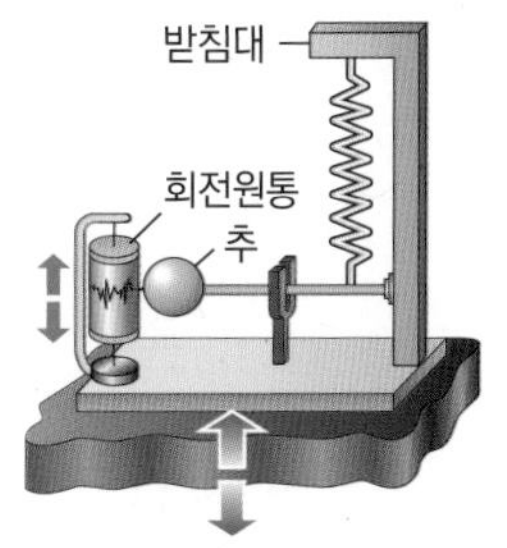

▲ 수직동 지진계
수직 방향의 지진파를 기록한다.

Q4 지진을 정확하게 기록하기 위해서는 지진계가 몇 개 필요할까?

⑧ 지진파의 파동

· 종파 : 파동의 진행 방향과 진동 방향이 일치하는 파

· 횡파 : 파동의 진행 방향과 진동 방향이 직각을 이루는 파

⑨ S파는 왜 액체를 통과하지 못할까?

아래 그림에서와 같이 P파는 진행하면서 통과하는 물질을 변형시키고 물질은 변형력에 대항해 탄성력이 발생한다. 따라서 P파가 통과할 때 물질의 탄성력으로 파동이 전달될 수 있다. 그러나 S파는 통과할 때 물질을 변형시키지 않고 물질의 외형만을 변화시킨다. 액체는 고체와는 다르게 외형을 쉽게 바꿀수 있기 때문에 탄성력이 발생하지 않고 파동이 전달되지 못한다. ⇒ S파가 액체에 도달하면 더이상 파동이 전달되지 않는다.

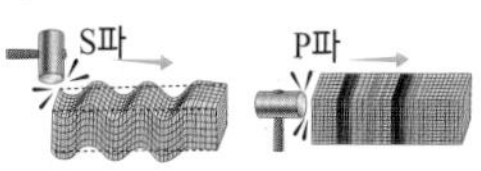

⑩ PS시

P파가 도착하고 나서 S파가 도착할 때까지 걸린 시간

$$PS시 = \frac{d}{V_S} - \frac{d}{V_P}$$

d : 진원거리

V_P : P파의 속도

V_S : S파의 속도

⑪ 관성

외부에서 힘이 주어지지 않는 한 운동하는 물체는 운동상태를 유지하고, 정지해 있는 물체는 정지해 있는 상태를 유지하려는 성질

(예) 버스가 멈출 때 몸이 앞으로 쏠리는 현상

미니사전

반사
빛이 일정한 방향으로 진행하다가 어떤 물체의 표면에 부딪혔을 때, 되돌아가는 현상

굴절
빛이 다른 물체를 지나면서 방향을 바꾸어 꺾이는 현상

P파(Primary wave)
지진 발생시 관측소에 최초로 도착하는 지진파

S파(Secondary wave)
지진 발생시 관측소에 두 번째로 도달하는 지진파

표면파(Long wave)
지표면을 따라 전파되는 지진파

⑫ **지구 내부의 층상 구조**

지구의 내부를 이루는 물질은 층별로 차이가 있다. 지각과 맨틀은 주로 규산염 광물, 핵은 철-니켈 성분으로 이루어져 있다. 지구가 처음 생성될 무렵에 지구 전체는 마그마 상태였다. 이때 무거운 철 성분의 마그마는 중력을 받아 아래로 내려가 핵을 형성하였고, 상대적으로 가벼운 규산염 성분의 마그마는 위로 떠올라 맨틀과 지각을 형성하여 층상 구조를 이루게 되었다.

⑬ **지구 내부의 물리적 특성**

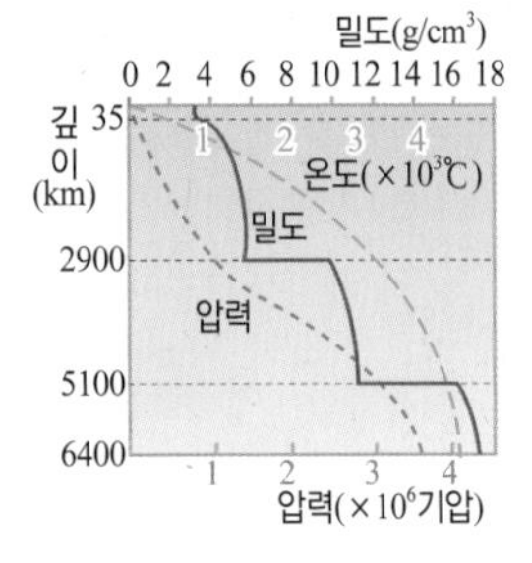

암영대

지진파가 도달하지 못하는 지역으로 진앙으로부터 각거리 103° ~ 142° 되는 곳으로 맨틀과 외핵의 경계면에서의 지진파 굴절로 인해 파가 도달할 수 없다.

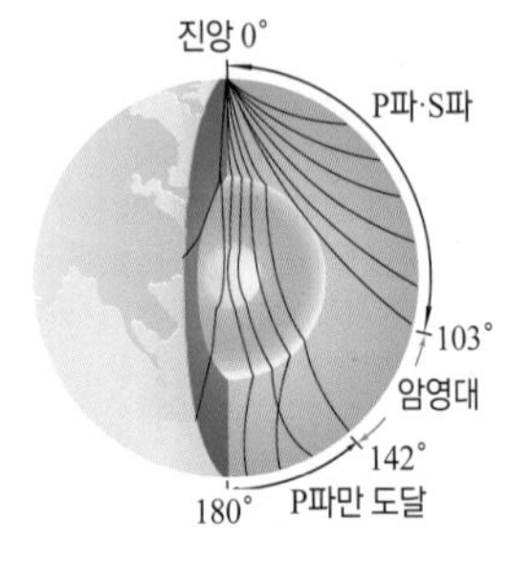

미니사전

암석권
암석으로 이루어진 지각 표층부를 말함. 지각과 상부 맨틀의 일부로 구성. 두께 100Km 내외

연약권
암석권 아래에 있는 깊이 약 100~400Km의 맨틀 부분. 부분 용융 상태

감람암
철·마그네슘 등으로 이루어져 어두운 색을 띠며, 조암 광물 중 감람석과 휘석이 주성분임. 빛이 곱고 투명한 것은 보석으로 쓰임

(5) 지구 내부의 층상 구조[12]

① **지구 내부를 통과하는 지진파의 속도 변화** : 각 층의 경계면에서 급격하게 속도가 변한다.

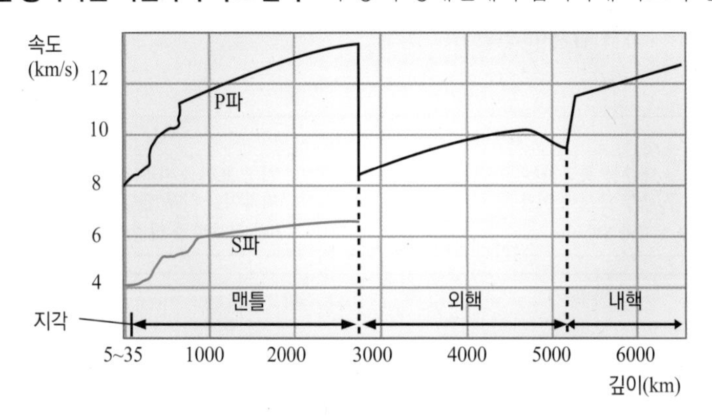

- 지진파의 속도 변화를 통해 지구 내부를 4개의 층으로 나눌 수 있다.
- 외핵이 액체 상태로 존재하기 때문에 깊이 2900km 이상에는 S파가 통과하지 못한다.

② **지구 내부의 층상 구조(물리적 관점[13])**

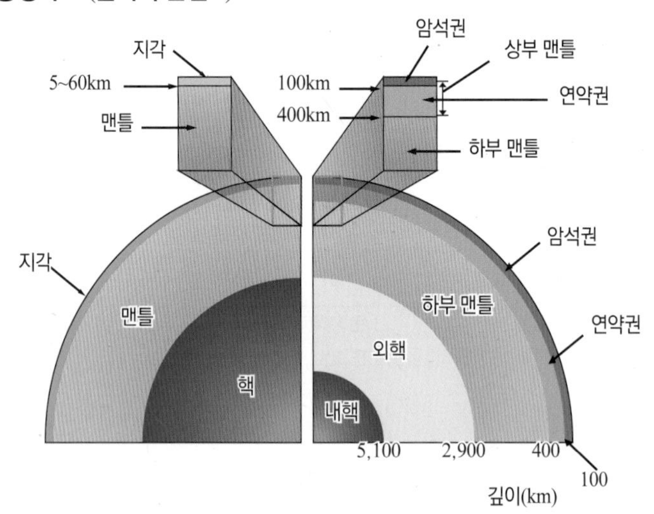

내부구조	지각		맨틀	외핵	내핵
	대륙 지각	해양 지각			
깊이(km)	지표~35	지표~5	모호면~2900	2900~5100	5100~6400
상태	고체		고체	액체	고체
밀도(g/cm³)	2.7	3.0	3.3~5.5	10	12~13
구성물질	화강암	현무암	감람암	철, 니켈	
특징	주로 산소와 규소로 이루어짐		지구 내부에서 부피가 가장 큼(약 82%)	S파가 통과하지 못함	온도와 압력이 매우 높아 고체 상태

모호면	쿠텐베르크면	레만면
지각-맨틀 경계	맨틀-외핵 경계	외핵-내핵 경계
급격한 지진파의 속도 증가로 발견	지진파가 도달하지 않는 곳(암영대) 발견	암영대에 약한 P파가 도달하여 발견

Q5 지구 내부는 몇 개의 층으로 이루어져 있는지 쓰고, 액체 상태로 존재하는 층을 쓰시오.

2. 지질 구조

(1) 습곡 : 지층이 오랫동안 수평 방향으로 미는 힘(횡압력)을 받아 휘어진 것이다.

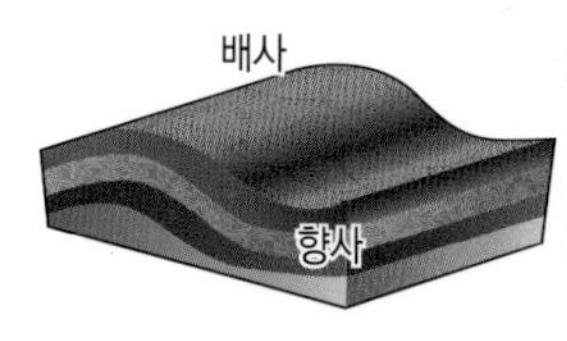

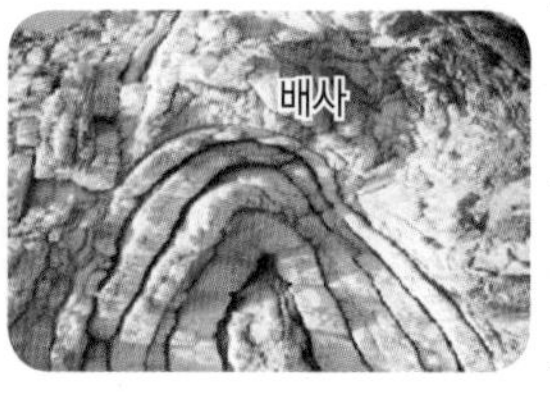

배사	지층이 위로 휘어져 올라간 부분
향사	지층이 아래로 휘어져 내려간 부분

(2) 단층 : 지층이 수평 방향의 힘을 받아 약한 틈을 경계로 끊어져 어긋난 것이다.

① 단층 구조의 명칭

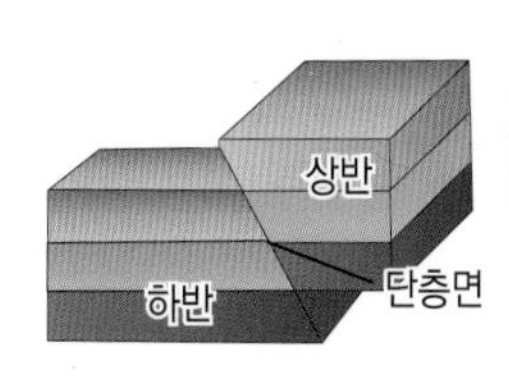

상반	단층면의 위쪽
하반	단층면의 아래쪽

② 단층의 종류

종류	정단층	역단층	주향 이동 단층
뜻	지층이 장력(수평 방향으로 당기는 힘)을 받아 상반이 내려간 단층	지층이 수평 방향으로 미는 힘을 받아 상반이 밀려올라간 단층	단층면을 따라 상반과 하반이 수평 이동한 단층
그림	정단층 하반 상반	역단층 상반 하반	주향이동단층

(3) 부정합 : 지층이 지각 변동을 받아 계속 쌓이지 못하고 침식에 의해 퇴적이 중단되어 시간적인 불연속이 있는 상하 두 지층을 부정합 관계라 하며 그 경계면을 부정합면이라 한다.

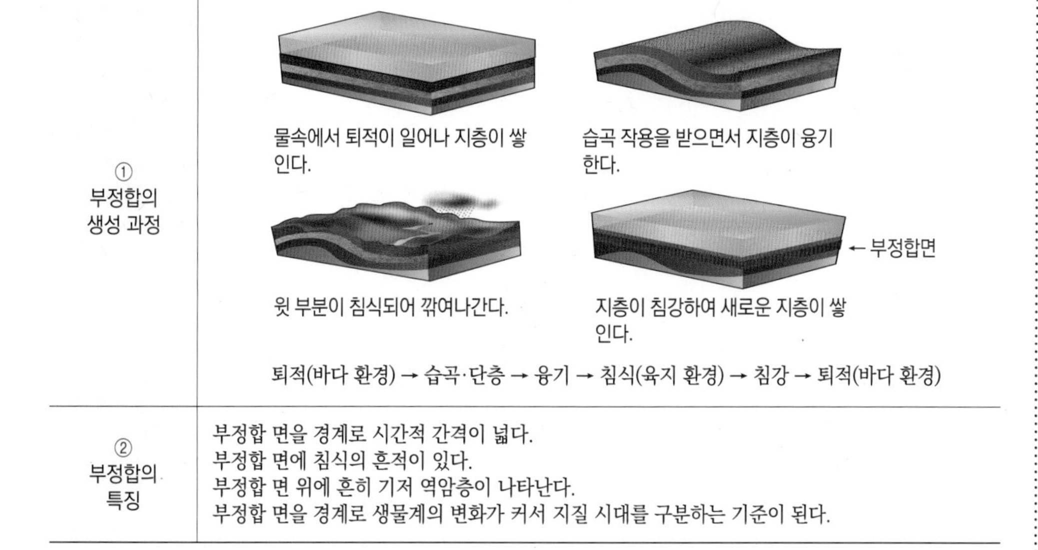

① 부정합의 생성 과정	물속에서 퇴적이 일어나 지층이 쌓인다. 습곡 작용을 받으면서 지층이 융기한다. 윗 부분이 침식되어 깎여나간다. 지층이 침강하여 새로운 지층이 쌓인다. ← 부정합면 퇴적(바다 환경) → 습곡·단층 → 융기 → 침식(육지 환경) → 침강 → 퇴적(바다 환경)
② 부정합의 특징	부정합 면을 경계로 시간적 간격이 넓다. 부정합 면에 침식의 흔적이 있다. 부정합 면 위에 흔히 기저 역암층이 나타난다. 부정합 면을 경계로 생물계의 변화가 커서 지질 시대를 구분하는 기준이 된다.

Q6 양쪽으로 잡아당기는 힘을 받아 생기는 단층은?

오버스러스트

횡압력을 많이 받아 단층면의 경사가 45° 이하인 대규모의 역단층

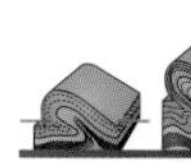
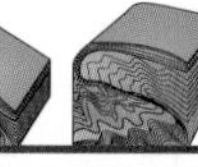

▲ 오버스러스트 생성 과정

부정합의 종류

· 평행 부정합 : 부정합의 위·아래에 있는 지층이 평행한 부정합

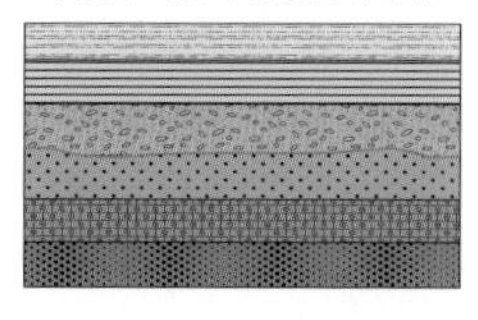

· 경사 부정합 : 부정합의 위·아래 지층이 다른 각도를 이루는 부정합

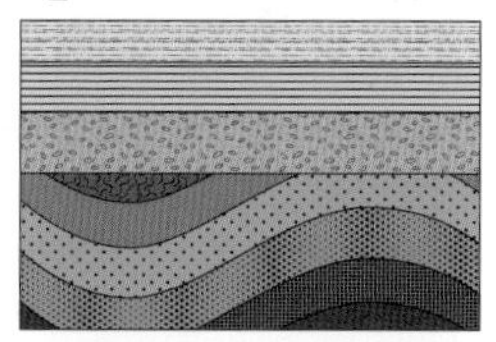

· 난정합 : 지하에서 형성된 화성암이나 변성암이 지표까지 융기하여 침식되고, 그 위에 새로운 지층이 퇴적되어 생성됨

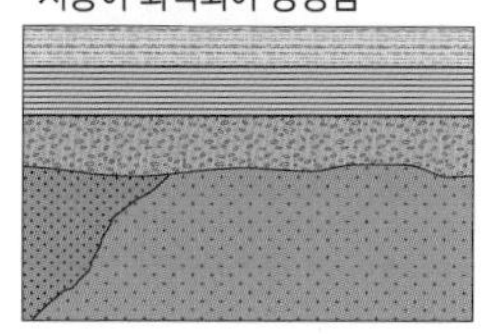

미니사전

횡압력
습곡과 단층을 만드는 힘으로 양옆에서 미는 압축 작용을 하는 압력

장력
양쪽에서 잡아당기는 힘

단층면
지층이 끊어져 생긴 경계면

정합
쌓이는 동안 시간적 공백 없이 침식되지 않고 연속적으로 쌓이는 퇴적층

기저 역암
부정합면 바로 윗지층에 있는 역암층. 지층이 융기하여 윗부분이 침식되고 최초로 만들어진 퇴적층

3. 조륙 운동과 조산 운동

(1) 조륙 운동 : 지각이 넓은 범위에서 상하 방향으로 운동하여 융기하거나 침강하는 운동이다.

① **조륙 운동의 원인** : 지각은 맨틀 위에 떠 있으므로 지각이 평형❶을 유지하기 위하여 침식된 부분은 가벼워져서 융기하고, 퇴적된 부분은 무거워져서 침강하게 된다.

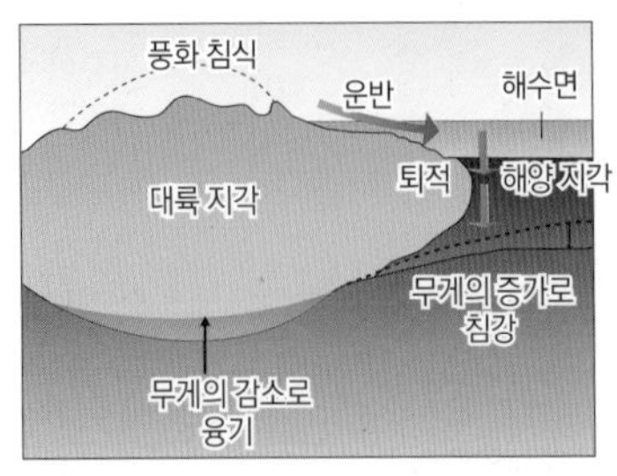

▲ 융기 : 풍화, 침식을 받거나, 빙하가 녹아서 주변보다 지각이 상승하여 해수면 위로 올라가는 작용

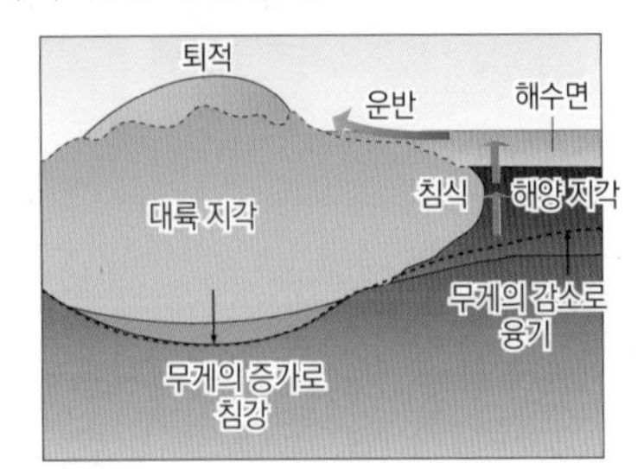

▲ 침강 : 두꺼운 퇴적층이나 빙하가 쌓여 아래쪽으로 움직이게 되어 해수면 아래로 들어가는 것

② **조륙 운동의 증거**

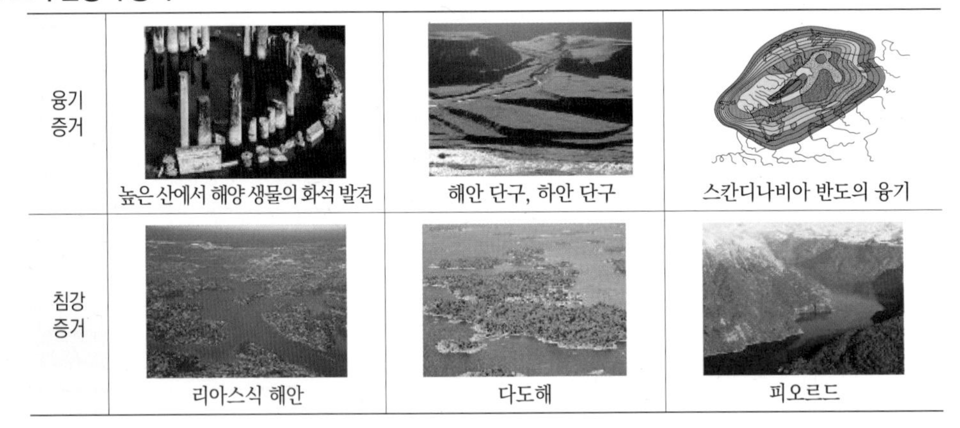

융기 증거	높은 산에서 해양 생물의 화석 발견	해안 단구, 하안 단구	스칸디나비아 반도의 융기
침강 증거	리아스식 해안	다도해	피오르드

(2) 조산 운동 : 해저에서 수평하게 퇴적된 지층들이 횡압력을 받아 거대한 습곡 산맥을 만드는 과정이다.

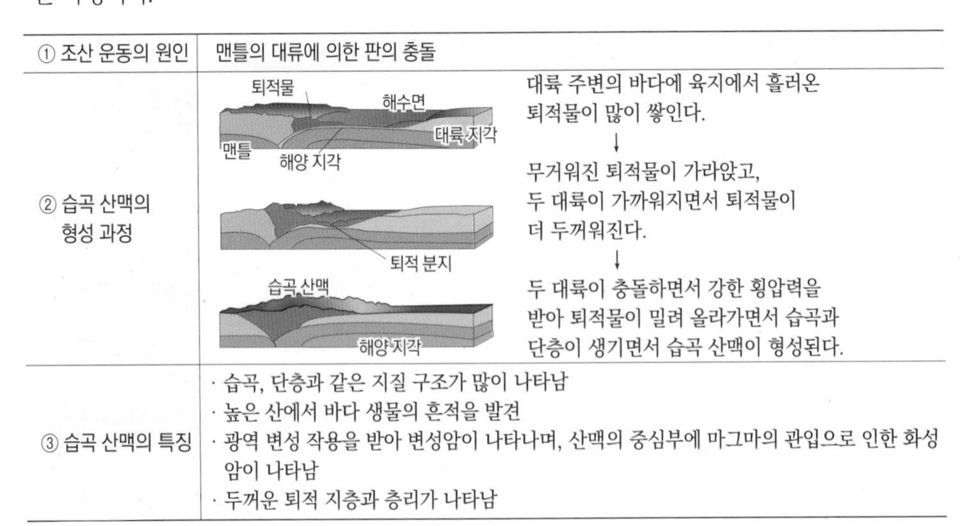

① 조산 운동의 원인	맨틀의 대류에 의한 판의 충돌
② 습곡 산맥의 형성 과정	대륙 주변의 바다에 육지에서 흘러온 퇴적물이 많이 쌓인다. ↓ 무거워진 퇴적물이 가라앉고, 두 대륙이 가까워지면서 퇴적물이 더 두꺼워진다. ↓ 두 대륙이 충돌하면서 강한 횡압력을 받아 퇴적물이 밀려 올라가면서 습곡과 단층이 생기면서 습곡 산맥이 형성된다.
③ 습곡 산맥의 특징	· 습곡, 단층과 같은 지질 구조가 많이 나타남 · 높은 산에서 바다 생물의 흔적을 발견 · 광역 변성 작용을 받아 변성암이 나타나며, 산맥의 중심부에 마그마의 관입으로 인한 화성암이 나타남 · 두꺼운 퇴적 지층과 층리가 나타남

Q7 조륙 운동 중 융기의 증거가 되는 현상을 쓰시오.

---

❶ 지각 평형설

맨틀과 지각 사이의 평형으로, 평형이 깨질 경우 지각이 융기하거나 침강하여 평형을 이룸

① 에어리설
밀도가 큰 맨틀 위에 지각이 떠 있는 상태, 지각의 깊이는 다르나, 밀도는 동일

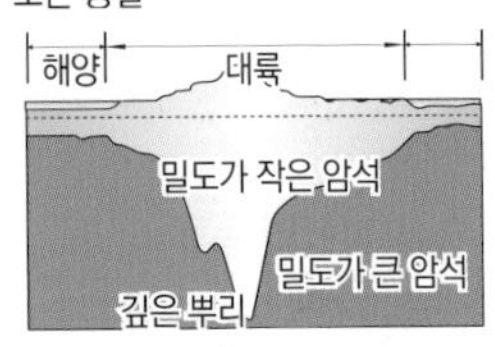

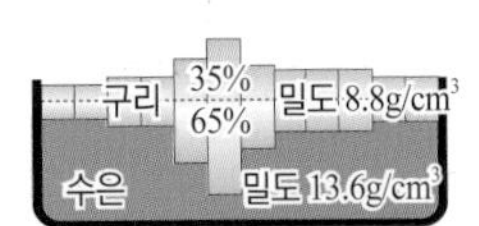

▲ 에어리설 모형

② 플랫설
대륙의 밀도는 작으나, 해양의 밀도는 큼, 지각의 깊이는 같으나 밀도는 다름

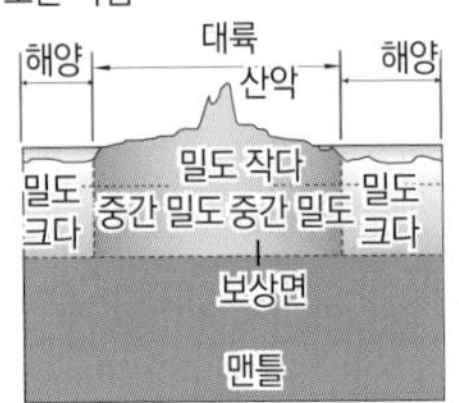

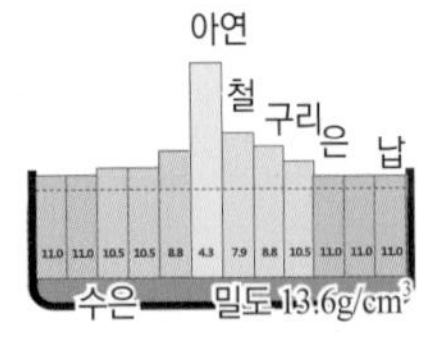

▲ 플랫설 모형

미니사전

융기
주변보다 땅덩어리가 상대적으로 상승하는 현상

침강
주변보다 땅덩어리가 상대적으로 낮아지는 현상

해안 단구
해안가에 계단 모양으로 나타나는 지형

하안 단구
강가에 계단 모양으로 나타나는 지형

리아스식 해안
육지가 가라앉거나 해수면이 올라가 육지가 바닷속에 가라앉아 이루어진 해안, 해안선이 복잡

피오르드
빙하에 의해 만들어진 깊고 좁은 만

습곡 산맥
양쪽에서 미는 힘(횡압력)을 받은 지층이 휘어져서 생긴 산맥

4. 대륙 이동과 판구조론

(1) 대륙 이동설 - 독일의 베게너(1912)

① **대륙 이동설** : 고생대 말기에 초대륙[1](판게아)이 서서히 분리하면서 이동하여 현재와 같은 대륙 분포를 이룬다.

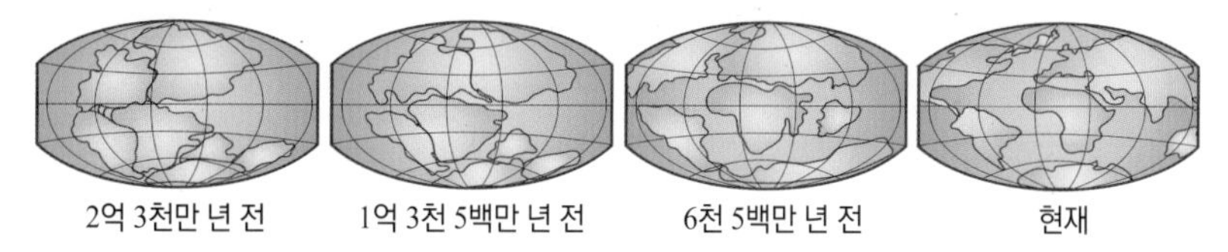

② **대륙 이동설의 증거**

해안선의 일치	빙하의 흔적
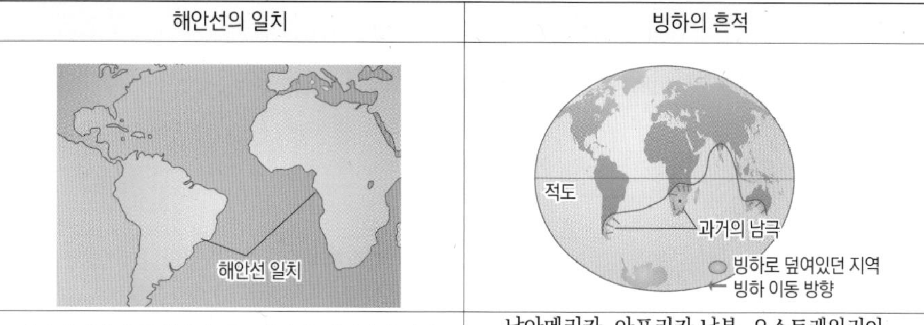	
남아메리카의 동해안과 아프리카의 서해안의 일치	남아메리카, 아프리카 남부, 오스트레일리아, 인도에 빙하의 흔적 존재

지질 구조의 연속성	화석상의 증거
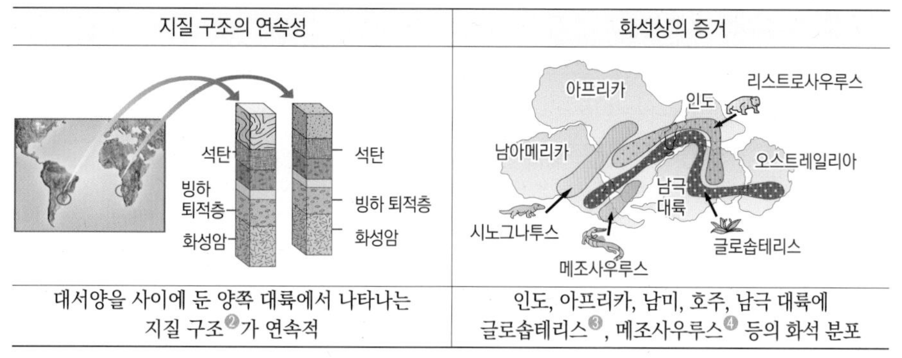	
대서양을 사이에 둔 양쪽 대륙에서 나타나는 지질 구조[2]가 연속적	인도, 아프리카, 남미, 호주, 남극 대륙에 글로솝테리스[3], 메조사우루스[4] 등의 화석 분포

③ **베게너 대륙 이동설의 한계** : 대륙을 이동시키는 원동력[5]에 대한 근본적인 원인을 제시하지 못했다.

(2) 맨틀 대류[6]설 - 홈즈(영국, 1928) : 맨틀에서 방사성 원소에 의하여 발생한 열과 고온의 핵에서 맨틀로 전달된 열에 의하여 맨틀 상하부에 온도 차이가 커져서 맨틀 자체가 대류하게 된다.

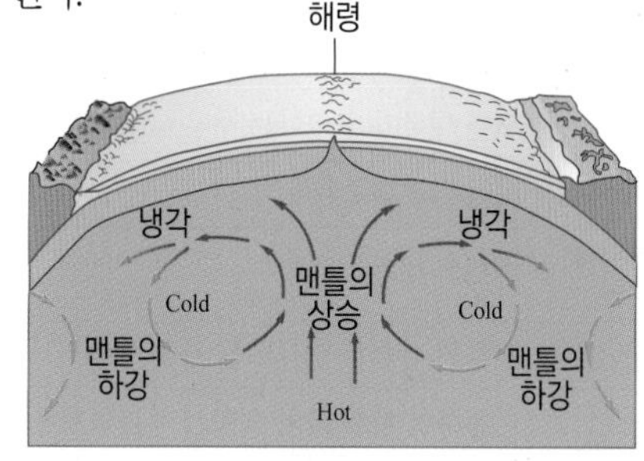

▲ 맨틀의 대류

맨틀의 상승	해령 지역에서는 맨틀의 상승으로 지각을 분리하고, 수평 방향으로 이동시키며 새로운 지각을 형성함.
맨틀의 하강	해구 지역에서는 해양 지각이 대륙지각 밑으로 침강하면서 대륙이 전진하는 힘이 생김.

Q8 다음 중 대륙 이동의 증거가 아닌 것을 고르시오.

① 해안선의 일치
② 지질 구조의 연속성
③ 고생물 화석 분포의 연속성
④ 빙하의 분포와 이동 방향
⑤ 대륙 지각의 나이와 두께의 연관성

---

1 초대륙(판게아)
지금의 대륙이 고생대 말까지 뭉쳐져 거대한 하나의 땅덩어리를 이루었던 것을 이르는 말. 그리스어로 지구 전체를 의미함

2 지질 구조
지층에 나타나는 지각 변동의 흔적
예) 습곡, 단층, 부정합

3 글로솝테리스
고생대 말~중생대 초에 살았던 식물

4 메조사우루스

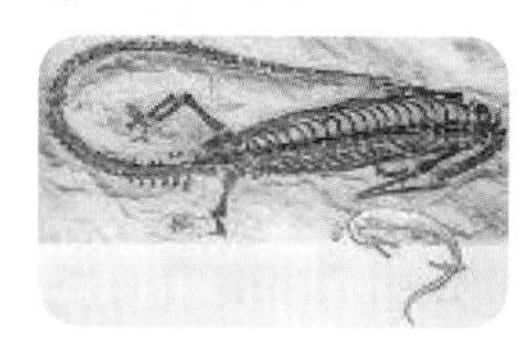

대륙 이동설을 뒷받침했던 2억 8천만년 전의 수생 파충류, 브라질과 아프리카 남쪽에서 발견됨

5 맨틀 대류 외에 판을 이동시키는 힘
- 생성된 마그마가 상승하면서 밀어내는 힘
- 중력에 의해 밀어내는 힘 : 해령이 주위보다 높기 때문에 아래로 내려가면서 판을 밀어냄
- 밀도가 커진 판이 지하 깊은 곳으로 들어가면서 판을 잡아당기는 힘

6 대류
액체나 기체가 온도가 높아지면 주변 물질보다 가벼워져서 올라가고 무거운 물질은 내려가서 순환하게 되는 현상

(3) 해저 확장설 - 헤스와 디에츠(1962)

① 판이 갈라지는 초기 단계 : 지각이 가열되어 부풀어 오르면서 솟아오르며 갈라진다.

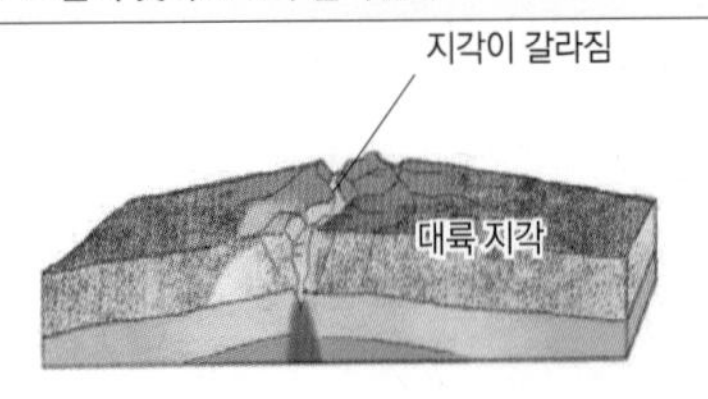

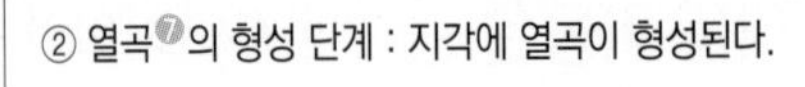
② 열곡[7]의 형성 단계 : 지각에 열곡이 형성된다.

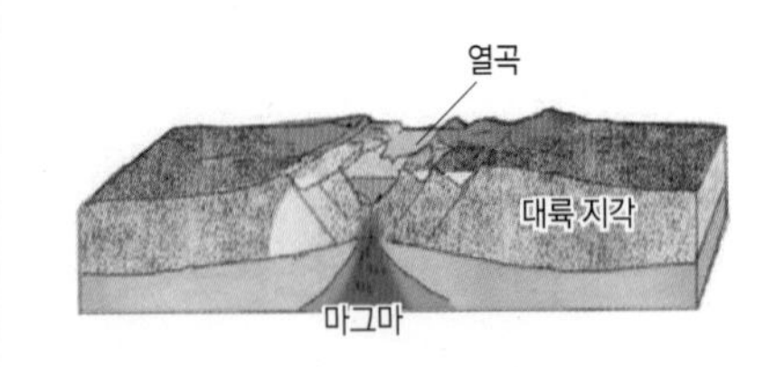

③ 해령의 형성 단계 : 해령으로부터 해양 지각과 새로운 바다가 형성되면서 바다가 확장된다.

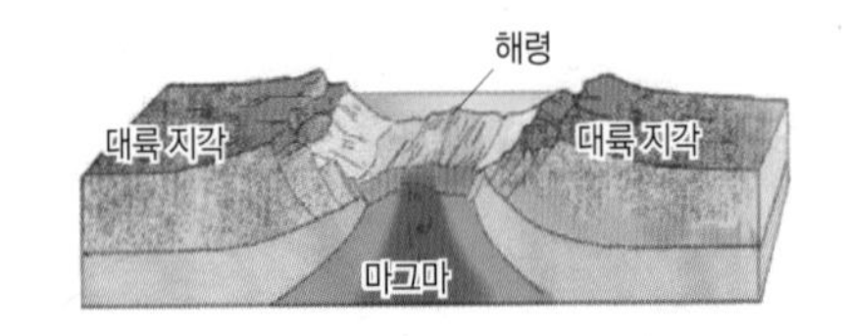

④ 대양의 형성 단계 : 침식 작용으로 얇아진 지각이 식어서 바다 밑으로 가라앉는다.

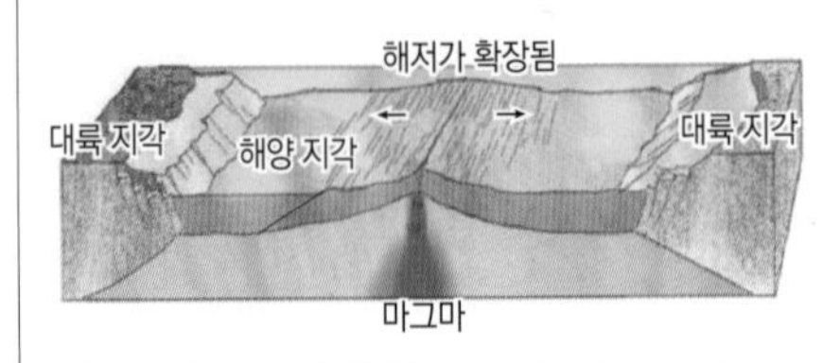

해저 확장[8]의 증거	① 해양 지각 나이 : 해령으로부터 멀어짐에 따라 바다 속 퇴적물의 나이가 점점 많아짐 ② 퇴적물의 두께 : 해령에서 멀어질수록 바다 속 퇴적물의 두께가 두꺼워짐 ③ 변환 단층[9] : 해령에서 맨틀 물질이 상승하여 양쪽으로 퍼져나가 판과 판이 어긋나서 생성

(4) 판 구조론 (1967~)

① **판 구조론** : 지구의 표면은 크고 작은 판으로 이루어져 있으며, 판과 판의 경계에서 지각 변동이 활발하게 일어난다는 이론이다.

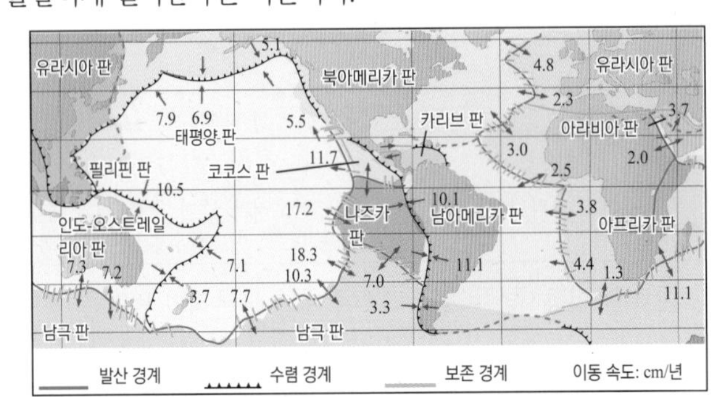

① 판은 암석권과 맨틀 상층부의 연약권을 포함한다.
② 해양 지각을 포함하는 해양판과 대륙 지각을 포함하는 대륙판으로 구분
③ 대륙판이 해양판보다 두껍다.

② **판 주변의 구조**

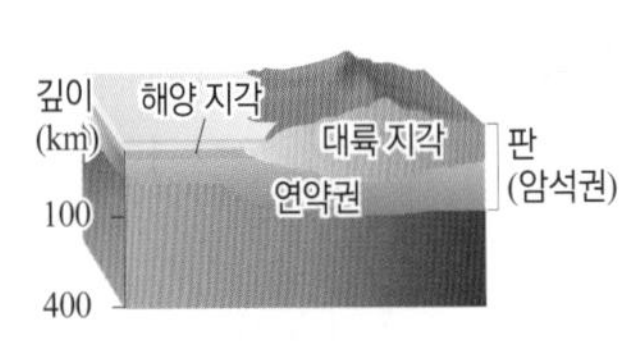

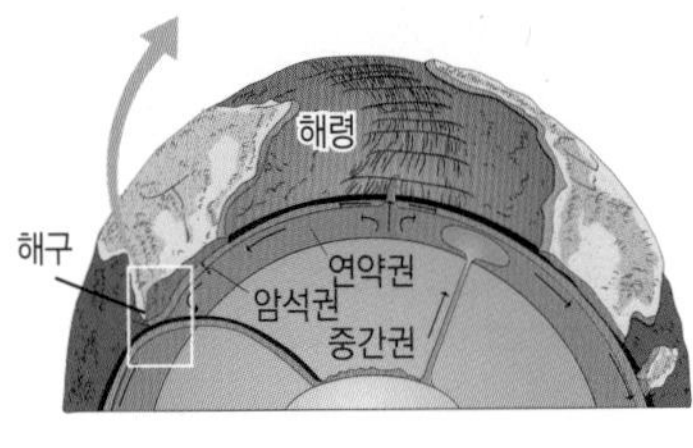

암석권	지각과 상부 맨틀의 일부를 포함하는 부분으로 두께가 약 100km, 넓이가 수천 km
연약권	맨틀이 부분적으로 용융되어 있어서 맨틀 대류가 일어나는 부분
판의 종류	해양판과 대륙판
이동시키는 원동력	맨틀의 대류
판의 형성	맨틀의 상승부에 새로운 지각 형성
판의 소멸	이동하던 판이 차차 식어서 무거워지면 맨틀 속으로 끌어당겨져 소멸됨
판의 경계부	지진, 화산, 조산 활동이 활발하게 일어남

Q9 대륙 이동설과 판 구조론에서 대륙이나 판 이동의 원동력은?

---

⑦ 열곡

판의 확장이 일어나는 부분에서 두 개의 단층 사이에 생성된 골짜기

⑧ 해저의 확장

대서양과 태평양 판이 실제 움직이는 모습은 GPS 위성을 통해 관측할 수 있다. 북대서양의 경우 1년에 2cm 정도, 남대서양은 이보다 조금 빠르다. 이에 비해 동태평양의 경우는 1년에 최대 20cm까지 확장된다. 아래 그림은 해저가 해령을 축으로 과거 시간 동안 대칭적으로 확장된 정도를 보여 준다.

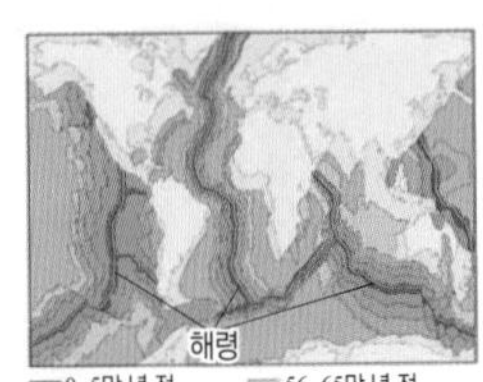

⑨ 판의 구성과 경계

- 해령(발산형 경계) : 해양판이 생성되어 양쪽으로 갈라지는 곳
- 해구(수렴형 경계) : 해양판이 대륙판 아래로 들어가는 곳
- 습곡 산맥(수렴형 경계) : 두 대륙판이 충돌하여 습곡산맥을 만드는 곳
- 변환 단층(보존형 경계) : 해령에 직각 방향으로 발달한 단층. 두 판이 어긋나는 곳

미니사전

조산대
조산운동으로 산맥을 이루는 지대로, 일반적으로 좁고 긴 띠 모양을 이루며, 지진대, 화산대와 거의 일치

발산 지각이 사방으로 퍼져 나감

수렴 지각이 한 곳에 모이는 것

베니오프 대
해양판이 대륙판 아래로 비스듬하게 섭입되는 곳의 경계부

판
연약권 위를 움직이는 지각과 일부 상부 맨틀을 합한 암석권 부분

부분 용융
지각의 하부나 맨틀의 상부에서 물질의 일부가 녹는 현상

(5) 판의 경계 : 판과 판의 경계에서는 지각 변동이 활발하게 일어난다.

① 발산형 경계 : 두 판이 서로 반대 방향으로 멀어지는 경계

구분	해양판의 발산	대륙판의 발산
모습	해양, 해령, 해양판, 해양판, 마그마	열곡대, 대륙판, 대륙판, 마그마
지형 (예)	대서양 중앙 해령	동아프리카 열곡대
특징	· 바다 속에서는 해령, 육지에서 열곡대 형성 · 맨틀 물질의 상승으로 새로운 지각 생성 : 해령[10]을 축으로 해양 지각이 양쪽으로 확장 · 지진과 화산 활동 활발	

② 수렴형 경계 : 두 판이 서로 가까워지면서 부딪치는 경계

구분	해양판과 대륙판의 충돌	대륙판과 대륙판의 충돌
모습	대륙판, 해구, 해양, 해양판	대륙판, 습곡 산맥, 대륙판
지형 (예)	해구, 호상 열도, 습곡 산맥(안데스 산맥)	습곡 산맥(히말라야 산맥[11])
특징	· 해양판이 대륙판 또는 다른 해양판 밑으로 비스듬히 섭입 · 지진과 화산 활동 활발	· 대륙판과 대륙판의 충돌로 산맥 형성 · 화산 활동은 드물며 지진만 발생

③ 보존형 경계 : 판과 판이 서로 어긋나며 운동하는 경계

구분	해양판과 해양판의 어긋남	해양판과 대륙판의 어긋남
모습	변환 단층, 해양, 해령, 해양판	북아메리카 판, 태평양 판
지형 (예)	변환 단층	산안드레아스 단층
특징	· 새로운 지각이 만들어지거나 없어지지 않음 · 판의 경계를 따라 두 판이 서로 다른 방향으로 이동	· 지각 변동 : 지진만 발생

(6) 지진대와 화산대 : 화산과 지진 활동은 판의 경계 지역에서 집중적으로 나타난다.

(예) 환태평양 지진대·화산대, 알프스-히말라야 지진대, 해령 지진대·화산대

▲ 전 세계 지진대와 화산대의 분포

① 환태평양 지역에서 전세계 지진과 화산 활동의 60% 이상 발생
② 지진대와 화산대는 띠처럼 분포
③ 대륙의 중심부에서는 지진과 화산 활동이 드뭄

Q10 서로 다른 판이 엇갈려 이동하는 변환 단층을 형성하는 판의 경계를 무엇이라 하는가?

---

⑩ 해령

해양판이 서로 멀어지며 그 사이로 맨틀 물질이 상승하여 새로운 지각이 생성된다.

⑪ 히말라야 산맥의 생성

남반구의 인도-호주 판(대륙판)이 북상하여 유라시아 판(대륙판)과 충돌, 거대한 습곡 산맥이 만들어졌다.

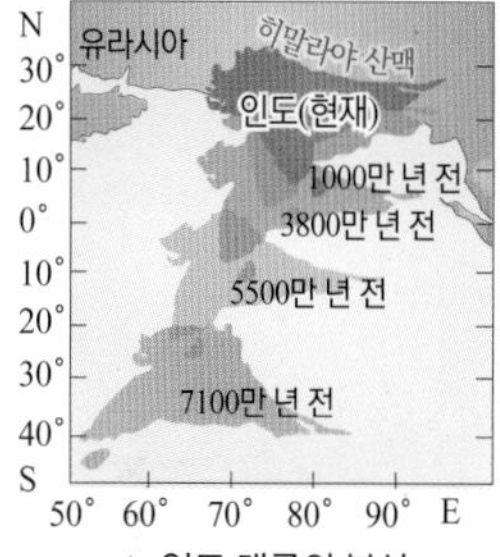

▲ 인도 대륙의 북상

우리나라 주변의 지각 변동

· 우리나라와 일본 주변의 판의 분포 : 유라시아 판, 태평양 판, 필리핀 판 분포

· 우리나라는 판의 경계로부터 비교적 멀리 떨어져 큰 지진과 화산 활동이 잘 일어나지 않음

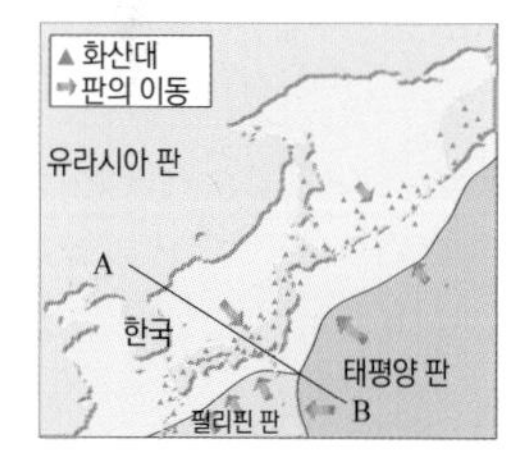

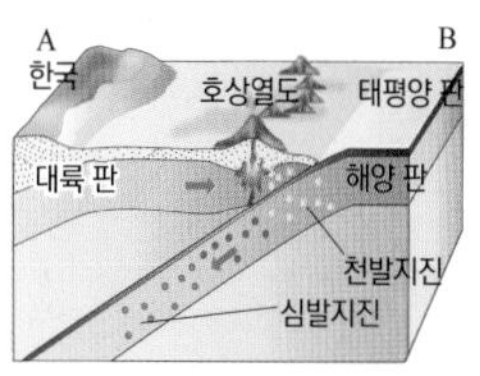

미니사전

섭입
지구의 표층을 이루는 판이 서로 충돌하여 한쪽이 다른 쪽의 밑으로 들어가는 현상

호상 열도
활 모양으로 길게 늘어서 있는 화산섬, 해양 지각이 대륙 지각 밑으로 들어가면서 부근에 있는 지각의 윗부분이 해수면 위로 밀려올려와 생김. (예) 일본

(6) 플룸 구조론 : 맨틀 내부에서 온도 차이로 인한 지구의 내부 밀도 변화 때문에 플룸의 상승이나 하강이 일어나 지구 내부의 변동을 일으킨다는 이론이다.

플룸 구조의 조사 방법

지진파 속도 분포로 맨틀의 온도 분포를 알 수 있고, 이를 이용하여 플룸 구조를 조사한다.

- 뜨거운 플룸은 주변의 맨틀보다 온도가 높다.(부피 증가로 밀도가 작아진다.)
  ⇒ 지진파의 속도가 주변보다 느리다.
- 차가운 플룸은 주변의 맨틀보다 온도가 낮다.(부피 감소로 밀도가 커진다.)
  ⇒ 지진파의 속도가 주변보다 빠르다.

① **플룸** : 지각에서 맨틀 하부로 하강하거나 맨틀과 핵의 경계에서 지각으로 상승하는 폭이 100km 미만인 원기둥 모양의 물질과 에너지의 흐름을 말한다.

차가운 플룸	수렴형 경계에서 섭입된 판의 물질이 상부 맨틀과 하부 맨틀 경계부에 쌓여 있다가 밀도가 커지면 맨틀과 핵의 경계부까지 가라앉으며 차가운 하강류가 형성된다.
뜨거운 플룸	차가운 플룸이 맨틀 최하부에 도달하면서 온도 교란과 물질을 밀어 올리는 작용이 일어나 맨틀과 핵의 경계로부터 공급된 열로 인한 뜨거운 상승류가 형성된다. 뜨거운 플룸은 판 내부에서도 상승하고 판 경계에서도 상승한다.

② **플룸 구조론** : 아시아 지역에 거대한 플룸 하강류가, 남태평양과 아프리카 등에 2~3개의 거대한 플룸 상승류가 있어 맨틀 전반에 걸친 대류 운동이 일어난다.

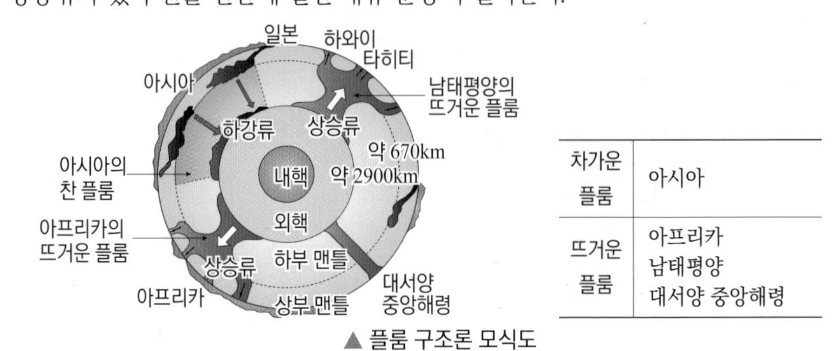

차가운 플룸	아시아
뜨거운 플룸	아프리카 남태평양 대서양 중앙해령

▲ 플룸 구조론 모식도

③ **열점** : 뜨거운 플룸이 상승하여 지표면과 만나는 지점 아래 마그마가 생성되는 곳이다. 마그마가 지각을 뚫고 분출하여 화산섬이나 해산을 형성한다. 예 하와이 제도, 옐로스톤

④ **열점과 화산섬**[12] : 열점은 판의 이동과 관계없이 고정되어 있으므로, 판의 이동에 따라 일렬로 늘어선 화산들을 형성한다.

⑫ 열점과 판의 관계

나이가 적은 화산섬에서 나이가 많은 화산섬 방향으로 판이 이동하였음을 알 수 있다.

화산섬과 열점 사이의 거리를 화산섬의 나이(생성 시기)로 나누면 판의 이동 속도를 알 수 있다.

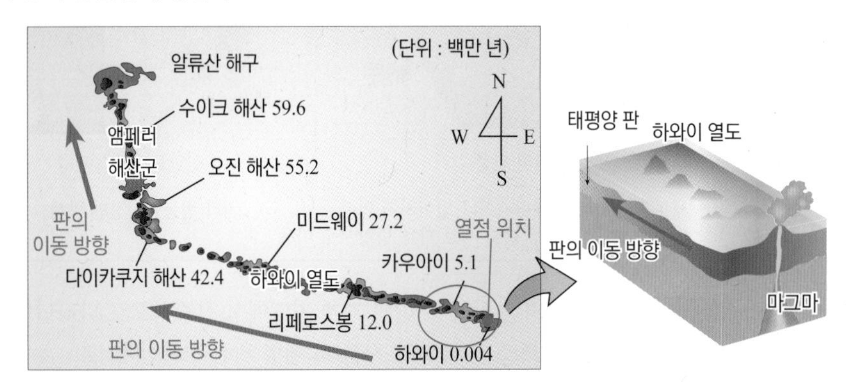

▲ 열점과 하와이 열도의 형성

⑤ **판 구조론과 플룸 구조론** : 상부 맨틀의 대류와 플룸에 따른 대규모 운동은 지구 내부의 열에너지를 지구 표면으로 전달하며 판을 움직이게 한다.

판 구조론	플룸 구조론
연약권 내에서 일어난다.	맨틀 전체에서 일어난다.
지표에서 판의 수평 운동, 섭입대에서 수직 운동을 설명한다.	지구 내부의 대규모 수직 운동을 설명한다.
해령에서 판이 생성되어 해구에서 소멸되기 전을 설명한다.	판이 섭입된 이후 지구 내부에서의 변화를 설명한다.
예 해령, 해구, 변환 단층	예 열점

Q11 열점에서 형성된 화산섬 열도에서 북서쪽으로 갈수록 섬의 나이가 많을 때, 판은 어느 방향으로 이동하였는가?

5. 지질 시대의 환경과 생물

(1) 상대 연령 : 지질학적 현상의 순서나 선후 관계를 상대적으로 나타내는 것으로 지사학의 원리가 이용된다.

① 지사학의 원리

- **동일 과정설** : 현재 지구상에서 일어나는 지질 활동은 과거에도 동일한 과정과 속도로 일어났다. ⇒ 현재의 지질학적 현상을 연구하고 이해하면 과거 지구의 역사를 해석할 수 있다.
- **지층 누중의 법칙** : 지구 상의 모든 물체는 중력에 의해 높은 곳에서 낮은 곳으로 이동하므로 퇴적층은 아래에서부터 순서대로 쌓인다. ⇒ 지층의 역전이 일어나지 않았다면 아래 놓인 지층이 위에 쌓인 지층보다 먼저 생성된 것이다.
- **동물군 천이의 법칙** : 지구에서 생명체가 탄생한 이후 생물은 시간이 지남에 따라 계속 진화해 왔다. ⇒ 상대적으로 더 진화된 화석을 포함한 퇴적층은 덜 진화된 화석을 포함한 퇴적층보다 나중에 생성되었다.
- **부정합의 법칙** : 부정합면을 경계로 상하 지층이 쌓인 시기에 큰 차이가 난다. ⇒ 상하 두 지층에서 산출되는 화석군은 급격하게 달라지며, 부정합면은 지질 시대를 구분하는 중요한 기준이 되기도 한다.
- **관입의 법칙**[1] : 암석에 마그마가 관입할 때, 관입한 암석이 관입당한 암석보다 나중에 생성된 것이다.

② 지층의 대비

구분	암상에 의한 대비	화석에 의한 대비
모습	지층을 구성하고 있는 암석의 종류나 특징이 있는 지층(건층[2])을 이용하여 대비한다. ⇒ 가까운 거리에 있는 지층의 대비에 이용한다.	진화 속도가 빠르거나 비교적 짧은 시기 동안 번성하여 퇴적 시기를 지시해 주는 표준 화석을 이용하여 대비한다. ⇒ 멀리 떨어져 있는 지층의 대비에 이용한다.
지형 예	응회암 석탄층	

(2) 절대 연령 : 암석이나 광물이 생성된 시기를 구체적인 수치로 나타내는 것으로 방사성 동위 원소의 붕괴 속도를 이용한 측정 방법이 많이 쓰인다.

① **방사성 동위 원소**[3] : 방사성 동위 원소는 외부 온도나 압력의 변화에 관계없이 일정한 비율로 붕괴하여 안정한 원소로 변하기 때문에 모원소와 자원소의 양을 측정하면 암석 또는 광물의 절대 연대를 측정할 수 있다.

② **반감기** : 방사성 동위 원소가 붕괴하여 모원소의 양이 처음 양의 반으로 줄어드는데 걸리는 시간이다. 특정한 방사성 동위 원소에서 반감기는 일정하다.

모원소	자원소	반감기	포함된 광물
^{238}U(우라늄)	^{206}Pb(납)	약 45억 년	저어콘, 우라니나이트, 피치블랜드
^{235}U(우라늄)	^{207}Pb(납)	약 7.1억 년	저어콘, 우라니나이트, 피치블랜드
^{232}Th(토륨)	^{208}Pb(납)	약 140억 년	저어콘, 우라니나이트
^{40}K(칼륨)	^{40}Ar(아르곤)	약 13억 년	휘석, 흑운모, 백운모, 정장석
^{87}Rb(루비듐)	^{87}Sr(스트론튬)	약 475억 년	흑운모, 백운모, 정장석, 각섬석
^{14}C(탄소)	^{14}N(질소)	약 5700년	뼈, 나무 등 탄소를 포함한 유기물

▲ 주요 방사성 원소의 반감기

❶ 마그마의 관입과 분출

- 관입한 경우 : 마그마가 기존의 암석을 뚫고 관입하여 생성되는 구조로서 관입암 주변에 마그마의 열에 의한 접촉 변성 작용이 나타나며, 화성암 속에는 기존의 암석 조각들이 포획암으로 들어 있다.
- 분출한 경우 : 마그마가 지표로 분출하여 식은 후 그 위에 새로운 지층이 퇴적된 경우로서 분출된 화산암의 위쪽으로는 접촉 변성 흔적이 나타나지 않으며, 침식 흔적이나 기저 역암이 분포하여 부정합면이 형성될 수 있다.

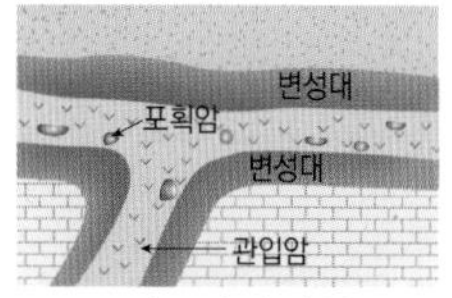

▲ 마그마의 관입

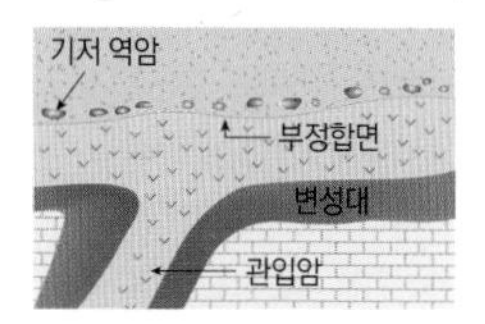

▲ 마그마의 분출

❷ 건층

서로 떨어져 있는 암석의 생성 시기를 비교할 때 단서가 되는 지층으로서 지층의 대비에 기준이 되는 지층이다.

- 건층의 조건 : 비교적 짧은 시기 동안 퇴적되었으면서도 넓은 지역에 걸쳐 분포하는 지층일수록 좋은 건층이 될 수 있다.

(예) 응회암층, 석탄층, 석회암층

❸ 방사성 동위 원소

원자 번호는 같으나 질량수가 달라 핵이 불안정하여 방사성 붕괴를 일으키는 원소로서 시간이 지남에 따라 방사선을 방출하면서 붕괴하여 보다 안정한 원소로 변한다. 대부분의 화학 원소는 하나 이상의 방사성 동위 원소를 갖는다.

- 모원소 : 방사성 동위 원소가 붕괴할 때 붕괴하는 원소
- 자원소 : 방사성 동위 원소의 붕괴에 의해 생성되는 원소

반감기는 모원소와 자원소의 양이 같아지는 데 걸리는 시간이다.

(3) 지질 시대 : 지구 탄생(약 46억 년 전) 이후부터 현재까지의 기간이다.

① 지질 시대의 구분 기준

- 화석[4]을 중심으로 고생물의 급격한 변화를 기준으로 구분한다.
- 상대 연대를 이용하여 급격한 지각 변동이나 부정합을 기준으로 구분한다.

② 지질 시대의 구분[5]

지질 시대			절대 연대 (백만 년 전)
이언		대	
현생 이언		신생대	
		중생대	65.5
		고생대	251
선캄브리아 시대	원생 이언		542
	시생 이언		2500

지질 시대	
대	기
신생대	제4기
	신제3기
	고제3기
중생대	백악기
	쥐라기
	트라이아스기
고생대	페름기
	석탄기
	데본기
	실루리아기
	오르도비스기
	캄브리아기

▲ 지질 시대의 구분

(4) 지질 시대의 환경과 생물

① 선캄브리아 시대의 환경과 생물 : 생물이 많지 않았고, 여러 차례의 지각 변동을 받았다.

시생 이언	· 대기 중에는 산소가 거의 없어 생물 또한 많지 않았다. 원핵생물인 시아노박테리아(남세균)가 출현하였으며, 시아노박테리아는 광합성을 통해 대기 중에 산소를 공급하였다. · 지각 변동으로 기록이 사라져 환경을 알 수 없다.
원생 이언	· 시아노박테리아의 광합성에 의해 대기 중 산소의 양이 점차 증가하였다. · 빙퇴석 층의 분포로 초기와 후기에 빙하기가 있었으며, 층상 철광층과 적색층이 분포함을 통해 대기 중에 산소가 있었음을 알 수 있다. · 원생 이언 후기에는 원시적인 다세포 생물이 출현하였으며, 일부는 에디아카라 동물군 화석으로 남아 있다.

② 고생대의 환경과 생물

환경	· 초기에는 비교적 온난하였으며, 오르도비스기 말과 석탄기 말에 빙하기가 있었다. 말기에는 판게아의 형성으로 대규모 조산 운동이 일어나 애팔래치아, 우랄 산맥 등이 형성되었다. · 석탄기와 페름기에 빙하기가 있었고 적도 부근에는 열대림이 발달하여 석탄층을 형성하였다. · 대기 중 산소의 양이 증가하여 오존층이 형성되었다.
생물	해양 생물이 폭발적으로 증가하였으며, 껍데기나 골격을 가진 생물의 종수가 크게 증가하였으며, 생물의 크기 또한 커졌다.(무척추동물, 어류, 양서류, 파충류의 출현)

③ 중생대의 환경과 생물

환경	· 빙하기는 없었고, 비교적 온난한 기후가 지속되었으며, 현재보다 고온 건조한 환경이었다. · 트라이아스기 말에 판게아가 분리되기 시작하였으며, 알프스 산맥과 로키 산맥이 형성되기 시작하였다.(알프스 산맥은 신생대에서도 계속 형성)
생물	고생대 말 해양 생물의 대량 멸종 이후 더욱 다양한 생물들이 출현하였으며, 공룡을 비롯한 파충류가 전 기간에 걸쳐 크게 번성하였다. ⇒ '**파충류의 시대**'

④ 신생대의 환경과 생물

환경	· 제3기에는 온난하였으며, 제4기에 들어서면서 한랭한 기후로 인해 네 차례의 빙하기와 세 차례의 간빙기가 있었다. 약 1만 년 전부터 현재의 기후가 나타났다. · 히말라야 산맥이 형성되었다. 현재의 수륙 분포와 유사하다.
생물	포유류가 번성하여 종의 수가 많아졌고, 조류도 번성하였다. 또한, 속씨식물과 침엽수가 번성하였다. ⇒ '포유류의 시대' 또는 '조류의 시대'

Q12 절대 연령을 측정하기 위해 쓰이는 것으로, 모원소와 자원소의 양이 같아지는 데 걸리는 시간을 무엇이라 하는가?

④ 화석

지질 시대에 살았던 생물의 유해나 흔적이 지층 속에 보존되어 있는 것을 말하며, 주로 퇴적암에서 발견된다. 뼈나 이빨과 같이 단단한 부분이 있을 때 잘 생성되며 지질 시대를 구분하거나 생물이 살았던 당시의 환경을 추정하는 데 이용한다.

⑤ 지질 시대의 구분 단위

- 이언 : 지질 시대를 구분하는 가장 큰 단위 ⇒ 화석이 거의 산출되지 않는 시생 이언, 원생 이언과 화석이 비교적 풍부하게 산출되는 현생 이언으로 구분한다.
- 대 : 이언을 세분하는 단위 ⇒ 선캄브리아 시대는 표준 화석이 거의 없어 편의상 조산 운동 시기와 절대 연대에 의해 시생 이언과 원생 이언으로 구분하며, 현생 이언은 화석이 많이 나타나므로 생물의 진화 정도에 따라 고생대, 중생대, 신생대로 구분한다.
- 기 : 대를 세분하는 단위 ⇒ 현생 이언만 기로 나누어 구분한다.
- 세 : 기를 세분하는 단위

지질 시대의 생물

- 선캄브리아 시대 : 스트로마톨라이트

시아노박테리아가 얕은 바다에서 층상으로 쌓여 만들어진 화석이다.

- 고생대 : 삼엽충

- 중생대 : 암모나이트, 공룡

- 신생대 : 매머드

탐구 Ⅰ 지진파를 이용한 지구 내부 조사

정답 및 해설 12쪽

※ 다음은 깊이에 따른 지진파의 속도 분포 곡선이다.

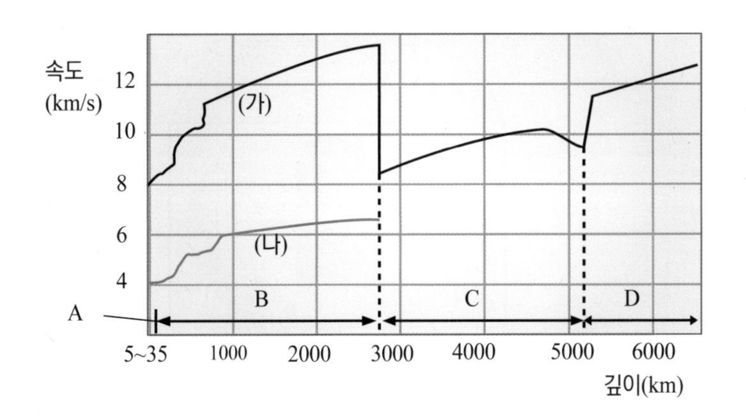

탐구 과정 이해하기

① 지구 내부에서 지진파의 속도가 급격하게 변하는 곳은 몇 군데인가?

② A, B, C, D는 각각 지구 내부의 어느 부분에 해당하는지 쓰시오.

가설 설정

01 지구가 균일한 물질로 이루어져 있다면 지진파의 속도는 깊이에 따라 어떻게 되겠는가?

추리

02 A ~ D 각 층의 경계면이 지표면에서 몇 km 깊이에 있는지 다음 표에 기록하여 보자.

경계면	A와 B층	B와 C층	C와 D층
깊이(km)			

03 지구 내부 구조 중 가장 많은 부피를 차지하는 곳은?

04 P파는 고체, 액체, 기체를 모두 통과할 수 있지만, S파는 고체만을 통과할 수 있다. (가)와 (나)는 각각 무슨 파인가?

05 B와 C의 경계부에서 지진파의 전파 속도가 갑자기 감소하는 이유는?

자료 해석 및 일반화

06 B와 C의 경계부에서 밀도가 크게 증가하는 이유를 설명하시오.

07 S파가 통과하지 못하는 층을 찾고, S파가 통과하지 못하는 이유를 서술하시오.

08 지진파의 속도가 급격하게 변하는 곳을 기준으로 각 층의 경계면을 그려 그 깊이를 표시하고, 각 층의 명칭을 쓰시오.

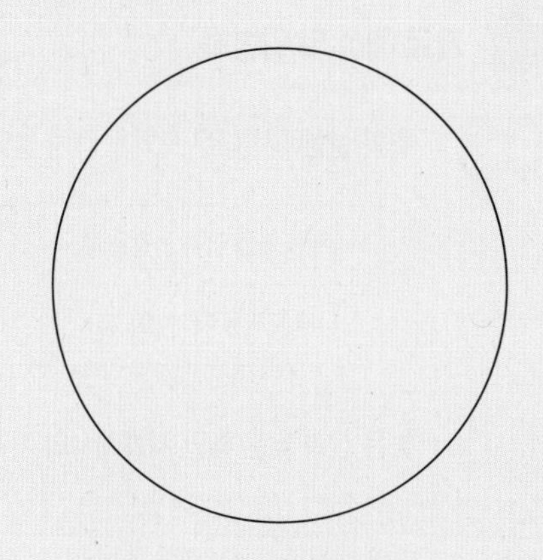

탐구 II 지각의 구조와 조륙 운동

① 나무 도막이 물 위에 뜨는 이유는 무엇인가?

② 나무 도막과 물은 지구 내부의 구조 중 각각 어디에 해당하는가?

③ 나무 도막 A 위에 B를 올려놓으면 어떤 변화가 일어나는가?

준비물 : 수조, 두께가 다른 나무도막 2개, 줄자

※ 다음은 나무 도막을 이용한 실험과정이다.

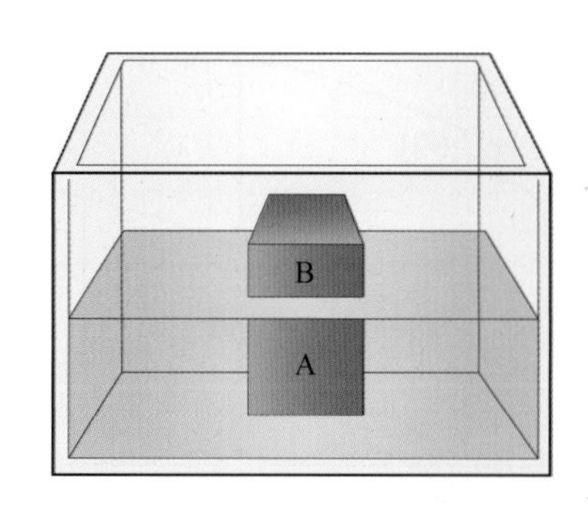

실험 방법

① 두께가 서로 다른 나무 도막 A, B를 준비한다.

② 각각의 나무 도막 수면 윗부분과 수면 아래에 잠긴 부분의 두께를 측정하여 그 두께의 비를 구한다.

③ 나무 도막 A를 물에 띄우고 그 위에 나무 도막 B를 가만히 올려 놓았을 때의 변화를 관찰한다.

④ 나무 도막 A에 얹혀 있는 나무 도막 B를 제거하였을 때 나타나는 변화를 관찰한다.

가설 설정

01 이 실험은 무엇을 알아보기 위한 것인지 한 문장으로 정리하여 쓰시오.

예상

02 나무 도막 A, B를 분리시켜 각각 물에 띄울 때의 그림을 그려보시오.(단, A의 나무 도막이 B보다 두껍다.)

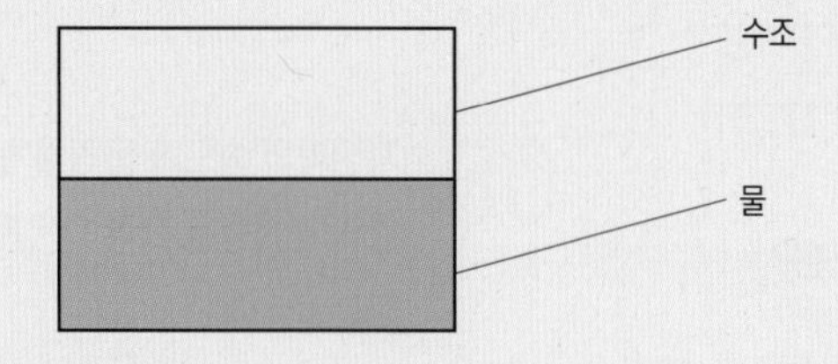

자료 해석 및 일반화

03 위의 실험에서 나무 도막을 겹쳐 놓았을 때와 제거했을 때 일어나는 현상은 지각 변동 중 어디에 속하는가?

나무 도막을 겹쳐 놓았을 때	
나무 도막을 제거했을 때	

04 높은 산과 낮은 해안 지방에서의 지각의 두께를 비교하시오.

탐구 III 부정합의 생성 과정

정답 및 해설 13쪽

준비물 : 고무찰흙, 칼

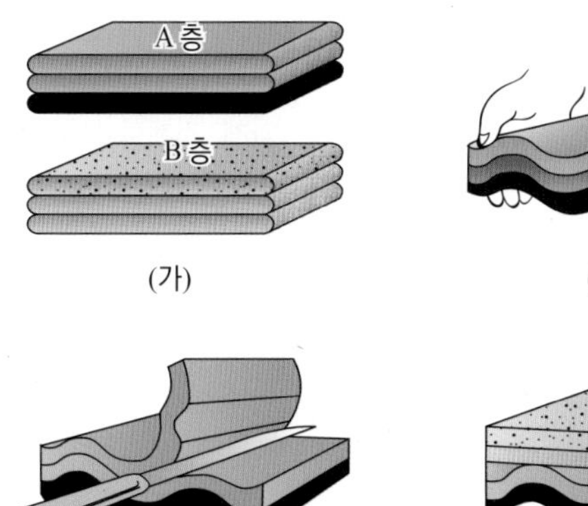

(가)

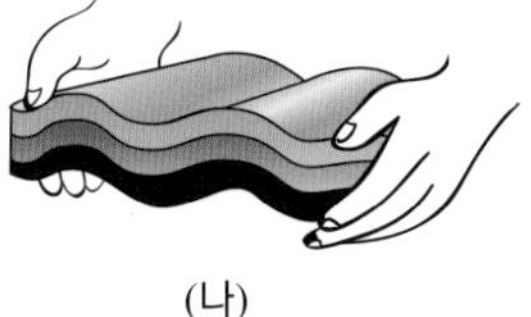

(나)

(다)

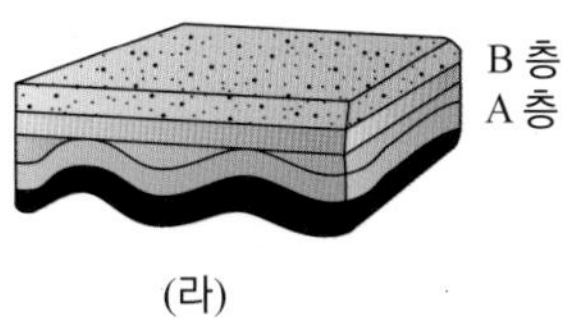

(라)

실험 방법

① 각 층마다 색깔이 다른 고무 찰흙으로 그림 (가)와 같이 지층 모형을 2개 만들어 각각 A층과 B층이라 하자.

② 그림 (나)와 같이 A층을 좌우에서 밀어 길이가 처음의 $\frac{1}{3}$정도 되도록 하자.

③ 습곡의 윗면을 그림 (다)와 같이 수평으로 잘라 내자.

④ 자른 면 위에 그림 (라)와 같이 B층을 올려 놓자.

탐구 과정 이해하기

1 (나)와 같이 A층을 좌우에서 안쪽으로 미는 이유는 무엇인가?

2 (다)와 같이 찰흙의 윗면을 수평으로 잘라 내는 것은 자연계의 어떤 현상을 말하는 것인가?

가설 설정

01 이 실험은 무엇을 알아보기 위한 것인지 한 문장으로 정리하여 쓰시오.

추리

02 지층이 (나)와 같은 작용을 받았을 때 생성되는 지질 구조는?

03 모형에서 윗부분을 칼로 잘라내면 어떤 조륙 운동이 일어나겠는가?

결론 도출

04 (나)와 같은 작용이 일어나기 위해서 필요한 힘의 종류를 쓰고, 이 때 작용한 힘의 방향을 다음 그림에 표시하시오.

05 위 모형에서 부정합면은 어느 곳인가?

일반화

06 부정합을 통해서 알 수 있는 지질학적인 면을 서술하시오.

07 다음은 부정합이 생성되는 과정을 순서없이 나타낸 용어이다.

침강	퇴적	습곡
융기	침식	

부정합이 생성되는 과정에 맞게 빈 칸을 채우시오.

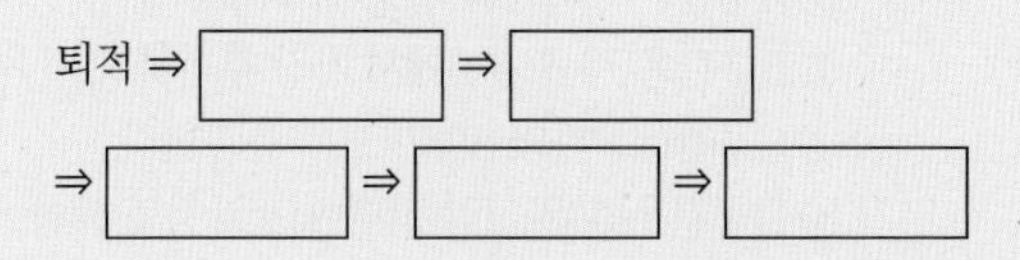

개념 확인 문제

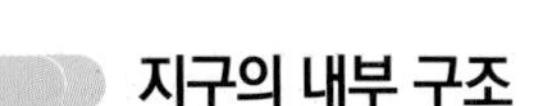

지구의 내부 구조

01 **지구 내부의 구조를 알아보는 방법으로 가장 효과적인 것은?**

① 시추법 ② 운석 분석
③ 지진파 분석 ④ 화산 분출물 조사
⑤ 고온·고압 실험

02 **다음 중 화산에 대한 설명으로 옳지 않은 것은?**

① 화산 가스의 대부분은 수증기이다.
② 지하의 마그마가 지각을 뚫고 지표로 분출되는 현상이다.
③ 화산 쇄설물에는 모양에 따라 화산재, 화산력, 화산암괴 등이 있다.
④ 화산 활동은 관광지 개발이나 지열 발전소 운영에 이용할 수 있다.
⑤ 화산 쇄설물들은 인명, 재산에 피해를 가져온다.

03 **다음 중 지진을 일으키는 원인이 아닌 것은?**

① 단층 생성 ② 화산 폭발
③ 지구의 자전 ④ 땅 속 화약 폭발
⑤ 지하에서 핵실험

04~05 다음 그림은 지구 내부의 층상 구조를 나타낸 것이다.

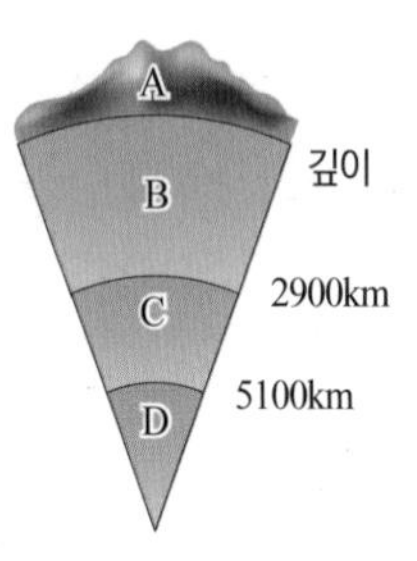

04 **각 구간의 명칭을 순서대로 나열한 것은?**

	A	B	C	D
①	지각	맨틀	외핵	내핵
②	외핵	지각	맨틀	내핵
③	맨틀	지각	외핵	내핵
④	내핵	외핵	맨틀	지각
⑤	지각	외핵	내핵	맨틀

05 **각 구간에 대한 설명으로 옳은 것은?**

① A구간은 철이나 니켈로 이루어져 있다.
② B구간은 지구 내부에서 가장 부피를 많이 차지한다.
③ C구간은 P파와 S파가 모두 통과한다.
④ D구간은 고온·고압 상태이므로 액체 상태이다.
⑤ 각 층의 밀도를 크기순으로 나열하면 A>B>C>D 이다.

06 **지진파에 대한 설명으로 옳은 것을 두 개 고르면?**

① P파는 S파보다 진폭이 더 크다.
② S파는 관측소에 가장 먼저 도달한다.
③ S파는 고체, 액체, 기체를 모두 통과한다.
④ P파는 파의 진행 방향과 진동 방향이 일치한다.
⑤ 성질이 다른 물질의 경계면에서 전파 속도가 변한다.

07 **다음 그림은 지각의 구조를 나타낸 것이다.**

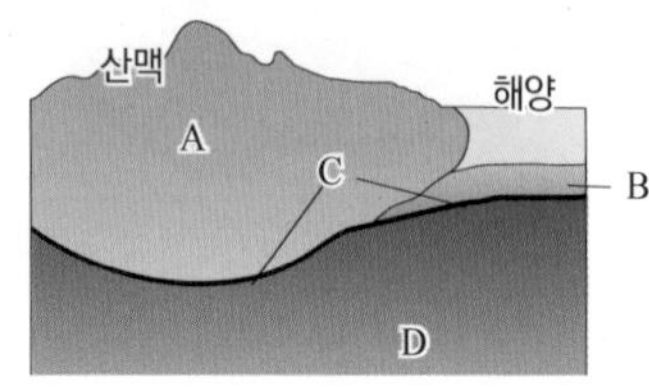

위 그림에 대한 설명으로 옳은 것만을 〈보기〉에서 있는 대로 고른 것은?

> **보기**
> ㄱ. A보다 B의 밀도가 크다.
> ㄴ. A, B는 고체, D는 액체 상태이다.
> ㄷ. C는 모호면으로 지진파의 속도가 급격하게 변한다.

① ㄱ ② ㄴ ③ ㄱ, ㄷ
④ ㄴ, ㄷ ⑤ ㄱ, ㄴ, ㄷ

08~09 다음 그래프는 지구 내부를 통과하는 지진파의 속도 변화를 나타낸 것이다.

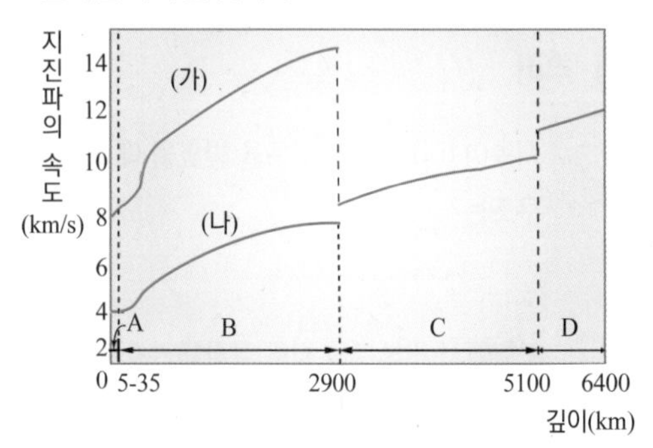

08 **(가)와 (나)가 나타내는 지진파는 각각 무엇인가?**

(가) : (나) :

09 **위의 그래프에 대한 설명으로 옳지 않은 것은?**

① A와 B의 경계면은 모호면이다.
② B구간에서 P파가 S파보다 속력이 빠르다.
③ P파는 지구 전체 물질을 통과할 수 있다.
④ D구간은 액체 상태로 추정할 수 있다.
⑤ 3500km 부근에서 P파와 S파는 동시에 통과하기 힘들다.

10 **다음 지진 기록에 대한 설명으로 옳지 않은 것은?(단, A 시점에 도달하는 지진파를 A, B 지점에 도달하는 지진파를 B라 한다.)**

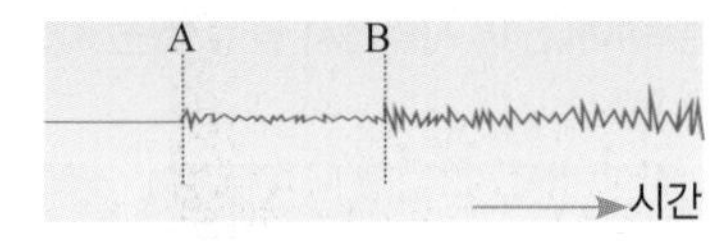

① A는 외핵을 통과할 수 있다.
② A는 B보다 속도가 느리다.
③ B는 진행 방향과 진동 방향이 수직이다.
④ B는 진폭이 커서 A보다 큰 피해를 줄 수 있다.
⑤ 관측소에서 진원까지의 거리가 멀수록 A와 B의 도착 시간의 차이는 길어진다.

지질 구조

11 **다음 그림과 같은 지질 구조에 대한 설명으로 옳은 것은?**

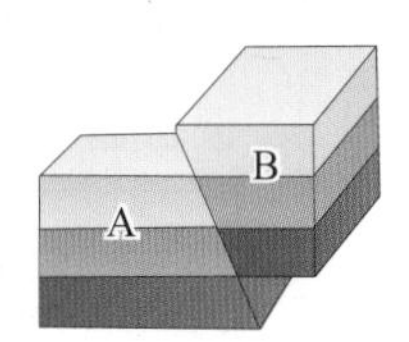

① 역단층이다.
② 상반이 아래로 내려간다.
③ 양쪽으로 당기는 힘을 받았다.
④ A가 상반, B가 하반이다.
⑤ 발산형 경계에서 발생한다.

12 **〈보기〉는 부정합이 생성되는 과정을 순서없이 나타낸 것이다.**

보기

ㄱ. 지층이 융기한 후, 침식이 일어난다.
ㄴ. 지층에 횡압력이 가해져 습곡이 형성된다.
ㄷ. 바다 밑에서 퇴적물이 쌓여 퇴적층이 형성된다.
ㄹ. 지층이 침강한 후 퇴적이 일어나 새로운 지층이 쌓인다.

부정합이 생성되는 과정을 순서대로 올바르게 나타낸 것은?

① ㄱ-ㄴ-ㄷ-ㄹ　② ㄴ-ㄱ-ㄹ-ㄷ
③ ㄷ-ㄱ-ㄴ-ㄹ　④ ㄷ-ㄴ-ㄱ-ㄹ
⑤ ㄹ-ㄷ-ㄴ-ㄱ

13 **다음 중 부정합의 특징이 아닌 것은?**

① 부정합면을 경계로 침식의 흔적이 있다.
② 부정합면 위에 기저역암층이 잘 나타난다.
③ 퇴적과 침식 작용이 번갈아가며 일어난다.
④ 부정합면을 경계로 지질 시대를 구분할 수 있다.
⑤ 지층이 쌓이는 동안 시간적 공백이 없이 연속적으로 쌓여 만들어진다.

14 **다음은 부정합 모형을 만드는 과정을 나타낸 그림이다.**

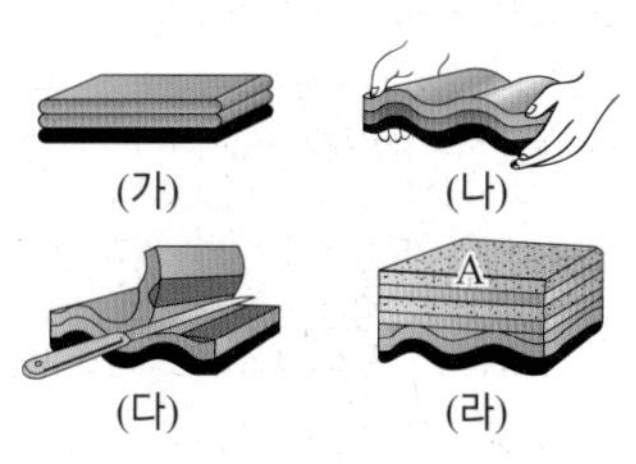

위 그림에 대한 설명으로 옳지 않은 것은?

① (가)는 퇴적 작용을 받아 생성된다.
② (나)는 횡압력을 받아 생성된다.
③ (다)는 수면 위에서 일어난다.
④ (라)의 A층은 풍화·침식을 받아 생성된다.
⑤ (다)와 (라) 사이에는 침강이 일어났다.

15 **다음은 과학 십자말풀이 퍼즐이다.**

A			C	D	
B			E		

[가로 열쇠]
B. 열 때문에 기체 또는 액체가 상하로 뒤바뀌면서 움직이는 현상
C. 지층의 퇴적이 중단되고 오랫동안 침식을 받은 뒤 그 위에 다시 퇴적이 되었을 때 상·하 두 지층 사이의 관계
E. 퇴적물이 차례대로 쌓여서 굳어진 암석의 층

[세로 열쇠]
A. 지진이 자주 일어나는 띠 모양의 지역, 화산대와 대체로 일치함
D. 수평으로 잡아당기는 힘에 의해 상반이 내려가 어긋난 지질 구조

위 퍼즐에 들어갈 말로 옳지 않은 것은?

① A - 지진대　② B - 대류
③ C - 부정합　④ D - 역단층
⑤ E - 지층

조륙 운동과 조산 운동

16 **다음 중 조산 운동의 특징에 대한 설명으로 옳은 것은?**

① 원인은 해수면의 높이 변화이다.
② 주로 장력을 받아 형성된다.
③ 피오르드 지형이 이에 속한다.
④ 맨틀의 상승부에서 습곡산맥이 형성된다.
⑤ 높은 산에서 바다 생물의 흔적을 발견할 수 있다.

17 다음 그림은 육지로부터 운반되어 온 퇴적물이 해저에 쌓이는 모습을 나타낸 것이다.

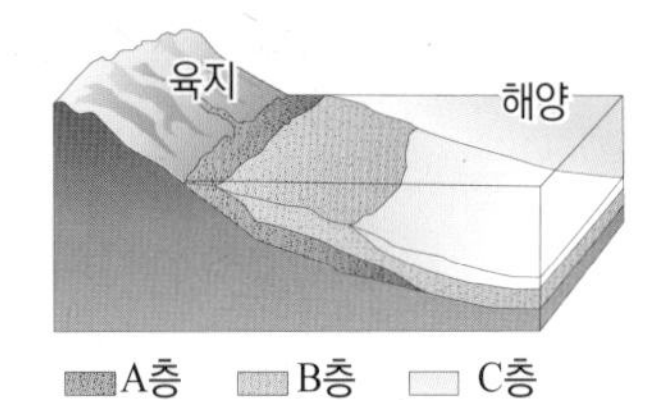

위 그림에 대한 설명으로 옳은 것은?

① A에서는 진흙이 퇴적되어 셰일이 만들어진다.
② C에서는 자갈이 퇴적되어 역암이 만들어진다.
③ A에서 C로 갈수록 퇴적물의 크기가 작아진다.
④ 퇴적물의 크기와 퇴적되는 깊이는 관련이 없다.
⑤ 무거운 퇴적물일수록 멀리 이동하여 쌓인다.

18 다음 그림은 어느 지역에서 발견된 지층의 단면도이다. 오래된 지층부터 순서대로 바르게 나타낸 것은?(단, 지층이 생성된 후 뒤집어지지 않았다.)

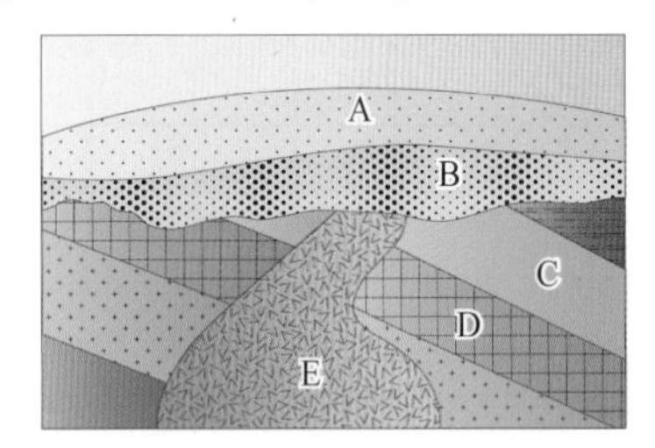

① D → C → A → B → E
② D → C → A → E → B
③ D → C → E → B → A
④ E → D → C → B → A
⑤ D → C → B → E → A

19 다음 사진은 어느 절벽에서 나타난 지층의 구조이다. 이에 대한 설명으로 옳지 않은 것은?

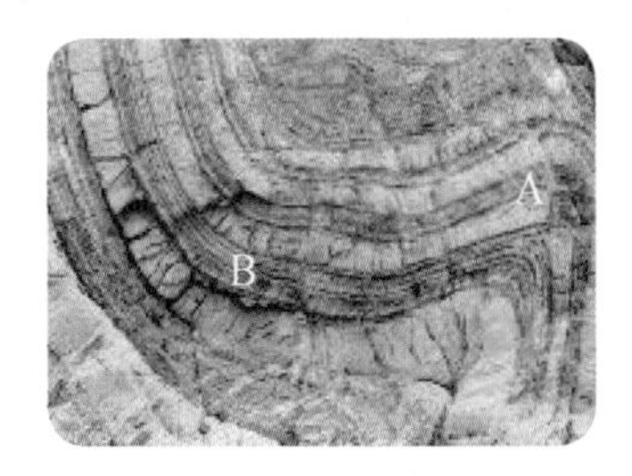

① 이 지질 구조는 습곡이다.
② 양쪽에서 미는 힘을 받았다.
③ 퇴적 당시 지층은 수평하게 퇴적되었다.
④ A를 향사, B를 배사라고 한다.
⑤ 지층이 끊어졌다면 역단층이 형성되었을 것이다.

20 다음 사진은 무한 고등학교에 다니는 승필이가 과학탐구 학습 과제를 작성하기 위하여 촬영해 온 어떤 지역의 단면도(왼쪽)와 A 지층 최하단부에서 발견된 암석 사진(오른쪽)이다. 이 지역에서 볼 수 있는 지질학적 사건이 아닌 것은?

① 퇴적 작용 ② 침식 작용
③ 습곡 작용 ④ 조륙 운동
⑤ 단층 작용

21 다음은 지각의 운동에 대한 어느 한 학생의 설명이다. 밑줄 친 말 중 옳지 않은 것은?

> 지각은 ①맨틀 위에 떠 있으므로 ②침식된 부분은 가벼워져 융기하고, ③퇴적된 부분은 무거워져 침강한다. 이와 같이 지각이 ④상하 방향의 힘을 받아 움직이는 현상을 ⑤조산 운동이라 한다.

22 다음 사진은 강가에서 나타나는 계단 모양의 지형이다. (가)이 지형의 이름과 (나)이 지역에서 일어난 지각 변동을 바르게 나타낸 것은?

	(가)	(나)		(가)	(나)
①	해안 단구	융기	②	하안 단구	융기
③	다도해	융기	④	해안 단구	침강
⑤	리아스식 해안	침강			

23 오른쪽 그림은 이탈리아에 있는 세라피스 사원의 돌기둥이다. 이 돌기둥에는 바다에 사는 조개가 뚫어 놓은 구멍이 있다. 이것으로부터 과거 이 지역에서 일어났던 지각 변동에 대한 설명으로 가장 옳은 것은?

① 침강 ② 침강 후 융기
③ 침식 후 침강 ④ 융기
⑤ 융기 후 침강

24 **아래 사진은 대표적인 습곡 산맥들이다. 습곡 산맥의 특징으로 옳은 것을 두 개 고르시오.**

히말라야 산맥

알프스 산맥

안데스 산맥

① 형성된 퇴적층의 두께가 얇다.
② 융기와 침강 작용이 여러 차례 반복되었다.
③ 중심부에는 관입한 화성암이 분포하기도 한다.
④ 위 산맥에서는 전혀 화석이 발견되지 않는다.
⑤ 심한 습곡 작용과 단층 작용을 받았다.

25 **다음 그림은 조산 운동에 의해 습곡 산맥이 형성되는 과정을 나타낸 것이다. 이에 대한 설명으로 옳지 않은 것을 두 개 고르시오.**

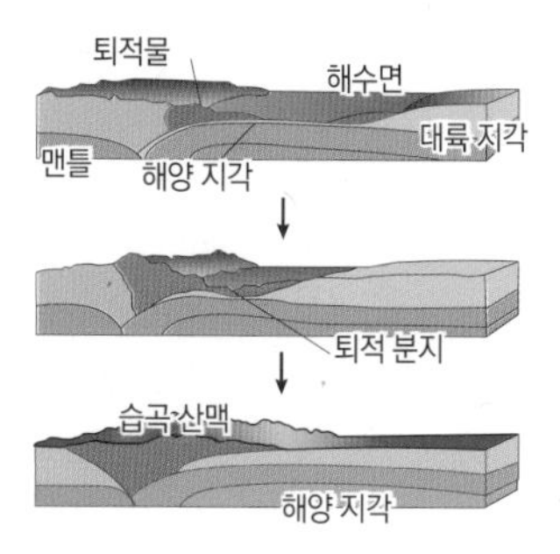

① 산맥의 중심부에는 화강암이 존재한다.
② 융기와 침강에 의해 생긴다.
③ 주로 수평 방향으로 미는 힘을 받아 만들어진다.
④ 동해안의 해안 단구도 조산 운동으로 생긴 지형이다.
⑤ 세계적으로 높은 산맥은 대부분 조산 운동에 의해 생긴 것이다.
⑥ 산의 정상 부근에서 바다에 살았던 암모나이트 화석이 발견되기도 한다.
⑦ 두꺼운 퇴적층이 대규모의 습곡 작용을 받아 생긴다.

26 **다음 사진은 인도 대륙과 아시아 대륙이 만나는 곳에서 형성된 히말라야 산맥이다. 히말라야 산맥이 형성된 원인에 대하여 옳게 설명하고 있는 학생은?**

- 승필 : 유수와 빙하의 퇴적 작용에 의해 오랜 시간 동안 퇴적되어 형성되었을 것 같아.
- 수연 : 아니야. 맨틀의 대류에 의한 판의 충돌 때문에 발생한 횡압력으로 생성된 습곡 산맥이야.
- 선혜 : 그것 보다는 물과 공기에 의한 침식 작용 때문에 형성되는 것 같아.
- 경희 : 아니야. 격렬한 지각 변동인 화산과 지진 활동 때문에 형성되는 거야.
- 보람 : 지구의 연평균 기온이 높아져서 빙하가 녹아 지각이 상승하면서 형성 되었을 것 같아.

27 **수조에 물을 담고 나무 도막 A를 물에 띄운 다음 그 위에 나무 도막 B를 올려놓으면서 변화를 관찰하였다.**

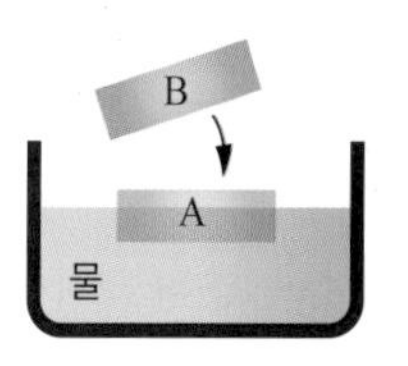

이러한 원리로 설명할 수 있는 현상만을 <보기>에서 있는 대로 고른 것은?

> **보기**
> ㄱ. 피오르드　　ㄴ. 해안 단구
> ㄷ. 리아스식 해안　ㄹ. 히말라야 산맥의 조개 껍데기

① ㄱ, ㄴ　② ㄱ, ㄷ　③ ㄱ, ㄹ
④ ㄴ, ㄷ　⑤ ㄴ, ㄹ

28 **다음은 스칸디나비아 반도의 융기를 나타낸 것이다.**

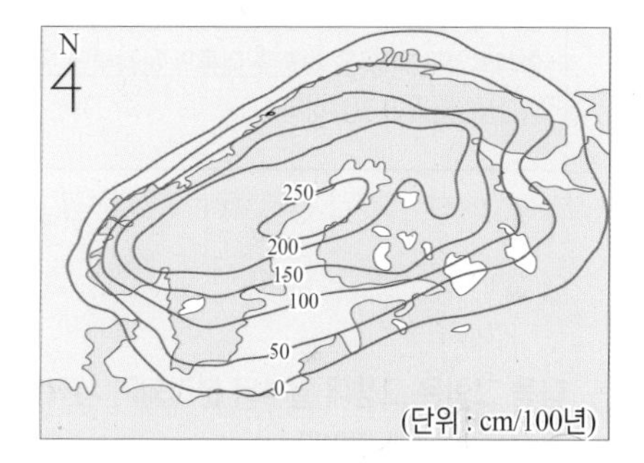

이와 같은 조륙 운동에 대한 설명으로 옳은 것만을 있는 대로 고르시오.

① 두꺼운 퇴적물이 쌓여 무거워지면 지각은 침강한다.
② 지각의 암석이 풍화·침식되어 해양으로 운반되면 산지는 가벼워져 융기한다.
③ 높은 산에서 해양 생물의 화석이 발견되는 것은 해수면이 상승했기 때문이다.
④ 빙하기 이후 간빙기에는 누르던 빙하가 녹으면서 지각의 무게가 감소하여 침강한다.
⑤ 지각은 맨틀 위에 떠서 평형을 이루고 있으므로 지각이 무거워지면 침강하고, 가벼워지면 융기한다.

29 **지각 변동과 그 예가 바르게 연결되지 않은 것은?**

① 융기 - 하안 단구
② 조산 운동 - 히말라야 산맥
③ 습곡 - 안데스 산맥
④ 침강 - 세라피스 사원 기둥의 조개 구멍
⑤ 조륙 운동 - 리아스식 해안

대륙 이동과 판 구조론

30 **대륙 이동설에 대한 설명이다. 옳지 않은 것은?**

① 베게너가 최초로 주장하였다.
② 남미의 동해안과 아프리카 서해안의 해안선이 일치한다.
③ 서로 멀리 떨어진 대륙 사이에 같은 화석이 나타난다.
④ 고생대 말기에는 지금의 대륙이 모두 합쳐져 초대륙을 이루었다.
⑤ 대륙 이동의 원동력을 맨틀 대류로 설명하였다.

31 **다음은 히말라야 산맥이 만들어지는 과정을 나타낸 것이다. 옳지 않은 것은?**

> 인도와 유라시아 대륙 사이에는 두꺼운 퇴적층이 쌓이고 있었다. 그 후 ⓐ인도 대륙이 북쪽으로 이동하여 ⓑ유라시아 대륙과 충돌하여 그 아래로 파고 들어갔다. 이때 해저에 있던 퇴적층이 밀려 올라가 ⓒ습곡과 단층이 생기면서 히말라야 산맥이 형성되었다. 이곳은 ⓓ맨틀 대류의 하강부에 위치하여 ⓔ지진과 화산 활동이 활발하다.

① ⓐ ② ⓑ ③ ⓒ
④ ⓓ ⑤ ⓔ

32 **다음 그림은 고생대 말부터 분리되기 시작한 대륙의 이동 과정을 나타낸 것이다.**

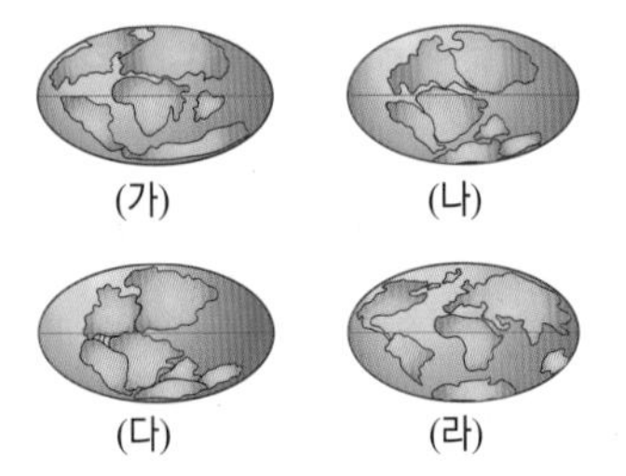
(가) (나)
(다) (라)

순서대로 바르게 나타낸 것은?

① (가)-(나)-(다)-(라) ② (나)-(다)-(가)-(라)
③ (다)-(가)-(나)-(라) ④ (다)-(나)-(가)-(라)
⑤ (라)-(가)-(나)-(다)

33 **다음 중 대륙 이동의 증거로 보기 어려운 것은?**

① 빙하의 분포 일치
② 현재의 기후 일치
③ 대륙의 해안선 일치
④ 식물 화석의 분포 일치
⑤ 멀리 떨어진 지질 구조 일치

34 **다음 중 판구조론에 대한 설명으로 옳지 않은 것은?**

① 판은 1년에 수 cm의 속도로 이동한다.
② 판이 이동하는 원동력은 맨틀 대류이다.
③ 해양판은 대륙판보다 밀도가 커서 무겁다.
④ 지각 변동은 주로 판의 중심에서 일어난다.
⑤ 지구 표면은 여러 개의 판으로 구성되어 있다.

35 **그림은 어느 해 한 달 동안 발생한 지진 분포이다.**

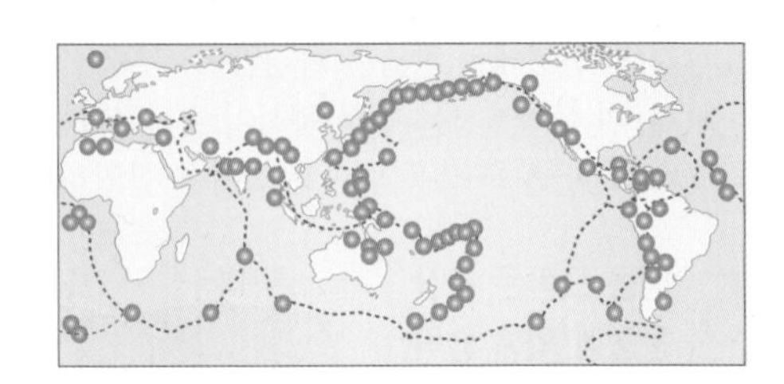

이 자료에 대한 설명으로 옳은 것은 ○표, 옳지 않은 것은 ×표 하시오.

(1) 지진은 주로 판의 가장자리에서 발생한다. ( )
(2) 지진이 가장 많이 발생한 곳은 알프스-히말라야 지진대이다. ( )
(3) 대서양이 태평양보다 지진이 많이 발생한다. ( )
(4) 대서양 중앙 해령에서는 천발 지진과 심발 지진이 함께 발생한다. ( )

36 **다음 그림은 판의 경계를 나타낸 것이다.**

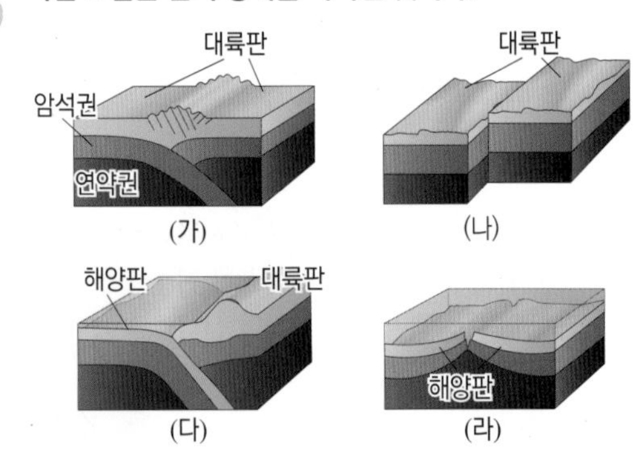

(가) (나)
(다) (라)

이에 대한 설명으로 옳은 것만을 〈보기〉에서 있는 대로 고른 것은?

> **보기**
> ㄱ. (나)에서는 판의 생성과 소멸이 동시에 일어난다.
> ㄴ. (가)와 (다)에서는 해양판이 대륙판 밑으로 침강하여 소멸된다.
> ㄷ. (라)에서는 새로운 해양 지각이 만들어진다.

① ㄱ ② ㄷ ③ ㄱ, ㄴ
④ ㄴ, ㄷ ⑤ ㄱ, ㄴ, ㄷ

37 그림은 판의 경계와 이동 방향을 나타낸 그림이다.

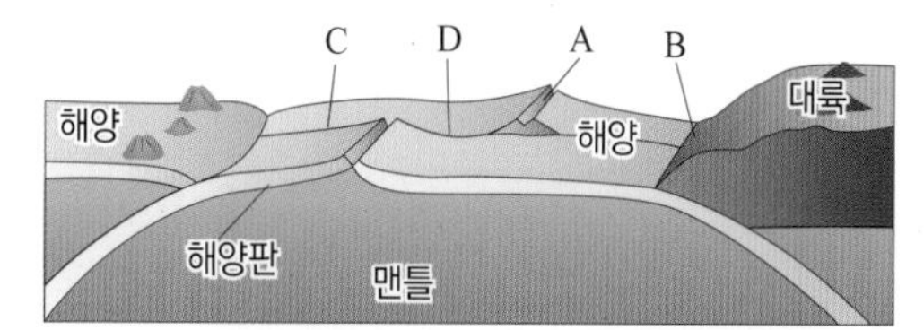

이에 대한 설명으로 옳은 것만을 〈보기〉에서 있는 대로 고른 것은?

보기

ㄱ. 지진이 발생하는 곳은 A, B, D이다.
ㄴ. B에서 해양판과 대륙판이 충돌하고 있다.
ㄷ. 화산 활동이 활발하게 일어나는 곳은 C와 D이다.

① ㄱ ② ㄷ ③ ㄱ, ㄴ
④ ㄴ, ㄷ ⑤ ㄱ, ㄴ, ㄷ

38 그림에 대한 설명으로 옳지 않은 것은?

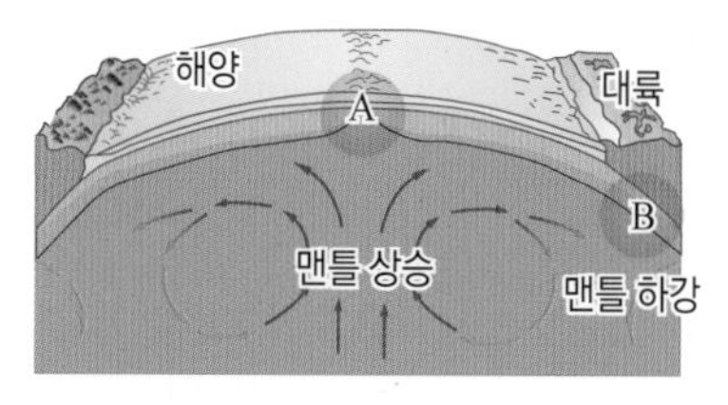

① A에는 주로 해령이 발달한다.
② B에는 주로 변환단층이 발달한다.
③ B는 수렴형 경계로 판이 충돌하거나 소멸한다.
④ A는 발산형 경계로 판이 새로 생성되는 지역이다.
⑤ A에는 천발 지진이, B에는 천발 지진과 심발 지진이 발생한다.

39 그림은 맨틀 대류에 의한 지각의 생성과 이동을 나타낸 것이다.

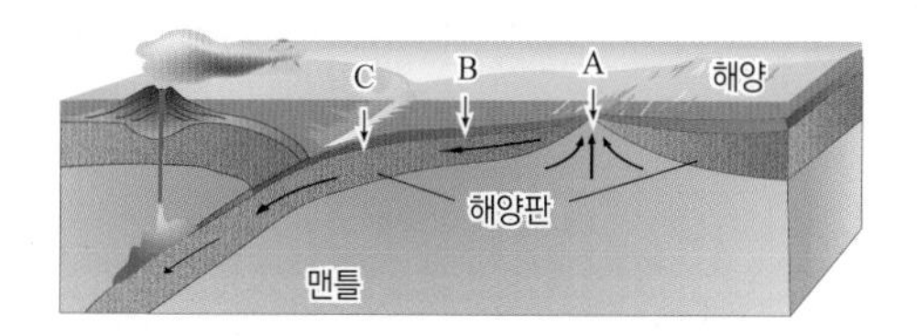

이에 대한 설명으로 옳은 것만을 〈보기〉에서 있는 대로 고른 것은?

보기

ㄱ. 지각의 연령이 가장 젊은 곳은 A이다.
ㄴ. 지진과 화산 활동이 가장 활발한 곳은 B이다.
ㄷ. A에서 C로 갈수록 해저 퇴적물의 두께는 두꺼워진다.

① ㄴ ② ㄷ ③ ㄱ, ㄴ
④ ㄱ, ㄷ ⑤ ㄱ, ㄴ, ㄷ

40 다음은 열점에서 생성된 하와의 열도를 나타낸 것이다.

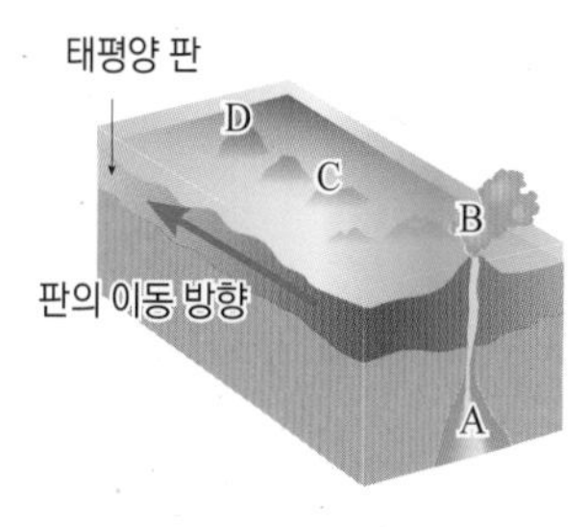

(1) A ~ D 중 열점의 위치는 어디인가?
(2) B ~ D 중 가장 나이가 많은 화산섬을 고르시오.
(3) B ~ D 중 현재 화산 활동이 가장 활발히 일어나고 있는 화산섬을 고르시오.

지질 시대의 환경과 생물

41 지사학의 주요 원리에 대한 다음 설명 중 옳은 것은 ○표, 옳지 않은 것은 ×표 하시오.

(1) 관입 당한 지층은 관입암보다 먼저 형성되었다. ( )
(2) 먼저 형성된 지층일수록 보다 진화된 생물 화석이 산출된다. ( )
(3) 부정합면을 경계로 상하 지층이 쌓인 시기는 큰 차이가 난다. ( )

42 다음 (가) ~ (다)는 지질 시대의 생물과 환경을 나타낸 상상도로, 순서없이 각각 선캄브리아대, 중생대, 신생대를 나타냈다. 이에 대한 설명으로 옳지 않은 것은?

(가) (나) (다)

① (가) 시대에서는 빙하기가 나타나지 않았다.
② 에디아카라 동물군은 (나) 시대의 대표적인 생물이다.
③ (다)의 매머드 화석은 암모나이트가 산출되는 지층에서 발견된다.
④ 삼엽충은 (다) 시대의 생물보다 먼저 바다에 출현한 생물이다.
⑤ 지질 시대의 순서대로 나열하면 (나) - (가) - (다)가 된다

개념 심화 문제

01 **다음 그림 (가)와 (나)에 대한 설명으로 옳지 않은 것은?**

(가) (나)

① (가)는 (나)보다 높은 온도에서 만들어졌다.
② (가)는 (나)보다 화산 폭발시 화산가스의 양이 적다.
③ (나)는 (가)보다 SiO_2의 함량이 적다.
④ (나)는 (가)보다 격렬하게 분출했을 것이다.
⑤ 용암대지를 형성하는 용암의 종류는 (가)와 비슷하다.

02 **그림 (가)는 용암의 온도에 따른 화산의 경사, (나)는 SiO_2 함량에 따른 유동성에 대한 그래프이다. 이 자료에 대한 설명으로 옳은 것만을 있는 대로 고르시오.**

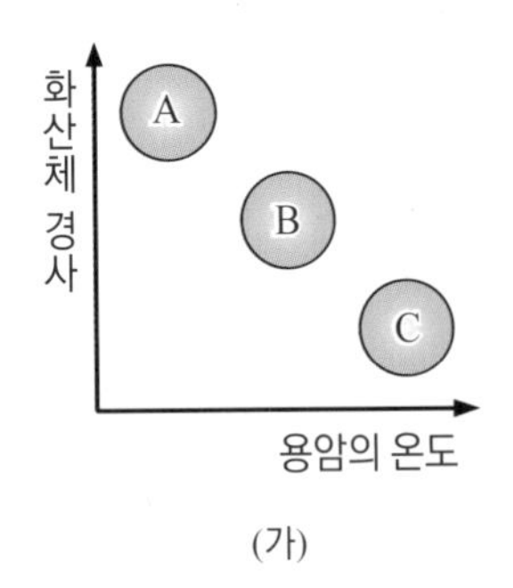

(가)

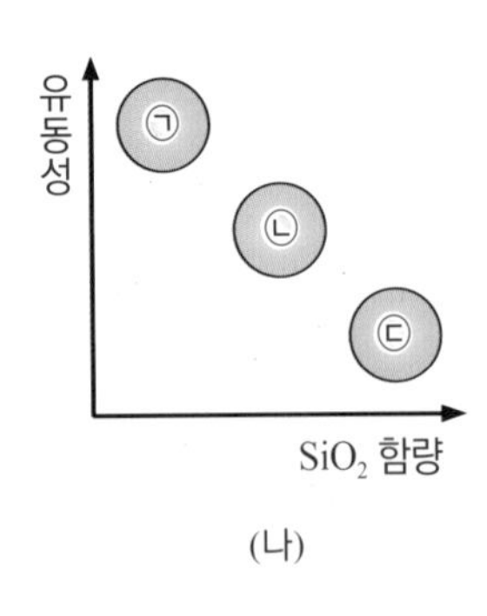

(나)

① A와 같은 화산을 순상 화산이라 한다.
② C의 용암은 ㉠과 같은 유동성을 띤다.
③ C의 용암이 A의 용암보다 유동성이 작다.
④ ㉠화산이 ㉢화산보다 높이가 높다.
⑤ ㉢화산이 ㉠화산보다 점성이 크다.

개념 돋보기

용암의 종류

구분	파호에호에(pahoehoe) 용암	아아(aa) 용암
형태	부드럽고 주름진 표면을 갖는 용암	표면이 거칠고 투박한 괴상 형태의 용암
생성	온도가 높고 가스가 많은 점성이 작은 마그마로부터 형성	온도가 낮고 가스가 적은 점성이 큰 마그마로부터 형성

03 표는 화산 활동이 일어날 때 분출되는 물질을 A, B, C로 구분한 것이다.

구분	분출되는 물질
A	수증기, 이산화 탄소, 이산화 황 등
B	화산진, 화산재, 화산력, 화산암괴
C	현무암질, 안산암질, 유문암질

(1) A, B, C로 구분하는 기준을 쓰시오.

(2) A, B, C에 알맞은 말을 쓰시오.

A : ____________________, B : ____________________, C : ____________________

(3) 이에 대한 설명으로 옳은 것은?

① A는 수증기가 대부분을 차지한다.
② A의 양이 적을수록 화산 분출이 폭발적으로 일어난다.
③ B의 분출량이 많아지면 지구의 평균 기온은 높아진다.
④ C는 냉각되는 속도에 따라 구분된다.
⑤ C의 점성이 크면 화산체의 경사가 완만해진다.

04 다음은 진원에서 서로 다른 거리에 위치한 A, B 두 지점에서 관측된 지진 기록을 나타낸 것이다.

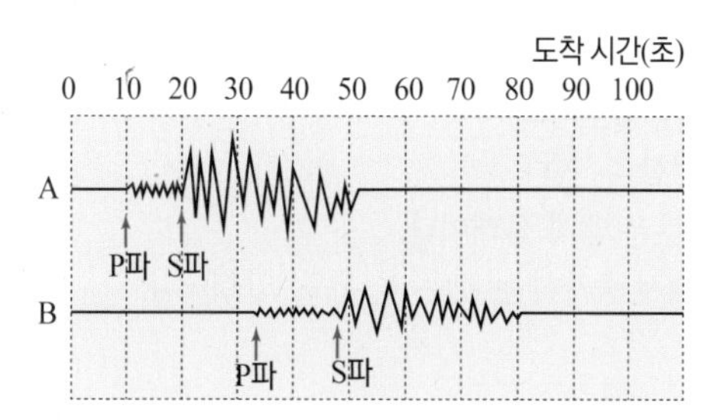

이에 대한 설명으로 옳은 것만을 〈보기〉에서 있는 대로 고르시오. (단, A, B 지점은 진원으로부터 거리 이외의 조건이 모두 같다.)

보기

ㄱ. P파의 속도는 S파의 속도보다 빠르다.
ㄴ. 지진의 피해는 A 지점이 B 지점보다 크다.
ㄷ. 지진의 규모는 A 지점과 B 지점이 같다.

개념 심화 문제

05 그림은 진원으로부터 각 관측소에 도달하는 지진파의 전파 경로를 나타낸 것이다.

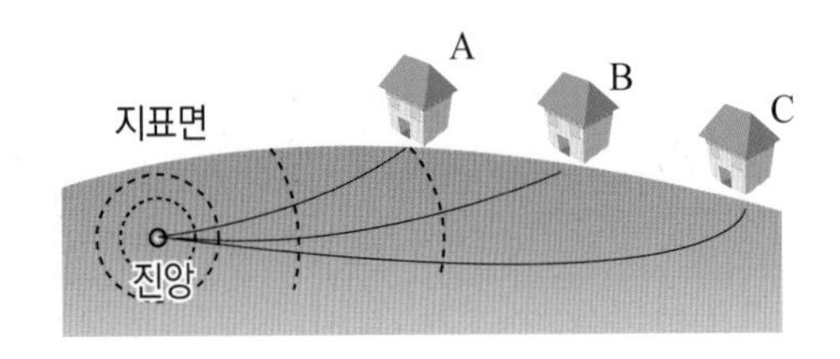

각 관측소에서의 진도와 규모, PS시를 비교하여 서술하시오.

06 그림은 지구 내부의 깊이에 따른 물리적 성질 변화를 나타낸 그래프이다.

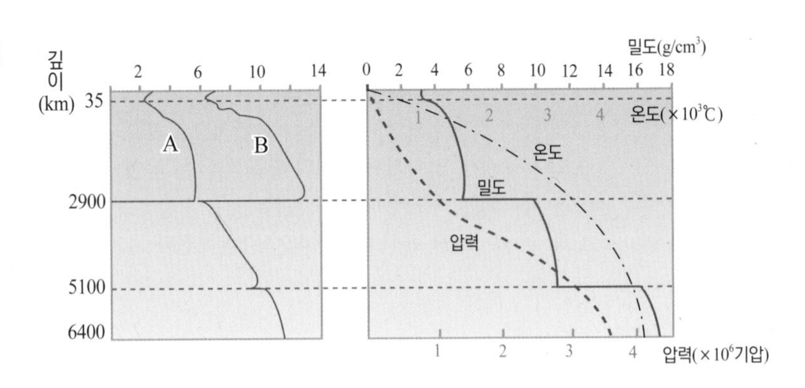

이에 대한 설명으로 옳은 것만을 있는 대로 고르시오.

① A는 P파, B는 S파이다.
② 불연속적으로 변하는 것은 A, B, 밀도이다.
③ 지구 내부는 3개의 층으로 구별할 수 있다.
④ 지하 약 5,100 ~ 6,400km 부분은 액체 상태이다.
⑤ 지하로 내려갈수록 값이 계속해서 증가하는 것은 A, 온도, 압력이다.

개념 돋보기

지구 내부의 물리적 성질의 변화

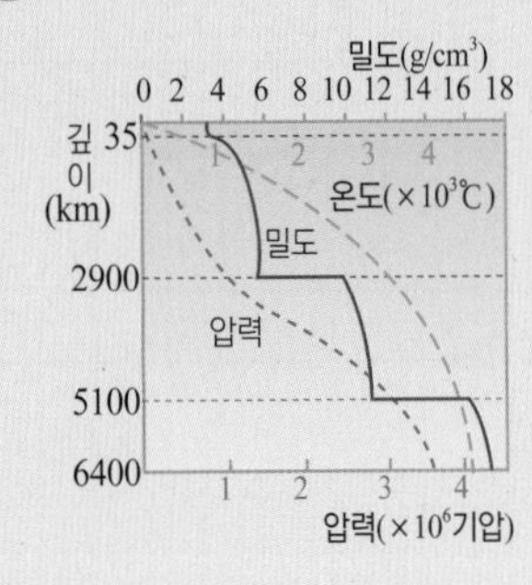

온도	지구 내부로 갈수록 점점 높아져 중심에서 4,500 ~ 6,000℃
압력	지표면에서 지구 중심까지 일정한 비율로 증가
밀도	불연속면을 경계로 하여 계단식으로 변화, 지구 평균 밀도는 약 5.5g/cm³
중력	지구 내부의 밀도가 균질하지 않기 때문에 깊이에 따라 일정한 비율로 감소하는 것은 아님

정답 및 해설 18쪽

07 그림은 지진파의 진앙과 각 관측소의 각 거리를 나타낸 것이다. 다음 중 A, B, C 지점에 기록된 지진 기록을 찾아 각각 기호를 쓰시오.

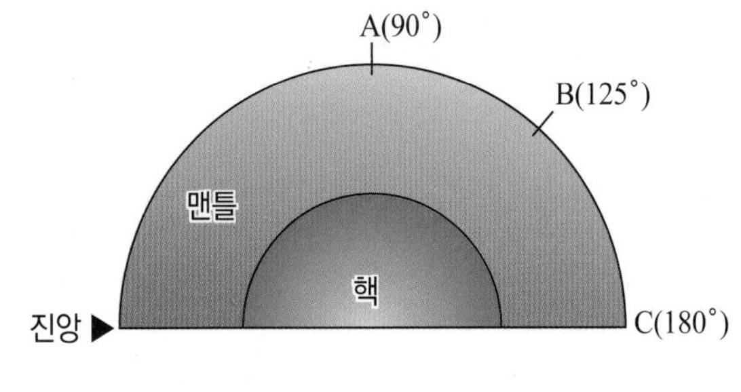

㉠ 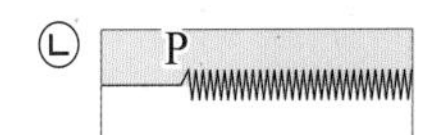 ㉡  ㉢ 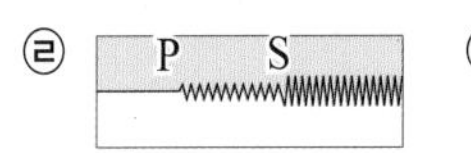 ㉣  ㉤

A : ______________ B : ______________ C : ______________

08 다음은 (가) 지진 기록과 (나) 주시 곡선을 나타낸 것이다.

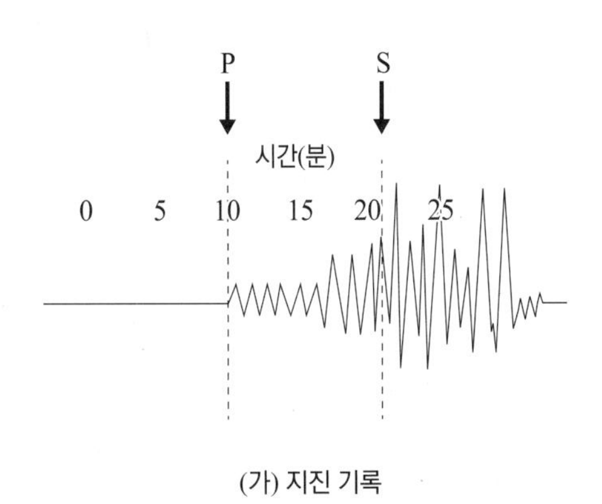

(가) 지진 기록

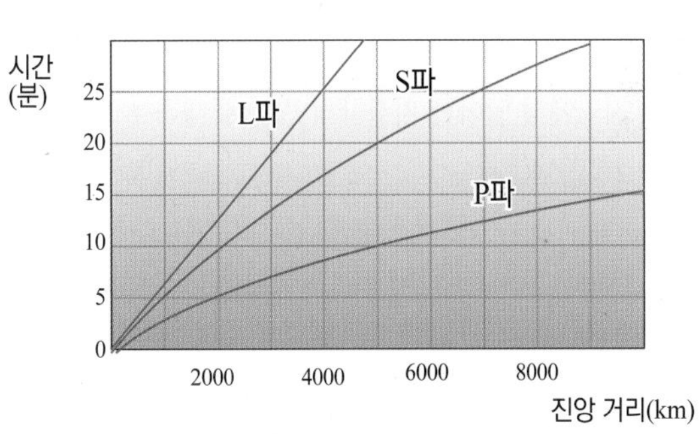

(나) 주시 곡선

(1) 위의 지진 기록과 주시 곡선을 이용하여 진앙까지의 거리를 구하시오.

(2) 지진 기록으로 알 수 있는 것을 모두 쓰시오.

개념 돋보기

주시 곡선

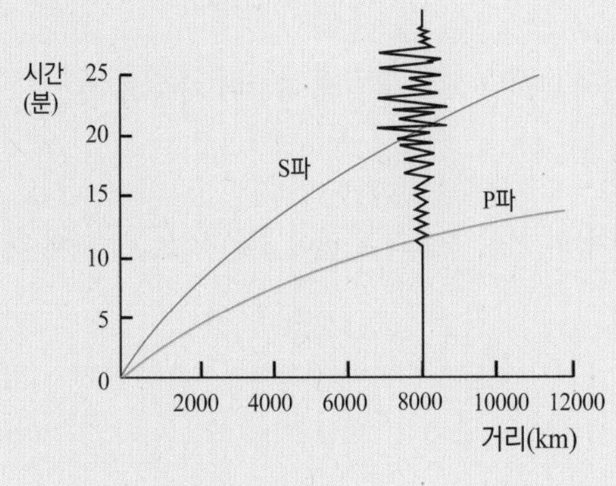

- 지진 자료를 이용하여 진앙 거리와 지진파의 도달시간 사이의 관계를 나타낸 그래프
  ① 진앙 거리가 멀수록 PS시(P파와 S파의 도착 시각의 차이)는 길어진다는 것을 알 수 있다.
  ② 지진파의 종류나 매질의 분포와 상태에 따라 지진파의 속도가 달라지므로, 주시 곡선을 통한 지진파의 속도 분포를 분석하여 지구 내부의 물리적 특성이나 구조에 대해 알 수 있다.

개념 심화 문제

09 **그림은 북아메리카 북동부를 덮고 있던 빙하가 녹은 후 최근 6000년 동안의 해발 고도 변화량을 나타낸 것이다.**

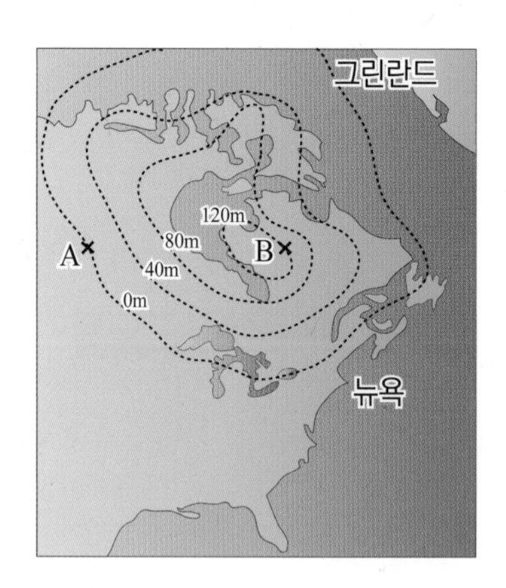

(1) B 지역 해발 고도의 평균 변화율(cm/년)을 구하시오.

(2) 이 지역에서 일어난 지질학적 변화에 대하여 서술하시오.

10 **그림 (가)는 지각의 침식과 이로 인한 퇴적 작용이 일어나는 지역을, (나)는 빙하에 덮여 있는 지역을 각각 나타낸 것이다.**

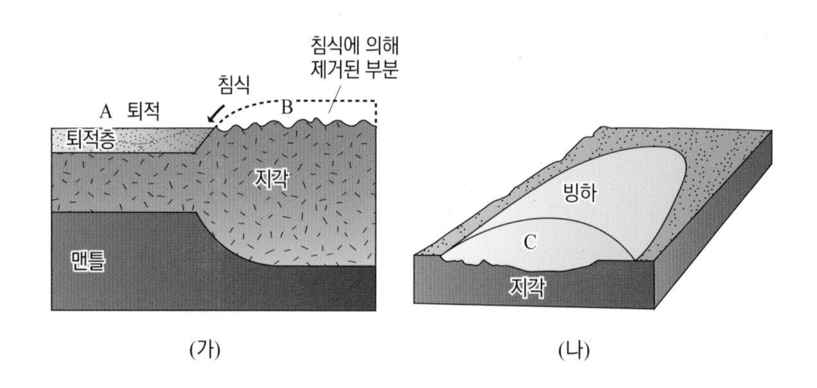

(가) (나)

(1) 그림 (가)에서 B 부분이 침식되어 A 부분에 퇴적되었을 때 A와 B에 나타날 지각 변동에 대하여 서술하시오.

(2) 그림 (나)에서 C의 빙하가 녹았을 때 나타날 지각 변동은 그림 (가)의 어느 지역과 관련이 깊은지 쓰고, 그때 나타날 지각 변동은 무엇인지 쓰시오.

11 그림 (가)는 시간에 따른 대륙의 이동을, (나)는 지질 시대의 구분을 나타낸 것이다.

(가)

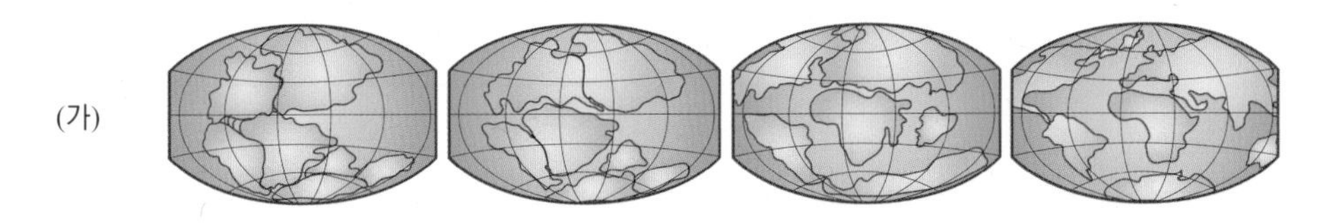

(ㄱ) 2억 3천만년 전　(ㄴ) 1억 3천 5백만년 전　(ㄷ) 6천 5백만년 전　(ㄹ) 현재

(나)

지각 생성	선캄브리아대	고생대	중생대	신생대

45억 년 전　38억 년 전　5.7억 년 전　2.3억 년 전　0.65억 년 전

이에 대한 설명으로 옳은 것만을 있는 대로 고르시오.

① 대륙의 배치가 (ㄱ)일 때 화폐석이 번성하였다.
② 대륙이 이동한 증거에는 해안선의 일치를 들 수 있다.
③ 대륙의 배치가 (ㄴ)일 때 공룡과 매머드가 번성하였다.
④ (가)와 같이 대륙을 이동시킨 원동력은 맨틀 대류이다.
⑤ 지질시대를 구분하는 기준은 갑작스런 화석의 급변이나 지각 변동을 들 수 있다.

12 다음은 판 구조론이 정립되기까지 제시된 여러 이론의 주장 또는 증거이다. (가), (나)의 내용으로 적절한 것을 〈보기〉에서 각각 고르시오.

이론	주장 또는 증거
대륙 이동설	(가)
맨틀 대류설	지구 내부 맨틀의 열대류에 의해 대륙이 이동한다.
해저 확장설	(나)
판 구조론	여러 판들의 상대적 운동으로 지각 변동이 일어난다.

보기

ㄱ. 습곡 산맥에 단층 작용이 나타난다.
ㄴ. 고지자기의 줄무늬가 해령을 중심으로 서로 대칭이다.
ㄷ. 글로숍테리스 화석이 인도, 아프리카, 남미에서 발견된다.
ㄹ. 지각의 평형을 이루기 위해 지반의 융기와 침강이 나타난다.

개념 돋보기

해양 지각에 나타난 지구 자기 줄무늬의 대칭

해양 지각을 조사해 보면 오른쪽 그림처럼 해령을 중심으로 좌우 대칭적인 지자기 변화가 기록된 것을 알 수 있는데 이는 해저가 확장되고 있다는 증거이다.

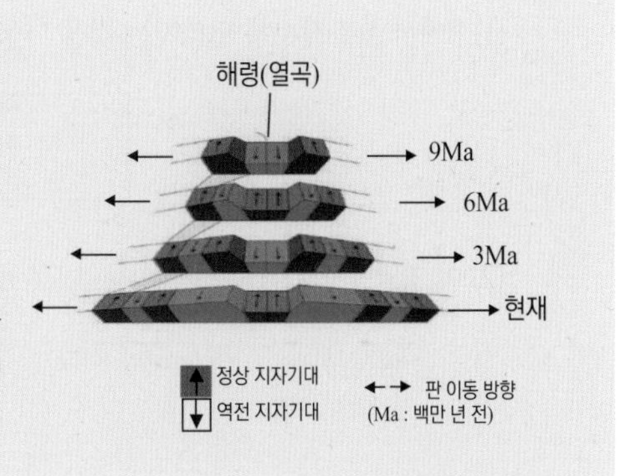

고지자기

고온의 마그마가 식을 때 암석을 이루는 광물 중 자성 광물이 자화되거나, 퇴적물이 물속에서 퇴적되는 동안 광물의 입자가 자화되는 것을 자연 잔류 자기라 하며 특히 지질시대에 생성된 암석에 분포하는 잔류 자기를 고지자기라 한다.

개념 심화 문제

13 **다음은 대서양 중앙해령 주변의 판의 이동을 나타낸 것이다. (단, 화살표는 판의 이동 방향을 나타낸 것이다.)**

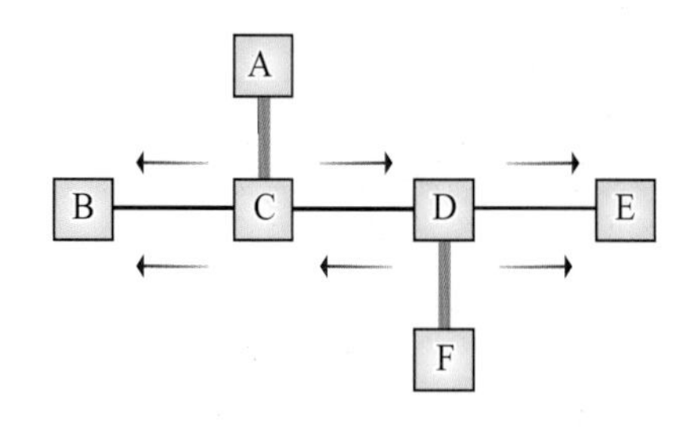

보기		
ㄱ. A - C	ㄴ. B - C	ㄷ. C - D
ㄹ. D - E	ㅁ. D - F	

(1) 해령에 해당하는 구간만을 〈보기〉에서 있는 대로 고르시오.

(2) 화산 활동은 일어나지 않고, 지진 활동만 일어나는 구간만을 〈보기〉에서 있는 대로 고르시오.

(3) 화산 활동과 지진 활동이 함께 일어나는 구간을 〈보기〉에서 모두 고르시오.

14 **그림 (가)의 B → A로 가면서 측정한 해저 지각의 나이를 (나) 그래프로 나타내었다.**

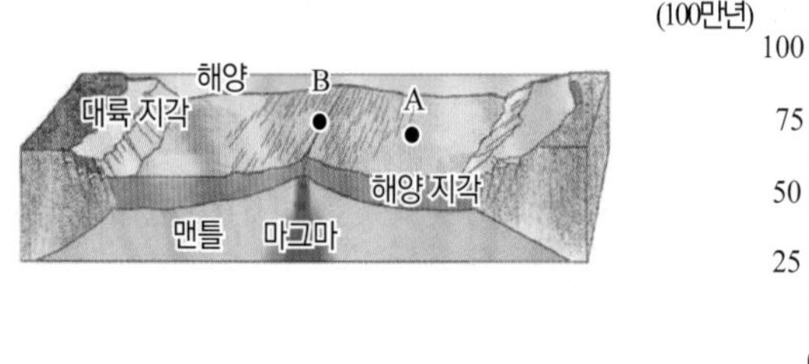

(가)

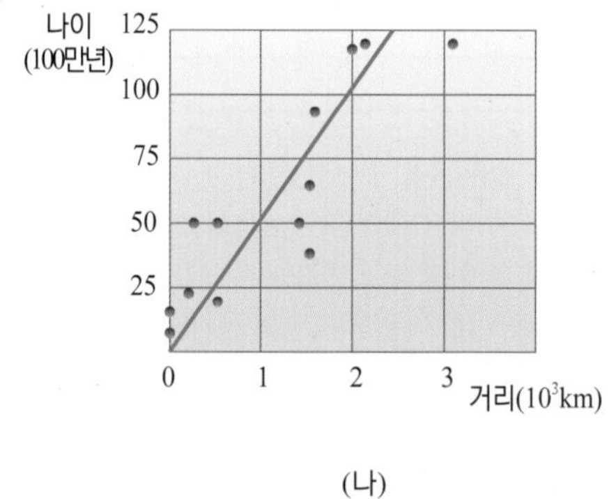

(나)

(1) B에서 A로 갈수록 달라지는 것을 다음에 있는 단어를 사용하여 판 구조론과 관련하여 서술하시오.

퇴적물의 두께	퇴적물의 나이

(2) 이 지역에서의 판의 평균 이동 속도(cm/년)를 구하시오.

15 **대륙 지각에서는 최고 약 38억 년 된 암석이 발견되지만, 해양 지각의 나이는 최고 2억 년에서 3억 년 정도에 불과하다. 이와 같이 가장 오래된 암석의 나이가 다른 이유에 대하여 서술하시오.**

16 **그림 (가)는 지각과 맨틀의 이동 방향을 모식적으로 나타낸 것이고, 그림 (나)와 (다)는 단층을 나타낸 것이다.**

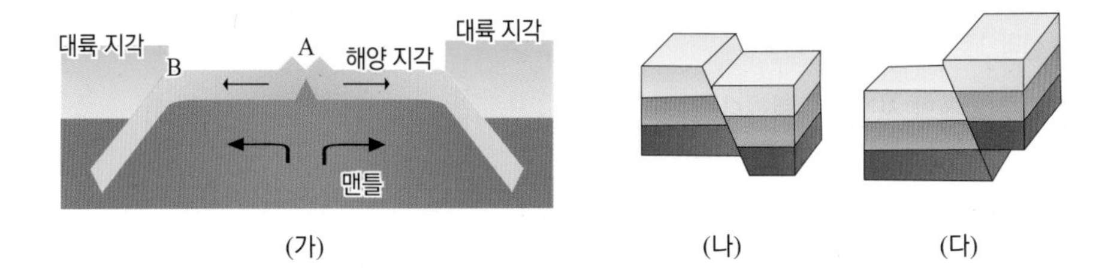

이에 대한 설명으로 옳은 것만을 있는 대로 고르시오.

① A에서는 판이 새로 생성된다.
② B에서는 해구나 호상열도가 만들어진다.
③ (나)는 횡압력을 받아 만들어진다.
④ (다)는 상반이 아래로 내려가 생성된다.
⑤ (나)는 A에서, (다)는 B에서 주로 생성된다.

17 **그림은 판의 경계부와 판의 경계 유형을 나타낸 것이다.**

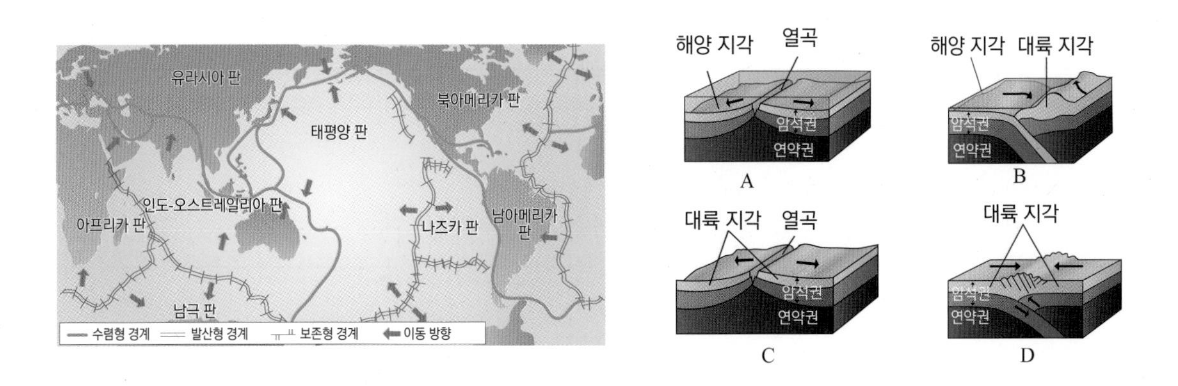

다음 주어진 판 사이의 경계는 A ~ D 중 어떤 판의 경계 유형인지 찾아 쓰시오.

지역	태평양 판과 유라시아 판	나즈카 판과 남아메리카 판	남아메리카 판과 아프리카 판	유라시아 판과 인도-오스트레일리아 판
경계 유형				

18 **그림 (가)는 우리나라 주변의 판의 분포를, (나)는 A - B의 단면을 나타낸 것이다.**

(가)

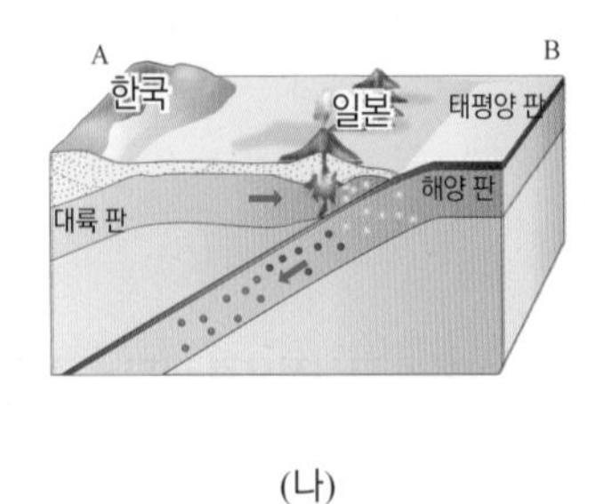

(나)

위 그림에 대한 설명으로 옳은 것은?

① B에서 A로 갈수록 천발 지진이 발생한다.
② 보존 경계에서 위와 같은 지형이 만들어진다.
③ 대륙판과 대륙판이 만나 위와 같은 지형을 형성한다.
④ 일본과 같은 화산 활동에 의해 만들어진 섬을 호상열도라고 한다.
⑤ 우리나라는 일본이 완충 역할을 해주기 때문에 지진과 화산 활동으로부터 안전하다.

19 **다음은 지질 시대 동안 해양 생물종(속)의 수 변화를 나타낸 것이다. 이에 대한 설명으로 옳은 것만을 〈보기〉에서 있는 대로 고르시오.**

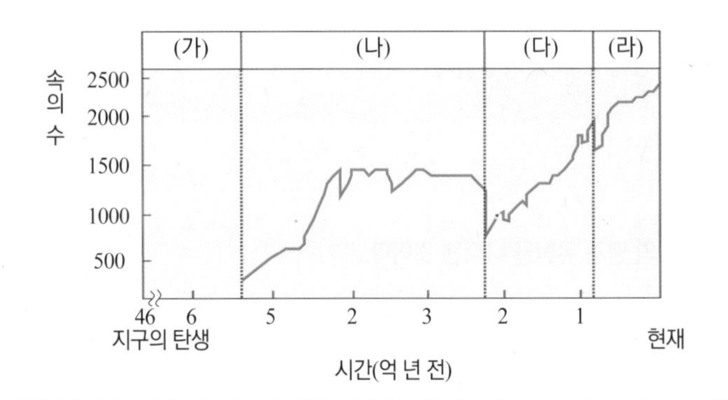

보기

ㄱ. (가)는 원생 이언과 시생 이언으로 구분된다.
ㄴ. (나) 시대 말에는 생물 대멸종이 일어났다.
ㄷ. (다)와 (라) 시대의 경계가 되는 시기에 생물 종의 수는 크게 변하지 않았다.

개념 돋보기

우리나라 주변의 지각 변동

일본 해구는 태평양판(해양판)이 유라시아판(대륙판) 아래로 섭입하는 수렴 경계로 태평양판이 유라시아판 아래로 들어가면서 두 판 사이의 접촉면(베니오프대)이 점점 깊어진다. 따라서 일본 해구에서 우리나라로 갈수록 지진 발생 깊이는 점점 더 깊어진다. 이와 같은 판의 수렴 경계에서는 해구나 습곡 산맥, 호상 열도 등이 생성된다. 우리나라는 주로 심발 지진이 발생하며, 일본이 완충 역할을 해주어 비교적 지진의 피해가 적은 편이나 안전 지대라고 할 수 없다.

20 일본과 히말라야 산맥의 공통점과 차이점을 판 구조론적 관점에서 서술하시오.

21 그림은 태평양의 하와이 열도와 화산섬을 이루는 암석의 절대 연령을 나타낸 것이다.

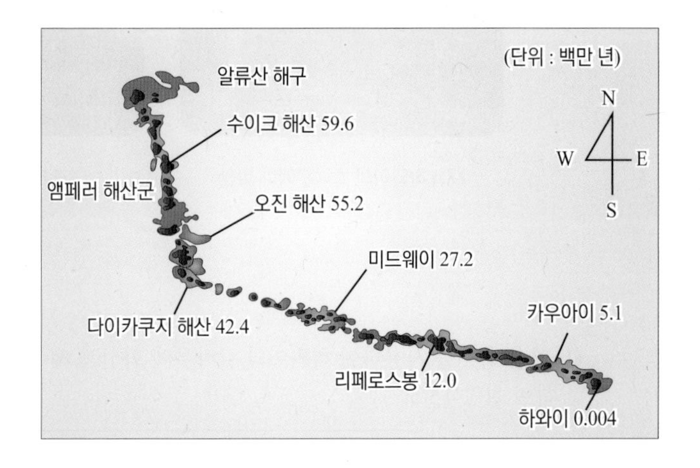

이 그림에 대한 설명으로 옳지 않은 것만을 있는 대로 고르시오.

① 그림은 해양판이 대륙판 밑으로 들어가는 곳이다.
② 판의 이동 방향은 4,240만년 전에 바뀌었다.
③ 태평양 판의 이동 방향은 북북서에서 서북서로 바뀌었다.
④ 열점으로부터 멀리있는 화산섬일수록 나이가 많다.
⑤ 새로운 화산섬은 하와이의 남동쪽에 형성된다.
⑥ 태평양 판의 이동 속도는 일정하지 않다.
⑦ 하와이 열도를 형성한 열점은 해령에서 멀어지고 있다.

개념 돋보기

열점

판의 경계가 아닌데도, 판 아래의 깊은 곳에서 마그마가 생성되는 곳으로, 열점의 위치는 고정되어 있고, 마그마의 분출로 생긴 화산섬은 판의 이동에 따라 움직인다는 것을 알 수 있다.

• 화산섬의 나이는 열점에서 멀어질수록 많아진다.

하와이 열도

하와이 열도를 이루고 있는 섬들은 현재의 하와이 섬 남동쪽 부근의 태평양 판 아래에 있는 열점으로부터 마그마가 분출하여 형성되어 북서쪽으로 이동했다.

• 열점에서 생성되어 일렬로 배열된 화산섬의 위치와 나이를 통해 과거 판의 이동 방향과 이동 속도를 알 수 있다.

창의력을 키우는 문제

논리 서술형

⬡ 종상 화산

점성이 큰 유문암질 용암이 분출되어 용암이 멀리까지 가지 못하여 형성된 경사가 큰 화산이다.

㈜ 백록담

⬡ 순상 화산

점성이 작고 유동성이 매우 큰 현무암질 용암이 분출되어 형성된 경사가 매우 완만한 방패 모양의 화산이다.

㈜ 한라산

⬡ 성층 화산

중간 정도의 점성을 가진 안산암질 용암 분출과 화산 쇄설물 분출이 번갈아가면서 일어나 만들어진 화산이다.

㈜ 후지산

⬡ 화산 분출물의 예측

① 위험성이 높은 화산 분석

활화산	최근 분출이 있었거나 지하에서 마그마 활동이 감지되는 화산
사화산	역사 이후로 분출된 적이 없는 화산(울릉도, 독도)
휴화산	최근이나 현재 활동성을 보이지 않지만, 역사 이래로 분출한 기록이 있는 화산(한라산, 백두산)

② 과거 화산 활동 분석

③ 화산 분출 간격 결정

· 과거 화산의 분출기록을 분석하여 주기성을 확인

④ 화산 활동의 감시와 예보

· 지진 연구 등을 통하여 마그마의 이동을 파악

· 지반 변형, 자연수의 온도 변화, 가스성분의 변화, 부분적 지진 활동을 분석하여 전조 현상 파악

· 대부분의 경우, 단 하나의 이상 징후가 아니라 여러 가지의 징후를 고려하여 화산 폭발을 예측

01 **다음은 하와이의 칼라우에아 화산과 제주도의 산방산을 나타낸 것이다.**

(가) 하와이의 칼라우에아 화산

(나) 제주도의 산방산

(1) 다음 용어를 사용하여 하와이의 칼라우에 화산과 제주도 산방산의 화산 형태를 비교하여 설명하시오.

온도	경사	점성	유동성

(2) 다음은 지구 환경 구성요소 간의 상호 작용을 나타낸 모식도이다.

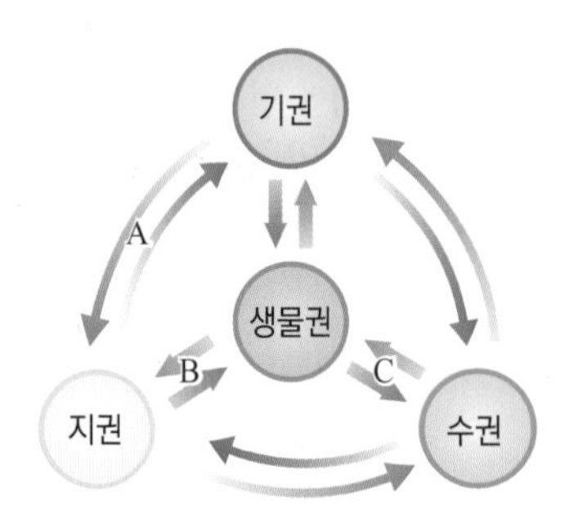

위 상호 작용 A, B, C 에서 화산이 지구 환경 구성 요소에 끼치는 영향을 각각 쓰시오.

· A :

· B :

· C :

정답 및 해설 21쪽

논리 서술형

02 다음 자료를 읽고 물음에 답하시오.

지구 역사 동안 대규모 화산 폭발에 의한 지구 기후의 변동은 여러 번 있었다. 인도네시아에서의 1815년 탐보라 화산 분출과 1883년 크라카타우 화산 분출은 지구 기후에 큰 영향을 미쳤다. 이 두 화산은 거대한 양의 화산재와 가스를 방출한다는 점에서 아이슬란드의 화산 분출과는 다르다.

1815년의 탐보라 화산 분출시의 화산 분출물이 태양빛을 차단하여 이듬해 세계 각국의 곡물 수확량을 급격히 감소시켜 1816년을 '여름이 없던 해'로 불려지게 하였다. 이 후 화산 분출의 영향이 없어지기까지는 수 년의 시간이 걸렸다.

크라카타우 화산이 분출할 때 약 20km^3 부피의 화산 분출물이 50km 높이까지 치솟았다. 13일 이내에 성층권의 먼지들이 지구를 순환했으며, 몇 달 동안 때로는 녹색 혹은 청색, 그리고 때로는 주홍색 또는 타는 듯한 오렌지색의 이상한 색을 띠는 일몰이 나타났다. 11월 어느 날 뉴욕에서 관측된 일몰은 대규모 화재로부터 솟아나는 화염처럼 보였다. 이러한 분출물이 태양빛을 차단하여 1884년 지구 평균기온을 0.5℃ 정도 하강시켰다. 이후 정상적인 환경으로 복원되는데 5년이라는 시간이 걸렸다.

(1) 화산이 끼치는 영향에 대해 서술하시오.

(2) 다음 (가)와 (나) 중 탐보라, 크라카타우 화산 분출에 의해 형성될 수 있는 화산의 종류를 쓰고, 그 이유를 서술하시오.

(가)

(나)

탐보라 화산 폭발과 세계적인 대기근

1815년 4월 폭발한 탐보라 화산으로 이 섬에서만 약 9만 2000명이 사망했고, 화산 폭발로 인한 화산재로 인해 태양빛이 차단되어 추운 여름을 가져오게 되었다. 1816년 미국의 곡물 가격은 옥수수가 두 배, 밀이 다섯배 이상 폭등했고, 1817년 스위스에서는 씨앗마저 바닥나 파종이 불가능했다. 탐보라 화산의 여파는 1818년 유럽 대륙에 대규모의 금융 공황과 불황을 가져왔다. 당시에는 세계적인 대기근이 왜 발생했는지 알지 못했으나 1920년이 되어서야 탐보라 화산이 원인으로 밝혀졌다.

화산의 분포

〈유문암질 화산〉
- 주로 판 내부의 대륙에 분포
- 대륙 지각에서 유문암질 마그마 생성
- 가스가 많고, 온도가 낮아 폭발적인 분출
- 계기 지진 : 현대 지진 관측 장비를 통해 탐지되어 지진 기록지에 기록되는 지진이다.

〈안산암질 화산〉
- 해양과 대륙에 모두 분포하지만, 주로 판의 수렴부분에 많이 나타남
- 맨틀에서 형성된 후 맨틀로 섭입된 오래된 해양 지각이 부분 용융되어 생성
- 태평양 주변의 화산대, 필리핀 피나투보, 일본, 인도네시아 크라카타우 및 탐보라, 알래스카 등

〈현무암질 화산〉
- 주로 판의 발산부, 해양 지각에 분포
- 맨틀의 용융에 의해 형성
- 비교적 조용한 용암 분출
- 열점 : 하와이

논리 서술형

03 **다음은 지진파의 성질을 나타낸 것이다.**

성질이 서로 다른 물질 사이의 경계에서 굴절하거나 반사한다.

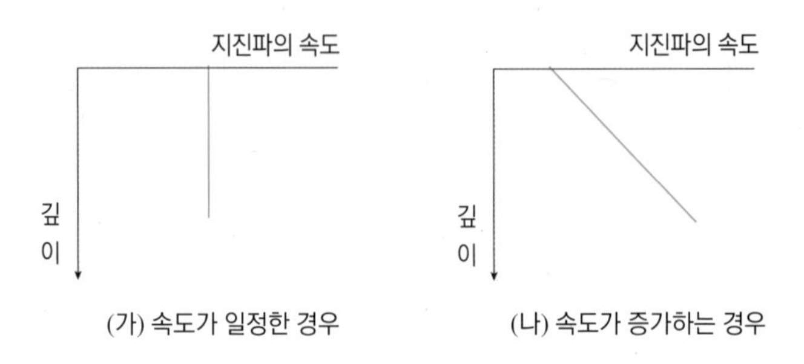

(1) (가), (나)의 경우에 지진파의 전파 경로를 그리시오. (단, 지구는 완전한 구이고, 지진파는 P파만을 고려한다.)

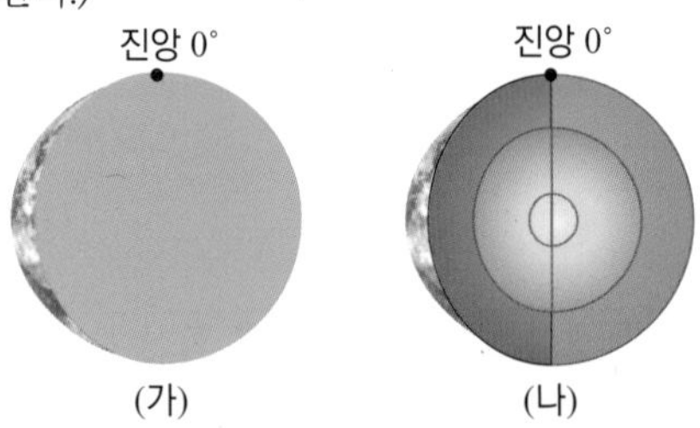

(2) (나)와 같이 지진파의 속도가 증가할 때, 지진의 발생 위치에서부터 180°까지 지진파가 전파되는 데 걸리는 시간 그래프를 그리시오.

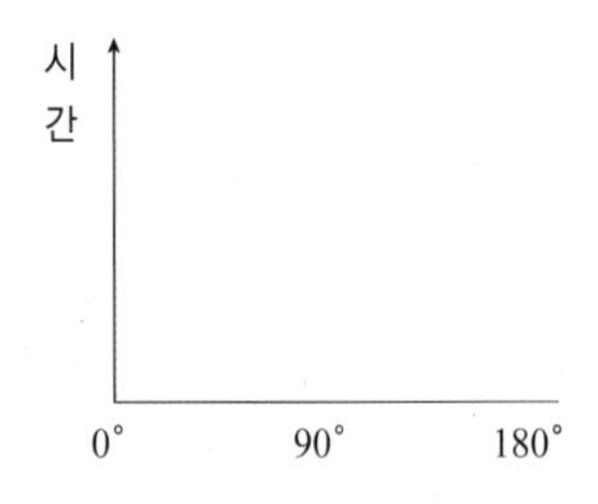

(3) 그림 (가)는 지구 내부에 지진파가 전파되는 모습을, (나)는 같은 크기의 지구에서 외핵의 두께가 증가하고 그만큼 맨틀의 두께가 감소한 경우의 모습을 나타낸 그림이다.

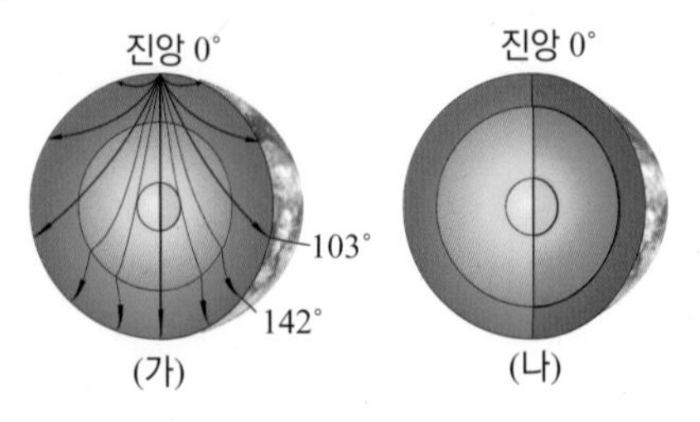

(나)와 같이 지구 내부가 변화했을 때 지구 전체의 질량과 암영대의 각도 변화를 서술하시오. (단, (가)에서 (나)로 변할 때, 각 층의 밀도 조건에는 변화가 없다.)

스넬의 법칙

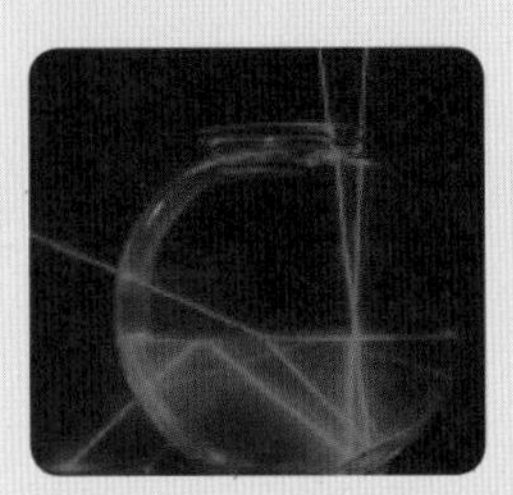

$$\frac{n_1}{n_2} = \frac{\sin i}{\sin r}$$

(단, n_1과 n_2는 두 물질의 굴절률, i와 r은 광선의 경계에 수직인 선(법선)과 이루는 입사각과 굴절각)

광선이 지나온 물질의 굴절률보다 큰 굴절률을 가진 물질에 입사되면 빛의 경로가 법선 방향으로 꺾인다. 반대로 굴절률이 높은 물질에서 굴절률이 낮은 물질로 들어갈 때 광선의 경로는 굴절되는 빛이 법선에서 먼 방향으로 꺾인다.

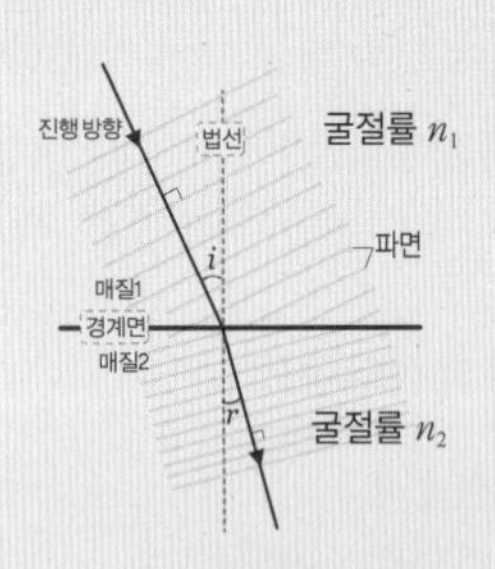

암영대

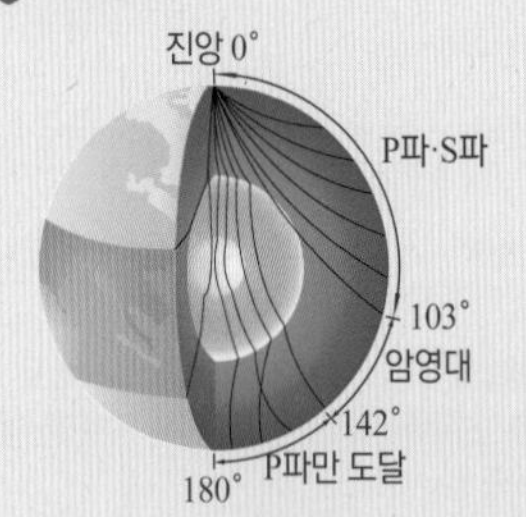

관측 장소와 진원지와의 거리에 따라 P파와 S파가 관측되지 않는 지역으로, 진원지에서 지구 중심까지의 수직선을 기준으로 103°~142°를 이루는 곳이다. 이는 지진파가 지구 내부에서 불연속면을 통과하면서 반사와 굴절하기 때문에 생긴다. 한편 암영대에서도 가끔 지진파가 관측되는 경우가 있는데, 덴마크의 지진학자 레만(Lehman)은 1935년 이것이 내핵을 통과하면서 굴절된 P파라고 주장하였다.

논리 서술형

04 다음은 지진계를 나타낸 그림이다.

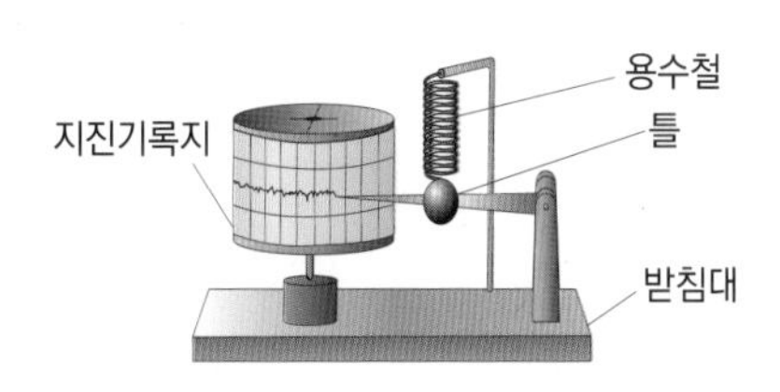

(1) 지진이 발생했을 때, 다음의 지진계를 이루는 명칭 중 흔들리는 것과 흔들리지 않는 것으로 구분하시오.

용수철	지진 기록지	추	틀

지진 발생 시	흔들리는 것	
	흔들리지 않는 것	

(2) 지진계가 땅의 흔들림을 기록하는 원리에 대하여 설명하시오.

(3) 지진의 측정이 잘 이뤄지기 위해서는 추의 질량을 크게 하는 것이 좋을지, 작게 하는 것이 좋을지 쓰고, 그 이유도 설명하시오.

(4) 이 지진계로 땅의 모든 흔들림을 기록할 수 없다. 그 이유를 설명하고, 이 때 더 설치해야 할 지진계의 종류를 쓰고, 몇 대 더 설치해야 하는지 쓰시오.

(5) 다음은 서기 132년, 중국의 장헹(Zhang Heng)에 의하여 제작된 최초의 지진관측 기구인 '후풍지동의'에 대한 설명이다.

이 기구는 지름이 약 2m인 청동제의 용기 바깥 쪽에 구슬을 입에 물고 있는 8마리의 용이 8방위에 따라 부착되어 있으며, 그 아래쪽에 8마리의 두꺼비가 입을 벌린 채 배열되어 있다. 지진에 의한 진동이 어느 한계 이상이 될 때 구슬이 떨어져 두꺼비의 입에 들어가도록 만들어져 있다.	 ▲ 후풍지동의

'후풍지동의'와 오늘날 사용하고 있는 지진계를 비교하여 차이점을 서술하시오.

관성

물체가 스스로의 운동 상태를 유지하려는 성질을 말한다. 정지하고 있는 물체는 계속해서 정지하려고 하고, 운동하고 있는 물체는 계속해서 운동상태를 유지하려는 성질로, 질량이 클수록 관성은 커진다.

지진계의 원리

· 무거운 추를 용수철 끝에 매달아 지반이 진동하는 동안에도 가능한 움직이지 않도록 고안하여 땅의 진동이 움직임이 없는 추 끝에 달린 펜이나 센서에 의해 기록된다.

· 지진파의 진동을 입체적으로 분석하기 위해서는 서로 직각인 3방향으로 3개의 지진계를 배치해야 한다.

지진의 역사

· 역사 지진: 역사적 문헌에서 찾은 지진이다.

지진이 기록되어 있는 문헌으로는 〈삼국사기〉 〈고려사〉를 비롯해 〈승정원일기〉와 〈일성록〉 등 14종이 있다. 이들의 문헌에 따르면 최초의 지진 발생은 서기 27년 경기도 광주 부근에서 일어났던 규모 6.3으로 추정되는 지진이다. 이 지진 때문에 '집들이 모두 무너졌다'라고 밝히고 있다. 이들 문헌에는 삼국시대 102회 고려시대 169회를 비롯, 모두 2,500여 회의 한반도 내 지진이 발생했다고 적혀 있다.

· 계기 지진: 현대 지진 관측 장비를 통해 탐지되어 지진 기록지에 기록되는 지진이다.

우리 나라에서 지진계를 이용한 관측은 1905년부터 시작되어 지난해까지로 약 600여 차례의 각종 규모의 지진이 일어난 것으로 관측되었다. 본격적으로 지진 관측이 시작된 것은 지난 1963년 서울의 관측소를 설치하고 나서 부터이다. 지진계에 의해 관측된 우리 나라의 지진은 1978 ~1996년 사이 18년 동안 약 310회나 있었다.

창의력을 키우는 문제

단계적 문제 해결력

05 **그림 (가)는 강원도 어느 지역에서 발생한 지진의 진앙과 진앙 거리를, (나)는 세 관측소에서 측정한 지진 기록이다. 다음 물음에 답하시오.**

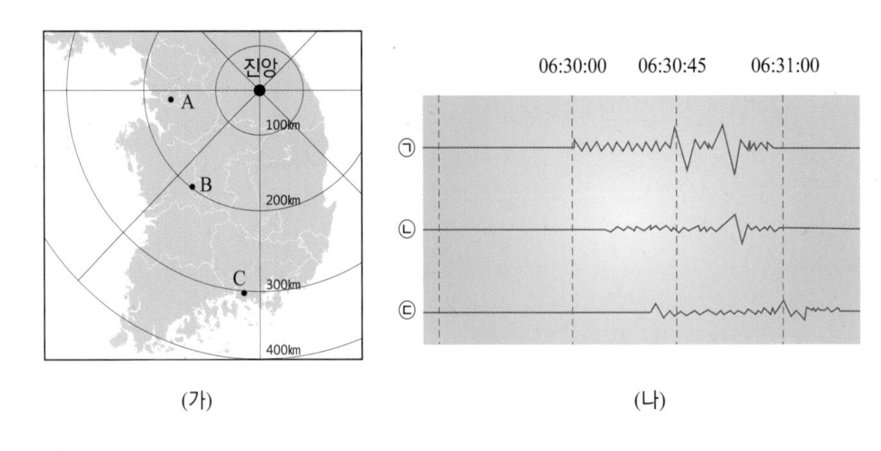

(가) (나)

(1) 지도에 표시된 A ~ C 각 지점에서의 진도와 규모를 부등호(>, <, =)로 비교하시오.

· 진도 :

· 규모 :

(2) 지도에 표시된 지점 중 B 지점에서의 PS시를 구하시오. (단, P파의 속도는 8km/s, S파의 속도는 4km/s이며, 진원 거리는 진앙 거리와 같다고 가정한다.)

(3) 지진 기록 (나)에 대한 해석으로 옳은 것만을 〈보기〉에서 있는 대로 고르시오.

보기

ㄱ. 지진은 6시 30분 30초에 발생하였다.
ㄴ. 세 관측소와 지진 기록을 짝지으면 진앙으로부터 거리가 가장 가까운 A가 가장 먼저 지진이 기록되기 때문에 각각 A - ㉠, B - ㉡, C - ㉢이다.
ㄷ. 지진에 의한 건물의 흔들림이 가장 크게 나타나는 지역은 ㉢이다.

인공 지진과 자연 지진의 차이점

"에너지 방출 시간 짧고 P파 진폭 커"

핵실험으로 감지된 인공 지진은 에너지 방출 시간과 지진파의 특성에서 자연 지진과 다르다.

자연 지진은 에너지 방출 시간이 길고 대부분 S파의 진폭이 P파의 진폭보다 더 크거나 같게 관측되지만, 인공 지진은 일시적인 폭발로 진동이 발생하기 때문에 에너지 방출 시간이 매우 짧고 자연 지진보다 상대적으로 지진계가 먼저 감지할 수 있는 P파의 진폭이 S파보다 더 크다.

자연 지진은 단층이 뒤틀리면서 생기므로 진원의 방향성이 뚜렷하나 인공 지진은 폭발의 압력으로 사방으로 퍼지므로 방향성이 적다는 것도 다른 점이다.

북한 핵실험의 규모

2006년 1차 핵실험의 리히터 규모는 3.6이었는데 비해 2009년 2차 핵실험은 기상청의 3차 분석에서 4.4로 추정됐다. 기상청은 2차 핵실험의 에너지와 P파의 강도도 1차 핵실험 때에 비해 20배 정도 컸던 것으로 분석했다.

찰스 리히터(Charles Richter, 1900~1985)

미국의 지진학자, 스탠퍼드 대학에서 공부한 후 1927년에 캘리포니아 대학 지진 연구소에서 연구하고, 1937년부터 1970년까지 동 대학의 교수를 지냈다. 1935년에 지진의 세기를 숫자로 표현하는 방식을 개발하였다. 리히터 규모가 1씩 증가할수록 땅의 진동은 10배씩 커져서 규모 5의 진동은 규모 3의 진동보다 100배나 더 큰 것이다.

정답 및 해설 22쪽

논리 서술형

06 다음은 2004년 12월 26일 수마트라에서 일어난 지진 해일에 대한 신문 기사이다.

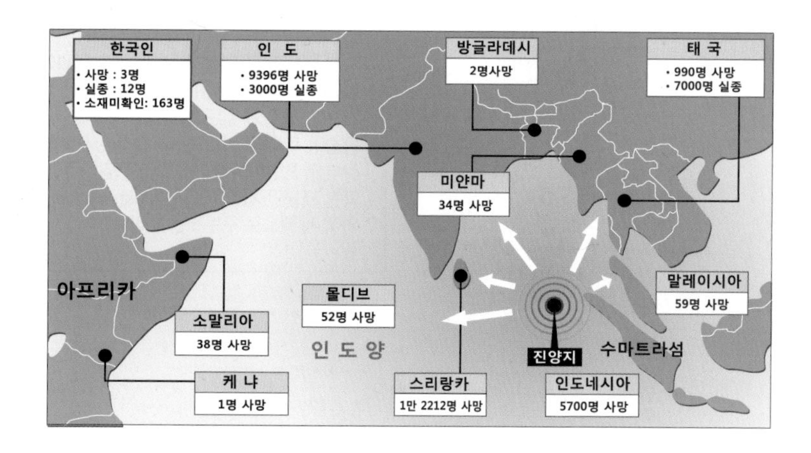

> 지난 12월 26일(월)에 수마트라섬에서 리히터 규모 9.0의 지진 해일이 일어나, 큰 인명 피해 및 재산 피해를 일으켰다. 지질학자들에 따르면, 이번 지진 해일은 인도-호주판과 유라시아판이 서로 충돌하면서 매년 4cm씩 가까워지고 있는데, 이 충돌로 인도-호주판이 유라시아판 아래로 들어가면서, 유라시아판을 밀어올려 그 위의 바닷물이 솟아올라 발생하였다고 한다.

(1) 인도 수마트라 섬에서 발생한 지진해일의 원인을 지각이 받은 힘의 방향과 힘의 종류를 연관시켜 서술하시오.

(2) 위 지진해일의 원인이 되는 판 경계의 종류를 쓰고, 판의 이름과 이동 방향을 그림에 표시하시오.

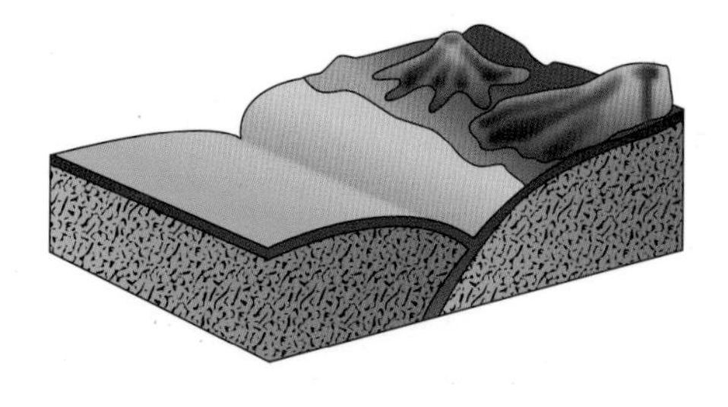

Tsunami(지진해일)

Tsunami(쓰나미)는 갑자기 해안을 덮치는 큰 파도를 의미하는 일본어로서, 1896년 6월 15일 일본 산리꾸 연안에서 발생한 지진해일로 22,000여명이 사망한 사실이 세계 여러 나라에 전해지면서 세계 공통어로 사용하게 되었다.

지진해일의 발생 원인

지진해일을 일으키는 가장 큰 원인은 해역에서 발생하는 대규모 지진이다. 대규모 지진이 발생하면 해저 지각의 융기 또는 침강에 의해 해수면 변화가 일어나 지진해일이 발생한다.

지진해일을 발생시키는 다른 요인 중의 하나는 화산 분화이다. 화산 분화로 지진해일을 발생시키면서 큰 피해를 남긴 대표적인 것은 인도네시아의 크라카타우 화산이 있다.

해역에서의 토사 붕괴로 지진해일이 발생하기도 한다. 해안이나 해안 근처의 해역에서 지진이 발생하거나 화산이 분화하여 인근의 산에서 토사가 바다로 미끄러져 들어가면서 지진해일을 일으킬 수도 있으며, 바다 속에 쌓인 퇴적물이 지진이나 화산 분화에 따른 충격으로 더 깊은 해저로 흘러내리면서 해수를 요동시켜 지진해일을 일으킬 수도 있다.

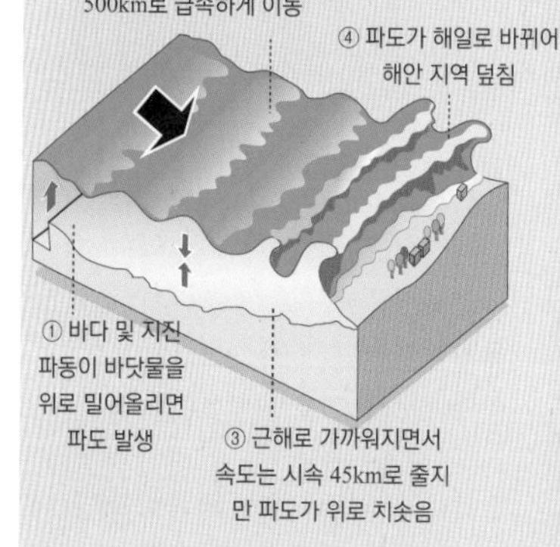

우리나라 지진해일 피해 사례

1900년대 이후, 우리나라에서 관측된 지진해일은 모두 네 차례이며, 모두 일본 근해에서 발생한 대규모 지진에 동반되어 동해안 지역에서 관측된 것이다. 특히 1983년과 1993년에 발생한 지진해일은 우리나라 동해안에 상당한 피해를 입혔다.

암석권에 지각 뿐만 아니라 맨틀 최상부도 포함되는 이유는?

암석권은 지표 근처의 단단한 암석층을 말한다. 맨틀의 최상부는 맨틀의 나머지 부분과는 달리 단단하기 때문에 지각과 함께 암석권으로 분류된다. 저속도대(연약권)는 맨틀 중 특히 연약한 곳으로 지하 100 ~ 300km 사이의 영역이며, 물질이 부분적으로 용융되어 있다.

맨틀의 세부 구성

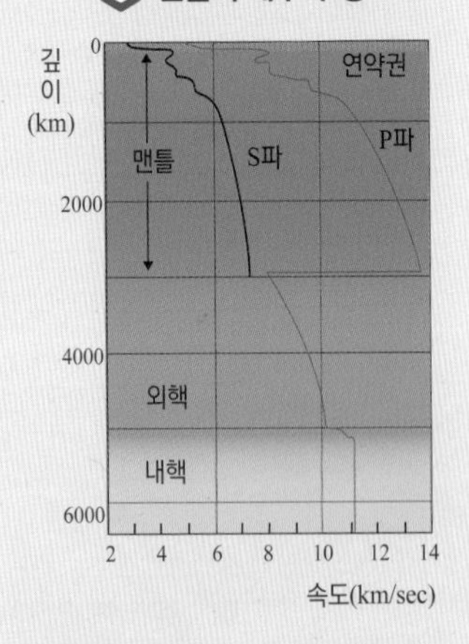

상부 맨틀(80 ~ 670km) : 지진파의 속도가 불규칙하게 변화하며 증가하는 구간

① 하부 암석권 : 모호면 ~ 약100km, 감람암으로 구성된 단단한 부분

② 연약권(저속도대) : 80 ~ 350km, 부분적으로 용융되어 있어 지진파 속도 감소

③ 중간권(전이대+하부맨틀)

· 전이대 : 350 ~ 670km, 지진파의 속도가 급격히 증가하는 구간

· 하부 맨틀(670 ~ 2900km) : 지진파의 속도가 완만하게 지속적으로 증가하는 구간

단계적 문제 해결력

07 다음은 지구 내부의 구조에 대한 설명이다.

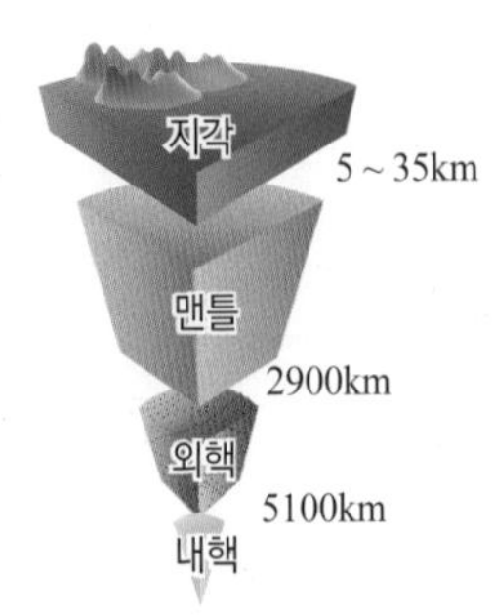

지구 내부의 구조는 지진파의 속도 변화에 근거하여 지각, 맨틀, 외핵, 내핵으로 구분되어 왔다. 하지만, 최근에 물질의 밀도와 상태를 고려한 새로운 구분 방법이 제시되어오고 있다. 그것은 지각과 맨틀의 최상부를 포함한 두께 100km의 암석권과 맨틀의 연약한 부분인 지하 100 ~ 400km의 연약권, 중간권, 외핵, 내핵으로 구분하는 것이다.

(1) 위 글을 읽고 다음 빈 칸을 채우시오.

암석권 = [　　　　] + [　　　　]

(2) 그림은 고전적인 구분에 의한 지구 내부의 구조를 나타낸 것이다. 밀도와 상태를 고려한 최근의 구분 방법에 따른 지구 내부의 구조를 그림 위에 표시하시오. (단, 각 층의 깊이와 명칭을 모두 표시하시오.)

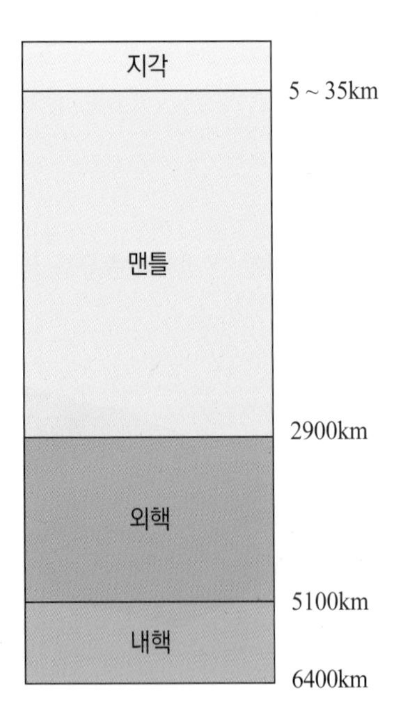

정답 및 해설 23쪽

단계적 문제 해결력

08 다음 그림을 보고 물음에 답하시오.

(가) 남해안

(나) 동해안

(1) 위 사진을 보고 남해안과 동해안에 나타난 지형의 특징과 조륙 운동의 종류를 쓰시오.

구분	지형 특징	조륙 운동의 종류
남해안		
동해안		

(2) 다음 그림과 같이 수조에 물을 담고, 나무 도막 B위에 A를 올려놓을 때 나무 도막 B의 운동을 관찰하였다.

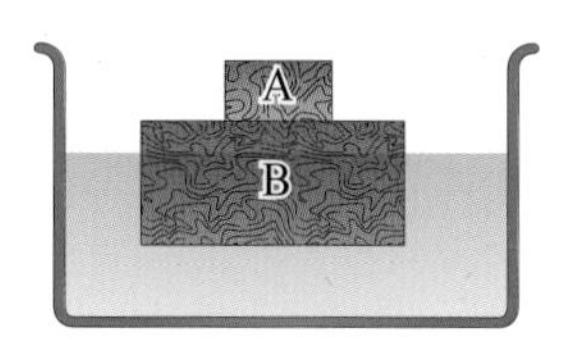

나무 도막 B의 운동은 위의 어떤 지형과 관계가 있는지 기호를 찾아 쓰고, 이와 같은 현상의 예를 드시오.

(3) 다음 그림에서 A ~ D에 들어갈 작용이나 현상을 각각 쓰시오.

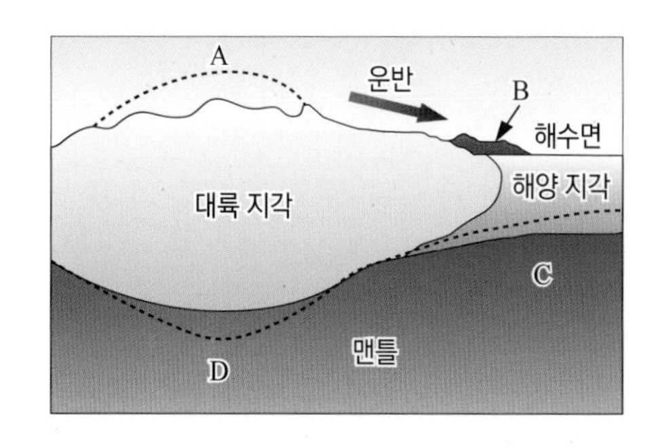

해안단구

해안단구는 육지가 융기하거나 해수면이 하강할 때 형성된다.

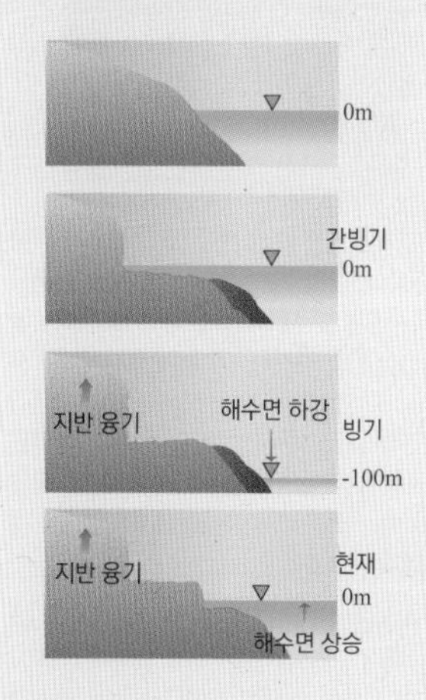

정동진의 해안단구

정동진의 해안단구면은 5단으로 각기 다른 시기에 다섯 차례 이상의 해수면 변동이 일어나면서 지반이 융기된 것이다. 빙기에는 해수면이 낮아져 침식 작용이 활발해지고, 간빙기에는 해수면이 올라가 퇴적 작용이 활발해진다. 신생대 제4기에는 빙기와 간빙기가 교대로 5~6회 반복되면서 퇴적 작용과 침식 작용이 함께 일어났다.
오래된 해안단구일수록 높은 곳에 있으므로 해수면 변동이 일어나는 동안에 지각에 계속해서 융기가 일어났다고 볼 수 있다.

자갈이 어떻게 높은 고도에서 발견될 수 있을까?

파도의 침식 작용에 의해 둥근 자갈들이 쌓인 후 지반이 현재의 높이까지 융기하여 오늘날의 단구 지형이 만들어졌기 때문이다.

리아스식 해안

육지가 침강하거나 해수면이 상승할 때 생성된다.

창의력을 키우는 문제

글로솝테리스

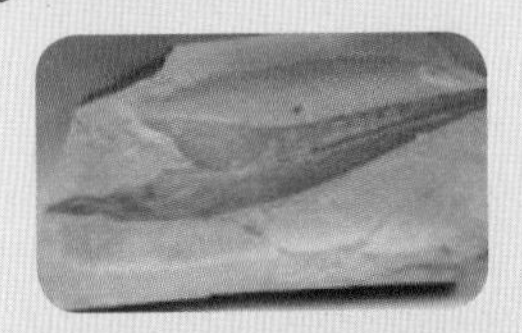

고생대 후기부터 중생대 초기에 곤드와나 대륙에 번성하였던 식물로, 이 식물은 처음 1824년에 발견된 뒤 오랫동안 고사리식물(양치식물)로 여겨지다가 후에 겉씨식물에 포함되었다. 몇몇 학자들은 속씨식물의 조상과 비슷하다고도 생각한다. 이 식물의 화석은 남반구 각 대륙의 석탄기 지층에서 발견되는데 이는 곤드와나가 하나의 대륙이었음을 증명해 주는 자료이다.

이 식물은 빙하 퇴적물이 쌓여 언덕이 된 빙퇴석에서 발견되어, 곤드와나 대륙이 있을 당시 이 지역은 추운 기후였다는 것을 암시한다. 이 식물의 멸종의 원인은 씨앗의 크기와 관련이 있는 것으로 추정되는데 이 식물의 씨앗은 매우 커서 다른 지역으로 퍼질 수 없어 결국 멸종한 것으로 추정된다.

키노그나투스

트라이아이스 후기에 활동했던 공룡으로, 포유류적인 특징을 갖고 있으며, 남아프리카에서 서식하였던 것으로 추정된다. 몸길이는 1.5m, 45kg 정도로 그다지 크지 않았으며 네 다리로 걸었다.

리스트로 사우르스

중생대 트라이아스기 전기의 포유류형 파충류이다. 약 1m의 몸길이에 하마를 닮았으며 육지에서 식물을 뜯어 먹고 살았다. 곤드와나 대륙(현재의 인도·남아프리카·동아시아·남극 대륙)의 존재를 뒷받침하는 증거가 되는 동물이다.

단계적 문제 해결력

09 **그림은 고생대 말부터 분리되기 시작한 대륙의 이동 과정을 나타낸 것이다. (단, 색깔이 진한 부분은 빙하의 흔적이다.)**

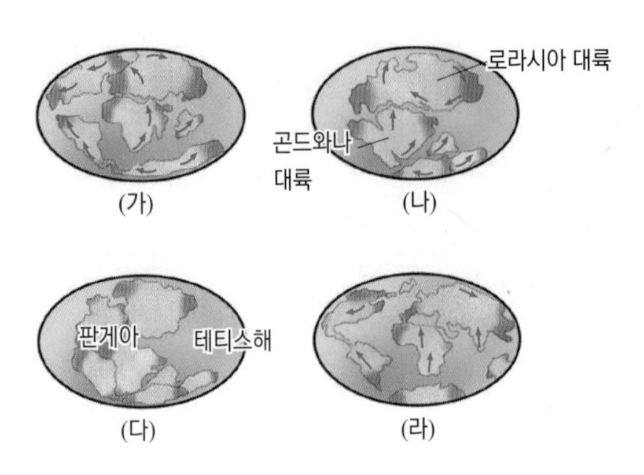

(1) 그림을 시대에 따라 순서대로 배열하시오.

(2) 다음 괄호 안에 있는 단어 중 알맞은 단어를 고르시오.

> (다) → (라)로 가면서 해안선이 (짧아지고, 길어지고),
> 해류의 흐름이 (복잡, 단순)해지므로
> 생물의 진화 및 생물의 종이 (단순, 다양)해졌다.

정답 및 해설 23쪽

단계적 문제 해결력

10 다음은 변환 단층과 주향 이동 단층에 대한 설명이다.

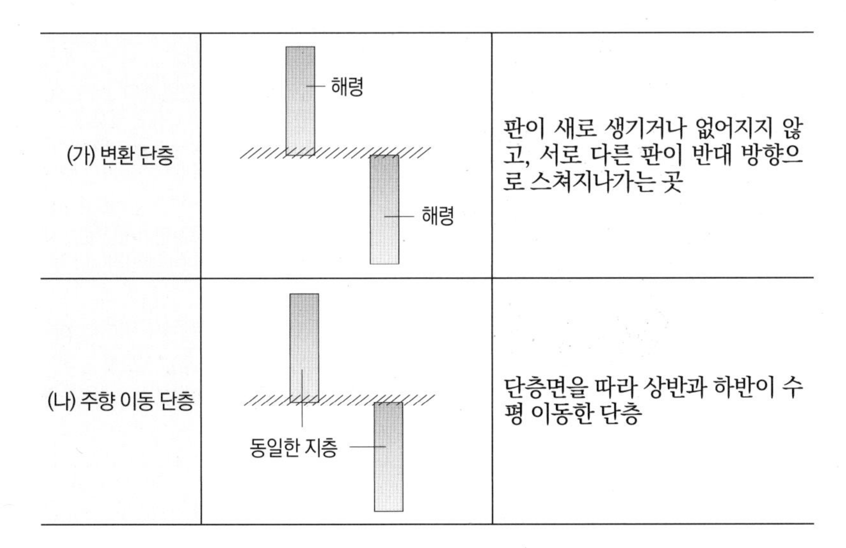

(가) 변환 단층	해령 해령	판이 새로 생기거나 없어지지 않고, 서로 다른 판이 반대 방향으로 스쳐지나가는 곳
(나) 주향 이동 단층	동일한 지층	단층면을 따라 상반과 하반이 수평 이동한 단층

(1) (가) 변환 단층과 (나) 주향 이동 단층에 상대적인 이동 방향을 화살표로 표시하시오.

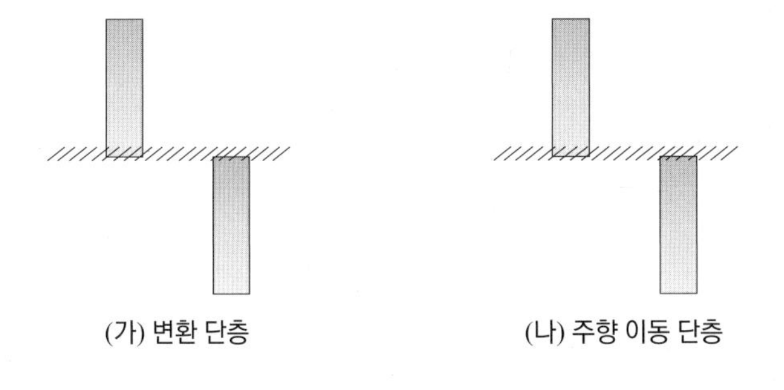

(2) 변환 단층과 주향 이동 단층의 공통점과 차이점을 서술하시오.

산안드레아스 단층

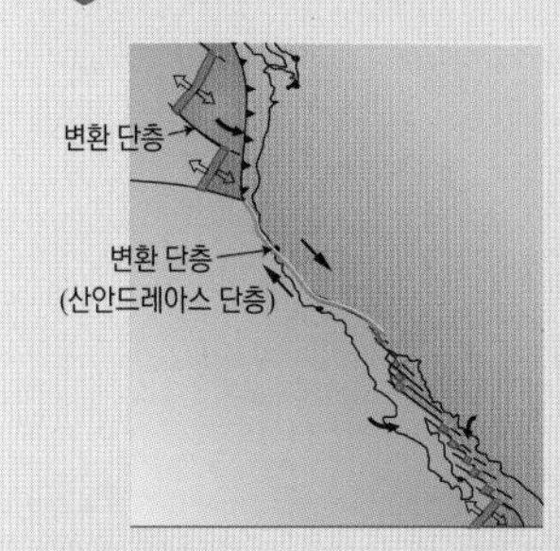

미국 캘리포니아주에 있는 변환 단층으로, 남동 방향으로 이동하는 대륙판인 북아메리카판과 북서 방향으로 이동하는 해양판인 태평양판의 경계에 형성되어 천발 지진이 자주 발생하며, 화산 활동은 거의 없다.

샌프란시스코 대지진(1906)

약 700명의 사상자를 낸 샌프란시스코 대지진은 1906년 4월 18일 샌프란시스코에서 일어났다. 샌프란시스코와 캘리포니아 북쪽 해변에서 최소 3,000여명이 희생되었으며 20 ~ 30만 명에 이르는 사람들이 집을 잃었다. 피해액은 4억 달러에 달했다.

주향 이동 단층

단층의 상반과 하반이 단층면의 경사와는 관계없이 단층면을 따라 수평으로 이동된 단층을 말한다. 성인에 따라 분류되는 수평 스러스트 단층의 일부도 형태적으로는 주향 이동 단층에 포함된다.

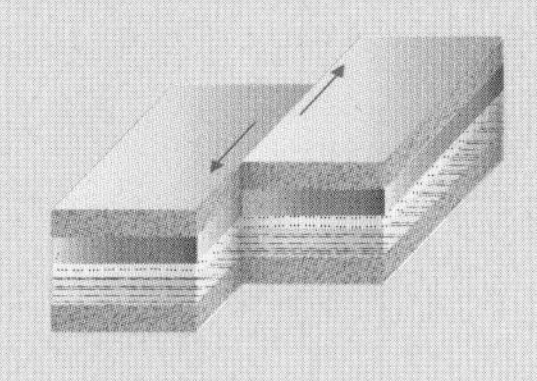

창의력을 키우는 문제

⬡ 조석

갯벌에 바닷물이 밀려왔다 빠져나갔다하는 주기적인 현상. 조석에는 간조와 만조가 있는데, 간조는 물이 빠져나가 해수면이 가장 낮을 때이고, 만조는 물이 밀려들어와 해수면이 가장 높을 때를 말한다. 지구에서 조석은 12시간 25분을 주기로 일어난다.

⬡ 조류

조석 현상에 따라 바닷물이 수평으로 운동하는 것으로 밀물과 썰물을 의미한다.

⬡ 기조력(조석력)

달과 태양이 지구에 작용하는 끌어당기는 힘에 의해서 조석이나 조류 운동을 일으키는 힘으로 지구에서 밀물과 썰물을 일으키는 힘이다. 이 힘은 기조력을 받는 천체의 반지름에 비례하고, 기조력을 주는 천체의 질량에 비례한다. 또한, 두 천체 사이 거리의 세제곱에 반비례한다. 따라서 지구에 미치는 태양에 의한 기조력보다 달에 의한 기조력의 영향이 15배 더 크게 나타난다.

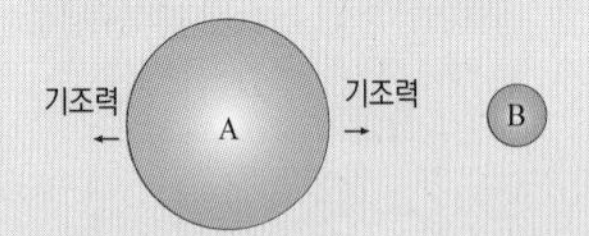

▲ 천체A가 천체B로 부터 받는 기조력

⬡ 만유인력

우주 상에 있는 모든 질량을 가지는 두 물체 사이에 작용하는 끌어당기는 힘으로, 힘의 크기는 두 물체의 질량에 비례하고, 물체 사이의 거리의 제곱에 반비례한다.

단계적 문제 해결력

11 **다음은 목성의 위성인 이오의 화산 폭발에 대한 설명이다.**

> 이오는 목성의 위성으로, 갈릴레이 위성 중 가장 안쪽을 공전한다.
>
> 이오는 태양계에서 가장 화산 활동이 활발한 천체로, 화산이 분출할 때의 온도는 427℃까지 올라가며, 태양계의 가장 큰 화산인 올림푸스 몬스는 높이가 약 27km, 지름이 540km나 되는 매우 커다란 화산으로, 지구에서 가장 높은 에베레스트보다 세 배나 더 높다.
>
> 
>
> 달의 기조력에 의하여 지구의 해수면이 변하듯, 이오의 화산 활동은 목성과 에우로파, 가니메데 간의 기조력 때문으로 파악된다.
>
> 이오의 질량은 목성의 $\frac{1}{1000}$도 안되기 때문에 (달은 지구의 $\frac{1}{8}$) 목성과 다른 위성의 기조력은 이오에 급격한 변화를 일으키게 된다. 이오는 부풀었다 줄었다를 반복하면서 내부 마찰로 인해 열이 발생하며, 이윽고 화산 폭발이 일어나게 되는 것이다.

(1) 지구의 화산 폭발과 이오의 화산 폭발에는 어떤 차이가 있는지 비교하여 서술하시오.

(2) 만약 지구의 크기가 지금보다 작아진다면, 판의 운동과 화산의 크기와 분포는 어떻게 될지 예측하여 서술하시오.

· 판의 운동 :

· 화산의 크기와 분포 :

단계적 문제 해결력

12 다음은 태평양에서의 판구조의 단면과 운동 방향을 나타낸 것이다. (단, 해양판 A와 B의 이동 속도는 같다.)

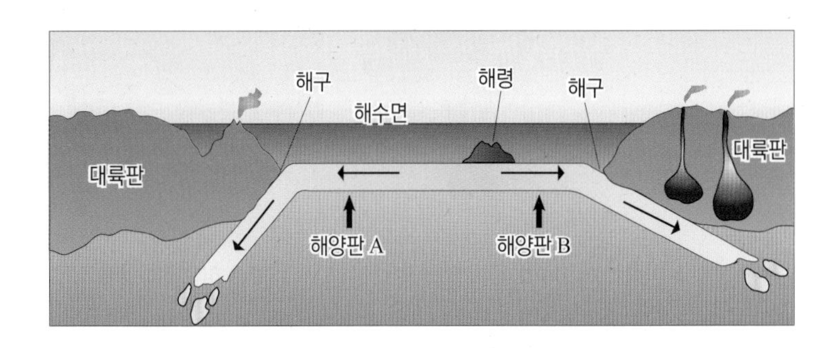

(1) 해구로 섭입하는 해양판 A와 B의 연령이 다르게 나타났다면, 그 이유를 퇴적물의 두께와 퇴적물의 연령으로 설명하시오.

(2) 해구로 섭입하는 해양판의 기울기가 그림에서 처럼 다르게 나타났다면, 온도, 밀도와 관련하여 해양판의 연령의 차이점에 대하여 설명하시오.

(3) 위와 같이 대륙판과 해양판의 경계에서 만들어진 지형의 예를 〈보기〉에서 있는 대로 고르시오.

보기

ㄱ. 대서양 중앙 해령　ㄴ. 안데스 산맥
ㄷ. 히말라야 산맥　ㄹ. 동아프리카 열곡대
ㅁ. 산안드레아스 단층

(4) 다음은 판의 경계를 구분하는 과정을 나타낸 것이다. 해령과 해구는 위 모식도에서 어디에 해당하는지 쓰시오.

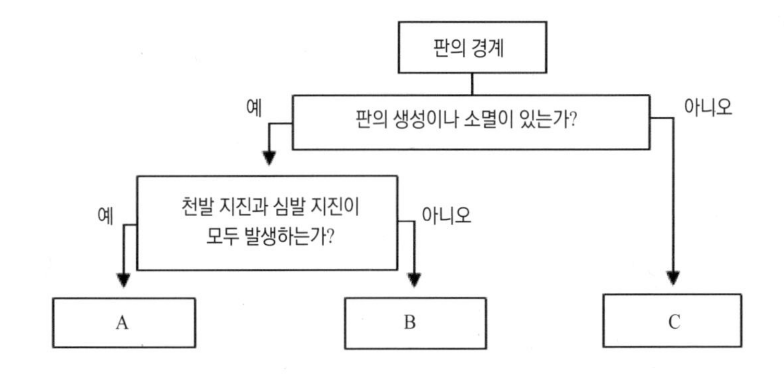

해령 : __________________, 해구 : __________________

열곡

맨틀에서 올라오는 고온의 물질에 의해 판이 갈라져 확장할 때 중심에 형성된 움푹 들어간 골짜기이다.

대륙 지각의 열곡 작용

① 판이 갈라지는 초기 단계
지각이 가열되어 부풀어 오르면서 솟아오른다.

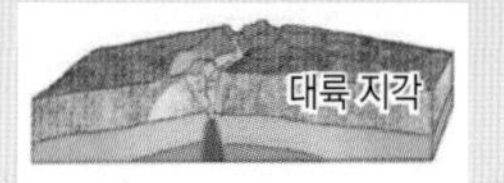

② 열곡의 형성 단계
정단층과 열곡이 형성된다.

③ 해령의 형성 단계
해양 지각과 새로운 바다가 형성되고, 침식 작용으로 육지의 가장자리가 낮아진다.

④ 대양의 형성 단계
침식 작용으로 얇아진 지각이 식어서 바다 밑으로 가라앉는다.

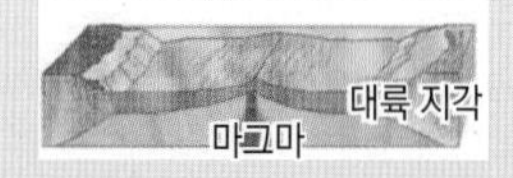

안데스 산맥

안데스의 어원은 잉카어로 '높은 정상'이라는 뜻을 가지고 있으며, 아시아의 히말라야 다음으로 높고, 세계에서 가장 긴 산맥으로서 길이가 7,000㎞에 달한다.

☞생성 과정 : 안데스 산맥은 백악기(1억 3,500만 년부터 6,500만 년 전)에 지구의 태평양판이 남아메리카판 밑으로 서서히 기울어지며 충돌하여 퇴적암층에 습곡 작용을 일으킨 조산 활동의 결과로 형성되었다. 이 지각 운동은 지금도 지진과 화산 활동을 유발시키고 있다.

히말라야 산맥

히말라야(Himalaya)라는 말은 고대 인도 언어인 산스크리트어로 눈을 뜻하는 히마(Hima)와 거처를 뜻하는 알라야(Alaya)의 합성어로 '눈의 거처'라는 뜻을 가지고 있다. 에베레스트 산을 비롯한 14개의 8000 미터 봉우리가 모두 이곳에 모여 있다.

☞ 생성 과정 : 히말라야는 지금으로부터 1억 2천만 년 전 남극쪽에 있던 인도판이 서서히 북쪽으로 이동하다가 5천만 년 전부터는 북쪽의 유라시아판과 부딪치기 시작했다. 양쪽 대륙판이 부딪치며 오랫동안 솟아오른 것이 히말라야이며 지금도 지각 활동이 계속되고 있다.

단계적 문제 해결력

13 **그림 (가)는 안데스 산맥, (나)는 히말라야 산맥을 나타낸 것이다.**

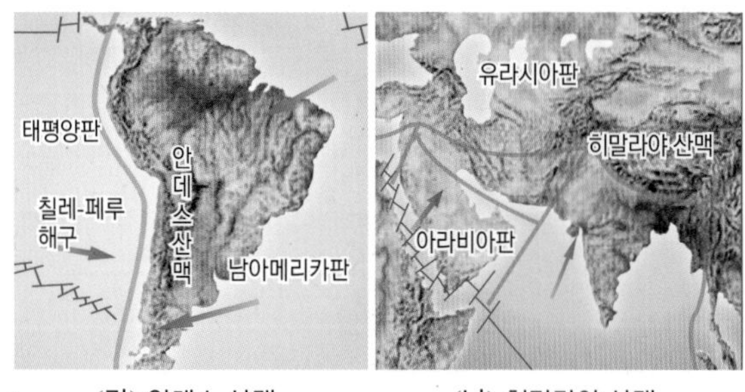

(가) 안데스 산맥 (나) 히말라야 산맥

(1) 위 두 산맥은 다음의 두 판의 경계 중 어디에 속하는지 쓰시오.

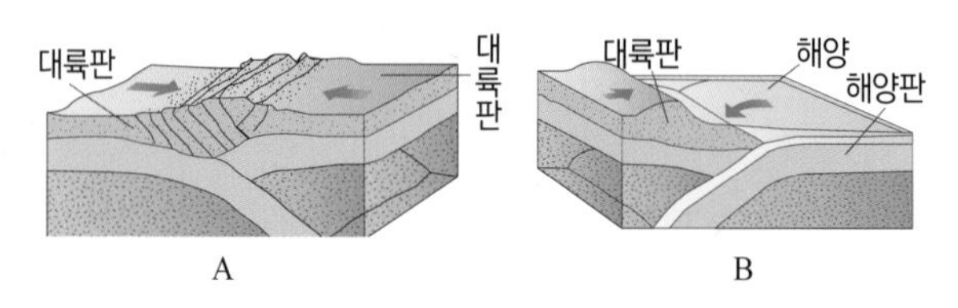

안데스 산맥 : ______________, 히말라야 산맥 : ______________

(2) 안데스 산맥과 히말라야 산맥의 공통점을 서술하시오.

(3) 안데스 산맥과 히말라야 산맥의 차이점을 충돌하는 판의 종류와 지진, 화산 활동으로 서술하시오.

① 안데스 산맥 :

② 히말라야 산맥 :

(4) 다음 ㄱ ~ ㄷ 중 안데스 산맥과 히말라야 산맥과 같은 판의 경계에서 흔히 나타나는 지질 구조를 모두 고르시오.

ㄱ

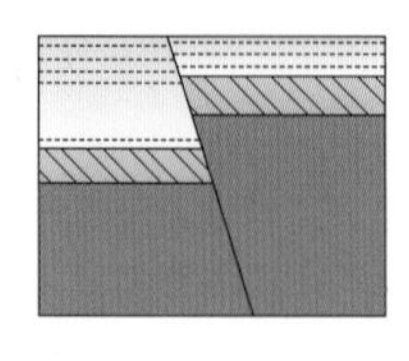

ㄴ

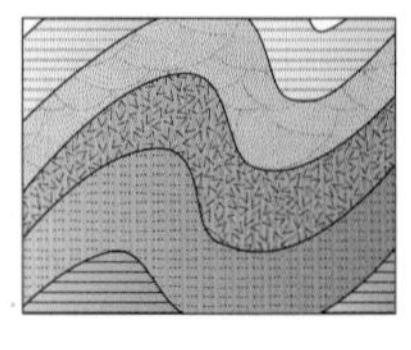

ㄷ

단계적 문제 해결력

14 **그림은 지진과 화산 활동이 빈번한 주요 변동대와 판의 경계를 나타낸 것이다.**

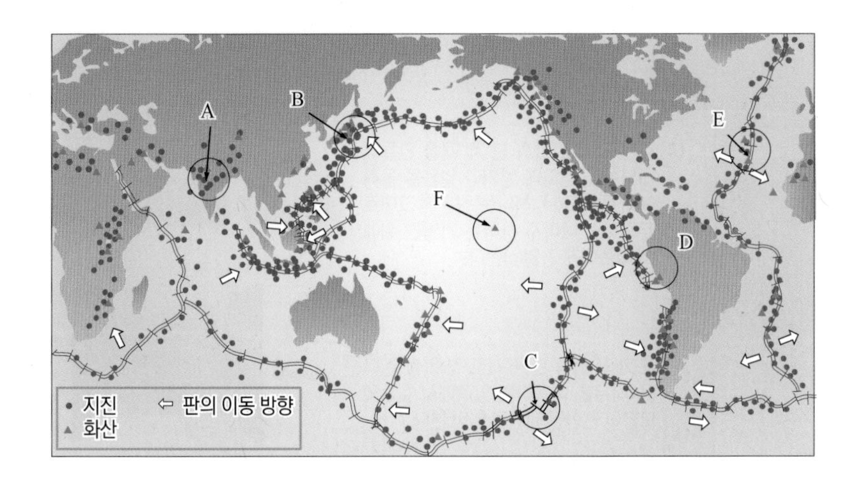

(1) 그림의 A~F 지역 중 보존 경계인 곳과 화산 활동이 일어나지 않는 곳을 찾아 쓰시오.

· 보존 경계인 곳 :

· 화산 활동이 일어나지 않는 곳 :

(2) F 지점은 열점에 의해 만들어진 하와이 섬이다. F 지점에서 일어나는 지각 변동에 대한 설명으로 옳은 것만을 〈보기〉에서 있는 대로 고르시오.

보기

ㄱ. 하와이 섬의 하부에서는 맨틀 대류가 하강한다.
ㄴ. 하와이 섬에서 B쪽으로 갈수록 화산섬의 암석 나이가 젊어진다.
ㄷ. 주변 섬들의 위치와 암석의 나이를 분석하면 판의 이동 방향을 알 수 있다.
ㄹ. 하와이 섬은 판 아래에 고정된 열점으로부터 공급된 마그마가 분출하여 만들어진 화산섬이다.

(3) 다음 판의 경계에서 형성되는 지형에 관한 표의 알맞는 곳에 해당하는 A ~ E를 써넣으시오. (단, 해당 사항이 없는 경우에는 빈칸으로 둔다.)

경계부의 두 판	판의 경계		
	발산형	수렴형	보존형
대륙판과 대륙판			
대륙판과 해양판			
해양판과 해양판			

플룸설

판구조론의 원동력인 맨틀 대류만으로는 하와이의 열점을 설명하기가 힘들자 대두된 최신 이론이다. 지진파를 이용하여 지구 내부의 열 분포를 알아보면 지구 내부의 온도가 일정하지 않다. 그 원인을 맨틀 상부와 하부의 온도 차이에 따른 밀도 변화에 의하여 상대적으로 고온인 맨틀 물질이 상승하는 뜨거운 플룸과 상대적으로 저온인 맨틀 물질이 하강하는 차가운 플룸이 유동하면서 지구 내부 운동을 발생시키기 때문이라고 설명하고 있는 가설이다.

플룸의 생성 과정

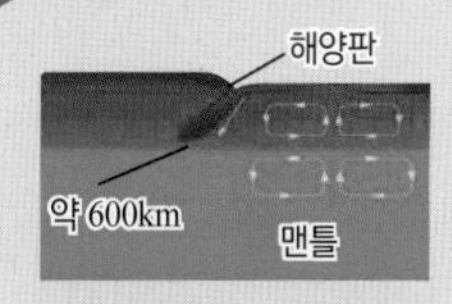

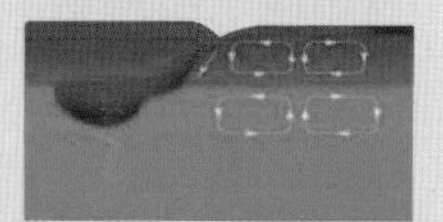

해양판이 다른 판 아래로 섭입하는 도중 한 동안 체류되면서 축적되다가 어느 한계 이상에 이르면 붕괴 낙하하여 차가운 플룸이 된다. 차가운 플룸이 핵과 맨틀의 경계에 도달하게 되면 경계면의 온도 구조가 교란되어 뜨거운 플룸을 생성시킨다. 이러한 뜨거운 플룸은 과거 지구상에 존재하였던 초대륙을 분리하는 역할을 한 것으로 추정되고 있다. 현재는 판이 섭입이 시작되기 전까지는 판 구조론으로, 섭입되기 시작한 후에는 플룸 구조론으로 설명하고 있다.

단계적 문제 해결력

15 **다음은 찰흙을 사용하여 지층의 변형을 설명하기 위한 실험을 나타낸 것이다.**

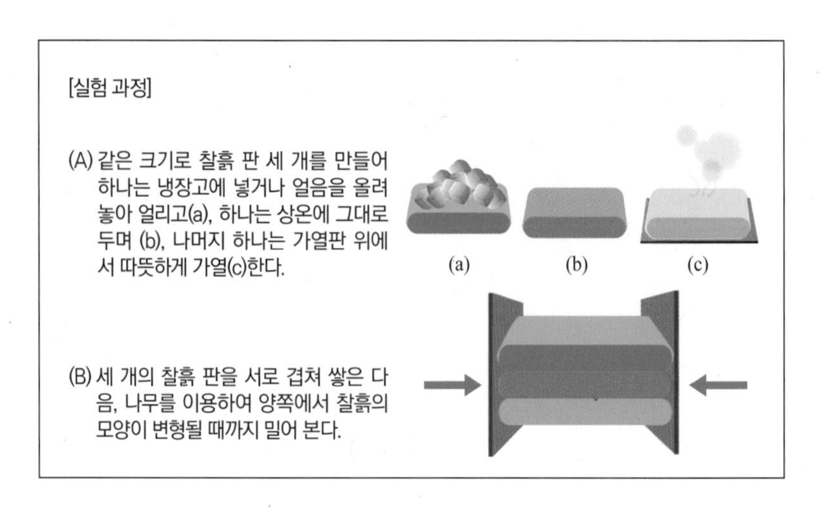

(1) 세 개의 찰흙 판을 실제 지층과 비유하여 설명하시오.

(2) 온도가 다른 세 개의 찰흙 판이 어떻게 변형될지 추리해 보시오.

(3) 지하로 내려가면서 지각의 온도는 점차 증가하는데, 지층의 양쪽에서 힘이 작용할 때 지하로 내려갈수록 암석의 변화는 어떻게 달라질지 서술하시오.

(4) 습기가 많은 지층과 마른 지층이 같은 횡압력을 받았을 때, 변형에 어떤 차이가 있을지 비교 서술해 보시오.

단계적 문제 해결력

16 **그림 (가)는 지질 시대 동안 해양 생물종(속)의 수 변화를, (나)는 지질 시대의 기후 변화를 나타낸 것이다.**

(가)

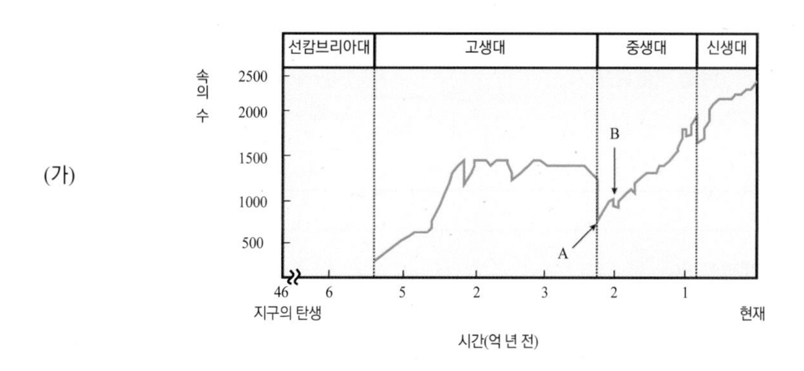

(나)

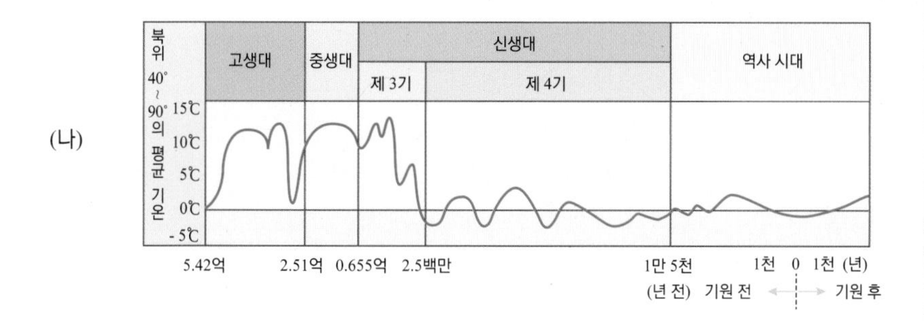

(1) A 시기에 가장 큰 규모의 생물 멸종이 일어난 이유에 대해서 자신의 의견을 서술해 보시오.

(2) B 시기에 공룡이 멸종한 이유에 대해서 자신의 의견을 서술해 보시오.

지질 시대의 구분

- 신생대 : 제4기, 신제3기, 고제3기
- 중생대 : 백악기, 쥐라기, 트라이아스기
- 고생대 : 페름기, 석탄기, 데본기, 실루리아기, 오르도비스기, 캄브리아기

지질 시대의 생물

- 신생대 : 포유류와 조류가 번성하였고, 속씨식물과 침엽수가 번성하였다.
- 중생대 : 다양한 생물이 출현하였고, 공룡을 비롯한 파충류가 번성하였다.
- 고생대 : 해양 생물이 폭발적으로 증가하였고, 껍데기나 골격을 가진 생물이 증가하였다.
- 선캄브리아 시대 : 생물이 많지 않았다.

대회 기출 문제

01 그림은 학생들이 어느 화산 지역을 조사한 후 화산과 화산 정상부의 단면을 그린 것이다. A는 순상 화산체이고, B는 종상 화산체이다. 두 화산체에 대한 대화 중 옳게 말한 학생만을 〈보기〉에서 있는 대로 고르시오.

[수능 기출 유형]

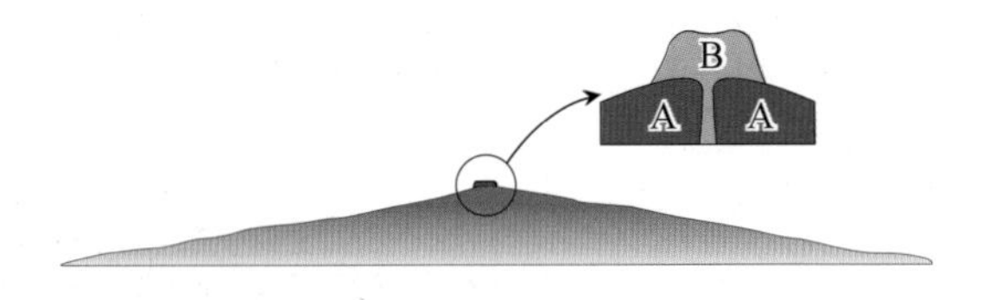

보기

영희 : A가 생성된 후 B가 생겼을거야.
철수 : 용암의 점성은 A가 더 컸을거야.
순희 : B는 현무암질 용암에 의해 생성되었을거야.

02 그림 (가)는 지진파가 진원으로부터 두 지점 A와 B에 도달하는 경로를, (나)는 두 지점에서 이 지진을 관측한 지진 기록을 순서 없이 나타낸 것이다.

[수능 기출 유형]

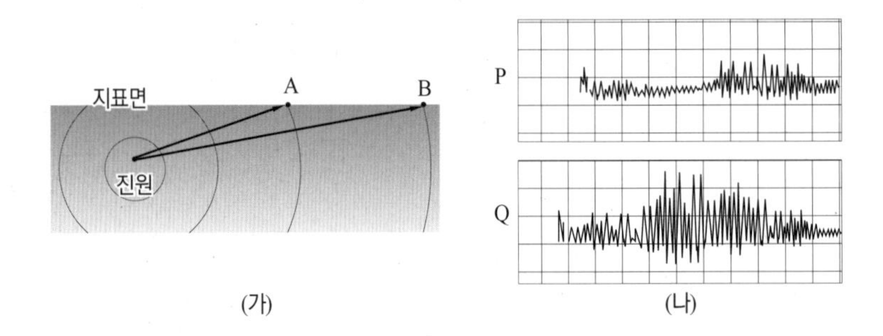

(가) (나)

이 지진에 대한 설명으로 옳은 것만을 〈보기〉에서 있는 대로 고르시오. (단, 진원으로부터 거리 이외의 조건은 모두 같다.)

보기

ㄱ. 진도는 A가 B보다 작다.
ㄴ. 규모는 A와 B에서 모두 같다.
ㄷ. P는 B의 지진 기록이다.

03

그림은 2008년 5월 12일 발생했던 중국 쓰촨성 지진에 대한 진도 분포 자료이다. 이 지진 자료에 대한 설명으로 옳은 것만을 〈보기〉에서 있는 대로 고르시오. (단, 그림에서 Ⅵ~Ⅹ은 진도 계급을 나타낸 것이다.)

[수능 기출 유형]

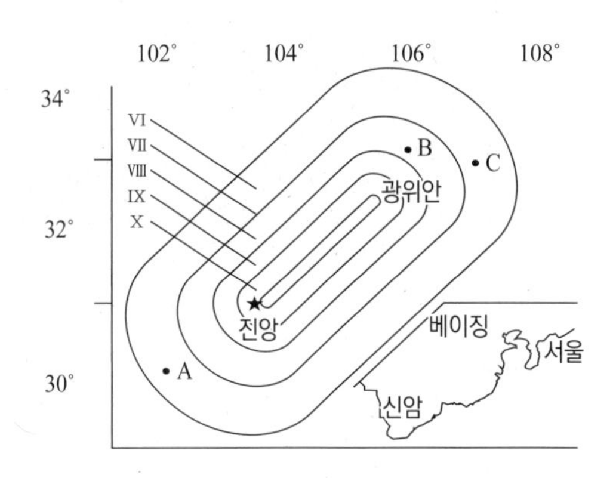

보기

ㄱ. A는 B지역보다 지진 피해가 크다.
ㄴ. B와 C지역에서 지진의 규모는 동일하다.
ㄷ. 지진파가 최초로 도달하는 데 걸리는 시간은 서울과 베이징이 같다.

04

그림 (가)는 어느 지역의 지표 구성 물질과 지진 관측소 A, B, C의 위치를 나타낸 것이고, 그림 (나)는 어떤 지진에 대한 각 관측소의 지진 기록이다.

[수능 기출 유형]

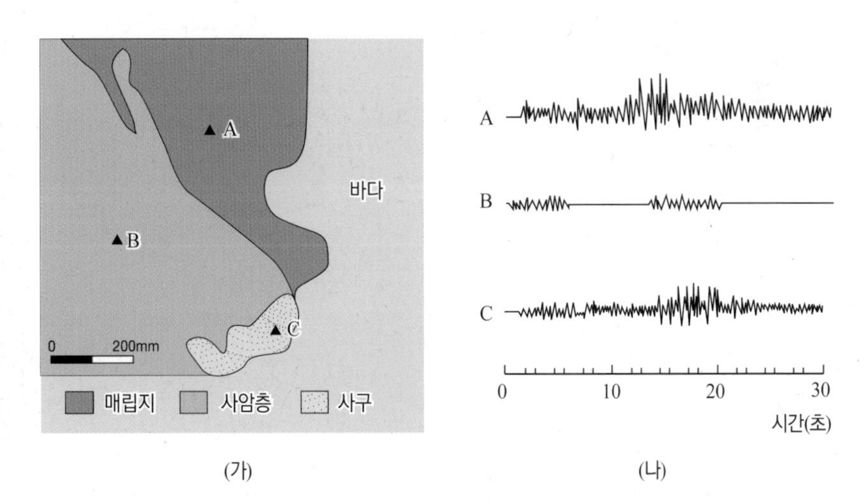

(가) (나)

이에 대한 설명으로 옳은 것만을 〈보기〉에서 있는 대로 고르시오. (단, 세 관측소에서 진앙까지의 거리 차이는 무시한다.)

보기

ㄱ. 이 지진의 규모는 A에서 가장 크다.
ㄴ. 지진파의 최대 진폭은 C에서 가장 크다.
ㄷ. 이 지진에 가장 취약했던 지역은 매립지이다.

대회 기출 문제

05 그림은 최근 3년 동안 발생한 지진 중에서 규모가 7.0 이상인 지진의 진앙 분포와 진원의 깊이를 나타낸 것이다. 이에 대한 설명으로 옳은 것만을 〈보기〉에서 있는 대로 고르시오.

[수능 기출 유형]

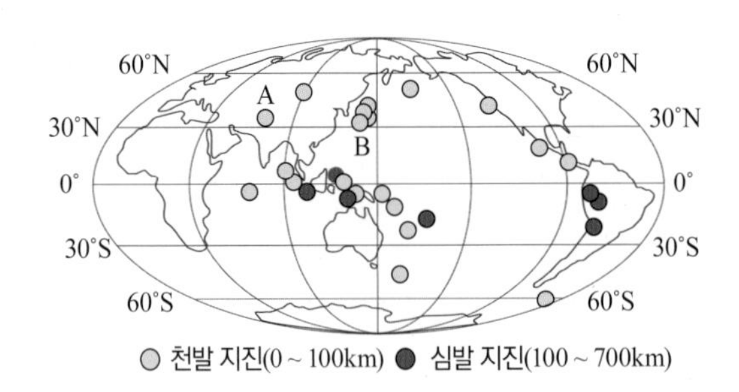

보기

ㄱ. A 지진은 대륙판과 대륙판, B 지진은 대륙판과 해양판의 경계 지역에서 각각 발생한 것이다.
ㄴ. 규모 7.0 이상의 지진은 환태평양 지진대에서 가장 많이 발생했다.
ㄷ. 규모 7.0 이상의 심발 지진은 해령 부근에서 발생한 것이다.
ㄹ. 지진의 규모는 진앙으로부터 멀어질수록 작아진다.

06 그림 (가)는 태평양 판 중앙부에 있는 하와이 열도의 위치를 나타낸 것이고, 그림 (나)는 하와이 섬의 화성 활동을 나타낸 모식도이다.

[수능 기출 유형]

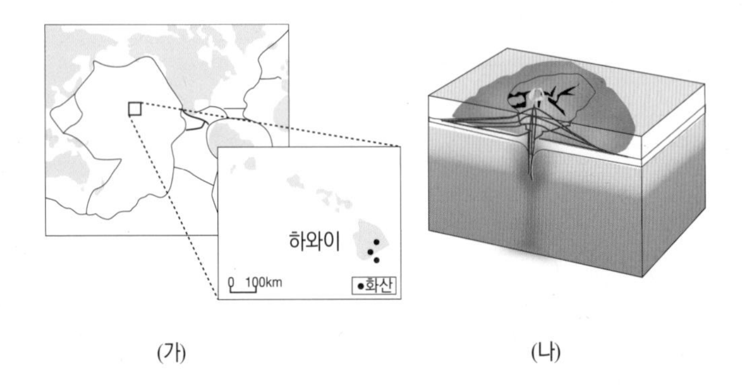

(가) (나)

판 구조적인 특징을 고려할 때, 이 지역과 관련이 깊은 것만을 〈보기〉에서 있는 대로 고르시오.

보기

ㄱ. 화산을 이용한 관광 산업이 발달해 있다.
ㄴ. 지진이 발생하여 피해를 입기도 한다.
ㄷ. 섬 주변에 습곡 산맥이 형성되어 있다.
ㄹ. 해령의 열곡을 육상에서 관찰할 수 있다.

07 그림은 세계의 경도와 위도를 나타낸 것이고, 표는 최근 발생한 세 곳의 지진 자료이다.

[수능 기출 유형]

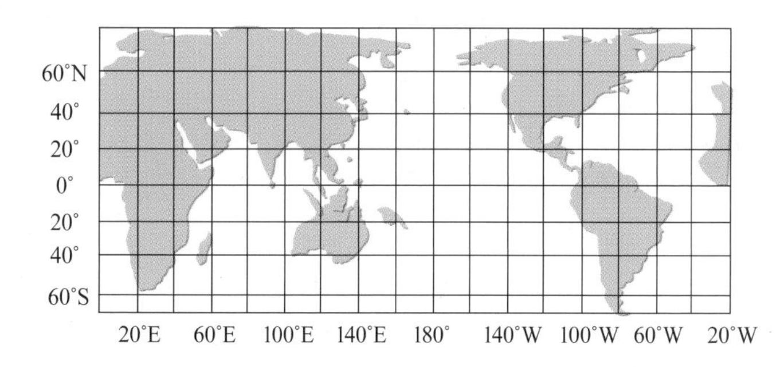

지진	발생 연도	진앙의 위치	
A	2004	33.1°N	137.0°E
B	2001	16.3°S	78.6°W
C	1999	21.4°N	176.5°W

지도와 자료를 활용한 해석으로 옳은 것만을 〈보기〉에서 있는 대로 고르시오.

보기

ㄱ. A의 발생 지역은 환태평양 지진대에 속한다.
ㄴ. B는 대륙판끼리 충돌하는 곳에서 발생했다.
ㄷ. A, B, C의 발생 지역은 모두 판의 경계 부근이다.

08 그림은 필리핀 판과 태평양 판의 경계 지역에서 1990년 이후 발생한 지진의 진앙 분포를 나타낸 것이다.

[수능 기출 유형]

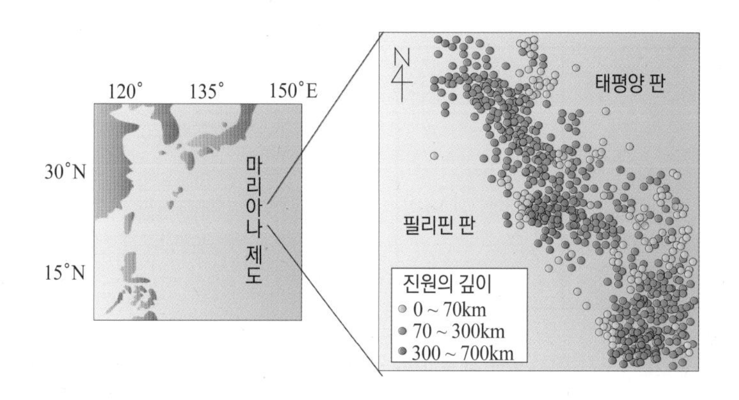

이에 대한 설명으로 옳은 것만을 〈보기〉에서 있는 대로 고르시오.

보기

ㄱ. 두 판은 서로 수렴하고 있다.
ㄴ. 이 지역의 화산 활동은 주로 필리핀 판에서 일어난다.
ㄷ. 진원의 깊이는 두 판의 경계에서 필리핀 판 쪽으로 갈수록 대체로 깊어진다.

09 그림은 태평양 주변에서 최근 1만년 이내에 분출한 적이 있는 화산의 분포를 나타낸 것이다. 지역 A, B, C에 대한 설명으로 옳은 것만을 〈보기〉에서 있는 대로 고른 것은? [수능 기출 문제]

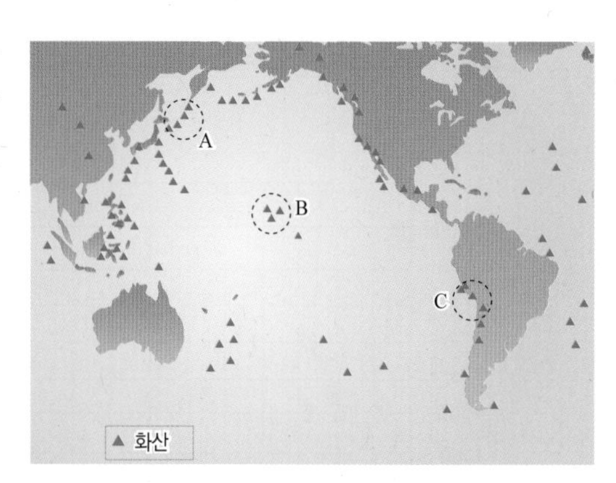

보기

ㄱ. B의 화산은 판의 발산형 경계에 위치한다.
ㄴ. 화산에서 분출된 용액의 SiO_2 평균 함량은 B가 C보다 낮다.
ㄷ. 해수에서 섭입하는 판의 지각 나이는 A가 C보다 적다.

① ㄱ ② ㄴ ③ ㄷ ④ ㄱ, ㄴ ⑤ ㄴ, ㄷ

10 그림은 같은 방향으로 이동하는 두 해양판 A와 B의 경계와 진앙의 분포를 모식적으로 나타낸 것이고, 표는 판의 이동 방향과 이동 속력이다. [수능 기출 문제]

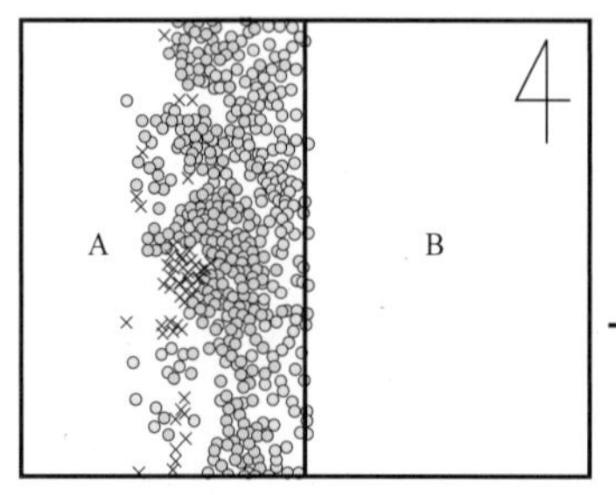

구분	A	B
이동 방향	서쪽	서쪽
이동 속력 (cm/년)	㉠	5

이에 대한 설명으로 옳은 것만을 〈보기〉에서 있는 대로 고른 것은?

보기

ㄱ. ㉠은 5보다 작다.
ㄴ. 판의 경계는 맨틀 대류의 하강부에 해당한다.
ㄷ. 판의 경계를 따라 습곡 산맥이 발달한다.

① ㄱ ② ㄷ ③ ㄱ, ㄴ ④ ㄴ, ㄷ ⑤ ㄱ, ㄴ, ㄷ

11 다음은 어느 관측소에서 기록된 지진 A와 B의 규모를 알아보기 위한 탐구이다.

[수능 기출 문제]

[탐구 과정]

(가) 표에서 지진 A의 PS시와 최대 진폭을 읽는다.

지진	PS시(초)	최대 진폭(mm)
A	6	8
B	6	50

(나) 그림과 같이 도표에 PS시와 최대 진폭을 잇는 직선을 그어 규모와 만나는 점의 값을 읽고 기록한다.

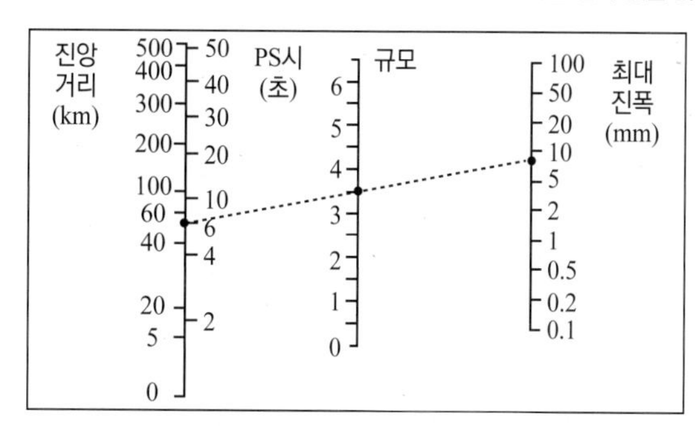

(다) (가)의 표에서 지진 B의 PS시와 최대 진폭을 읽고, (나) 과정을 반복한다.

[탐구 결과]

지진	규모
A	3.5
B	(㉠)

이 자료에 대한 설명으로 옳은 것만을 〈보기〉에서 있는 대로 고른 것은?

보기

ㄱ. ㉠은 3.5보다 크다.
ㄴ. 지진 A의 진앙 거리는 6 km이다.
ㄷ. 규모가 같을 경우 진앙 거리가 멀수록 최대 진폭은 커진다.

① ㄱ ② ㄴ ③ ㄱ, ㄷ ④ ㄴ, ㄷ ⑤ ㄱ, ㄴ, ㄷ

12 그림 (가)는 현재 지구 상의 대륙 그림이고, (나)는 고생대 말의 대륙 그림이다.

[대회 기출 유형]

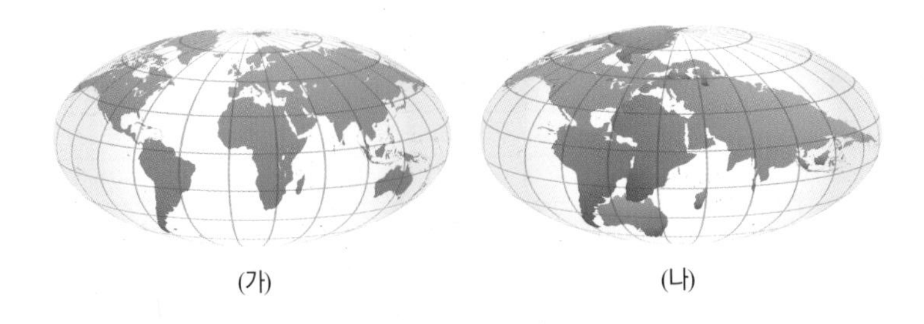
(가) (나)

그림 (나)와 같이 대륙이 붙어 있었다는 증거를 찾기 위해 조사해야 할 것만을 〈보기〉에서 있는 대로 고르시오.

보기

ㄱ. 각 대륙에 분포하는 지질 시대별 지층의 특징 및 지질 구조
ㄴ. 각 대륙에 분포하는 가장 오래된 암석의 나이
ㄷ. 각 대륙에 나타나는 지질 시대별 고생물의 종류와 분포
ㄹ. 각 대륙에서 과거와 현재의 화산대와 지진대의 분포
ㅁ. 각 대륙에서 고생대 말엽에 형성된 빙하 퇴적물의 분포

13 표는 지진이 일어났을 때 어느 지진 관측소에 각 지진파가 도착한 시각과 이 지역 일대에서 각 지진파의 평균 속력의 크기를 나타낸 것이다.

[대회 기출 유형]

지진파의 종류	도착 시각	평균 속력
P 파	17시 05분 28초	6 km/s
S 파	17시 09분 48초	4 km/s
L 파	17시 11분 58초	3 km/s

이 지진 관측소에서 지진이 일어난 곳까지의 거리를 구하시오.

14

그림은 지구 내부의 층상 구조를 간단히 나타낸 것이다. B층에서 C층으로 들어갈 때, 〈보기〉의 물리량 중 경계면에서 불연속적으로 변하는 물리량과 값이 증가하는 물리량을 고르시오.

[대회 기출 유형]

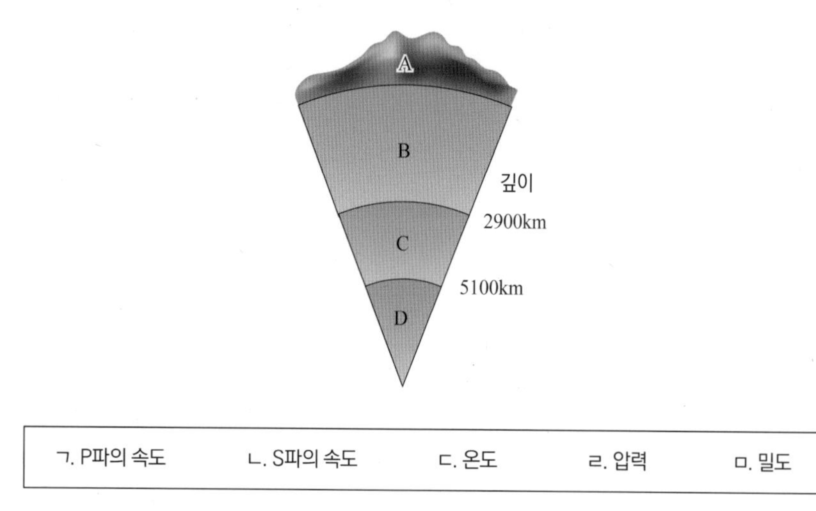

ㄱ. P파의 속도	ㄴ. S파의 속도	ㄷ. 온도	ㄹ. 압력	ㅁ. 밀도

(1) 불연속적으로 변하는 물리량 :

(2) 값이 증가하는 물리량 :

15

그림 (가)는 실 끝에 추를 매단 후 실 끝을 좌우로 빨리 흔들어 추가 움직이지 않는 모습을, (나)는 땅이 수평 방향으로 흔들릴 경우의 지진을 기록하는 지진계를 나타낸 것이다. 지진이 발생하면 땅이 흔들리고, 이러한 땅의 흔들림은 지진계에 의해서 기록되는데, 회전 드럼에 감겨져 있는 기록지와 펜에 의해서 지진이 기록된다.

[대회 기출 유형]

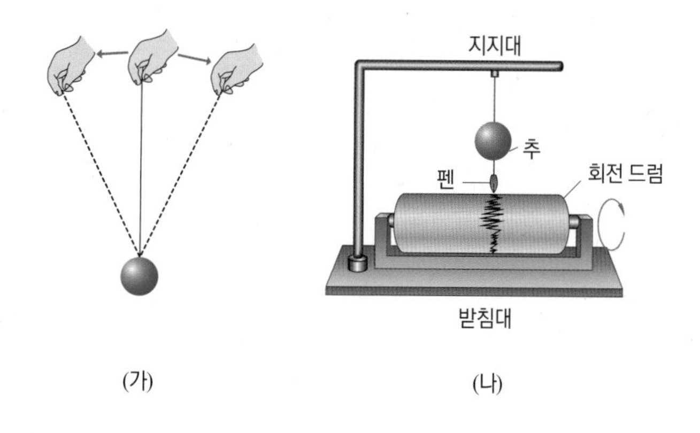

(가) (나)

그림 (가)를 참고하여 (나)에서 지면이 수평 방향으로 흔들릴 때 지면과 함께 움직이는 것을 모두 쓰시오.

16 **그림은 지구 내부에서 깊이에 따른 지진파의 속도 분포를 나타낸 것이다.**

[대회 기출 유형]

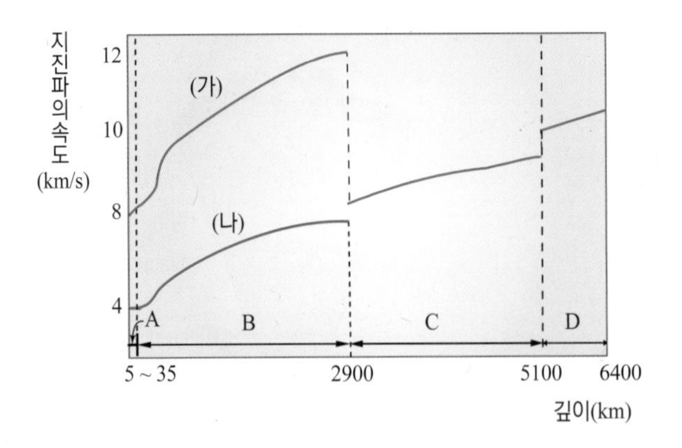

(1) A, B, C, D 부분의 명칭을 쓰시오.

(2) (가), (나)에 해당하는 지진파를 쓰시오.

(3) (나)의 지진파로부터 알 수 있는 사실을 설명하시오.

17 **그림 (가)와 (나)는 각각 화강암과 현무암에서 관찰할 수 있는 절리이다.**

[대회 기출 유형]

(가)

(나)

사진 속 절리 이름을 쓰고 절리의 생성 원인을 표에 써 넣으시오.

	(가)	(나)
절리 이름		
생성 원인		

18 다음은 철수가 전북 진안에 있는 '마이산'으로 현장 체험 학습을 다녀와서 쓴 보고서의 일부이다.

[대회 기출 유형]

관찰 내용

멀리에서 마치 거대한 말의 두 귀와 같은 모습을 하고 있는 산봉우리 두 개가 눈에 들어왔다. 가까이 다가가니 산 전체가 엄청난 양의 콘크리트를 쏟아 부어 돌과 함께 굳어진 것처럼 보였다. 또, 산의 곳곳에는 커다란 구멍이 뻥뻥 뚫려 있었다.

<마이산의 모습>

<마이산의 표면>

(1) 마이산을 이루고 있는 암석의 종류는 무엇이라고 생각하는지 쓰시오.

(2) 마이산 표면의 커다란 구멍은 어떻게 만들어졌다고 생각하는지 쓰시오.

(3) 마이산을 이루고 있는 지층을 토대로 추론한 것 중 타당한 것만을 〈보기〉에서 있는 대로 고르시오.

보기

ㄱ. 이 지역에는 과거에 화산 활동이 매우 활발하여 용암이 다량으로 분출되어 급격히 식었다.
ㄴ. 이 지역에는 과거에 큰 호수가 있었는데, 주변에서 다량의 퇴적물이 그 곳으로 공급되었다.
ㄷ. 이 지역에는 과거에 심한 지각 변동이 있어서 단층과 습곡 작용이 활발하게 일어났다.
ㄹ. 마이산을 이루고 있는 암체 속에서는 여러 종류의 암석 조각들을 볼 수 있을 것이다.
ㅁ. 이 지역에서는 과거에 융기 작용이 있었다.

19 그림은 어느 지질 시대의 수륙 분포를 나타낸 것이다.

[대회 기출 유형]

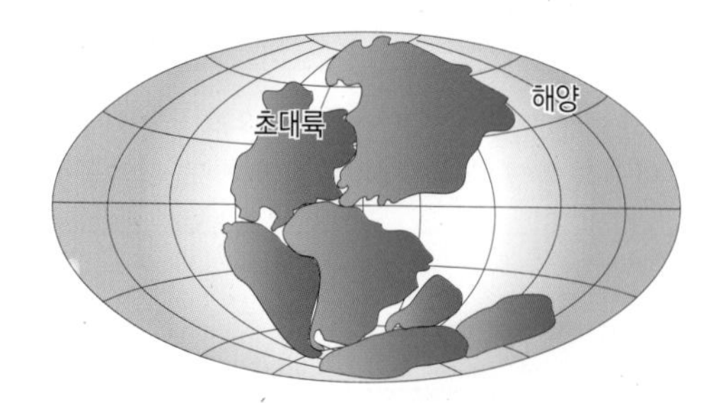

위 그림과 같은 수륙 분포를 이룬 시기에 해당하는 내용으로 옳은 것만을 〈보기〉에서 있는 대로 고르시오.

보기
ㄱ. 바다에서는 완족류가, 육지에는 파충류가 번성하였다. ㄴ. 삼엽충이 사라지고, 겉씨식물이 출현하였다. ㄷ. 인도와 유라시아 대륙이 충돌하여 히말라야 산맥이 형성되었다. ㄹ. 남극 대륙을 중심으로 빙하가 넓게 분포하였다.

20 우리가 직접 지구의 내부를 관찰할 수 없기 때문에 지구 내부에 관한 정보를 알아내는 간접적인 방법은 여러 가지가 있다. 그 중 하나가 지진파이다. 지진파의 어떤 성질을 이용하는 것인지 2가지를 쓰시오.

[대회 기출 유형]

21 표는 대서양 해저의 시추 자료를 분석하여 얻은 해양 지각 암석의 연령을 나타낸 것이다.

[대회 기출 유형]

시추 지점	중앙 해령(해저 산맥)으로부터의 거리(km)	암석의 연령(백만 년)	시추 지점	중앙 해령(해저 산맥)으로부터의 거리(km)	암석의 연령(백만 년)
A	200	10	E	860	40
B	420	24	F	1000	48
C	520	27	G	1300	66
D	750	32	H	1680	78

위 자료에 대한 해석으로 옳은 것만을 있는 대로 고르시오.

① 대서양의 해저 면적은 점차 좁아졌다.
② 대서양 해저의 평균 이동 속도는 약 2cm/년이다.
③ 중앙 해령에서 멀어질수록 암석의 연령은 증가한다.
④ 중앙 해령에서 멀어질수록 해저 이동 속도는 증가한다.
⑤ 해저 퇴적물의 두께는 시추 지점 H에서 가장 얇다.

22 그림은 판의 이동과 화산 활동을 모식적으로 나타낸 것이다.

[대회 기출 유형]

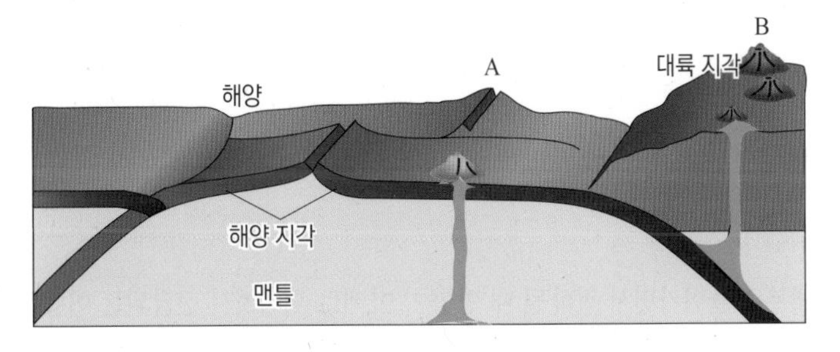

이에 대한 설명으로 옳은 것만을 〈보기〉에서 있는 대로 고르시오.

보기

ㄱ. B 지역에는 순상 화산이 우세하게 형성된다.
ㄴ. 화산은 B보다 A 지역에서 격렬하게 분출한다.
ㄷ. B 지역에는 성층 화산이 우세하게 형성된다.
ㄹ. 제주도 한라산에서 분출한 마그마는 B와 같은 환경에서 형성되었다.
ㅁ. A의 화산은 대륙과 충돌한 후 대륙에 달라붙게 된다.

23 **그림 (가)는 지구 내부에 지진파가 전파되는 경로이고, (나)는 도달 시간과 각 거리와의 관계 그래프이다. 다음 물음에 답하시오.**

[대회 기출 유형]

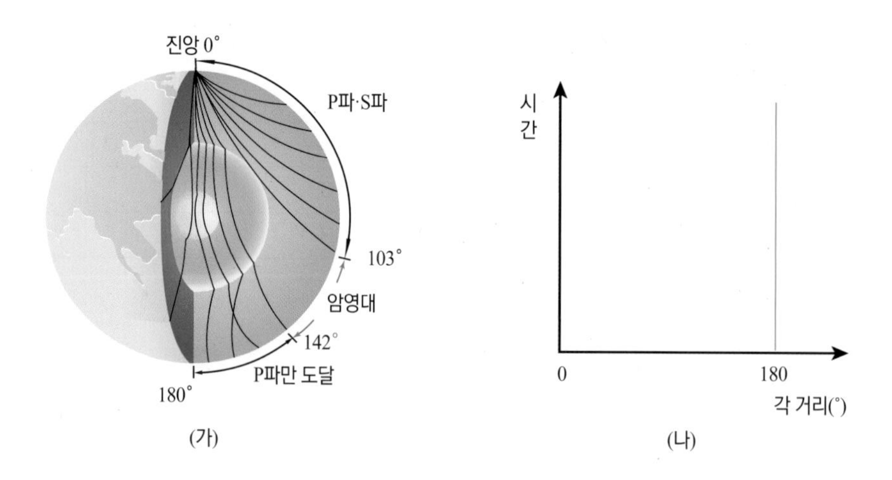

(가) (나)

(1) 그림 (가)와 같이 지진이 발생했을 때, 각거리(지구 중심에서 진앙과 관측소 사이의 각도)와 지표면에 도달하는 지진파의 시간과의 관계를 그리시오.

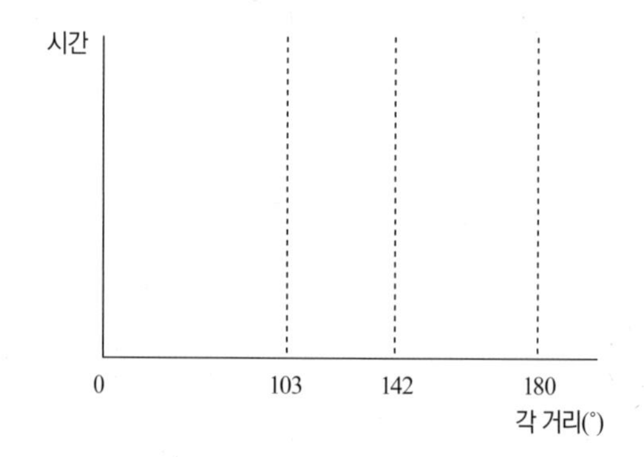

(2) 지진파가 지구 내부로 들어가면서 전파될 때 방향이 아래로 휘어져서 전달되는 이유는?

24 **그림은 하와이 열도 엠페러 해산군 지도이고, 섬과 해산 이름 옆의 숫자는 암석의 연령을 나타낸다. (단, 단위는 백만 년이다.)**

[대회 기출 유형]

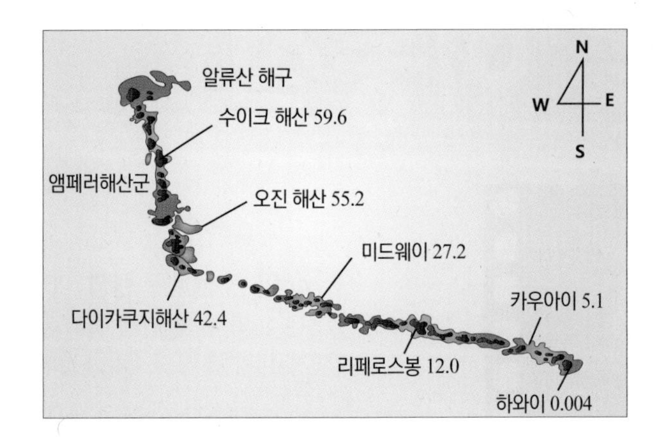

(1) 다음 중 이 열도의 구조적 환경을 고르시오.

① 섭입대 ② 중앙 해령 ③ 열점 ④ 운석 충돌 ⑤ 주향 이동 단층

(2) 지난 6천만 년 동안 태평양 판 운동의 방향을 지도에 화살표로 표시하시오.

25 **그림은 서로 미는 힘(횡압력)을 받아 형성된 지질 구조와 서로 잡아당기는 힘(장력)을 받아 생성된 지질 구조를 나타낸다. 표에 서로 미는 힘과 잡아당기는 힘을 받아 생성된 지질 구조의 기호와 이름을 써 넣으시오.**

[대회 기출 문제]

(가)

(나)

(다)

작용하는 힘	서로 미는 힘(횡압력)	서로 당기는 힘(장력)
지질 구조		

한반도와 함께하는 대륙 이동설

지구의 탄생

지르콘

세 개의 땅덩어리가 하나로

한반도는 공룡천국

46억 년 전 지구 탄생

지구는 46억 년 전 탄생 직후 온통 불덩어리였으나, 점차 용암이 식어 가면서 44억 년 전 육지가 형성되기 시작했다.

29억 년 전 한반도의 탄생

한반도는 육지 형성 후, 15억 년 뒤 맨틀에서 분리된 암석이 지표로 올라오면서 탄생했다. 강원도 화천에서 열과 화학 반응에 강해 타임캡슐 같은 역할을 하는 광물인 지르콘이 발견됐는데, 한반도에서 가장 오래된 29억 년 전의 것으로 밝혀졌다.

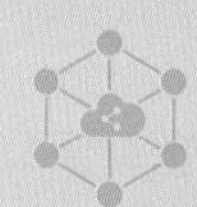

고생대 시작(5억 6000만 년 전)

한반도가 육지가 되다

강원 태백시에서 조개류 화석 위에서 식물 화석이 나와 당시 한반도가 바다에서 육지로 바뀌었다는 것을 알 수 있다. 강원도는 고대 대륙인 곤드와나 대륙의 가장자리인 남위 10~20°의 적도 근처에서 북상하던 중 바다에서 육지로 떠올랐다.

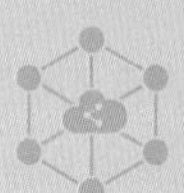

중생대 시작(2억 4000만 년 전)

1억 5000만 년 전 세 개의 땅덩어리가 하나가 되다

한반도는 고생대 때 남반구에 위치한 곤드와나 대륙의 북쪽에 자리잡았다. 고생대 후기에 들어 맨틀로부터 엄청난 규모의 열덩어리가 올라오면서, 곤드와나 대륙이 하나씩 붕괴하기 시작하여 약 2억 6000만 년 전 곤드와나 대륙 북쪽 가장자리에서 두 개의 작은 땅덩어리들이 떨어져 나가 북쪽으로 이동했다. 이 땅덩어리들은 1억 8천만 년 전 충돌하여 결합한 후, 계속 북상하다가 마침내 중생대 백악기 초인 1억 5000만 년 전 남하하던 로라시아 대륙의 일부와 충돌함으로써, 오늘날 한반도의 모습이 완성되었다.

중생대 내내 땅속은 불구덩이

북한산, 관악산 등 우리 나라의 대표적인 바위산을 만든 화강암의 대부분이 중생대에 마그마가 땅속에서 굳어서 생겨났다.

한반도는 공룡 천국

중생대 백악기가 되면서 땅속 마그마의 활동이 잠잠해지면서, 한반도에는 공룡들이 번식하였다. 특히 경상도 지역은 따뜻하고 호수가 발달돼 있어 많은 공룡의 화석이 발견된다.

Imagine Infinite

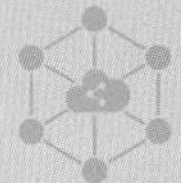

신생대 시작(6500만 년 전)

2500만 년 전 동해가 열리다

하나였던 한국과 일본은 2500만 년 전쯤 동해가 열리기 시작하면서 일본이 분리되었고, 동해는 1200만 년 전 확장을 중단한 뒤 지금은 조금씩 좁아지고 있는 것으로 보인다.

450만 년 전~250만 년 전 독도 탄생

정상부 지름이 20~30km에 달하고 높이는 2000m나 되는 독도 해산, 탐해 해산, 동해 해산이 독도 바다 밑에 있다. 수심 200m 아래 독도 해산의 정상부에는 지름 500m밖에 안되는 부분이 수면 위까지 솟아 있는데 이것이 독도다. 독도는 독도 해산이 생겨난 후 450만 년 전부터 250만 년 전까지 화산이 폭발해 형성됐다.

백두산과 한라산

천지는 1205년의 화산 폭발로 완성됐고, 백두산은 2840만 년 전부터 최근까지 화산이 폭발했다. 한라산은 백두산보다 늦은 170만 년 전부터 화산 폭발했고, 백록담은 5000년 전쯤에 완성됐다.

5000년 전 서해 갯벌 형성

수만 년 전 빙하기까지만 해도 서해는 지금보다 해수면이 100m 이상 낮아 육지였기 때문에 한민족의 조상은 걸어서 서해를 지나 한반도로 이주했을 것이다. 서해의 해수면은 마지막 빙하기가 끝난 1만 5000년 전부터 빙하가 녹으면서 급격히 상승하여 서해 갯벌은 5000년 전에 해수면이 지금과 비슷해지면서 형성됐다.

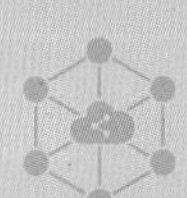

2억 년 후 한반도는?

2억 년 후 한반도는 대륙의 중심

2억 년 후쯤에는 흩어져 있던 대륙들이 한데 뭉쳐 초대륙을 이룰 것으로 보인다. 그때 한반도는 그 중심을 차지하게 된다. 일본 열도와 부딪쳐 이전과는 전혀 다른 새로운 대륙으로 탄생할 것으로 생각된다. 한반도 주변으로 북미 대륙, 호주 대륙이 다가오기 때문이다. 또 이들 대륙이 유라시아 대륙과 충돌하면서 한반도 주변에는 히말라야와 같은 거대 산맥이 형성됨에 따라, 거대 대기 순환이 차단되어 한반도는 사막이 될 것으로 생각된다.

Q. 백두산의 천지, 한라산의 백록담, 독도를 생성 순서대로 나열하시오.

독도의 탄생

백두산의 탄생

서해 갯벌 형성

2억 년 후 한반도는?

Earth Science

III

03 수권의 구성과 순환

이스라엘과 요르단 사이 바다인 사해(死海)에서는 사람들이 물 위를 떠서 신문도 보고 차도 마신다. 어떻게 이런 일이 가능할까?

III 수권의 구성과 순환

1. 지구상의 물

(1) 수권의 구성
바닷물(97%)[1], 빙하(2%), 지하수 · 강(1%), 대기 중 수증기[2]이다.

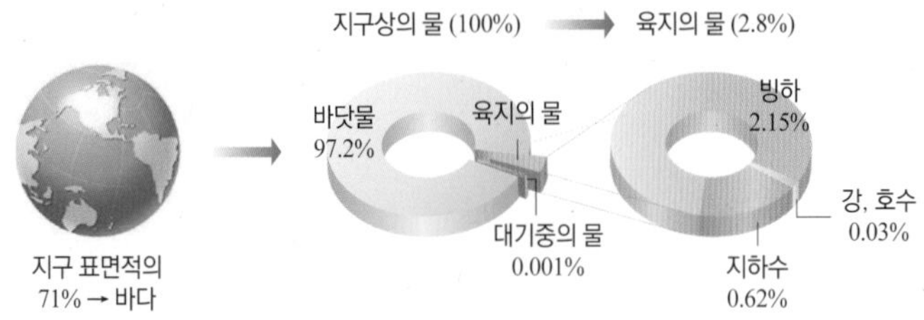

▲ 지구상의 물의 분포

(2) 자원으로서의 물
① 에너지와 식량, 광물 자원과 연관된다.

② 환경(지구 기후 조절), 일상 생활, 농작물 재배, 공업, 수송, 어업, 휴양 등 목적으로 이용된다.

에너지와 자원으로서의 물			환경 및 일상 생활에서의 물		
조력 및 수력 발전	동해에 매장된 메테인 하이드레이트[3]	식량 자원, 어업	식수 및 생물체의 기본	수증기와 구름	농작물 재배

(3) 지형을 변화시키는 물

▲ 석회동굴	▲ 곡류	▲ 해식애	▲ 피오르 해안
지하수가 흘러 동굴을 만든다.	하천수가 흐르며 구불구불한 물길을 만든다.	해수가 해안가에 절벽과 동굴을 만든다.	빙하가 이동하여 U자 계곡과 해안을 만든다.

2. 빙하

(1) 빙하의 형성과 분포[1]
① **빙하의 형성** : 눈이 내려 녹지 않는 지역에서 해마다 쌓인 눈이 누르는 압력 때문에 단단하게 굳어 형성된다.

▶ 눈이 빙하로 만들어지는 과정 — 눈송이 → 눈알갱이 → 만년설 → 빙하

② **빙하의 분포** : 산악 빙하, 대륙 빙하, 산록 빙하, 빙산[2] 등으로 분포한다.

	산악 빙하	대륙 빙하
분포 지역	모든 위도의 높이 솟아있는 산악 지대에 분포 예 히말라야, 킬리만자로 빙하	대륙 규모로 고위도(추운 극지방)에 분포 예 남극 대륙, 그린란드 빙하
규모와 생김새	소규모, 산의 모양과 같이 울퉁 불퉁	대규모, 대체로 평평
예	▲ 킬리만자로 산의 산악 빙하	▲ 남극 대륙 빙하

---

❶ 바다의 면적과 부피

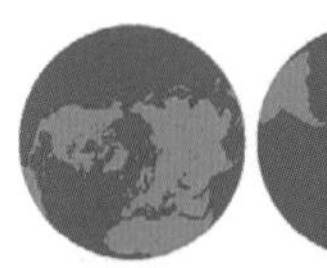
▲ 북반구의 바다

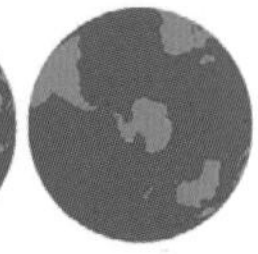
▲ 남반구의 바다

바다는 지구 표면의 70.8%를 차지하며, 면적은 3억 6,105만㎢, 부피는 13억 7,030만㎦에 이른다. 남반구의 바다 면적은 북반구의 2배 정도이다.

❷ 대기 중의 수증기 양과 역할

대기 중에 포함되어 있는 수증기의 양은 지구 전체 물의 0.001%이다. 지구 전체의 연평균 강수량이 850 ~ 1000 mm 정도인데 비해 그 양은 매우 적지만 기상 현상을 일으키고 온실 효과에 기여하는 등 중요한 역할을 한다.

❸ 메테인 하이드레이트

methane hydrate는 '불타는 얼음'이라고 불리는데, 바다 속에서 미생물이 썩어서 생긴 퇴적층에 메테인 가스 등이 높은 압력으로 물과 함께 얼어붙어 만들어진 고체 연료이다.

❶ 빙하의 분포

지구 빙하의 86%는 남극 대륙에, 약 10%는 그린란드에 있다. 지구 전체의 물 중에서 빙하가 차지하는 비율은 2% 정도이다.

❷ 산록 빙하와 빙산

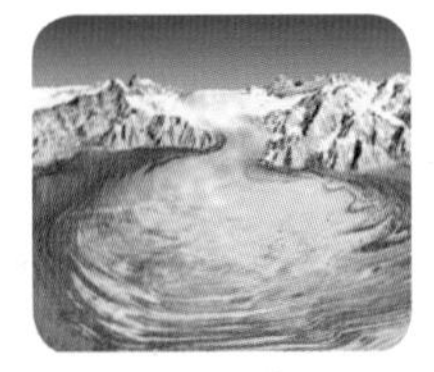
▲ 산록 빙하

▲ 빙산

- 산록 빙하는 산맥 하부의 저지대를 넓게 차지하며, 빙하가 계곡을 벗어날 때 넓은 평면층을 형성하며 퍼진다.
- 빙산은 극지에서 밀려 내려와 바다 위를 떠다니는 얼음 덩어리를 말한다.

(2) 빙하의 물리적 특성

① 빙하의 이동

구분	내용
이동 원인	• 빙하의 가소성 : 누르는 무게에 의해 젤리처럼 모양이 변하면서 흐름 • 빙하의 미끄러짐 : 얼음과 땅의 경계에서 미끄러지며 이동
이동 상태	• 매우 느림(움직임은 관찰할 수 없을 정도), 최대 수 m/일(평균 속도 빙하에 따라 다름) • 지면과의 마찰로 벽과 바닥 쪽에서 상대적으로 느리고 중심부에서 빠름

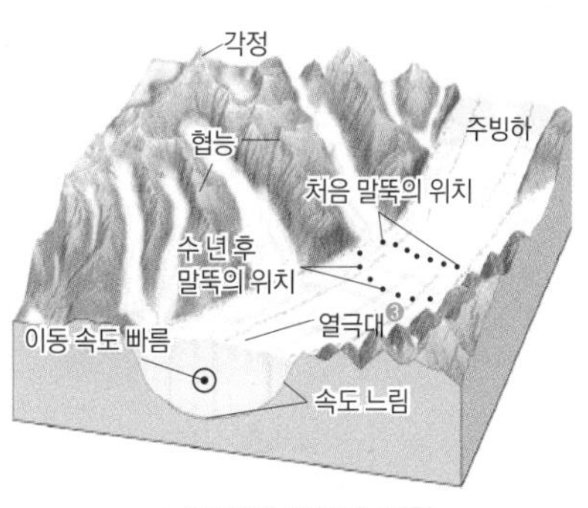

▲ 빙하의 이동과 지형

② 빙하의 분석과 지구 환경

빙하 나이테④	빙하 속의 공기 방울	빙하 속의 꽃가루⑤와 화산재
▲ 빙하 나이테	현미경으로 관찰된 얼음 속 기포	꽃가루 ▲ 화산재
여름철에 조금 녹았다가 다시 눈이 내려 쌓이고 얼면서 생긴 흔적	빙하가 생성될 때 공기가 갇혀 생성된 얼음 속 기포(공기 방울)	빙하가 생성될 때 꽃가루나 화산 쇄설물 등이 갇혀 생성
→ 줄무늬 사이는 1년을 의미하므로 이를 통해 빙하의 생성 시기를 추정할 수 있음	→ 빙하가 생성된 당시 지구의 공기를 분석하여 지구 대기 환경과 기후를 추정할 수 있음	→ 분포했던 식물이나 화산 활동 시기를 추정할 수 있음

③ 빙하와 암석 순환 : 빙하는 움직이며 땅을 깎아내고 퇴적물을 만들어내어 운반, 퇴적시키는 등 암석 순환의 기본적인 역할을 한다.

(3) 빙하를 이용한 기후 변화 연구

① 이산화 탄소의 농도 변화 : 빙하 코어(빙하에 구멍을 뚫어 캐낸 얼음 구멍)의 공기 성분 중에서 이산화 탄소(CO_2)나 메테인(CH_4)의 농도를 조사하면 과거 지구 기후를 알아낼 수 있다.

▲ 빙하 코어와 시추 장면

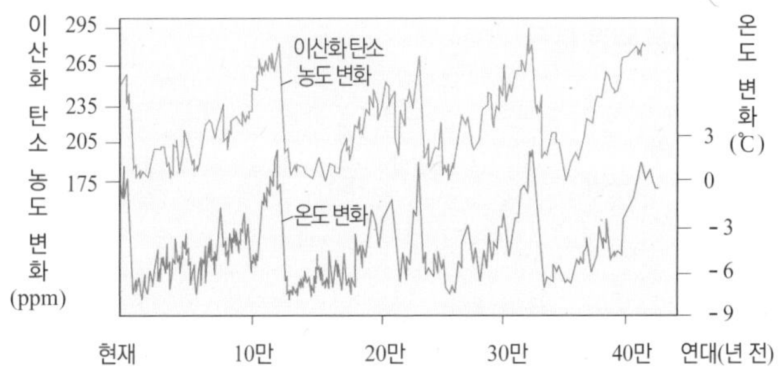

▲ 빙하 코어에서 분석한 42만 년 동안 이산화 탄소와 기온 변화

② 북극 빙하 면적의 변화 : 빙하 면적의 변화(인공위성 사진)를 조사하면 지구 평균 기온 변화를 알아낼 수 있다.

▶ 북극 빙하 면적의 변화

▲ 1979년 여름 ▲ 2007년 여름

Q1 지구상의 물의 형태 중 그 양은 매우 적지만 구름, 비, 눈 등의 기상 현상을 일으키는 중요한 역할을 하는 것은 무엇인가?

Q2 지구상의 물 중 가장 많은 형태는 (A) 이며, 육지의 물 중 가장 많은 형태는 (B) 이다.

③ 빙하의 열극대와 크레바스

빙하의 가장 위쪽 50m 정도를 열극대라하며, 열극대는 빙하의 아랫 부분과는 달리 딱딱하고 깨지기 쉬워 얼음이 이동할 때 크레바스라는 갈라진 틈을 만들게 된다.

④ 빙하의 나이테

빙하에 나타나는 줄무늬 층은 1년 동안의 강설량을 의미하며, 특정 얼음층은 그 해의 대기권 상태를 알 수 있는 자료를 가지고 있다. 따라서 얼음층 구성 요소를 분석하면 기후 변화에 대한 자세한 정보를 얻을 수 있다.

⑤ 식물의 꽃가루 화석

- 식물의 꽃가루는 외막, 내막, 세포질로 이루어져 있으며, 기후 변동에 따라 변화한 식물 분포를 알려주는 역할을 한다.
- 식물의 꽃가루 외막의 스포로폴레닌은 썩지않기 때문에 1억 년 전 지층에도 식물의 꽃가루 형태가 그대로 남아있어 외막의 생김새를 통해 식물의 종 구별이 가능하다.

기온과 이산화 탄소 농도 변화

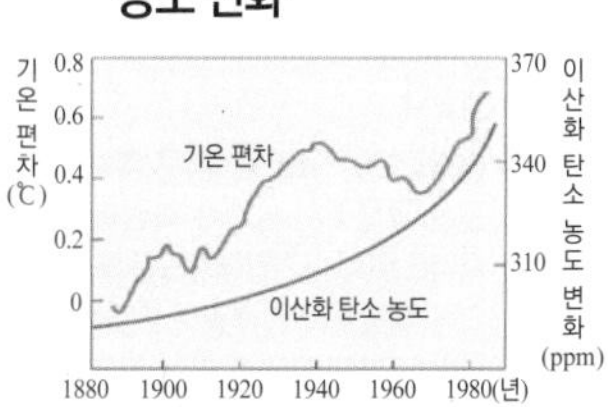

- 위 그래프는 최근 100여 년 동안 화석 연료의 사용이 늘어남에 따라 대기 중의 이산화 탄소의 양이 증가하였고 이에 따라 지구의 평균 기온도 크게 상승하였음을 보여주고 있다.
- 빙하 코어 속에 갇힌 공기 방울에서 측정한 이산화 탄소 농도를 살펴보면 이산화 탄소의 양이 증가한 시기에는 기온이 상승하였고, 감소한 시기에는 기온이 하강해 왔음을 알 수 있다.

3. 해수의 성질

(1) 해수의 성분

① **염류** : 바닷물 속에 녹아 있는 여러 가지 물질[1](소금, 화산 기체 분출물, 대기 기체 성분 등)이다.

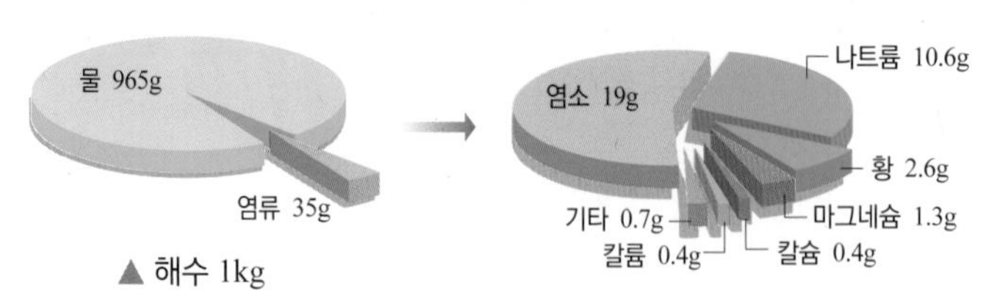

▲ 해수 1kg

염류 \ 질량(g/해수1kg)	염화 나트륨	염화 마그네슘	황산 마그네슘	황산 칼슘	황산 칼륨	기타	합계
질량(g/해수1kg)	27.2	3.8	1.7	1.3	0.9	0.1	35

▲ 해수 1kg 당 주요 염류와 성분 원소의 구성(질량)

② **염분** : 해수 1kg 속에 녹아 있는 전체 염류의 양(g)이다.

- 염분은 지역, 계절에 따라 다르다.
- 단위[2] : ‰(퍼밀 : 천분율)
- 해수의 평균 염분 : 35 ‰

$$\text{염분(‰)} = \frac{\text{염류의 총 질량(g)}}{\text{해수의 총질량(g)}} \times 100$$

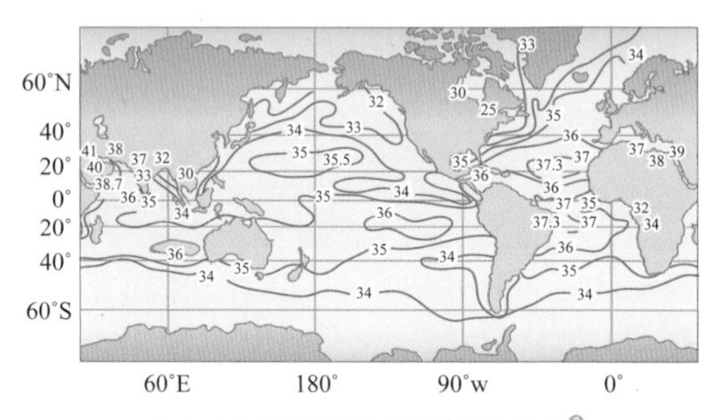

▲ 전 세계 해양 표층 염분 분포[3]

③ **염분의 분포와 변화 요인**

- 염분의 변화 요인

변화 요인	염분이 높은 곳	염분이 낮은 곳
강수량과 증발량[4]	강수량 < 증발량	강수량 > 증발량
하천수의 유입	하천수의 유입이 없는 곳	하천수의 유입이 많은 곳
결빙과 해빙	해수가 어는 지역	빙하가 녹는 지역

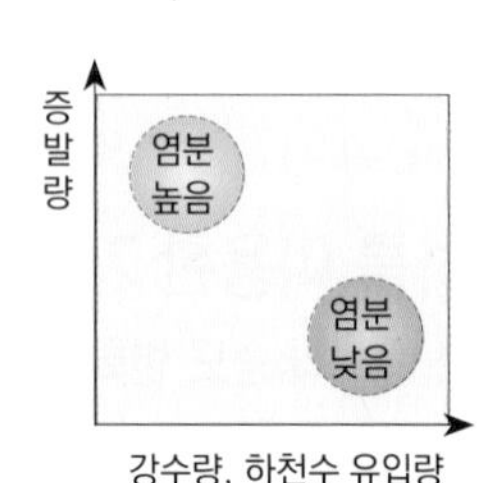

- 위도에 따른 염분 분포

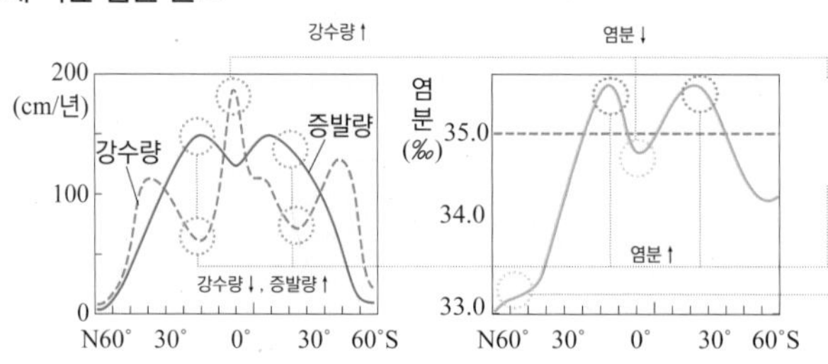

적도 부근 : 강수량 > 증발량 → 염분 낮음

중위도 부근 : 강수량 < 증발량 → 염분 높음

극지방 : 빙하의 녹는량이 많다. → 염분 낮음

④ **염분비 일정의 법칙** : 해수는 이동하며 서로 섞이기 때문에 지역이나 계절에 따라 염분은 다르지만[5] 해수에 녹아 있는 각 염류 사이의 성분비는 일정하다. → 해수 속의 염류 중 어느 한 가지 양만 측정하면 다른 염류의 양을 알 수 있으며, 염분을 구할 수 있다.

염류	염화 나트륨	염화 마그네슘	기타	합계
35‰인 해수 속 함량(g)	27.2	3.8	4.0	35
50‰인 해수 속 함량(g)	38.9	5.4	5.7	50

Q3 바닷물 10kg 속에 염류가 355g 녹아있다면 이 바닷물의 염분은 얼마인가?

Q4 바닷물 100g을 증발시켰더니 3.5g의 염류가 남았다. 이 바닷물의 염분을 구하시오.

---

❶ 염류의 공급원들

공급처	과정	원소
암석의 풍화	화학적 풍화로 물에 녹은 암석 물질들이 강을 따라 바다로 전달(25억 톤/년)	나트륨, 마그네슘, 칼륨, 칼슘
지구 내부	화산 폭발을 통해 용존 기체들이 해수로 방출	염소, 황

❷ p.s.u. (practical salinity unit)

- 15℃, 1기압의 해수에서 전기가 흐르는 정도를 측정한 값으로서 천분율(‰)과 거의 같은 값이다.
- 최근 해양 학자들은 천분율(‰)을 사용하지 않고 단위를 붙이지 않는 실용 염분 단위(p.s.u.)를 사용한다. → 대양의 평균 염분 : 35 p.s.u

❸ 세계 해양의 염분 분포

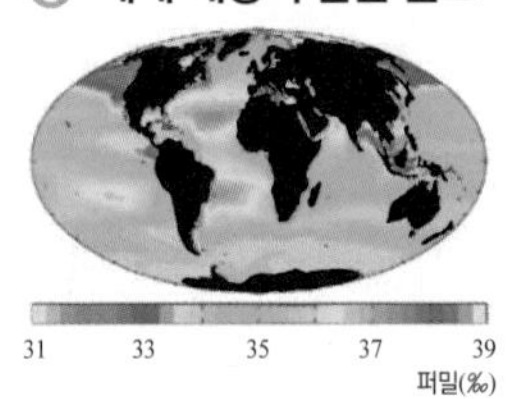

❹ 염분과 증발량-강수량의 관계

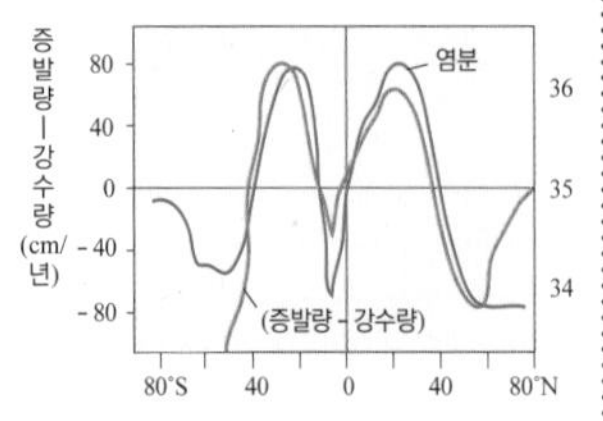

- 해수의 염분은 증발량-강수량 값(증발량과 강수량의 차)이 클수록 커진다.
- 중위도(30°~ 40°)는 지구 대기의 순환 과정에서 공기가 하강하는 지역으로서 고기압대가 형성되어 다른 위도보다 강수량이 적고 증발량이 많은 날씨가 많기 때문에 증발량-강수량의 값이 크다.

❺ 세계 해양의 염분 분포

▲ 염분이 높은 사해 바다에 떠 있는 사람

해수면의 염분은 지역에 따라 다르게 나타난다. 일반적으로 증발량이 강수량보다 많은 곳이나 고립된 바다(지중해, 홍해, 페르시아만 등)에서는 염분이 높게 나타난다.

바다	사해	홍해	흑해	발트해
염분(‰)	200	45	20	7

(2) 해수의 온도

① 표층 수온의 특징 및 위도별 분포

- 수온은 해수면에 입사하는 태양 복사 에너지량의 영향을 가장 크게 받는다.
  → 적도 해역에서 가장 높고 고위도로 갈수록 낮아진다.
- 해수 표면의 최고 온도는 육지 수온의 최고 온도보다 값이 적으며, 육지 수온보다 조금 더 늦게 수온의 최고 값이 나타난다.
  → 북반구에서 태양 복사 에너지량은 하지(6월 21일경)에 최대이고, 해수 표면의 최고 온도는 약 1개월 후에 나타난다.

▲ 해양 수온 분포 위성 사진

▲ 전 세계 해양 표층 수온 분포

② 수온의 연직 분포

해수의 연직 분포	해수의 깊이(m)	특징
혼합층	0 ~ 약 150	• 햇빛에 의한 가열과 바람에 의한 혼합 작용으로 수온이 일정한 층이다. • 바람이 강하면 두껍게 발달한다.
수온 약층[6]	약 150 ~ 1000	• 깊이에 따라 수온이 급격하게 낮아지는 층이다. • 깊은 곳이 차가우므로 매우 안정하여 해수의 연직 대류가 일어나지 않는다. • 혼합층과 심해층 사이의 해수의 교류를 차단한다.
심해층	1000 ~	햇빛이 거의 도달하지 않아 수온이 낮고 연중 수온 변화가 거의 없는 층이다.

③ 위도에 따른 해수의 연직 분포[7]

위도	해수의 연직 분포
고위도	태양 복사 에너지를 적게 받아 표층과 심층의 수온차가 거의 없기 때문에 표층 수온이 낮고 해수의 층상 구조가 나타나지 않는다.
중위도	위도 30˚부근은 바람이 강하게 불기 때문에 혼합층의 두께가 가장 두껍다. 해류의 영향으로 따뜻한 표층수와 차가운 심층수 사이의 온도차가 뚜렷하여 수온약층의 두께가 상대적으로 두껍다.
저위도	태양 복사 에너지를 많이 받아 표층 수온이 높고, 바람이 약해 혼합층의 두께가 얇으며, 연중 온난한 기후 조건에서 표층수와 심층수 사이의 수온 차이가 크지 않아 수온약층이 얇게 형성된다.

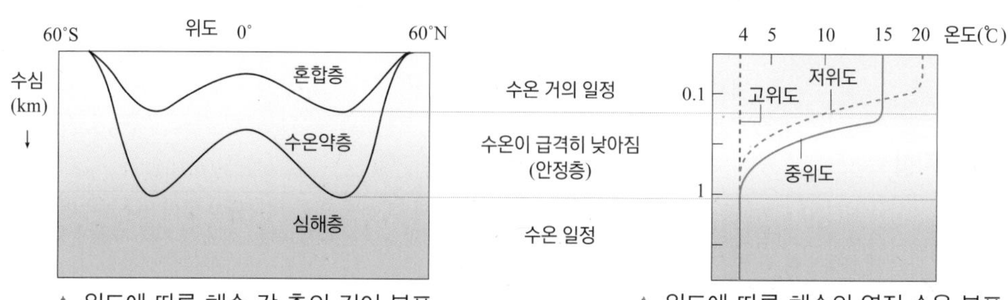

▲ 위도에 따른 해수 각 층의 깊이 분포
▲ 위도에 따른 해수의 연직 수온 분포

Q5 염분 35‰ 의 바닷물을 증발시켜 140kg의 염류를 얻으려 할 때 필요한 바닷물의 양(kg)은?

Q6 우리 몸의 혈액 1g에는 염류가 0.009g 들어있다. 혈액의 염분은 몇 ‰일까?

Q7 바닷물에 녹아 있는 물질이 아닌 것은?

a. 소금 b. 화산 기체 분출물 c. 대기 중의 기체 성분 d. 화산 쇄설물 e. 금과 은

Q8 수온이 가장 높은 지점은 위도 몇도 부근인가?

Q9 수온의 위도별 분포에 가장 큰 영향을 주는 것은 무엇인가?

⑥ 수온 약층

- 혼합층 아래로 수심이 깊어질수록 온도가 빠르게 변하는 층으로서 전체 해양의 18% 정도를 차지하며, 계절[8]과 위도에 따라 달라진다(극지방에서는 존재하지 않음).
- 위쪽이 따뜻하고 아래쪽이 차가운 안정 구조를 보이고 있어 물질의 연직 교류가 일어나지 않는다.

⑦ 해수 온도의 연직 분포

해면에 도달한 태양 복사 에너지는 깊이 10m까지 85%가 흡수되며, 100m 정도까지 98%의 에너지가 흡수된다. 따라서 100m 이상의 깊이에서는 햇빛이 거의 차단된다.

⑧ 계절에 따른 해수의 연직 수온 분포

- 겨울철은 바람이 강해 해수의 혼합 작용이 활발하므로 혼합층이 발달한다.
- 혼합층의 수온은 태양 복사 에너지량이 많은 여름철에 올라간다

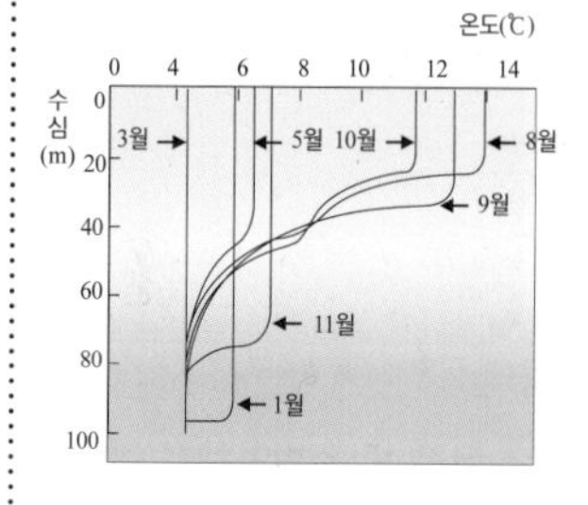

위도와 수심에 따른 해수의 밀도 분포

해수의 밀도는 수온이 높은 적도 해역에서 가장 작고, 수온이 낮은 극지방 해역에서 가장 크다. 수심이 깊어짐에 따라 밀도가 증가하는데, 특히 수온 약층에서 급격히 증가하고, 심해층에서는 거의 일정하게 나타난다.

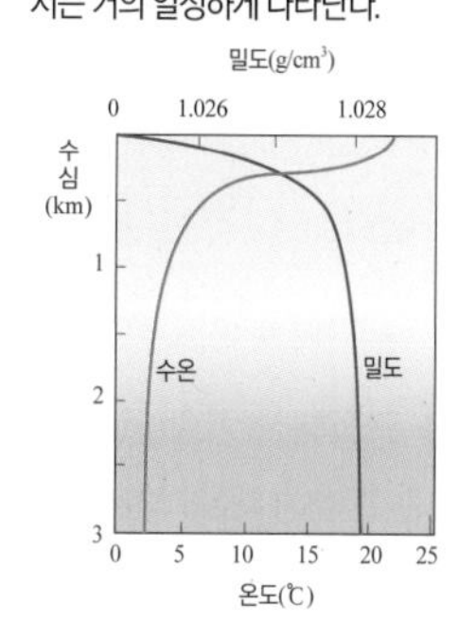

❶ **대륙붕의 특징**

- 수심이 비교적 얕아서 햇빛이 통과할 수 있으므로 식물체의 성장이 가능하다.
- 담수와 염수가 혼합되는 해역으로 어장이 형성되기에 적합하다.
- 퇴적층이 발달하여 석유나 천연가스와 같은 천연 자원이 풍부하다.

해양 지각의 나이와 수심

해령에서 생성된 해양 지각이 양쪽으로 이동하기 때문에 해령에서 멀어질수록 나이가 많아진다. 또한, 해령에서 멀어질수록 수심도 깊어진다.

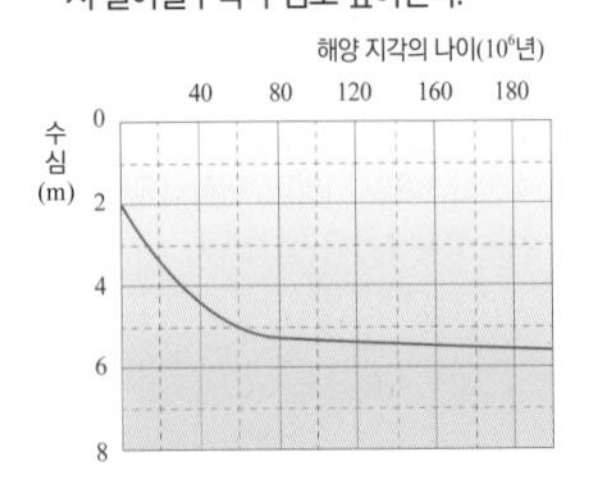

❷ **해령의 열수구**

해령의 정상을 따라 발달한 열곡에서는 해저 화산 활동이 활발하며, 400℃ 이상의 뜨거운 해수를 뿜어내는 열수구가 존재한다. 열수구 주변에는 다양한 해양 생물이 서식하고 있다.

▲ 열수구

우리나라 주변의 해저 지형

동해	수심 평균 1684m, 폭 좁은 대륙붕, 대륙사면, 해저 분지 존재
황해	한반도와 중국 대륙, 평균 수심 44m, 대륙붕으로만 구성
남해	수심 100m 내외의 대륙붕, 남동쪽으로 갈수록 수심 증가

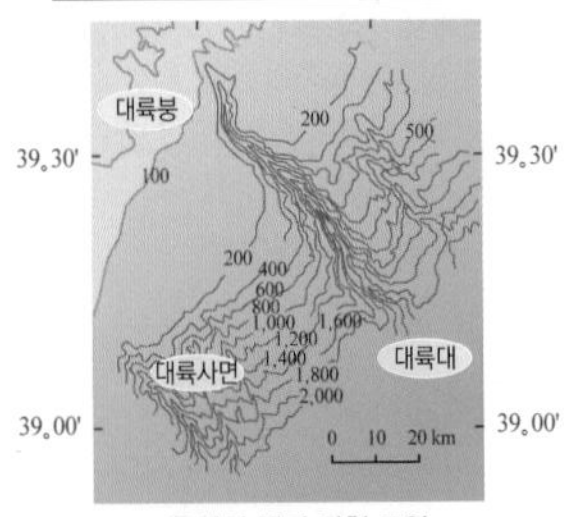

▲ 동해의 해저 지형 모양

❸ **평정해산**(기요(guyot))

해저면 근처에서 파도와 바람에 의해 화산섬의 정상부가 침식된 후, 지각이 침강하면서 현재의 해수면 아래로 잠긴 해산(해산은 심해저 평원에 솟아 있는 원뿔형의 해저 지형이다.).

(3) 우리나라 주변의 표층 염분과 수온

표층 염분	• 강수량이 많은 여름철이 겨울철보다 낮다. • 육지에 가까울수록 하천수의 유입이 많아 낮고, 먼 바다일수록 높다. • 계절에 관계없이 황해에서 가장 낮고(황해의 하천수 유입량이 동해보다 큼), 남해는 쿠로시오 난류의 영향으로 높게 나타난다.
표층 수온	• 등수온선은 위도와 나란하고, 육지와 가까운 곳은 육지 영향으로 해안선과 나란하게 형성된다. • 난류(쿠로시오 해류)의 영향으로 2월 동해의 수온은 같은 위도 상의 황해보다 높으며, 남해는 연중 가장 높다. • 수온의 연교차는 황해가 가장 크며, 남북 간의 수온차는 겨울철이 여름철보다 크다.

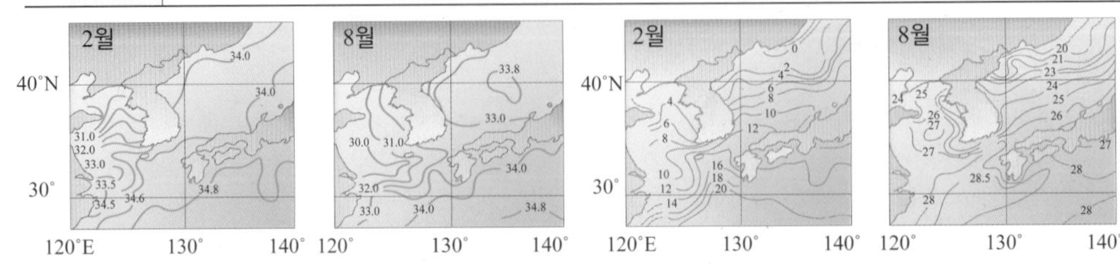

▲ 우리나라 주변 표층 염분 ▲ 우리나라 주변 표층 수온

Q10 다음 중 염분이 낮게 나타나는 곳을 있는 대로 고르시오.

a. 강물이 유입되는 곳 b. 해수가 어는 곳
c. 해수의 증발이 잘 일어나는 곳 d. 비가 많이 오는 곳

Q11 우리나라 주변 바다에서 염분이 항상 가장 낮게 나타나는 바다는 어디인가?

4. 해저 지형

(1) 해저 지형의 특징

해저 지형은 대륙붕❶, 대륙 사면, 대륙대, 해구, 심해저 평원, 해령❷, 해산과 평정해산으로 이루어져 있다. (단, 모든 해양에서 이와 같은 지형이 모두 나타나는 것은 아니다.)

① 해저 지형의 조사 방법

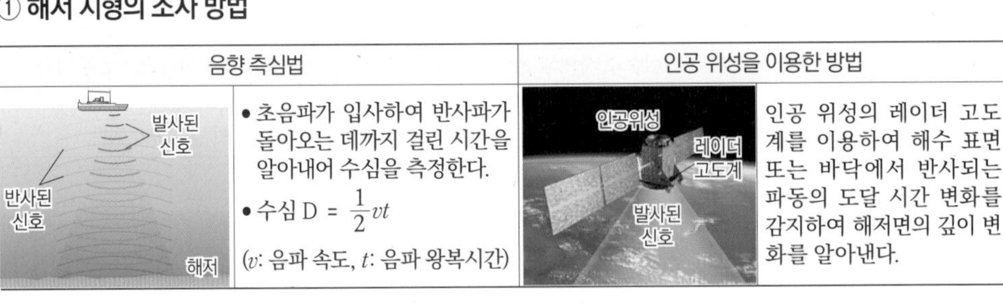

음향 측심법		인공 위성을 이용한 방법	
	• 초음파가 입사하여 반사파가 돌아오는 데까지 걸린 시간을 알아내어 수심을 측정한다. • 수심 D = $\frac{1}{2}vt$ (v: 음파 속도, t: 음파 왕복시간)		인공 위성의 레이더 고도계를 이용하여 해수 표면 또는 바닥에서 반사되는 파동의 도달 시간 변화를 감지하여 해저면의 깊이 변화를 알아낸다.

② 해저 지형

대륙붕	수심 200m 이하로 경사가 거의 없는 평탄한 지형이다. 하천에 의한 퇴적물이 쌓이거나 해수면의 상승과 파도의 침식 작용에 의해 운반된 퇴적물이 쌓여 만들어진 지형이다. 석유 등 지하 자원이 풍부하게 묻혀 있다.
대륙사면	경사 3 ~ 6°, 해저 협곡이 발달한다.
대륙대	대륙사면의 기슭으로부터 완만한 경사를 이루면서 심해저로 이어지는 지형
해구	수심이 7000 ~ 10000m 정도인 좁고 긴 골짜기 형태의 지형이다.
심해저 평원	• 수심이 3000 ~ 6000m인 거의 평탄한 지형이며, 해산과 평정해산❸ 등 분포한다. • 망간이 주성분인 덩어리인 **망가니즈 단괴**는 심해저에서만 발견되며, 전 세계 해양 전역에서 발견된다.
해령	• 심해저에서 길게 발달한 해저 산맥으로 해령의 정상을 따라 열곡이 발달한다. • 화산활동이 활발하며, 이곳을 중심으로 양쪽으로 해양 지각이 확장되어 나간다.

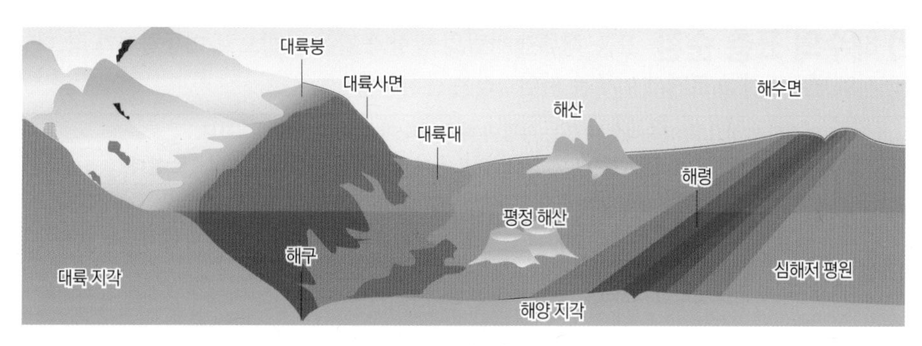

▲ 해저 지형

(2) 태평양과 대서양의 해저 지형 비교

태평양형	대서양형
• 대륙대가 나타나지 않으며, 해구가 발달함 • 동태평양해령에서 멀어진 해양판이 대륙판과 충돌하여 해구, 습곡 산맥, 호상 열도 등 형성	• 대륙대가 발달하며, 해구가 나타나지 않음 • 대서양중심해령으로부터 남아메리카 판과 아프리카 판이 서로 멀어짐
호상열도, 해구, 마그마, 해령, 판 1, 판 2	대륙대, 해령, 판 1, 판 2

Q12 해저 지형의 대부분을 차지하는 지형의 이름은 무엇인가?

Q13 대서양에는 없지만 태평양에는 잘 발달되어 있는 해저 지형은 무엇인가?

a. 해구　　b. 심해저평원　　c. 해령

Q14 우리나라 황해와 남해에 있는 해저 지형은 주로 무엇으로 되어 있는지 쓰시오.

5. 해수의 순환

(1) 해류[1] 바다에서 일정한 방향과 속력으로 흐르는 해수의 흐름이다.

① 발생 원인

바람	해수면 위에서 지속적인 바람이 불면 바람과 해수면 사이의 마찰에 의해 해수 표층의 흐름이 발생한다. 예 표층 해류
밀도 차	수온과 염분의 변화로 깊이에 따른 밀도 차가 생기면 해수면의 연직 방향으로 해수의 흐름이 발생한다. 예 심층류

② 해류의 종류

• 이동 방향과 수심에 따른 분류

구분	특징
표층 해류	해수 표면에서 흐르는 해류로서, 대기 대순환에 의한 바람과 해수면 사이의 마찰에 의해 발생한다. 예 북적도 해류, 남적도 해류
심층 해류	수온약층 아래의 수심이 깊은 곳에서 매우 느리게 흐르는 해류로서, 수온과 염분의 차이에 의한 밀도 차에 의해 발생한다.

• 수온에 따른 분류 : 물은 온도가높을수록 염류가 많이 녹고, 기체는 적게 녹는다.

구분	이동 방향	수온	염분	용존 산소[2]	영양 염류[3]	예
난류	저위도 → 고위도	높다	높다	적다	적다	쿠로시오 해류, 멕시코 만류, 북대서양 해류
한류	고위도 → 저위도	낮다	낮다	많다	많다	캘리포니아 해류, 카나리아 해류

해양 지각의 생성과 확장

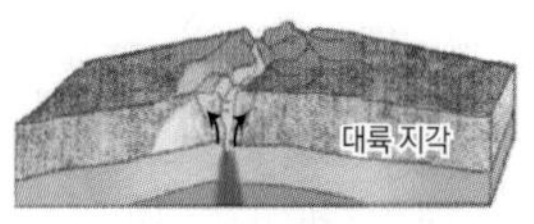

① 판이 갈라지는 초기 단계 : 지각이 가열되어 부풀어 솟아오르면서 갈라진다.

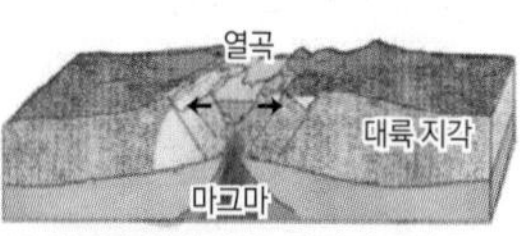

② 열곡의 형성 단계 : 갈라진 지각 틈에 열곡이 형성된다.

③ 해령의 형성 단계 : 해양 지각과 새로운 바다가 형성되고, 침식 작용으로 육지의 가장자리가 낮아진다.

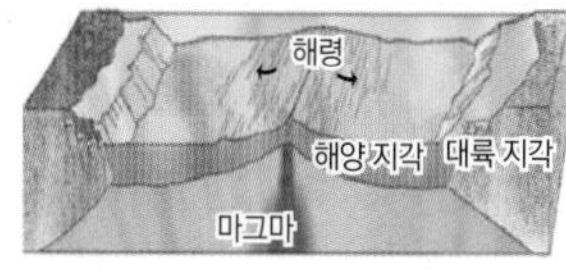

④ 대양의 형성 단계 : 해양 지각이 이동하며 해저가 확장되고, 침식 작용으로 얇아진 지각이 식어서 바다 밑으로 가라앉아 바닥을 형성하며 대양이 형성된다.

1 해류와 파도

해류는 물의 흐름이며, 물 입자가 직접 이동하는 것이지만, 파도는 해수면의 기압 변동이나 대기와 해수의 마찰에 의해서 해수면이 주기적으로 상하 운동을 하면서 물 입자의 진동이 전달되는 파동의 일종이다.

2 용존 산소

- 물속에 녹아 있는 산소의 양으로 써 수질의 지표로 사용된다.
- 플랑크톤 등의 생물이 이상 증식하는 적조 현상이 일어나면 용존 산소량이 감소한다.
- 난류에 비해 한류는 수온이 낮아 용존 산소량이 많다.(기체는 용매의 온도가 낮을수록 더 많이 녹는다.)

3 영양 염류

- 식물성 플랑크톤이나 해조류가 증식하기 위한 영양원에 해당하는 질산염, 규산염, 인산염 등이다.
- 난류보다 한류에 많은 이유는 수온 약층이 발달하지 않은 차가운 고위도 바다에서 해수의 연직 혼합으로 심층의 풍부한 영양 염류가 표층으로 올라올 수 있기 때문이다.

(2) 해수의 표층 순환

표층 해류가 바람의 방향과 같은 방향으로 이동하다가 각 대양에서 서로 연결되어 흐르면서 이루는 자연스러운 순환이다.

원인	일정한 방향으로 지속적으로 부는 바람이 해수면과 마찰을 일으켜 발생한다. → 지구 대기권에서는 대기의 순환으로 위도에 따라 일정한 바람이 지속적으로 분다.
특징	• 적도를 경계로 북반구와 남반구가 대칭적인 분포를 나타낸다. • 해류는 서로 연결되어 고리 모양의 순환을 이룬다.(대륙에 의해서 흐름이 막힌 해류는 남쪽이나 북쪽 방향으로 흐름 → 북반구에서는 시계 방향, 남반구에서는 반시계방향) • 지구 자전과 지형의 영향으로 복잡한 순환 형태를 나타낸다. • 저위도에서 고위도로 흐르는 해류는 난류, 고위도에서 저위도로 흐르는 해류는 한류이다.
역할	• 지구 전체 에너지 평형에 기여한다. → 해수에 의해 저위도의 따뜻한 해수(열에너지)가 고위도로 운반(난류), 고위도의 차가운 해수가 저위도로 운반(한류)됨 • 해류가 흐르는 과정에서 대기와의 상호 작용으로 날씨와 기후[4]에 영향을 미친다.

• 순환의 유형

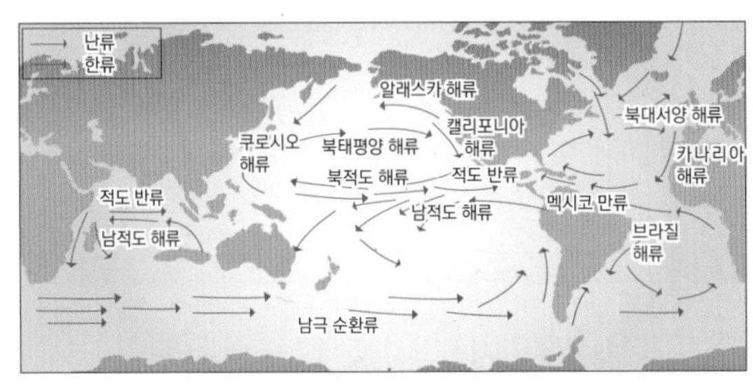

▲ 전세계 표층 해류의 순환

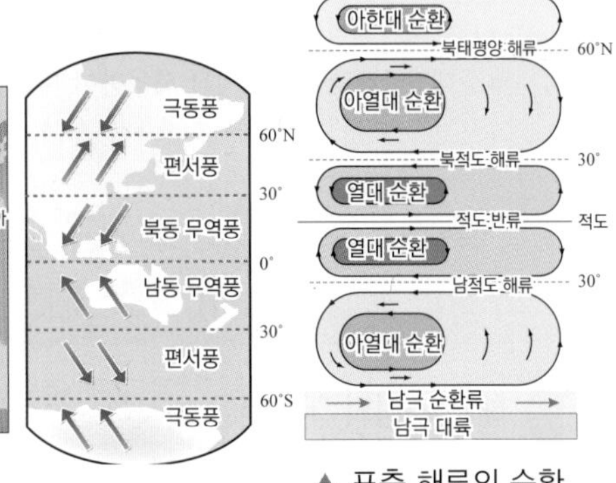

▲ 표층 해류의 순환

아한대 순환	편서풍에 의한 순환류가 해양의 동쪽에서 고위도로 이동하고, 극동풍에 의해 서쪽으로 흐르는 순환이다.
아열대 순환	무역풍에 의한 적도 해류가 서쪽으로 흐르고, 편서풍에 의한 순환류가 동쪽으로 흐르는 순환이다.
열대 순환	무역풍에 의한 적도 해류가 서쪽으로 흐르고, 해양의 서쪽에 쌓인 해수로 인한 경사류인 적도 반류[5]가 수면이 낮은 동쪽으로 흐르는 저위도에서의 순환이다.

• 경계류 : 동서 방향으로 흐르던 해류가 대륙과 부딪혀서 남북 방향으로 흐르는 해류이다.

구분 / 경계류	유속	폭	깊이	물 수송량	수온 특성	예
서안 경계류[6]	빠르다	좁다	깊다	많다	난류	쿠로시오 해류, 멕시코 만류, 북대서양 해류
동안 경계류	느리다	넓다	얕다	적다	한류	캘리포니아 해류, 카나리아 해류

Q15 북태평양에서 편서풍 때문에 만들어지는 해류와 무역풍 때문에 만들어지는 해류의 이름을 각각 쓰시오.

(3) 해수의 심층 순환

원인	• 해수의 밀도[7]가 증가하여 가라앉으면서 연직 방향으로 해수의 흐름이 발생한다. → 해수 표면에서 수온이 낮아지거나 염분이 높아지면 해수 밀도 증가하여 가라앉는다.
특징	• 표층 순환과 심층 순환은 컨베이어 벨트처럼 서로 연결된다. • 침강하는 표층 해수의 표면적은 작지만(전해양의 0.001%) 전체 심층수로 퍼진다.(75%)
역할	• 지구 전체 에너지 평형에 기여하며, 각 해양의 수온을 일정하게 유지시킨다. → 저위도에서 고위도로 이동하며 고위도에 열을 공급한다.
심층류의 종류	• 남극 저층류 : 남극 대륙 주변에서 표층수가 냉각되고 침강하여 형성된다. • 북대서양 심층류 : 그린란드 해역에서 냉각된 표층수가 침강하여 형성되며 대서양 심해를 흐른다. • 지중해 심층류 : 증발량이 커서 표층수의 밀도가 커지면 가라앉아 심층수를 형성하고 대서양 심해로 흘러나간다.

④ 난류와 주변 기후

쿠로시오 난류는 저위도에서 태평양 북쪽으로 열을 수송하고 있다. 이는 한류가 지배하는 같은 위도 지역보다 따뜻한 기후를 만든다.

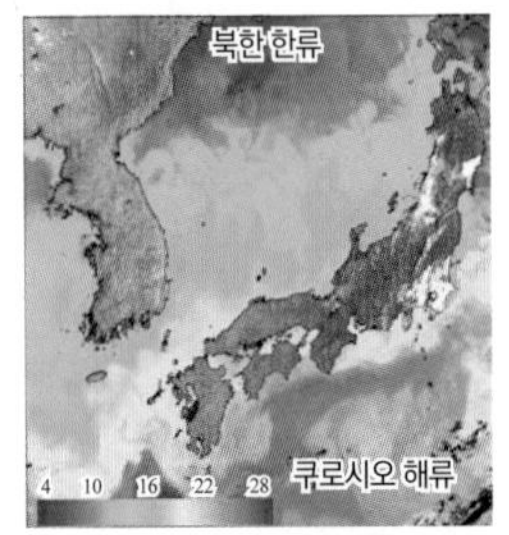

해수 표면 온도(℃)

▲ 2005년 일본 동남쪽 해안의 표층 수온을 보여주는 위성 사진

⑤ 적도 반류와 경사류

- 경사 반류 : 바람이나 기압, 강물의 유입 등에 의해 해수면에 경사가 발생한 후 다시 평형 상태로 되돌아갈 때 흐르는 해류
- 적도 반류 : 무역풍에 의해 발생하는 경사류

⑥ 서안 경계류

지구 자전에 의한 영향(전향력)이 고위도로 갈수록 커지기 때문에 아열대 순환의 중심이 해양의 서쪽으로 치우쳐서 해양의 서쪽에는 동쪽보다 강한 해류의 흐름이 나타나는데 이를 서안 경계류라고 한다.

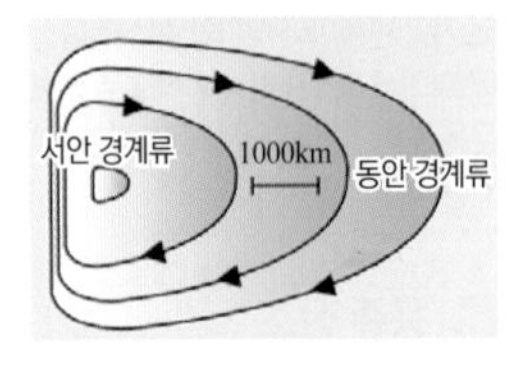

⑦ 해수의 밀도

해수의 밀도는 염분이 높을수록, 수온이 낮을수록, 수압이 클수록 크다. 따라서 해양은 밀도가 큰 심해층 위에 밀도가 작은 혼합층이 놓여진 안정한 구조를 이루고 있다. 그러나 냉각, 염분 증가 등에 의해 표층 해수의 밀도가 커지게 되면 해수의 연직 이동이 일어난다.

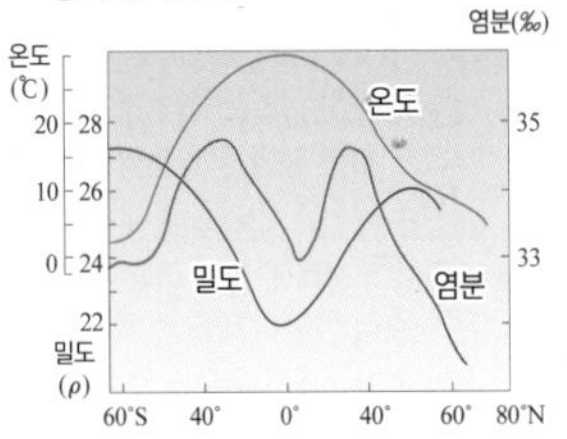

해수 순환의 기능	
열(에너지) 운반	저위도의 남는 열(에너지)을 고위도로 운반한다.
주변 기후에 영향	난류가 흐르는 지역은 같은 위도의 다른 지역보다 따뜻하고, 한류가 흐르는 지역은 같은 위도의 다른 지역보다 춥다.
산소와 영양 염류 운반	• 표층수가 가라앉을 때는 표층에서 심층으로 산소를 공급한다. • 심층수가 떠오를 때는 심층에서 표층으로 영양 염류를 공급한다.

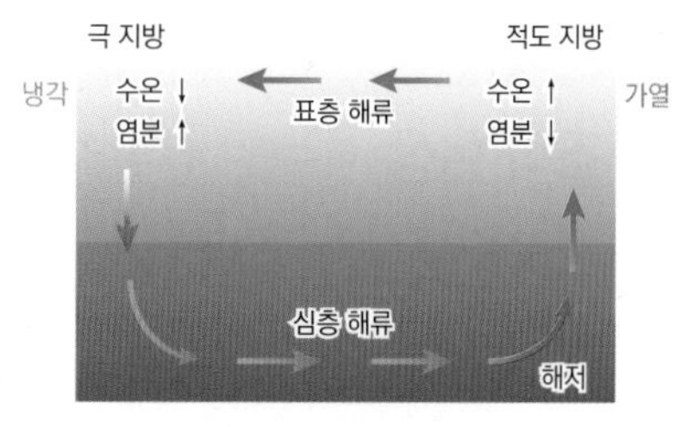

▲ 해수의 심층 순환

▲ 세계 주요 심층 순환[8]

① 북대서양에서 표층수가 차가워지고 무거워지면 가라앉는다.
↓
② 심층을 따라 천천히 흐른다.
↓
③ 따뜻해진 물이 인도양과 태평양 부근에서 표면으로 서서히 상승한다.
↓
④ 표층을 따라 북대서양으로 되돌아온다.

Q16 우리나라보다 위도상 북쪽에 위치한 영국이나 북유럽 겨울의 기후가 우리나라보다 따뜻하다. 그 이유는 무엇인지 쓰시오.

Q17 용존 산소량과 영양 염류가 많아 어족 자원이 풍부한 해류는 한류인지 난류인지 쓰시오.

(4) 우리나라 부근의 해류

우리 나라 주변 바다는 북태평양의 서쪽 해역을 따라 흐르는 쿠로시오 해류(난류)의 영향을 가장 크게 받으며, 오호츠크 해에서 아시아 대륙의 동쪽 연안을 따라 남하하는 리만 해류(한류)의 영향을 받는다.

한류	리만 해류	• 우리나라 주변 한류의 근원이 되는 해류이다. • 오호츠크해에서 연해주를 따라 남하하여 동해로 흐르는 해류이다.
	북한 한류	리만 해류의 일부가 갈라져서 동해로 흐르는 해류이다.
난류	쿠로시오 해류	• 우리나라 주변 난류의 근원이 되는 해류이다. • 북태평양의 서쪽 해역에서 북상하는 해류이다.
	황해 난류	쿠로시오 해류가 제주도 남쪽 부근에서 황해로 흐르는 해류이다.
	동한 난류	• 쿠로시오 해류에서 갈라진 쓰시마 해류의 일부가 동해 남부에서 다시 갈라져서 우리나라 동해안을 따라 북상하는 해류이다. • 겨울철 동해안의 기온이 서해안보다 더 높게 나타나는 원인이 되는 해류이다. • 수온과 염분이 높으며, 용존 산소와 영양 염류는 적다.
조경 수역		• 동해안의 북한 한류와 동한 난류가 만나는 곳에 형성 • 해수의 연직 운동이 활발하게 일어나므로 영양 염류가 풍부하고 물고기들의 먹이가 되는 플랑크톤이 풍부하여 한류성 어종(대구, 청어, 숭어, 명태, 연어 등)과 난류성 어종(갈치, 멸치, 오징어, 조기, 고등어, 꽁치 등)이 풍부하다. → 한류성 어종과 난류성 어종이 함께 존재하므로 좋은 어장이 형성된다. • 겨울철에는 북한 한류의 세력이 강해 원산 근해에서 형성되고, 여름철에는 동한 난류의 세력이 강해져 울진 근해에서 형성된다.

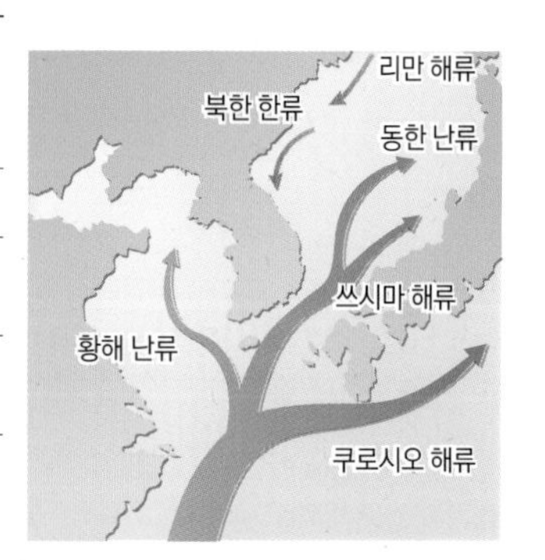

▲ 우리나라 부근의 해류

▲ 우리나라 근해의 주요 어장

Q18 해류 중 우리나라에 황해 난류와 동한 난류를 가져오는 해류의 이름을 쓰시오.

Q19 부산에서 금강산 입구까지 보트를 타고 가려면 어떤 해류를 이용하면 좋을지 쓰시오.

⑧ 심층 순환

수온과 염분의 차이에 의해 밀도의 차이가 발생하면 밀도가 커진 해수가 아래쪽으로 침강하여 수온 약층 아래에서도 해류가 흐르며 이를 심층 해류라고 한다. 심층 해류의 순환은 속도가 매우 느리지만 대기나 표층 해류와 같이 열을 수송할 뿐만 아니라 심해에 산소를 공급하는 역할을 한다. 이러한 해류에는 중층류, 심층류, 저층류가 있다.

중층류	표층류 밑(수심 1000m)을 양극에서 적도로 흐르는 해류
심층류	중층류 아래(수심 1.2~4km)를 북극에서 남극으로 흐르는 해류
저층류	수심 4km 이하의 심해의 밑 부분에서 고위도에 저위도로 흐르는 해류

남극 대륙을 중심으로 본 표층 순환과 심층 순환

- 심층 순환은 고위도 해수 어디서나 나타나는 것이 아니다. 아래로 가라앉아 심층수를 형성하는 해역은 남극 대륙 주변의 웨델 해, 그린란드 동쪽 해안, 라브라도 해, 지중해가 있다.
- 심층수의 상승 속도는 하루에 1cm정도로 매우 느리고 해수면까지 올라가는 데는 약 1000년 정도 걸린다.

수온과 염분에 따른 해수의 밀도

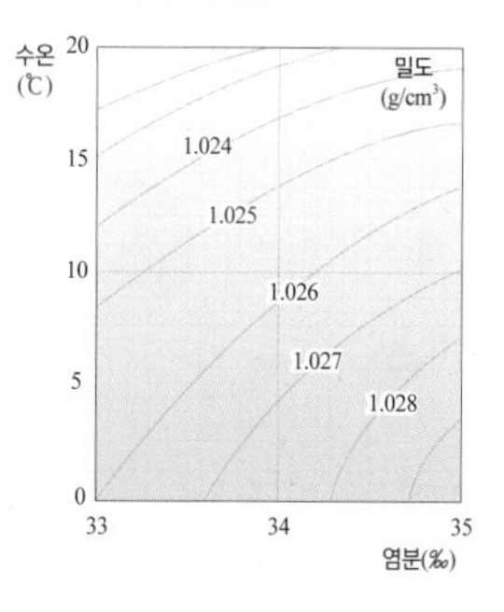

6. 조석 현상

(1) 조석 현상 해수면이 하루에 2번씩 주기적으로 높아졌다 낮아졌다 하는 현상을 말한다.

① **조류** : 조석 현상에 의해 수평 방향으로 생기는 바닷물의 흐름이다.

밀물	해수면이 높아질 때 바닷물이 해안으로 흘러 들어오는 흐름
썰물	해수면이 낮아질 때 바닷물이 바다 쪽으로 빠져나가는 흐름

② **조차**[1] : 만조와 간조 때 해수면의 높이 차로서, 주기[2]는 약 12시간 25분이다.

만조	간조
밀물 때 해수면의 높이가 가장 높아졌을 때	썰물 때 해수면의 높이가 가장 낮아졌을 때

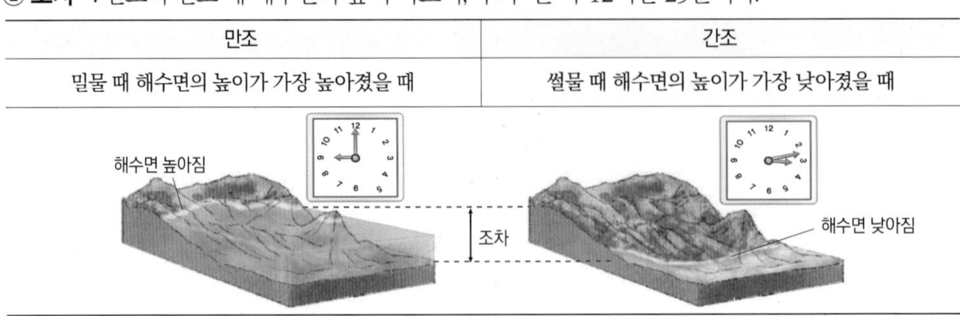

③ **사리와 조금** : 한달 동안 해수면의 높이 변화에서 나타나는 현상이다.

사리	조금
• 한달 중 조차가 가장 클 때를 말한다. • 태양, 지구, 달이 일직선 상에 배열되어 태양과 달의 인력이 같은 방향에서 작용하기 때문(삭, 망일 때)에 나타난다.	• 한달 중 조차가 가장 작을 때를 말한다. • 태양, 지구, 달이 수직으로 배열되어 태양과 달의 인력이 수직 방향에서 작용하기 때문(하현달, 상현달일 때)에 나타난다.
간조 / 망(보름달) / 지구 / 삭(그믐달) / 태양 / 만조	상현달 / 간조 / 지구 / 태양 / 하현달 / 만조

해수면의 높이(mm) 1500, 1000, 500, 0, -500, -1000, -1500 / 초승달 상현달 보름달 하현달 / 5일 15일 25일 음력(일) / 만조 간조 12시간 25분

(2) 조석 현상의 원인 조석 현상을 일으키는 힘은 기조력으로 기조력은 달과 지구 사이의 만유인력과, 지구가 지구와 달의 공통 질량 중심을 돌며 나타나는 원심력의 합력으로 나타난다.

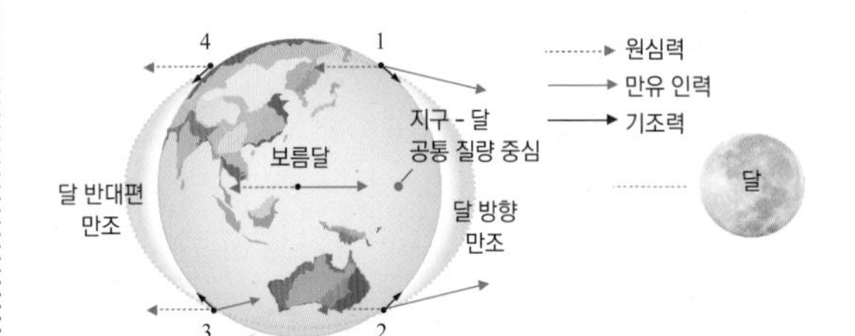

달에 의한 기조력이 태양에 의한 기조력의 2배이며, 기조력은 천체의 질량에 비례하고, 천체까지 거리의 세제곱에 반비례한다.

$$F \propto \frac{M_m}{r^3}$$

(F : 기조력, M_m : 달의 질량, r : 지구 중심에서 달 중심까지 거리)

Q20 해류는 주로 (A)에 의해서 생기고, 조류는 주로 (B)에 의해서 생긴다.

Q21 동해안과 서해안 지역 중에서 조차가 어느 곳에서 더 큰지 쓰시오.

Q22 오전 8시 정각에 만조가 되었다면 다음 간조가 일어나는 것은 몇 시 몇 분 경인가?

❶ **우리나라의 조차 (동일 위도 두 지점 비교)**

▲ 인천 지역(황해)

▲ 묵호항(동해)

비슷한 위도에서 동해보다 황해의 조차가 훨씬 크다. 서해의 수량이 적어서 조석 현상이 뚜렷하기게 나타나기 때문이다.

❷ **조석 주기**

지구의 한 지역에서 간조(만조)에서 다음 간조(만조)까지 걸리는 시간으로 12시간 25분이다. 지구에서 봤을 때 달이 하루에 13°를 공전하므로 12시간 동안에는 6.5°(25분)를 공전한다. 그 지역이 간조(만조)에서 또다시 간조(만조)가 되려면 지구가 반 바퀴를 자전한 후 6.5°(25분)를 더 자전해야 한다.

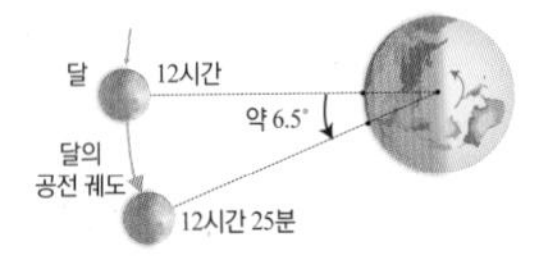

7. 해양 자원과 보존

(1) 해양 자원

구분	내용	사진
수산 생물 및 해수 자원	• 물고기, 조개, 해조류, 소금 등 해양 양식을 통해 얻는 식량(사람이 먹는 동물성 단백질 공급량의 약 $\frac{1}{6}$ 차지)으로 이용되는 자원 • 해수를 직접 이용한 해수 자원 예 해수 담수화 산업, 해양 심층수 이용[1]한 의약품, 화장품, 건강 식품 제조업 등	수산 생물
광물 자원	• 해수 속이나 해저에 퇴적되어 있는 유용한 물질 자원 예 소금, 브로민, 리튬, 마그네슘, 금, 은, 우라늄 등 • 심해저에 분포하는 망가니즈 단괴[2]와 해저 아래에 매장된 석유, 천연 가스 등 화석 연료	망가니즈 단괴와 그 단면
에너지 자원	• 해수의 열이나 운동에서 직접 에너지를 얻는 자원 • 조력 발전 : 밀물과 썰물의 낙차를 이용한 발전 • 파력 발전 : 파도의 힘을 이용한 발전 • 수온차 발전 : 표층과 심층 사이의 수온 차이를 이용한 열에너지 전환 발전(열대 지방)	시화호 조력 발전소
공간	해양 관광 및 레저 활동, 바다 공간을 활용하는 해양 자원	해양 레저 활동

(2) 해양 오염

① 원인

구분	내용
육지에서의 유입	생활 쓰레기, 가축 분뇨, 생활 하수, 산업 폐수 등이 바다로 유입된다. 예 태평양의 쓰레기 섬(플라스틱 아일랜드)
유류 오염	해양 오염 중 생태계에 가장 문제가 되는 것으로 유조선이나 선박 등의 기름 유출 사고로 인하여 발생
바다의 매립	간척 사업으로 갯벌과 바다를 매립하여 농지로 만드는 과정에서 연안 생태계가 파괴되고 해양 환경이 훼손된다. 예 우리나라의 시화호, 새만금

▲ 산업 폐수의 유입

▲ 유조선의 기름 유출

▲ 태평양의 쓰레기 섬

② 피해

구분	내용
적조 현상	해수에 플랑크톤이 과도하게 번식하여 용존 산소가 부족해져서 어패류가 질식사한다.
중금속 중독	중금속이 축적된 해양 생물을 섭취한 사람에게 심각한 질병이 발생한다.

(3) 해양 자원의 개발과 보존

① **해양 자원 개발 기술력 증진** : 빠르게 고갈되는 육상 자원의 대안을 해양 자원의 개발에서 찾을 수 있다. 최근 어획량의 급감, 폐수로 인한 오염, 기름 유출 등 해양 환경이 악화되고 있으므로 지속적인 투자와 개발로 무한한 잠재력을 지닌 해양 자원 개발 기술력[3]을 증진시켜야 할 것이다.

② **친환경 에너지 자원 개발** : 대부분 에너지 자원은 매장량이 제한되어 있을 뿐만 아니라 탄소 배출로 인한 환경 문제가 수반된다. 화석 연료를 대체할 수 있는 친환경 에너지 자원의 개발은 지구상의 모든 생명체가 공존할 수 있는 대안이 될 수 있다.

③ **해양 자원 보존의 필요** : 한번 오염되면 원래 상태로 복구하는데까지 오랜 시간과 경비가 낭비되기 때문에 사전 예방이 필요하다.

예 하수처리 시설 건설, 수질 및 토양 오염 방지 노력, 쓰레기 투기 금지, 해양 자정능력 활용(갯벌이나 산란지 보호, 청정 해역 설정), 해양 사고에 빠르게 대처하기, 해양오염 방지를 위한 국제조약 준수 등

---

1 심층수 이용 제품

- 해양 심층수는 태양광이 도달하지 않는 수심 약 200m 이하의 해수로 육지나 대기의 화학 물질과 접촉될 기회가 없어 세균 및 병원균 등이 거의 없는 것으로 알려졌다.
- 미네랄 및 영양 염류가 풍부한 청정 해수로 생체 발육에 필요한 원소와 미네랄을 균형 있게 포함하고 있다.
- 최근 해양 심층수는 단순히 마시는 것 외에 각종 식품, 기능성 소금, 주류, 화장품 등의 재료로 이용되고 있다.

2 망가니즈 단괴

- 수천 m 깊이의 심해저에 분포하는 흑갈색의 둥글둥글한 금속 광물 결집체이다.
- 산업 분야에서 핵심 소재로 쓰이는 망가니즈뿐만 아니라 구리, 니켈, 코발트와 같은 유용한 금속 광물을 약 40여 종 함유하고 있다.
  → 망가니즈 단괴는 '바다의 보물'로 불린다.
- 해수에 녹아 있는 화학 물질들이 단괴의 핵을 중심으로 침전되며 성장한 것으로 태평양에서만 약 1.7조 톤 이상 매장되어 있는 것으로 추정된다.

3 물 부족 해결, 해수 담수화

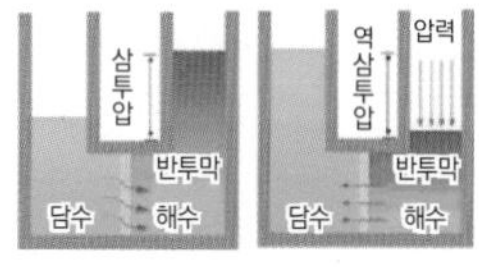

▲ 역삼투법

- 20세기는 석유가 중요한 자원이었지만 21세기는 물이 중요한 자원이 되고 있다. 물을 확보하기 위한 담수화 기술은 증발법과 그림과 같은 역삼투법이 있다.
- 역삼투법은 해수에 압력을 가할 때 물은 통과하지만 염분 등은 통과하지 않는 반투막을 이용하여 담수를 얻는 기술이다.

탐구 Ⅰ 해수의 연직 수온 분포

탐구 과정 이해하기

① 온도계를 수심에 따라 설치한 이유는 무엇인가?

② 전등을 켠 후 수심에 따른 수온 변화는 어떻게 나타나는가?

③ 부채질한 후 측정한 수온은 어떤 변화를 보이겠는가?

실험 과정 |

준비물 물이 든 수조, 스탠드, 클램프, 온도계 5개, 백열 전구

❶ 그림 (가)와 같이 수조에 5cm의 깊이 간격으로 온도계를 설치한다.

❷ 전등을 켜지 않고 깊이에 따라 수온을 측정하여 기록한다. - A

❸ 전등을 켜고 20분 후의 온도를 깊이에 따라 측정하여 기록한다. - B

❹ 부채질을 한 후, 깊이에 따른 온도 분포를 측정하여 기록한다. - C

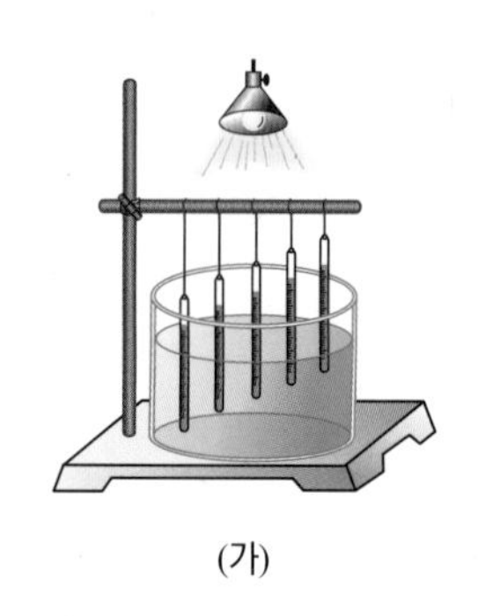

(가)

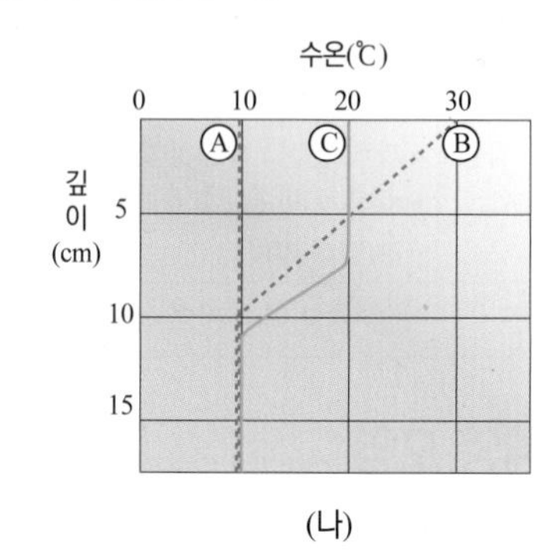

(나)

실험 결과 |

깊이에 따른 수온 측정 그래프 A, B, C를 그림 (나)와 같이 그릴 수 있었다.

가설 설정

이 실험은 무엇을 알아보기 위한 것인지 적절한 가설을 설정해 보자.

결과 해석

1. 전등으로 가열하기 전과 후 수온 변화는 어떻게 달라졌는가? 그 이유는 무엇 때문인가?
2. 부채질은 하면서 수온 분포는 어떻게 달라졌는가? 그 원인은 무엇 때문인가?

일반화

위 실험 결과를 고려할 때 해양과 같은 자연 환경에서는 수심에 따라 혼합층, 수온약층, 심해층으로 구분할 수 있다. 그림에서와 같이 적도 해역에서 혼합층과 수온약층의 두께가 얇게 나타나는 이유를 설명해 보자.

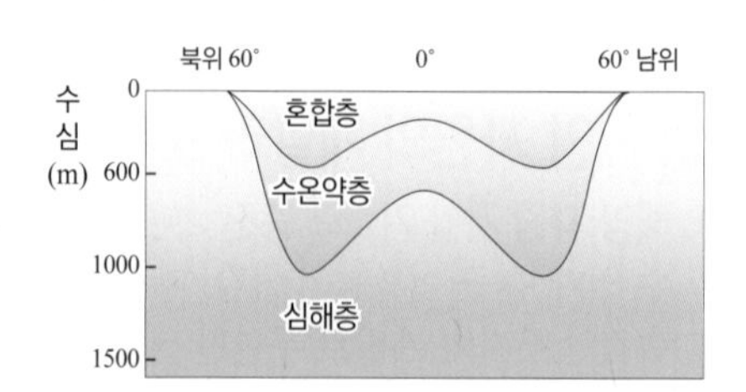

자료 해석 및 일반화

01 해수의 연직 수온 분포로 인해 연직 층상 구조는 (　　　,　　　,　　　)으로 나타나며, 이 중 (　　　)에서는 수심이 깊어짐에 따라 수온이 낮아지며 물질의 (　　　)방향의 이동이 나타나지 않는다.

탐구 II 밀물과 썰물

정답 및 해설 28쪽

조석 현상에서 해수면의 높이차는 어떠할까?

탐구 과정 이해하기

탐구 1 | **다음 그래프는 인천 앞바다에서 11월 3일 하루 동안 해수면의 높이 변화를 측정하여 그린 것이다.**

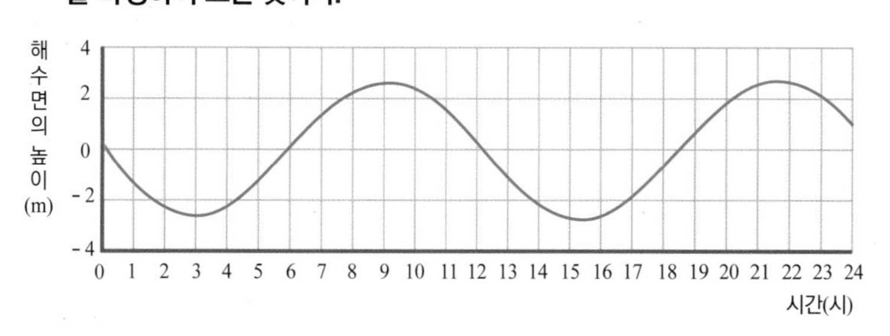

❶ 오전 9시부터 오후 3시까지 바닷물의 높이는 어떻게 되는지 쓰시오.

❷ 오전 11시에 바닷물의 높이는 얼마이며, 이때 바닷물은 어느 방향으로 흐르는지 쓰시오.

❸ 오후 5시에 바닷물의 높이는 얼마이며, 이때 바닷물은 어느 방향으로 흐르는지 쓰시오.

❹ 위 지역에서 하루 동안 바닷물이 흐르는 방향은 어떻게 바뀌는지 쓰시오.

❺ 만조→다음 만조까지 시간은 얼마나 걸리는가? 왜 그런지 설명하시오.

❻ 갯벌에 나가서 조개를 잡으려고 한다. 몇 시에 갯벌이 가장 넓게 드러나는지 쓰시오.

탐구 2 | **다음 〈표〉는 날짜별로 해수면 높이 변화 값을 나타낸 것이다. 표를 그래프로 그려보시오. (단, 가로축은 날짜(일)로 세포축은 해수면의 높이(m)로 하시오.)**

날짜		1	2	3	4	5	6	7	8	9	10	
해수면 높이	최고(m)	1.7	2.1	2.1	2.7	3.1	3.4	3.6	3.7	3.6	3.6	
	최저(m)	-2.3	-2.3	-2.6	-3.0	-3.5	-3.8	-3.9	-4.0	-4.0	-4.0	
날짜		11	12	13	14	15	16	17	18	19	20	
해수면 높이	최고(m)	3.5	3.3	3.1	2.9	2.6	2.3	1.7	2.1	2.5	3.3	
	최저(m)	-3.9	-3.8	-3.7	-3.4	-3.1	-2.6	-2.4	-2.6	-3.1	-3.7	
날짜		21	22	23	24	25	26	27	28	29	30	31
해수면 높이	최고(m)	3.9	4.4	4.6	4.6	4.5	4.2	3.7	3.2	2.6	2.1	1.7
	최저(m)	-4.3	-4.7	-5.1	-5.2	-5.2	-4.9	-4.4	-3.8	-3.2	-2.8	-2.1

해수면 높이(m)

날짜(일)

- 조류 : 달과 지구, 태양 간의 상호 인력 차에 의해 발생하는 바닷물의 흐름으로 하루에 두 번의 주기로 방향이 반대로 바뀐다.
- 만조와 이어지는 간조 사이의 해수면 높이 차를 조차라 하고 조차가 가장 클 때 달의 모양은 보름(망)이거나 그믐(삭)이다.
- 조석 현상에 영향을 미치는 것은 달의 위상, 관측자의 위도, 지구 자전축의 경사, 계절의 변화 등이다.

자료 해석 및 일반화

02 **해수면의 높이 차가 가장 클 때는 며칠이며, 그때를 무엇이라 하는가?**

03 **해수면의 높이 차가 가장 작을 때는 며칠이며, 그때를 무엇이라 하는가?**

개념 확인 문제

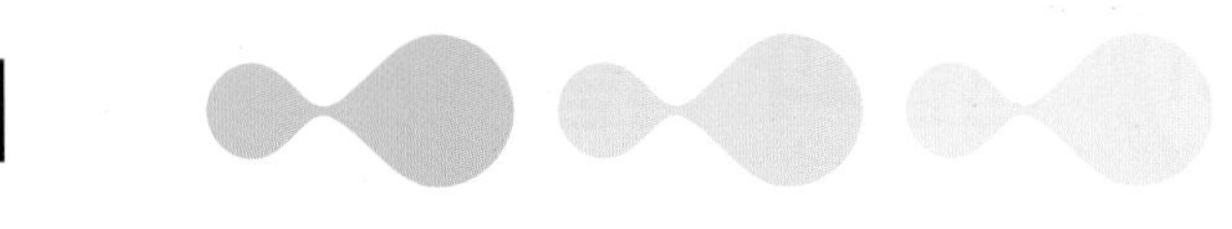

지구상의 물 / 빙하

01 **지구상의 물의 존재 형태별 비율을 나타낸 것이다. B에 알맞은 형태는 무엇인가?**

구분	A	B	C	D	E
비율(%)	97.2	2.15	0.62	0.03	0.01

① 해수 ② 지하수 ③ 강물
④ 빙하 ⑤ 수증기

해수의 성질

02 **지각, 해수, 대기를 구성하는 주된 물질 두 가지를 많이 포함된 순서대로 바르게 짝지은 것은?**

	지각	해수	대기
①	질소, 산소	염화 나트륨, 염화 마그네슘	규소, 산소
②	산소, 규소	염화 나트륨, 염화 마그네슘	질소, 산소
③	규소, 산소	염화 나트륨, 황산 마그네슘	산소, 이산화 탄소
④	산소, 규소	염화 나트륨, 황산 마그네슘	질소, 산소
⑤	질소, 산소	염화 나트륨, 황산 칼륨	산소, 규소

03 **다음 그래프는 해수의 염분에 영향을 끼치는 요인을 나타낸 것이다. 염분이 가장 높은 경우와 낮은 경우가 순서대로 바르게 짝지어진 것은?**

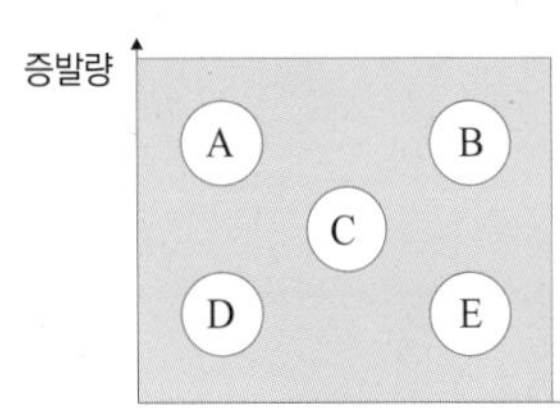

① A와 B ② A와 E ③ B와 C
④ B와 D ⑤ D와 E

04 **표층 해수의 염분이 이전과 비교하여 높아질 수 있는 지역에 해당되는 것만을 〈보기〉에서 있는 대로 고르시오.**

> 보기
>
> ㄱ. 장마철에 접어든 지역의 해수
> ㄴ. 바닷물이 계속 얼고 있는 바닷가
> ㄷ. 강물의 유입이 이루어지는 바닷가
> ㄹ. 가뭄이 지속되는 지역의 근방에 있는 바닷가

05 **황해가 동해보다 염분이 낮게 나타나는 가장 큰 이유는 무엇인가?**

① 황해는 여름철에 강수량이 집중되기 때문에
② 황해는 큰 산맥의 영향으로 바람이 약하기 때문에
③ 동해에 비해 황해는 조석 간만의 차가 크기 때문에
④ 황해의 날씨가 건조하고 온도가 높아 증발량이 많아서
⑤ 황해로 흘러 들어가는 강물의 양이 동해보다 많으므로

06 **다음 〈표〉는 지구상의 어떤 바닷물 1kg에 들어있는 각 염류의 질량을 나타낸 것이다. 이 표를 기준으로 사해의 염분이 200‰ 이라고 할 때, 사해의 바닷물 1kg에서 얻을 수 있는 B의 양은 몇 g 인지 계산하시오.**

염류의 종류	A	B	C	기타	합계
염류의 양(g)	25.0	3.8	1.7	10.0	40.0

07 **연안 지역을 제외한 큰 바다의 해수 중에 들어 있는 염류들의 상호 비율은 항상 일정하며, 이를 '염분비 일정의 법칙'이라 한다. 염분비 일정의 법칙에 연안 지역을 제외한 까닭은 무엇인가?**

① 수중 생물이 많기 때문에
② 해안선의 굴곡이 심하기 때문에
③ 수온의 변화가 매우 크기 때문에
④ 큰 바다보다 비가 많이 오기 때문에
⑤ 육지로부터 하천수의 유입이 많기 때문에

08 아래 그래프의 A 지역에서의 연간 강수량과 증발량의 크기를 비교한 다음 수식을 완성하시오. (단, 〈보기〉에 주어진 기호 중 적당한 것을 한 번만 사용하시오.)

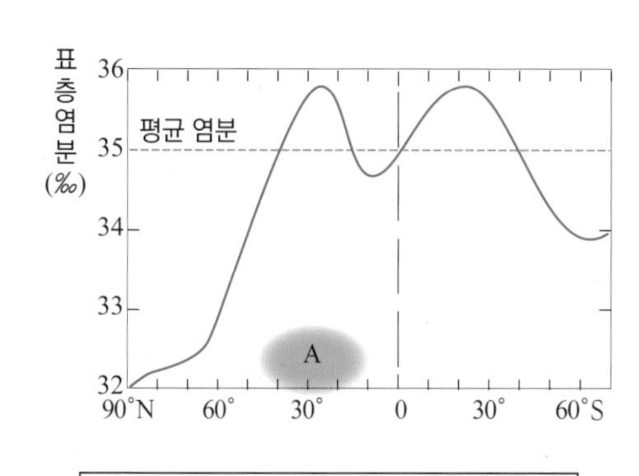

강수량 (   ) 증발량 → 염분 (   )

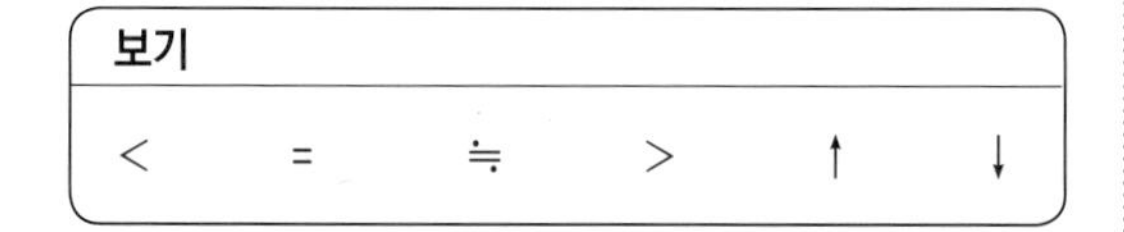

보기

< = ≒ > ↑ ↓

09 다음은 동해와 황해의 바닷물 1kg 속에 들어 있는 염류의 종류와 양을 나타낸 것이다.

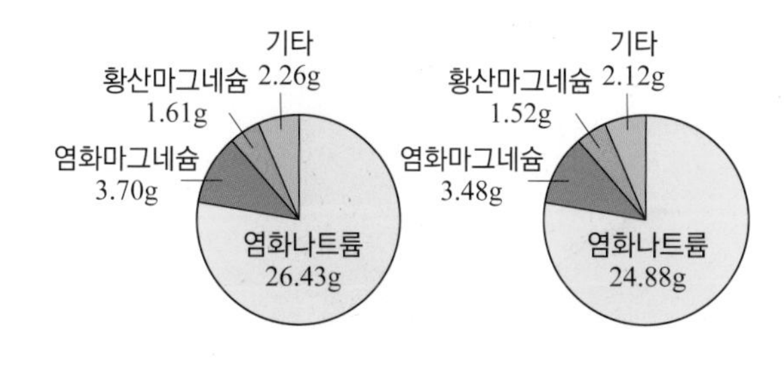

(1) 동해의 염분을 ‰ 단위로 나타내시오.

(2) 황해의 바닷물 2kg을 증발시켰을 때 남는 염화 마그네슘의 양은 몇 g인가?

10 중위도 지역에서 염분이 가장 높게 나타나는 이유로 가장 타당한 것은?

① 비가 많이 오기 때문이다.
② 지구의 공전 운동 때문이다.
③ 심층 해수가 솟아오르기 때문이다.
④ 항상 고기압이 존재하기 때문이다.
⑤ 항상 바람이 강하게 불기 때문이다.

11 그래프는 전 세계 해양의 표층 염분 분포를 나타낸 것이다.

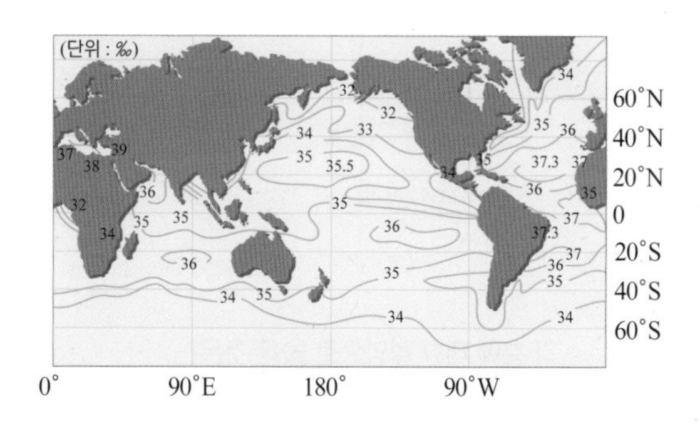

위 자료에 대한 해석으로 옳은 것은?

① 고위도 지방은 염분이 높다.
② 건조 지대의 해수 염분은 높다.
③ 적도 지역은 더워서 염분이 높다.
④ 저위도로 갈수록 염분은 낮아진다.
⑤ 해양의 가장자리가 중심보다 염분이 높다.

12 그림은 A, B 두 해역에서 측정한 수온의 연직 분포를 나타낸 것이다.

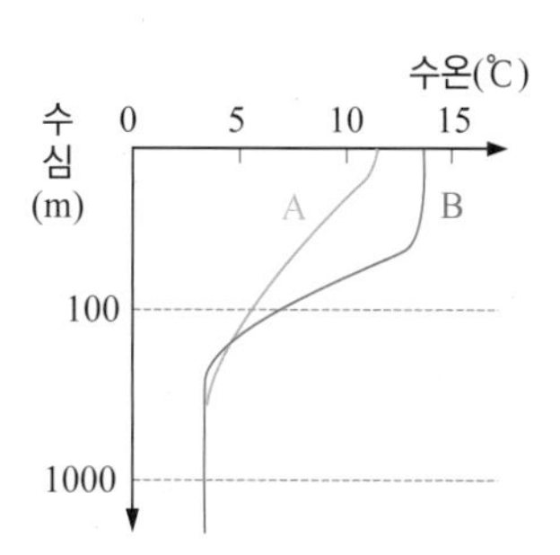

A 해역보다 B 해역에서 더 큰 값을 가지는 것만을 〈보기〉에서 있는 대로 고른 것은?

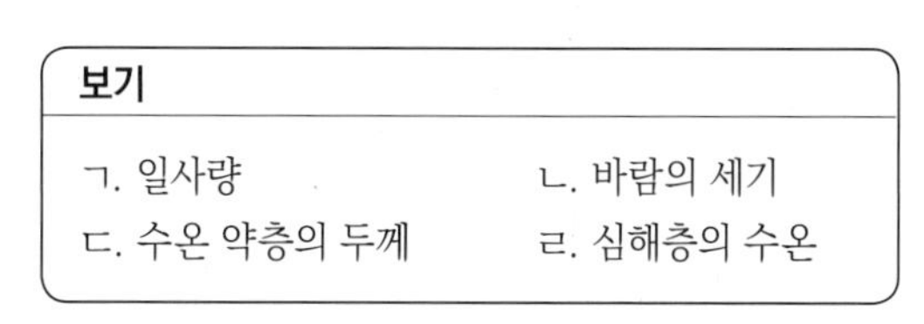

보기

ㄱ. 일사량　　ㄴ. 바람의 세기
ㄷ. 수온 약층의 두께　　ㄹ. 심해층의 수온

① ㄱ, ㄴ　② ㄱ, ㄷ　③ ㄴ, ㄷ
④ ㄴ, ㄹ　⑤ ㄷ, ㄹ

13 **다음 그래프는 해수의 연직 분포를 나타낸 것이다.**

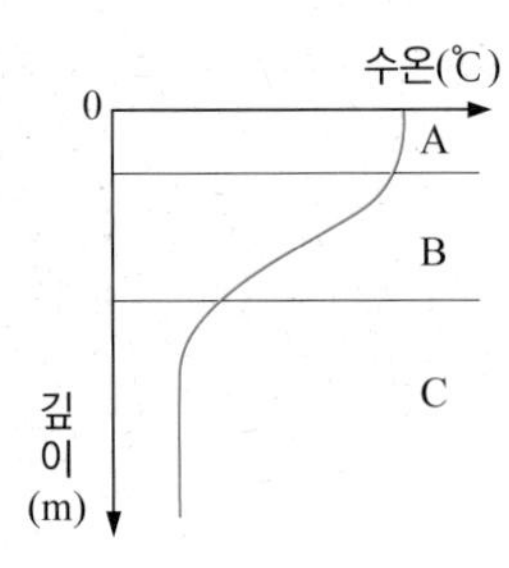

각 층에 대한 설명으로 옳은 것은?

① A는 적도 지역에서 두껍게 나타난다.
② A는 수온의 변화가 거의 없는 수온약층이다.
③ B에서는 대류 현상이 잘 일어나지 않는다.
④ C는 계절에 따라 온도 변화가 심한 층이다.
⑤ C는 혼합작용이 활발해서 깊이에 따른 수온 변화가 거의 없다.

14 **무한이는 해수의 성질을 알아보기 위하여 다음과 같은 실험을 하였다.**

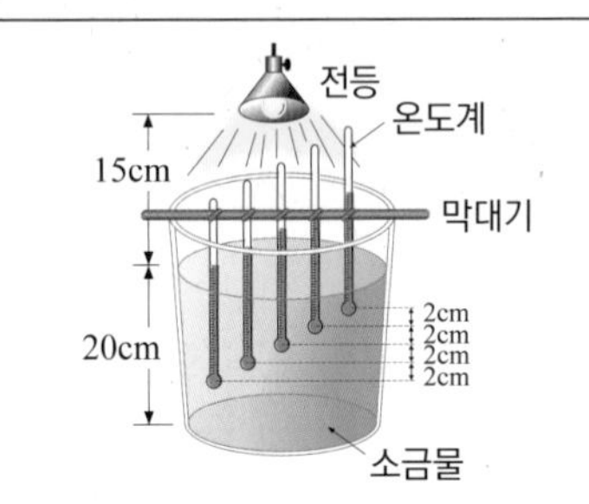

[준비물] 수조, 온도계, 온도계 꽂이, 광원 장치, 막대기, 그래프용지, 부채, 소금물, 고무줄

[방법]
(가) 수조에 깊이 20cm 정도의 소금물(35‰)을 넣는다.
(나) 수면에서 각각 2cm 깊이 간격으로 위의 그림과 같이 온도계를 설치한다.
(다) 수면 위 15cm 되는 곳에 전등을 설치하여 약 10분간 빛을 비추어 준다.
(라) 8분 후부터 2분간은 부채질을 한다.
(마) 부채질하기 전(약 8분 후)과 부채질한 후(약 10분 후) 각 온도계의 눈금을 읽고 깊이에 따른 온도를 그래프로 그린다.

이 실험 중 (마)를 실시하기 전에 설정했던 가설이 무엇인지 쓰시오.

해저 지형

15 **다음 중 해저 지형을 육지에서 가까운 것부터 순서대로 옳게 나타낸 것은?**

① 대륙붕 - 대륙대 - 대륙사면 - 심해저 평원
② 대륙붕 - 심해저 평원 - 대륙사면 - 대륙대
③ 대륙붕 - 대륙사면 - 대륙대 - 심해저 평원
④ 대륙대 - 심해저 평원 - 대륙붕 - 대륙사면
⑤ 대륙사면 - 대륙붕 - 대륙대 - 심해저 평원

16 **우리나라의 황해와 동해에 나타나는 해저 지형을 다음 〈보기〉에서 각각 있는 대로 고르시오.**

보기		
ㄱ. 대륙붕	ㄴ. 대륙사면	ㄷ. 대륙대
ㄹ. 해구	ㅁ. 심해저평원	

황해 : 동해 :

17~18 **다음 그림은 해저 지형의 모습이다.**

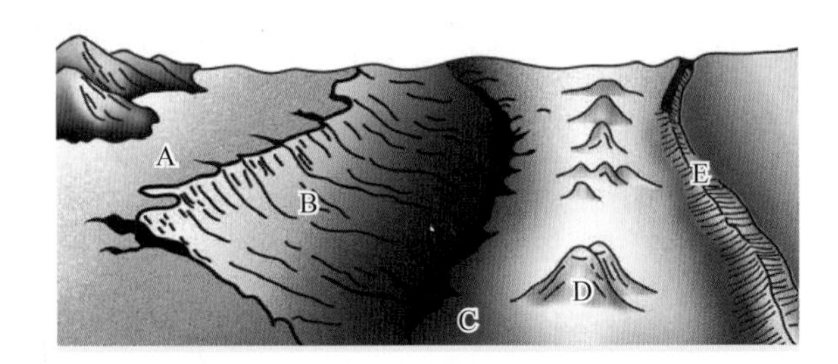

17 **위 그림을 보고 다음의 설명에 해당되는 지역의 기호와 그 이름을 쓰시오.**

(1) 하천에 의한 퇴적물이 쌓이거나 해수면의 상승과 파도의 침식 작용에 의해 운반된 퇴적물이 쌓여 만들어진 지형이다.

(2) 화산이 잘 발생하며 이곳을 중심으로 해저 지형이 확장되어 나간다.

(3) 매우 깊은 바다 골짜기가 있는 곳이며 일본 주변에 형성되어 있다.

18 **위 그림에 있는 D의 이름과 그것의 형성 과정을 설명하시오.**

해수의 순환

19 **표층 해류 순환의 가장 중요한 원인은 다음 중 무엇인가?**

① 수온과 밀도 차이
② 바람의 의한 마찰
③ 육지의 분포와 해저 지형
④ 해수면의 경사와 수심 차이
⑤ 위도별 태양 복사 에너지의 차이

20 **다음 짝지어진 내용이 바르지 못한 것은?**

① 해류의 구분 : 한류, 난류, 조류
② 화성암의 구분 : 화산암, 심성암
③ 암석의 구분 : 화성암, 퇴적암, 변성암
④ 지구 내부의 구분 : 지각, 맨틀, 외핵, 내핵
⑤ 대기권의 구분 : 대류권, 성층권, 중간권, 열권

21 **다음 중 표층 해류와 이를 일으키는 바람을 바르게 짝지은 것만을 있는 대로 고르시오.**

① 북적도 해류 - 무역풍
② 북적도 해류 - 편서풍
③ 쿠로시오 해류 - 편서풍
④ 북태평양 해류 - 편서풍
⑤ 북태평양 해류 - 무역풍

22 **우리나라의 해류에 영향을 주는 난류의 근원이 되는 해류의 이름은 무엇인가?**

① 북한 해류 ② 리만 해류
③ 북적도 해류 ④ 쿠로시오 해류
⑤ 북태평양 해류

23 **우리나라 바다에서 염분이 가장 낮은 시기와 바다를 바르게 묶은 것은?**

① 여름철의 남해 ② 여름철의 동해
③ 여름철의 황해 ④ 겨울철의 황해
⑤ 겨울철의 동해

24 **다음 그림은 태평양에서 바람과 해수의 표층 순환을 간략히 나타낸 것이다. (단, 굵은 화살표는 대기 대순환에 의한 바람이다.)**

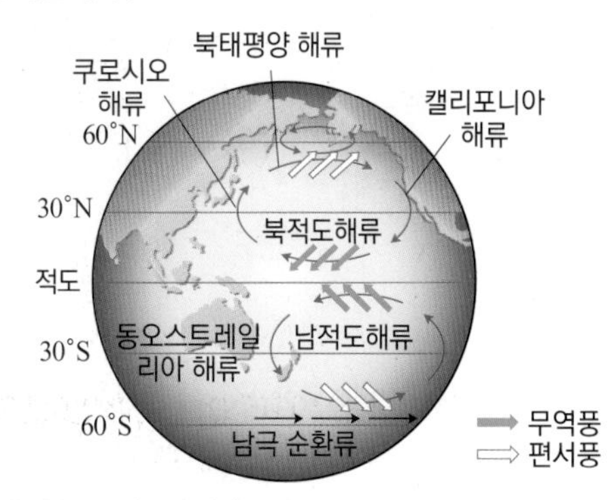

이에 대한 설명으로 옳은 것은?

① 적도 부근의 해류를 일으키는 바람은 편서풍이다.
② 중위도 해역의 해수는 동쪽에서 서쪽으로 이동한다.
③ 저위도 지방의 따뜻한 해수는 동쪽으로 이동해 간다.
④ 남태평양과 북태평양의 순환은 대칭적이며, 순환의 방향도 같다.
⑤ 북태평양 해류는 편서풍이 부는 방향에 대해 오른쪽으로 치우쳐 흐른다.

25 **다음 그림은 우리나라 주변에 흐르는 해류를 나타낸 것이다. (가) 지역에서 다양한 어종의 물고기를 볼 수 있는 이유를 구체적으로 서술하시오.**

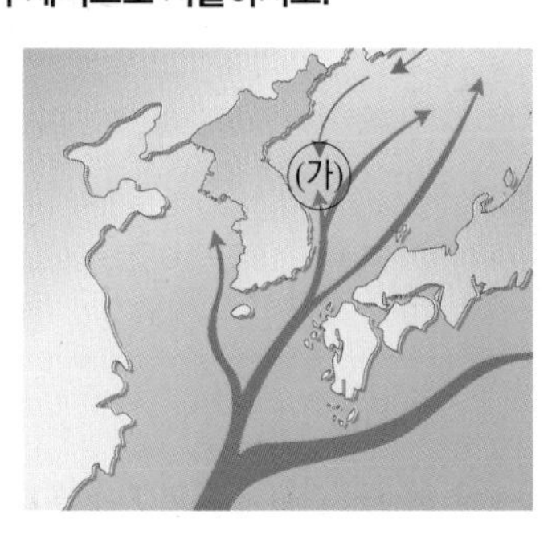

26 **다음 표층 해류의 순환에 대한 설명으로 옳은 것만을 〈보기〉에서 있는 대로 고르시오.**

> **보기**
> ㄱ. 저위도에서 고위도로 열에너지를 운반한다.
> ㄴ. 주로 수온과 염분의 변화에 의해 만들어진다.
> ㄷ. 북반구의 태평양에서는 시계가 도는 반대 방향으로 해류가 돌아간다.

27 다음 그림은 여름(8월)과 겨울(2월)에 우리나라 부근 바다의 표면 염분 분포를 나타낸 것이다.

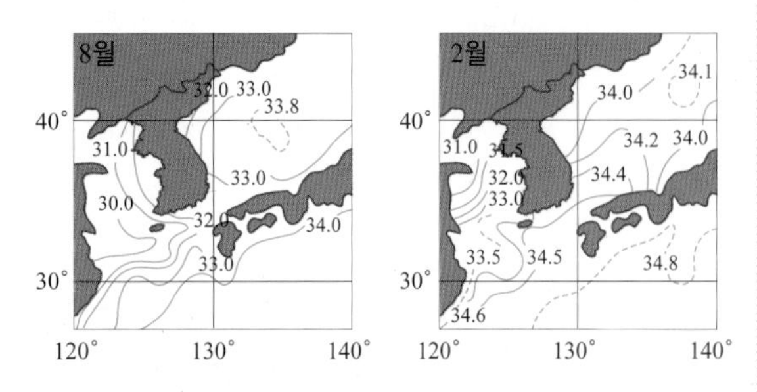

위 자료 해석에 대한 설명 중 옳지 않은 것은?

① 황해는 강물의 유입이 많아 염분이 낮다.
② 여름보다는 겨울에 표층 염분이 높게 나타난다.
③ 여름에는 수온이 높고 바람이 약하기 때문에 염분이 낮다.
④ 남해는 고염분의 해류가 북상하는 통로가 되어 염분이 높다.
⑤ 동해와 황해의 바닷물을 같은 양 증발시킬 때 동해에서 더 많은 염화 나트륨을 얻을 수 있다.

28 우리나라 주변의 해양과 해류에 대한 설명으로 옳은 것만을 〈보기〉에서 있는 대로 고르시오.

> **보기**
> ㄱ. 동한 난류는 북한 한류에 비해 영양 염류와 염분이 많다.
> ㄴ. 황해는 강물의 유입으로 염분이 낮은 편이다.
> ㄷ. 겨울철이 여름철보다 염분이 높은 것은 강수량이 적기 때문이다.
> ㄹ. 황해의 표면 수온이 계절에 따라 크게 변하는 것은 수심이 얕기 때문이다.

29 다음은 해수의 연직 순환의 기능에 대한 설명이다. 빈칸에 들어갈 말이 바르게 짝지어진 것은?

> (A)가 가라앉을 때는 (B)(이)가 공급이 되고, (C)가 떠오를 때는 (D)(이)가 공급이 된다.

	A	B	C	D
①	표층수	열	심층수	산소
②	표층수	산소	심층수	열
③	표층수	산소	심층수	영양 염류
④	심층수	영양 염류	표층수	산소
⑤	심층수	산소	표층수	영양 염류

30 다음 그림은 2월과 8월에 우리나라 주변에 흐르는 해류를 나타낸 것이다.

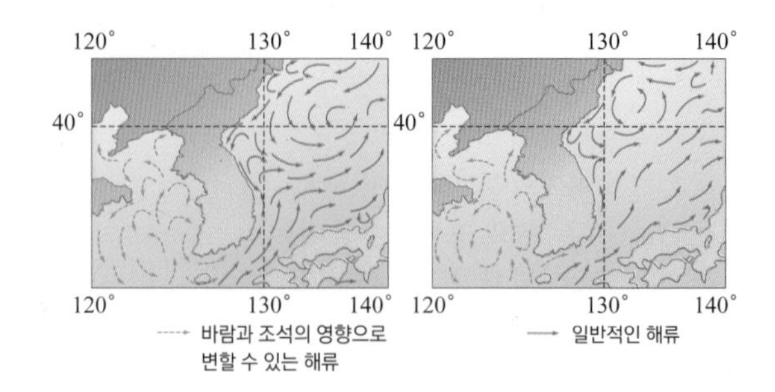

우리나라 주변을 흐르는 해류에 대하여 해석한 내용으로 옳지 못한 것은?

① 북한 한류는 겨울철에 크게 발달한다.
② 황해는 조류보다 해류의 영향이 강하다.
③ 동해의 해류가 황해의 해류보다 더 강하다.
④ 난류와 한류는 여름에 겨울보다 더 고위도에서 만난다.
⑤ 남해안 주변의 해류는 쿠로시오 난류에서 갈라져 나온 것이다.

31 다음 그림은 전 세계 바다의 심층 순환과 표층 순환을 나타낸 그림이다.

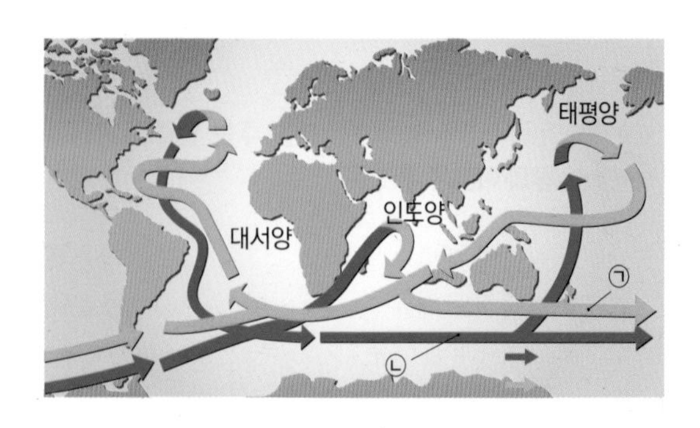

이에 대한 설명으로 옳은 것은?

① ㉠은 심층수이다.
② ㉡은 표층수이다.
③ ㉠이 가라앉을 때는 영양 염류가 공급된다.
④ ㉠과 ㉡은 컨베이어 벨트처럼 서로 연결되어 있다.
⑤ ㉡은 ㉠이 차가워지면서 염분이 낮아져서 가라앉은 것이다.

32 다음 그림은 남극 대륙을 중심으로 본 표층 순환과 심층 순환을 나타낸 것이다.

이에 대한 설명으로 옳은 것은?

① 심층수가 해수면까지 올라가는데는 1년이 걸린다.
② 심층 해류는 바다 깊은 곳에서 매우 빠르게 흐르는 해류이다.
③ 극지방에서 냉각된 표층수가 해면을 따라 적도 쪽으로 이동을 한다.
④ 표층 순환과 심층 순환은 컨베이어 벨트처럼 서로 연결되어 있다.
⑤ 심층수가 떠오를 때는 표층으로 깨끗한 바닷물과 산소가 공급 된다.

33 다음은 심층 순환이 일어나는 과정에 대한 설명이다. 빈칸에 들어갈 말이 바르게 짝지어진 것은?

> (A) 지방에서 냉각되어 수온이 (B), 염분이 (C) 해수가 가라앉는다. → 해저를 따라 적도 쪽으로 이동하면서 바다 전체를 순환한다. → 따뜻해진 해수는 다시 떠오른다. → (D) 지방에서 가열된 해수는 (A) 지방으로 이동한다.

	A	B	C	D
①	극	낮고	낮은	적도
②	극	낮고	높은	적도
③	극	높고	낮은	적도
④	적도	낮고	높은	극
⑤	적도	높고	낮은	극

조석 현상

34 다음 그래프는 어느 지역에서 하루 동안 해수면의 높이 변화를 측정하여 나타낸 것이다. (단, 만조 때 해수면의 높이는 달을 향하고 있을 때가 달이 반대편에 있을 때보다 높게 나타난다.)

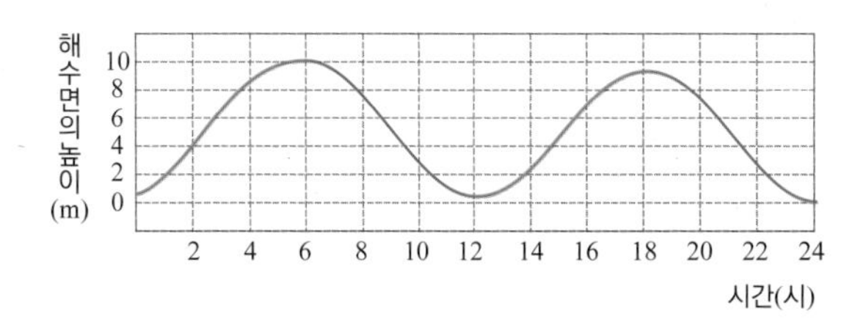

만조에서 다음 만조가 일어나는 데 걸리는 시간이 12시간보다 조금 더 긴 이유를 쓰시오.

35 다음 그래프는 우리나라 서해안 어느 지방에서 만들어지는 해수의 높이 변화를 기록한 것이다.

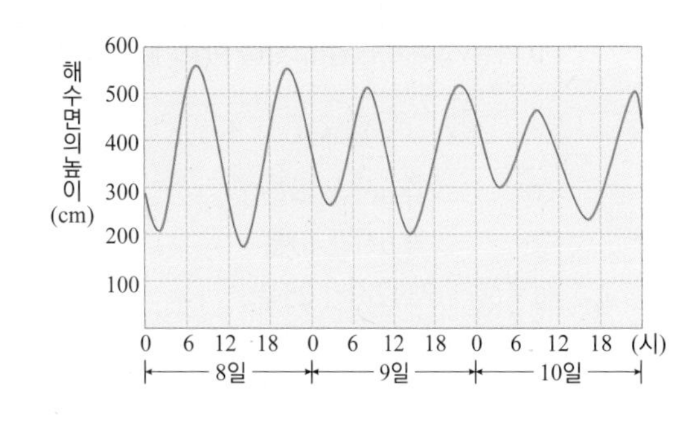

(1) 조차가 가장 작은 날은 언제인지 날짜를 쓰시오.

(2) 하루에 밀물과 썰물은 각각 평균 몇 회인지 쓰시오.

(3) 조차가 가장 큰 날 조차는 얼마인지 쓰시오.

36 **다음 그래프는 상상이가 대천 해수욕장의 하루 동안 해수면의 높이 변화를 측정하여 그린 것이다.**

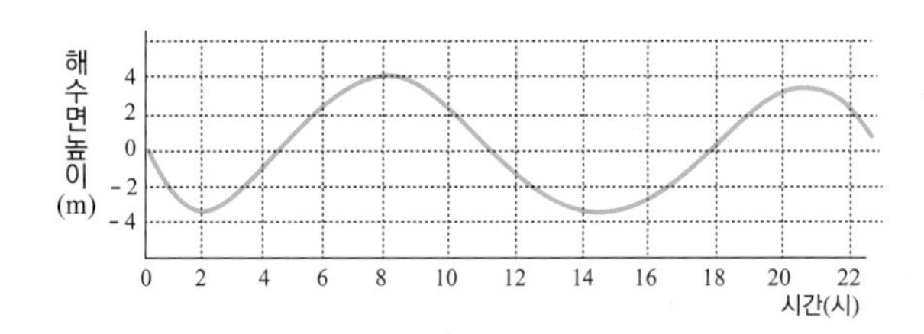

(1) 위 현상에 대한 설명으로 옳은 것만을 〈보기〉에서 있는 대로 고르시오.

보기

ㄱ. 만조와 간조는 하루에 약 2번씩 일어난다.
ㄴ. 해류에 의한 바닷물의 흐름을 보여준다.
ㄷ. 위 현상은 달과 태양이 지구를 끌어당기는 힘이 주된 원인이다.
ㄹ. 밀물과 썰물이 일어나는 시간은 매일 50분 정도 늦어진다.

(2) 낮에 갯벌로 조개를 캐러 나가기 좋은 시각은 언제인지 쓰시오.

(3) 이날 조석 주기와 조차를 바르게 구한 것은?

	조석 주기	조차
①	약 6시간 10분	약 4m
②	약 6시간 10분	약 7m
③	약 12시간 25분	약 3m
④	약 12시간 25분	약 7m
⑤	약 24시간	약 7m

37 **다음은 태양, 지구, 달의 위치와 사리와 조금일 때의 지구의 해수면의 모양을 나타낸 것이다.**

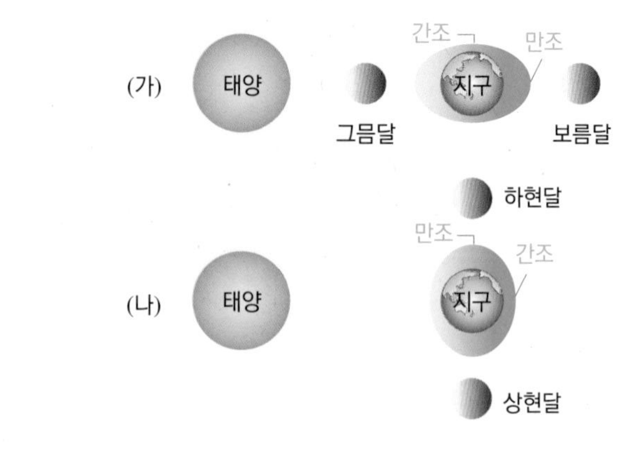

(가)와 (나)는 사리와 조금 중 어디에 해당되는지 각각 쓰시오.

38 **다음 그래프는 무한이가 인천 앞바다에서 11월 3일 하루 동안 해수면의 높이 변화를 측정하여 그린 것이다.**

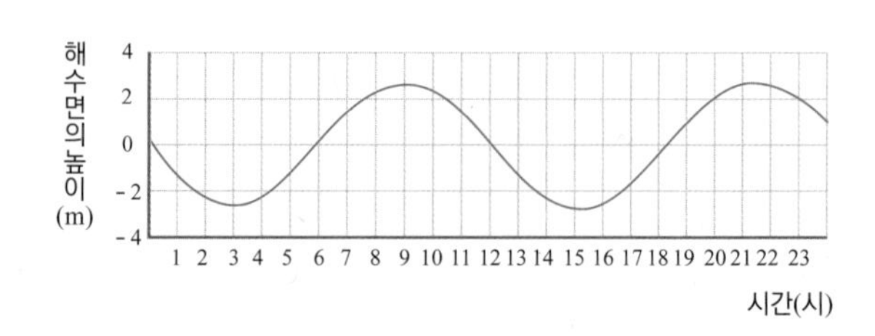

(1) 오전 9시부터 오후 3시까지 바닷물의 높이는 어떻게 되는가?

(2) 오후 5시에 바닷물의 높이는 얼마나 되며, 이 때 바닷물의 흐름 방향은 밀물인가 썰물인가?

(3) 위 지역에서 하루 동안 바닷물이 흐르는 방향은 몇 번 바뀌었는가?

(4) 이날 조수 간만의 차가 최근 1개월 만에 가장 작았다면 이날 밤 달의 위상은 무엇이겠는가?

01

다음 그래프는 우리나라의 황해와 동해의 어느 지역 앞바다에서 2월과 8월에 깊이에 따른 수온 분포를 측정하여 나타낸 것이다.

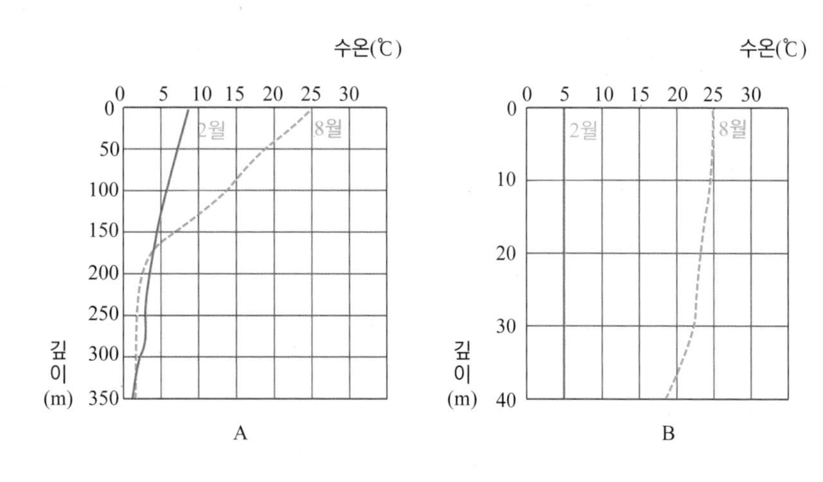

(1) A, B 지역은 각각 황해와 동해 중 어느 곳인지 쓰고 그렇게 판단한 근거를 제시하시오.

(2) 그래프 A, B에 대한 설명 중 옳은 것만을 〈보기〉에서 있는 대로 고르시오.

보기
ㄱ. 표층 수온의 연 변화는 A 지역이 B 지역보다 크다. ㄴ. 두 지역 모두 여름철 해수가 겨울철 해수보다 수온이 높다. ㄷ. 깊이에 따른 수온 분포의 차이는 모두 여름이 겨울보다 크다.

(3) A 지역의 심해층은 어디인지 아래 그래프에 직접 표시하시오.

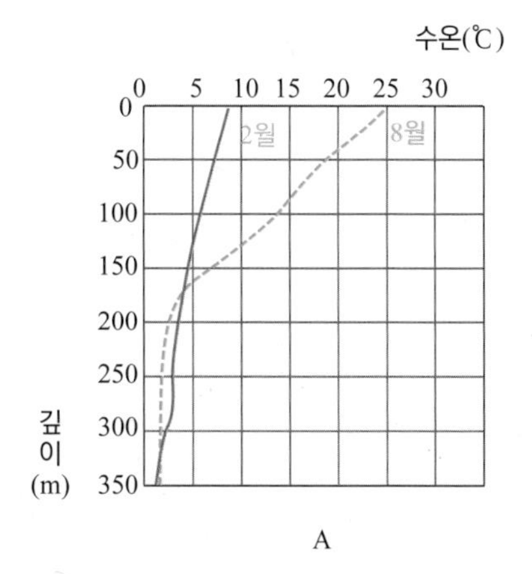

개념 심화 문제

02 **다음은 수심에 따른 수온의 분포를 알아보기 위하여 실험을 설계한 것이다.**

A. **수조에 온도계를 표면에서부터 2cm 간격으로 설치하고 온도를 측정한다.**

B. **전등을 켠 후 10분 후에 온도를 측정한다.**

C. **다시 3분 후에 부채질을 3분간 한 후 온도를 측정한다.**

(1) 이 실험을 통해 만들어질 그래프를 오른쪽 그림에 대략적으로 그려 보시오.(A, B, C 각각의 경우를 표시하시오.)

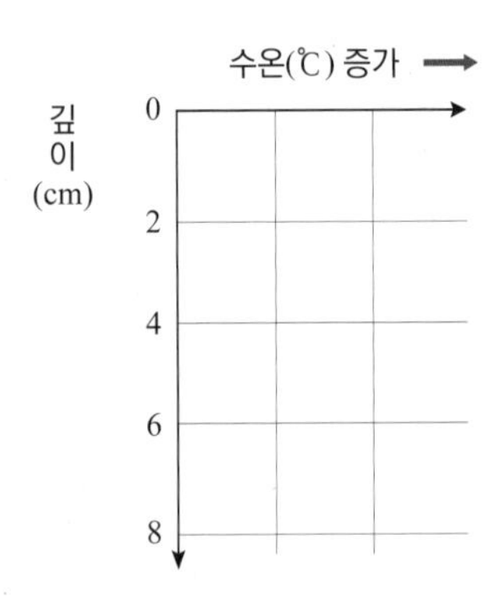

(2) B와 C의 차이점은 무엇인지 해수의 층 구조(혼합층, 수온약층, 심해층)와 관련하여 설명하시오.

개념 돋보기

해수의 연직 분포

- 혼합층 : 햇빛에 의한 가열과 바람에 의한 혼합 작용으로 수온이 일정한 층(바람이 강하면 두껍게 발달)
- 수온약층 : 깊이에 따라 수온이 급격하게 낮아지는 층 (혼합층과 심해층 사이의 해수의 교류를 차단함)
- 심해층 : 수온이 낮고 연중 수온 변화가 거의 없는 층

03

무한이는 황해의 인천 앞바다와 동해의 속초 앞바다의 깊이에 따른 해수의 수온 분포 차이를 알아보기 위한 실험을 설계하려고 한다. 측정 방법에 대한 설명으로 옳은 것만을 〈보기〉에서 있는 대로 고르시오.

> **보기**
>
> ㄱ. 시기적으로 같을 때 측정하여야 한다.
> ㄴ. 강수량이 많은 장마철에 주로 측정하여야 한다.
> ㄷ. 수온을 측정하는 깊이, 간격이 일정하도록 한다.
> ㄹ. 강물의 유입이 많은 해안가에서 측정하여야 한다.

04

다음 그래프는 우리나라의 황해와 동해의 어느 지역 앞바다에서 2월과 8월에 깊이에 따른 수온 분포를 측정하여 나타낸 것이다. 물음에 답하시오.

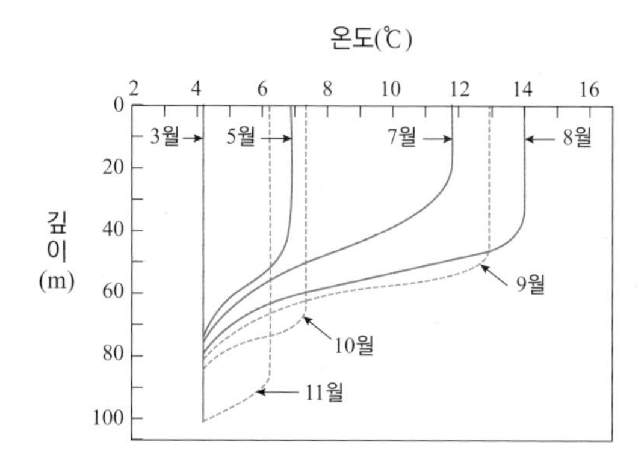

(1) 혼합층이 가장 깊게 나타나는 계절은 언제이며, 이유는 무엇인지 간략히 쓰시오.

(2) 이 지역에서 기온이 가장 높은 달은 언제이며, 그 이유는 무엇 때문인지 쓰시오.

(3) 여름철에서 겨울철로 가면서 혼합층의 두께는 어떻게 되며, 이를 통해 알 수 있는 사실을 쓰시오.

05

다음 〈표〉는 그린란드 근해, 요르단 부근 사해, 우리나라 동해의 세 지역에서 바닷물 1kg에 포함된 염류의 질량을 측정하여 각 지역의 염류 중 염화 나트륨과 염화 마그네슘이 차지하는 비율을 기록한 것이다.

지역	바닷물 1kg 속의 염류의 질량(g)	염화 나트륨		염화 마그네슘	
		질량(g)	비율(%)	질량(g)	비율(%)
그린란드	35.0	27.1	77.4	3.8	10.9
사해	40.0	31.0	77.5	4.4	11.0
동해	33.0	25.6	77.6	3.6	10.9

세 지역의 바닷물 속에 포함 된 각 염류의 비율이 비슷하게 나오는 이유를 설명하시오.

06 다음 그래프는 위도가 다른 세 해역의 깊이에 따른 수온 변화를 나타낸 것이다.

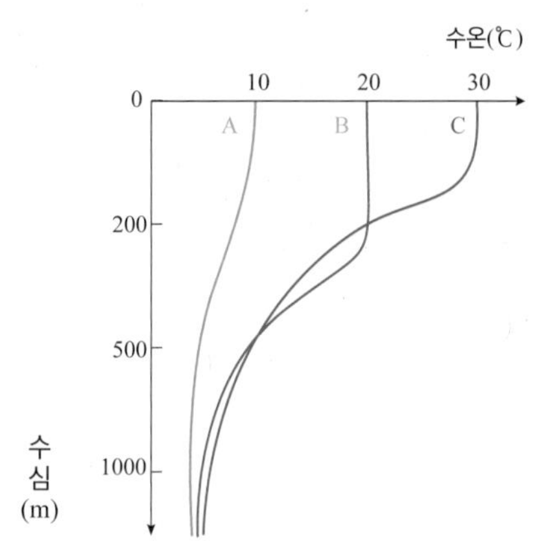

이에 대한 설명으로 옳은 것만을 〈보기〉에서 있는 대로 고르시오.

보기

ㄱ. 바람은 B해역에서 가장 강하다.
ㄴ. 가장 저위도라고 할 수 있는 해역은 C이다.
ㄷ. 입사되는 태양 복사 에너지량은 C 해역이 가장 많다.
ㄹ. 1000m 이상의 깊이에서는 항상 수온이 일정한 수온 약층이 나타난다.
ㅁ. A와 같은 수온 분포는 중위도지방(위도 30° ~ 60°사이)에서 잘 나타난다.

07 다음 그래프는 어느 해역에서 1년 동안 깊이에 따른 수온의 변화를 측정하여 나타낸 것이다.

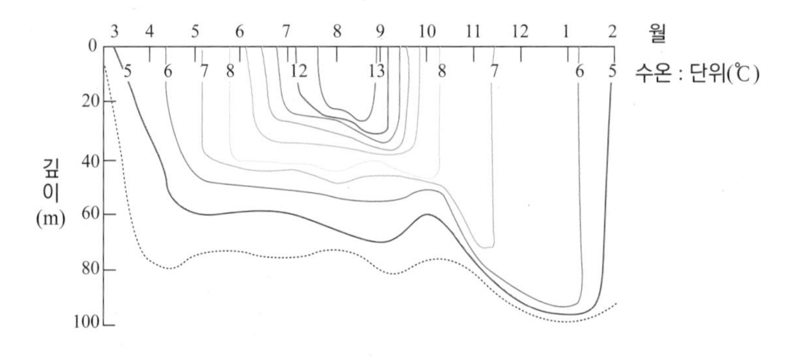

이에 대한 설명으로 옳은 것만을 〈보기〉에서 있는 대로 고른 것은?

보기

ㄱ. 이 해역은 북반구에 위치한다.
ㄴ. 바람은 겨울철보다 여름철에 강하게 불었다.
ㄷ. 수온 약층은 1, 2월에 가장 뚜렷하게 발달한다.
ㄹ. 수심이 100m보다 깊은 곳에서는 태양 복사에너지의 영향을 거의 받지 않는다.

① ㄱ, ㄴ ② ㄱ, ㄹ ③ ㄴ, ㄷ ④ ㄴ, ㄹ ⑤ ㄷ, ㄹ

08 다음 그림은 이스라엘과 요르단 사이에 있는 사해의 모습이다.

그림과 같이 사해에서 사람이 물에 뜨는 이유를 사해의 위치를 고려하여 서술하시오. (단, 아래의 주어진 단어를 모두 사용한다.)

물의 유입,　물의 배출,　건조,　증발,　염분

09 다음 그림은 위도에 따른 대기의 대순환과 염분 분포를 나타낸 것이다.

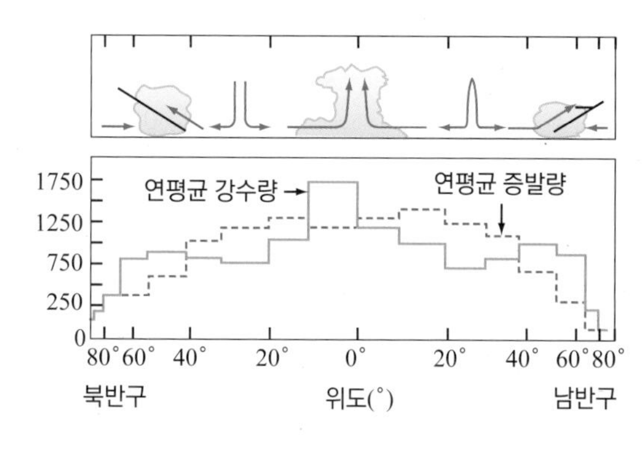

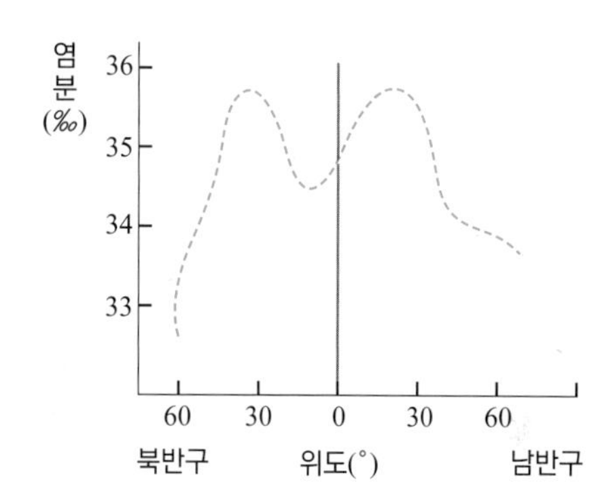

(1) 위 그림에 대한 설명 중 옳은 것만을 <보기>에서 있는 대로 고르시오.

보기

ㄱ. 중위도 지역의 해수의 염분은 높을 것이다.
ㄴ. 중위도 지역의 해수의 염분은 낮을 것이다.
ㄷ. 사막 지형은 적도 부근에서 잘 발달할 것이다.
ㄹ. 사막 지형은 위도 30° 부근에서 잘 발달할 것이다.

(2) 증발량과 강수량의 차이(증발량-강수량)가 가장 큰 지역은 어느 곳인지 염분과 관련지어 설명하시오.

개념 돋보기

해수의 염분 분포에 영향을 주는 요소 : 염분은 지역과 계절에 따라 다르다.

- 강수량이 많은 곳, 하천수가 유입되는 곳, 빙산의 융해가 일어나는 곳 → 염분이 낮다.
- 해수의 증발이 많은 곳, 해수의 결빙이 일어나는 곳 → 염분이 높다.

개념 심화 문제

10 **다음 그래프는 전 세계 바다의 표층 염분 분포를 나타낸 것이다.**

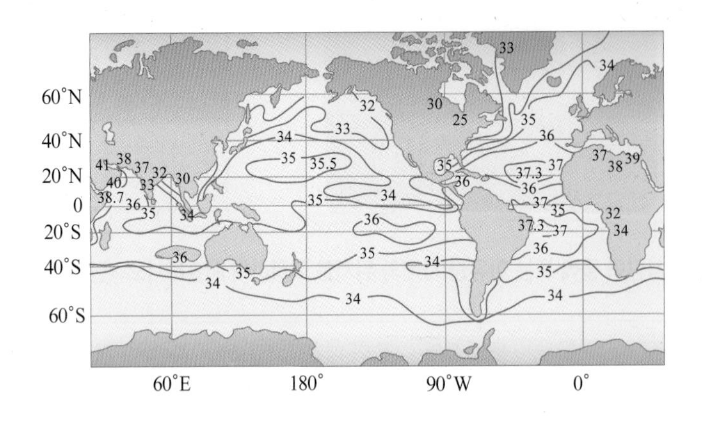

이에 대한 설명으로 옳은 것만을 〈보기〉에서 있는 대로 고르시오. (단, 단위는 ‰이다.)

> **보기**
>
> ㄱ. 육지에 가까워질수록 염분이 높아지는 경향이 있다.
> ㄴ. 염분의 분포에 가장 큰 영향을 주는 것은 수온의 분포이다.
> ㄷ. 적도 부근의 염분이 비교적 낮은 것은 강수량이 많기 때문이다.
> ㄹ. 남반구의 같은 위도에서 염분 변화가 비교적 적은 이유는 육지가 적기 때문이다.

11 **다음 〈표〉는 해수 중의 주요 염류의 종류와 양을 나타낸 것이다. (단, Na의 원자량은 23, Cl의 원자량은 35.5이다.)**

염 류	화 학 식	함유량(‰)
염화 나트륨	$NaCl$	27.21
염화 마그네슘	$MgCl_2$	3.81
황산 마그네슘	$MgSO_4$	1.66
황산 칼슘	$CaSO_4$	1.26
황산 칼륨	K_2SO_4	0.86
탄산 칼슘	$CaCO_3$	0.12
브롬화 마그네슘	$MgBr_2$	0.08
합 계		35.0

(1) 이 해수의 염류 중에서 가장 많은 양(질량)을 차지할 것을 생각되는 원소의 기호를 쓰시오.

(2) 이 해수 500g을 증발시켰을 때 만들어지는 염류의 총량은 얼마인가?

(3) 만약 어느 지역의 해수의 염분이 30.0‰인 곳이 있다면 이 지역의 해수를 증발시켜서 얻을 수 있는 NaCl의 양은 얼마인가?

12 다음 그림은 대서양의 남북 연직 단면으로 본 해수의 표층 순환과 심층 순환을 나타낸 것이다. (단, 극전선은 한류와 난류가 접한 경계선이다.)

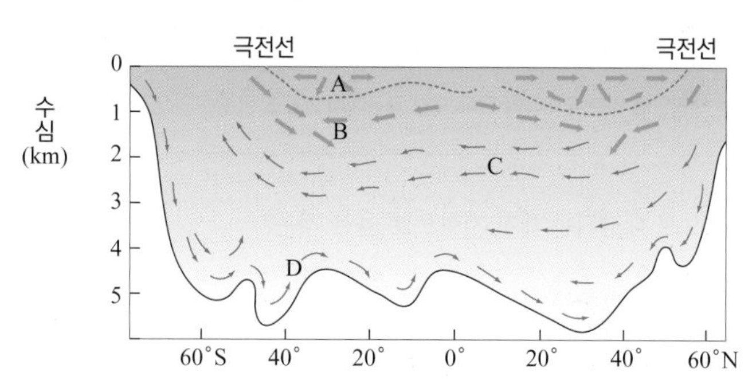

이에 대한 설명으로 옳은 것만을 <보기>에서 있는 대로 고르시오.

보기

ㄱ. 북극해는 남극해보다 표층 해수의 밀도가 크다.
ㄴ. A는 주로 바람에 의해 표층을 따라 이동하는 해수이다.
ㄷ. B는 극전선 부근에서 표층수의 수렴에 의해 형성된 것이다.
ㄹ. C는 북대서양에서 침강한 해수가 적도를 지나 남극으로 향하는 해수이다.
ㅁ. D는 저온·고염분에 의해 밀도가 커진 해수가 해저면을 따라 이동하는 것이다.

13 그림 (가)는 제주도 남쪽 해상의 관측 지점 A, B, C를 나타낸 것이고, 그림 (나)는 각 관측 지점에서 계절에 따라 측정한 표층 수온과 표층 염분의 평균값을 표층 해수의 밀도가 포함된 수온 염분 분포도에 나타낸 것이다.

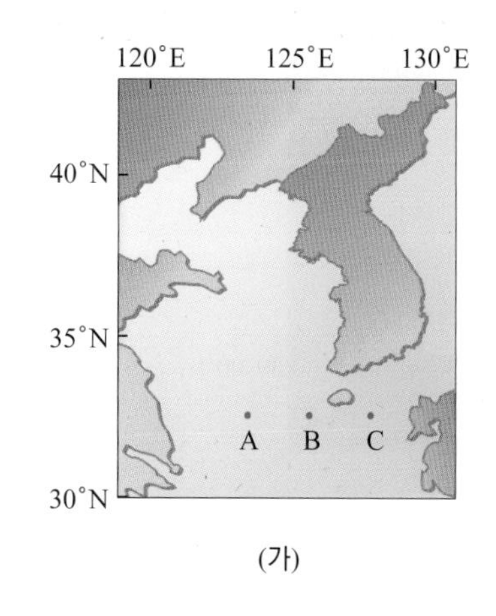

(가)

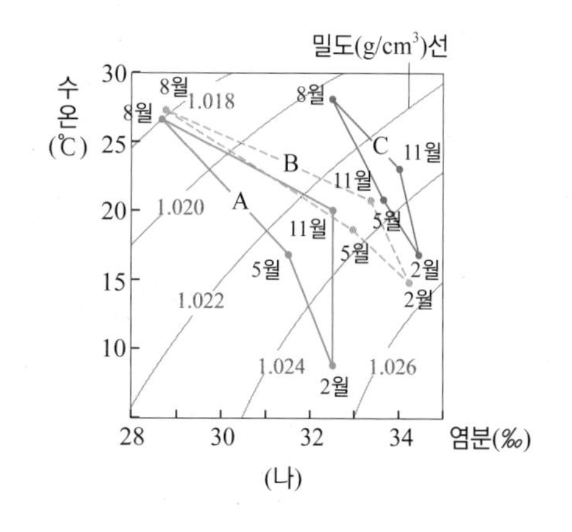

(나)

(1) 이에 대한 설명으로 옳은 것만을 있는 대로 고르시오.

① 연간 염분 변화가 가장 큰 해역은 A이다.
② 연간 수온 변화가 가장 큰 해역은 B이다.
③ 연간 밀도 변화가 가장 큰 해역은 B이다.
④ 중국 연안수의 영향이 가장 큰 시기는 8월이다.
⑤ 해류의 영향이 가장 큰 해역은 A이다.

(2) 이 지역에 가장 큰 영향을 주는 해류의 이름은 무엇인가?

개념 심화 문제

14 **다음은 어떤 해저 지형과 관련된 기사를 요약한 것이다.**

> A. 해양 연구원 이모박사는 연구 과제로 유인 잠수정을 타고 국내 최초로 수심 5044m의 태평양 해저를 탐사하였다.
> B. 해양수산부는 태평양에 있는 우리나라 단독 개발 광구에서 200조 원 규모의 망가니즈 단괴를 발견하였다고 밝혔다.

(1) 위의 내용에서 공통적으로 해당되는 해저 지형으로 옳은 것은?

① 대륙붕 ② 대륙사면 ③ 대륙대 ④ 심해저평원 ⑤ 해령

(2) 위의 내용에 대한 설명으로 옳은 것만을 〈보기〉에서 있는 대로 고르시오.

보기

ㄱ. 망가니즈 단괴는 태평양에서만 발견되는 광물자원이다.
ㄴ. 인공위성을 이용하여 해양 탐사를 하면 망가니즈 단괴를 발견할 수 있다.
ㄷ. 망가니즈 단괴는 심해저평원이 발달한 해저 지형에서 발견할 수 있다.

15 **다음 그림은 대륙 주변부 약 1000km 범위 내의 해저 지형을 나타낸 것이다.**

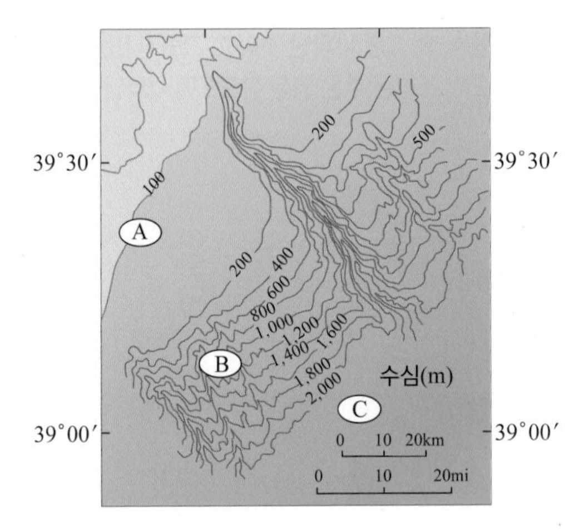

(1) A, B, C 세 지형에 대한 설명으로 옳은 것만을 〈보기〉에서 있는 대로 고르시오.

보기

ㄱ. A 지형의 기울기는 3° ~ 6°이다.
ㄴ. B 지형이 C 지형보다 경사가 더 급하다.
ㄷ. C 지형의 평균 수심은 200m 미만이다.

(2) 우리나라 주변에서 이러한 지형이 발달하는 바다는 어느 바다인지 쓰시오.

16

오른쪽 그림은 해저 지형을 모식적으로 나타낸 것이며, 왼쪽 〈표〉는 어느 바다의 해저를 음향 측심법으로 측정한 자료이다. (단, 초음파의 속도는 1500m/s로 수심에 관계 없이 일정하다.)

기준점과의 거리 (km)	초음파의 왕복 시간(초)	기준점과의 거리 (km)	초음파의 왕복 시간(초)
0	6.6	40	4.5
5	6.8	45	6.7
10	6.6	50	6.8
15	6.7	55	6.7
20	4.6	60	6.8
25	2.4	65	6.8
30	2.4	70	6.7
35	2.5	75	6.8

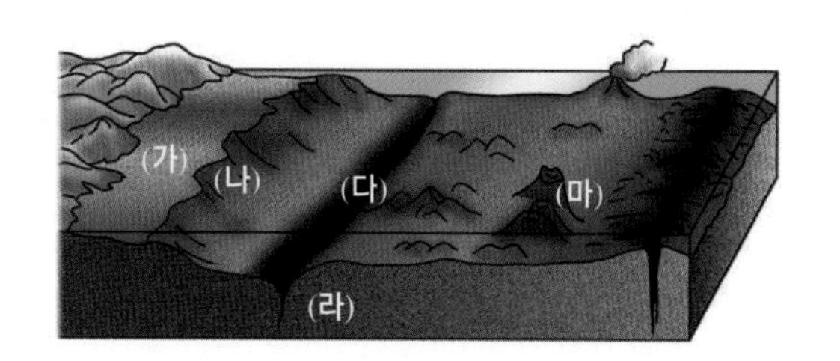

위 표와 같은 자료가 나오는 곳을 그림에서 찾아 기호와 이름을 쓰시오.

17

다음 그림은 어느 해역의 해수면에 초음파를 발사하여 해저면에서 반사되어 되돌아오는데 걸린 시간의 분포를 나타낸 것이다.

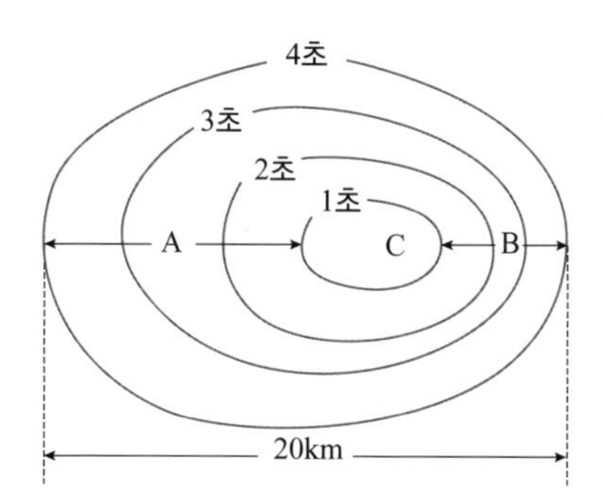

이에 대한 해석으로 옳은 것만을 〈보기〉에서 있는 대로 고르시오. (단, 해양에서 초음파의 전파 속도는 1,500m/s 이다.)

보기

ㄱ. C지점의 수심은 750m 이하이다.
ㄴ. 이 해역에는 대륙붕이 발달해 있다.
ㄷ. 이곳은 심해저평원이 나타난다.
ㄹ. B 해역은 A 해역에 비해 해저 지형의 경사가 급하다.

개념 돋보기

음향 측심법을 통한 해저 지형의 조사 방법

수심은 음파가 입사하여 반사파가 돌아오는 데까지 걸린 시간을 알아내어 측정한다.

수심 D = $\frac{1}{2}vt$ (v : 음파의 속도, t : 음파 왕복 시간)

18

다음은 우리나라 주변의 해저 지형 모식도를 나타낸 것이다. 숫자는 수심(m)을 나타낸다.

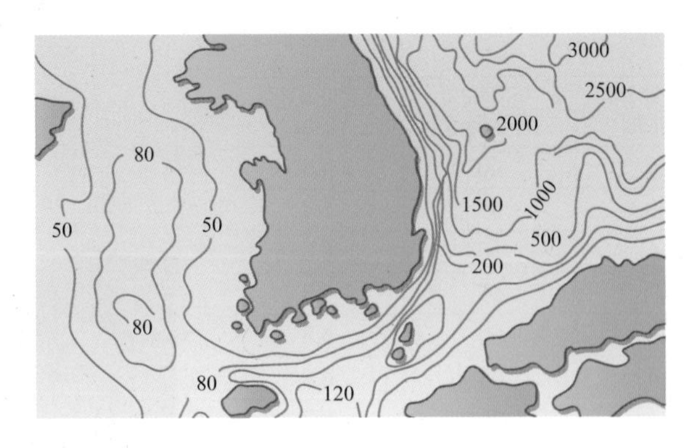

이에 대한 설명으로 옳은 것만을 〈보기〉에서 있는 대로 고르시오.

보기

ㄱ. 황해는 전체가 얕은 대륙붕으로 이루어져 있다.
ㄴ. 서해안은 침강 해안이고 동해안은 융기 해안이다.
ㄷ. 남해는 대륙붕의 발달이 미약하고 심해저의 면적이 넓다.
ㄹ. 동해는 해저면의 경사가 급하여 대륙붕은 전혀 나타나지 않는다.

19

다음 그림은 2월과 8월에 우리나라 근해에서 나타나는 표면 수온의 분포도를 나타낸 것이다.

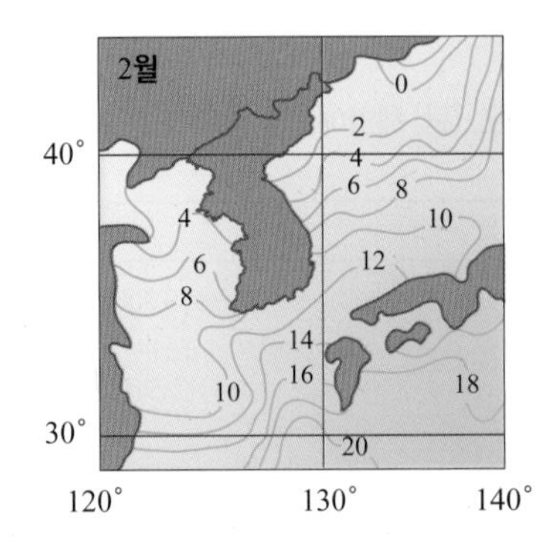

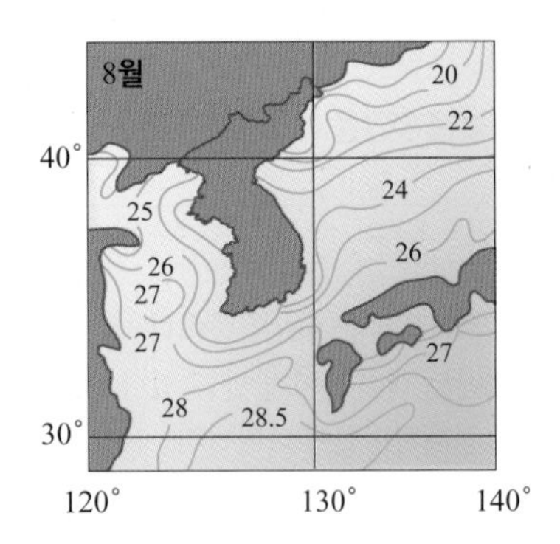

이에 대한 해석으로 옳은 것만을 〈보기〉에서 있는 대로 고르시오.

보기

ㄱ. 수온의 연교차는 황해가 가장 크다.
ㄴ. 남북 간의 수온 차는 여름철보다 겨울철이 더 크다.
ㄷ. 같은 위도에서 겨울철에는 황해가 동해보다 수온이 높다.
ㄹ. 먼 바다로 나갈수록 등온선이 위도에 나란한 경향을 보인다.

20 다음 〈표〉는 우리나라 동해와 황해에서 2월과 8월에 측정한 수온과 염분의 측정치를 나타낸 것이다.

동해	2월		8월	
깊이(m)	수온(℃)	염분(‰)	수온(℃)	염분(‰)
0	8.8	34.2	25.6	32.2
50	6.5	34.0	17.3	34.3
100	5.2	34.2	12.9	34.5
150	4.0	33.9	3.3	34.2
200	2.6	33.9	1.8	34.1
250	2.2	34.0	1.2	34.2
300	1.4	34.0	1.1	34.2

황해	2월		8월	
깊이(m)	수온(℃)	염분(‰)	수온(℃)	염분(‰)
0	5.2	34.2	24.8	32.2
10	5.0	32.3	24.8	32.2
20	4.9	32.4	22.4	32.1
30	4.9	32.3	22.0	32.1
47	4.9	32.4	17.8	32.2

(1) 위 표에 대한 설명으로 옳은 것만을 〈보기〉에서 있는 대로 고르시오.

보기

ㄱ. 2월과 8월의 표층 수온 차는 동해가 황해보다 더 크다.
ㄴ. 황해는 열용량이 작아서 수온 연교차가 크다.
ㄷ. 황해가 동해보다 염분이 낮은 것은 강물의 유입 때문이다.
ㄹ. 동해의 수온은 깊이 150m 이상에서는 계절의 영향을 거의 받지 않는다.

(2) 동해, 황해의 8월 달 표층 염분은 2월보다 항상 낮다. 그 이유는 무엇인지 간단히 쓰시오.

21 지금으로부터 약 15년 전 남해 해안에서 유조선이 좌초하여 기름이 유출되는 사고가 발생하였다. 우리나라의 바다에 흐르는 해류를 생각하여 볼 때 유출된 기름띠가 흘러가는 방향을 다음 지도에 표시해보시오. 숫자는 기름띠가 확산된 날짜이다.

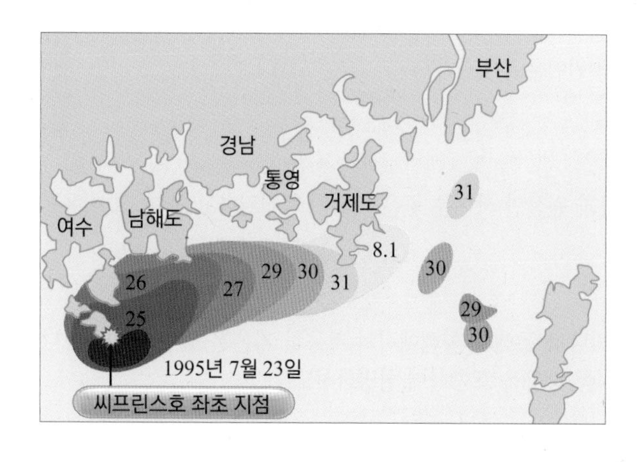

개념 심화 문제

22 그림은 태평양 부근의 표층 순환을 나타낸 것이다.

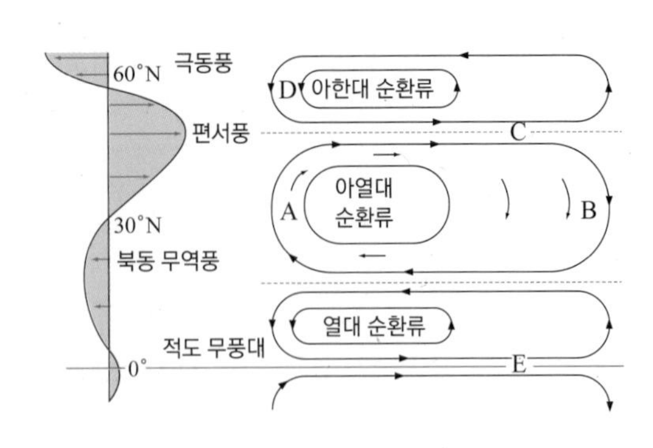

이에 대한 설명으로 옳은 것만을 〈보기〉에서 있는 대로 고른 것은? (단, A와 B의 위도는 같다.)

> 보기
>
> ㄱ. 북반구와 남반구에서 표층 순환의 방향은 같다.
> ㄴ. 동일 위도에서 A 해역은 B 해역보다 수온이 낮다.
> ㄷ. A 해역의 해류보다 B 해역의 해류가 유속이 느리다.
> ㄹ. 북태평양 해류와 남극순환류는 편서풍에 의해 발생한다.

① ㄱ, ㄴ　② ㄱ, ㄷ　③ ㄴ, ㄷ　④ ㄴ, ㄹ　⑤ ㄷ, ㄹ

23 그림은 우리나라 부근의 해류를 나타낸 것이다.

(1) 그림과 같은 해류의 발생 원인은 무엇인가?

(2) 우리나라 동해안의 강릉과 원산만 사이는 좋은 어장이 형성된다고 한다. 그 이유를 쓰시오.

(3) 같은 위도에 위치한 우리나라 동해와 황해에서의 겨울철 기온은 동해가 황해보다 3 ~ 4℃ 높게 나타난다고 한다. 그 이유를 해류의 이름과 이동 방향을 포함하여 설명하시오.

24 다음은 황해의 어느 앞바다에서 한 달 동안 해수면의 높이를 측정한 자료이다.

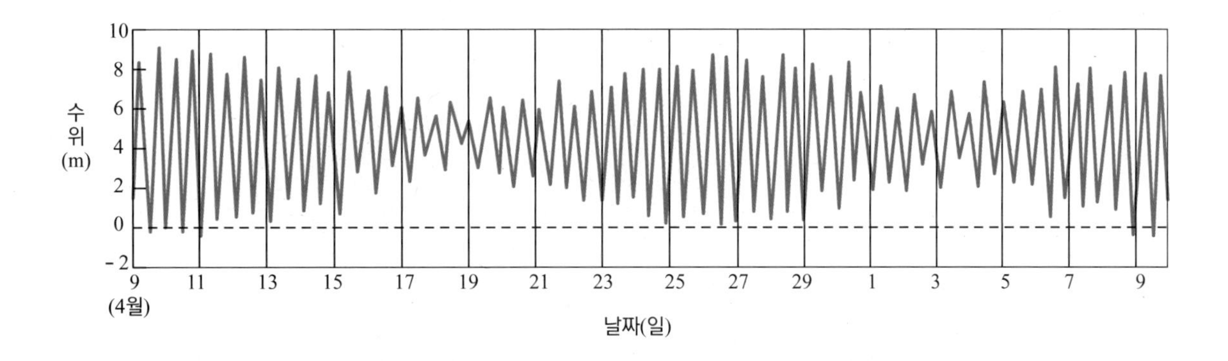

(1) 하루에 평균 만조와 간조가 생기는 횟수는 평균 몇 회인가?

(2) 위 자료에 대한 설명으로 옳은 것만을 〈보기〉에서 있는 대로 고르시오.

보기
ㄱ. 4월 27일 무렵은 사리이다. ㄴ. 4월 19일에 달의 위상은 삭 또는 망이다. ㄷ. 만조가 나타나는 시각은 매일 조금씩 늦어지고 있다.

개념 돋보기

조석과 달의 모양과의 관계

- 사리 : 만조와 간조 때 해수면 높이차가 가장 클 때 (달의 위치 망, 삭)
- 조금 : 만조와 간조 때 해수면 높이차가 가장 작을 때 (달의 위치 상현, 하현)

창의력을 키우는 문제

지구상의 물의 분포

바닷물(97%), 빙하(2%), 지하수/강(1%) - 육지의 대부분이 북반구에 편중되어 있으며, 남반구에서 바다가 차지하는 면적은 북반구의 2배이다.

바다의 중요성

① 식량 자원과 광물 자원 공급
② 바닷물이 증발하여 내린 비를 발전에 이용
③ 지구의 기후 조절에 결정적인 역할
④ 나라 사이의 선박의 운행로

해양 오염

해양의 주된 오염원으로는 육지로부터 오염물의 유입, 대기 부유 먼지의 낙하, 선박의 폐기물 방출 등인데, 또다른 오염원으로 화력 발전소와 원자력 발전소의 온배수로 인한 연안 해역의 열 오염, 육상 원자력 시설, 원자력선에서의 방사성 폐기물 방출에 의한 해양의 방사능 오염 등이 우려되고 있다.

특징적인 해양 지형

① 대륙붕 : 수심 200m 이하의 경사가 거의 없는 평탄한 지형(과거 빙하기 때에는 육지였으나 빙하가 녹은 후 바다로 변한 곳이거나 퇴적물이 쌓여 형성된 곳으로 석유 등의 지하 자원이 많이 묻혀 있음)
② 대륙 사면 : 경사가 3 ~ 6° 정도이며 해저 협곡이 발달됨
③ 대륙대 : 대륙 사면의 기슭으로부터 완만한 경사를 이루면서 심해저로 이어지는 지형
④ 해구 : 수심이 7 ~ 10 km 정도인 좁고 긴 골짜기 형태의 지형
⑤ 심해저평원 : 수심이 3000 ~ 6000 m인 거의 평탄한 지형으로서, 해산과 평정 해산 등이 분포함
⑥ 해령 : 심해저에서 길게 발달한 해저 산맥으로 열곡이 발달됨

단계적 문제 해결력

01 그림은 지구상의 육지와 바다의 면적을 위도에 따라 나타낸 것이다.

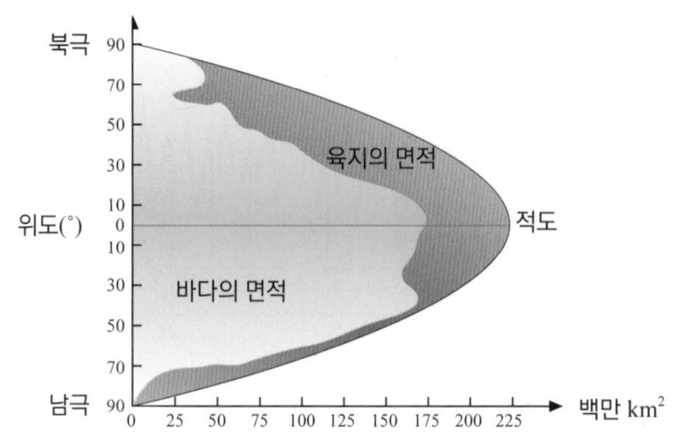

(1) 북반구와 남반구 중에서 바다의 면적이 훨씬 더 넓은 곳은 어디인가?
(2) 전체적으로 볼 때 바다와 육지의 면적의 비는 어림잡아 얼마정도인가?
(3) 바다의 주도권을 가진 나라는 그렇지 않은 나라보다 어떤 점에서 더 유리할까?
(4) 바다를 잘 이용하기 위하여 우리는 어떤 노력을 해야 할까?

단계적 문제 해결력

02 다음 그림은 해저 지형의 모습을 나타낸 것이다.

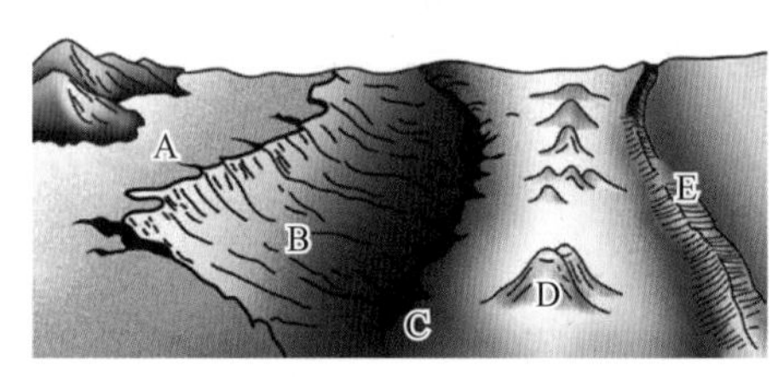

(1) 위 그림에서 다음 보기의 설명에 해당되는 지역을 기호로 쓰시오.

> **보기**
>
> ㄱ. 평균 수심 200m까지이다.
> ㄴ. 우리나라 남해, 황해가 모두 이 지형이다.
> ㄷ. 신생대 제4기의 빙하기 동안에 여러 번 육지화되었다.
> ㄹ. 에너지 자원이 풍부하게 매장되었다.

(2) 다음은 태평양에서 대서양까지를 연결한 단면도이다. 대서양 연안과 태평양 연안 지역에 있어서 해저 지형의 차이는 무엇인지 위의 지형을 예로 들어 2개 이상 설명하시오.

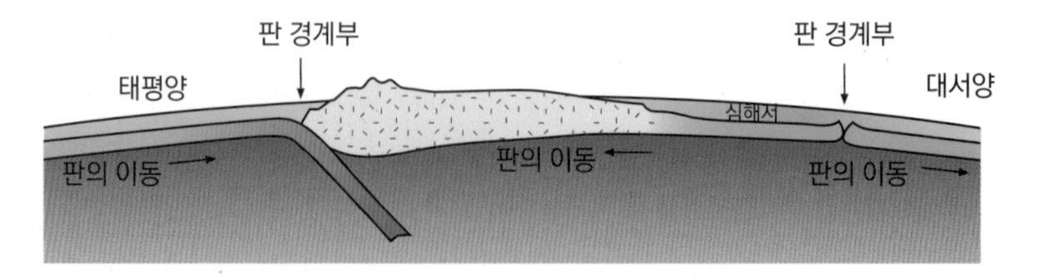

단계적 문제 해결력

03 그림 (가)는 판의 이동에 의해 지형이 변하는 과정을, (나)는 대륙과 해양에 발달해 있는 지형을 나타낸 것이다.

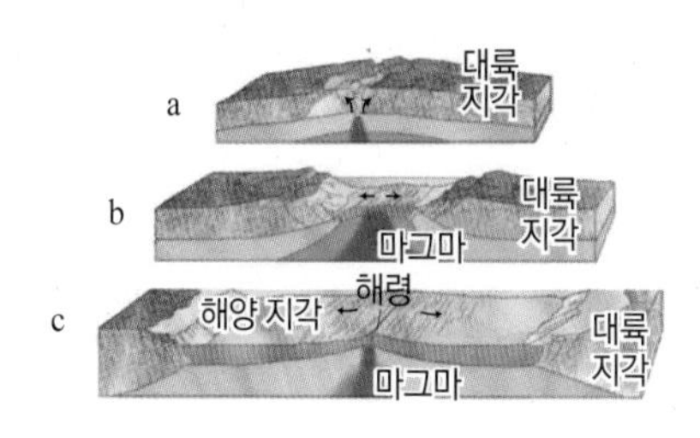

(가)

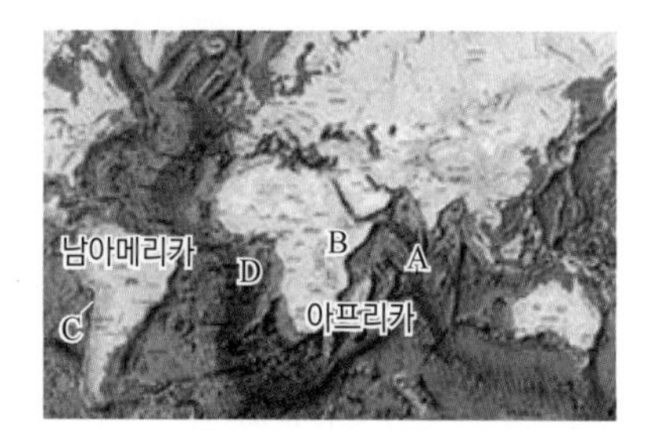

(나)

(1) 위 그림에 대한 설명으로 옳지 않은 것은?

① 현재의 대서양은 (가)의 c단계에 해당한다.
② B, C지역에서는 지진과 화산 활동이 활발하다.
③ (가)의 a단계에 해당하는 지역은 (나)의 B 지역이다.
④ (나)의 A와 B지역은 맨틀 대류의 하강부에 위치한다.
⑤ a, b는 시간이 흐르면 D의 해저 지형과 비슷해질 것이다.

(2) 다음 그림 ㉠과 ㉡은 태평양과 대서양 주변부의 해저 지형을 순서 없이 나타낸 것이다.

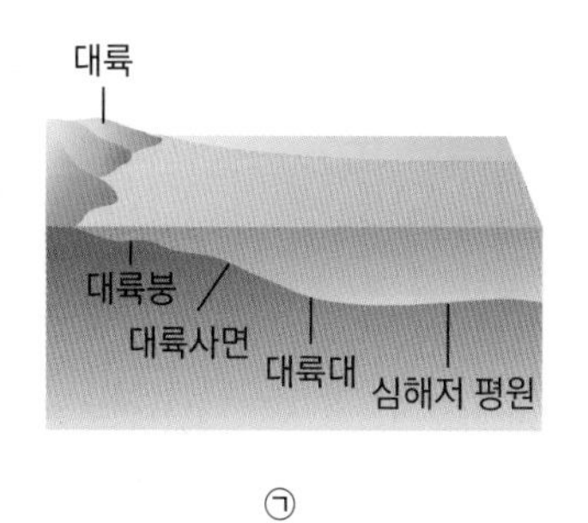

㉠

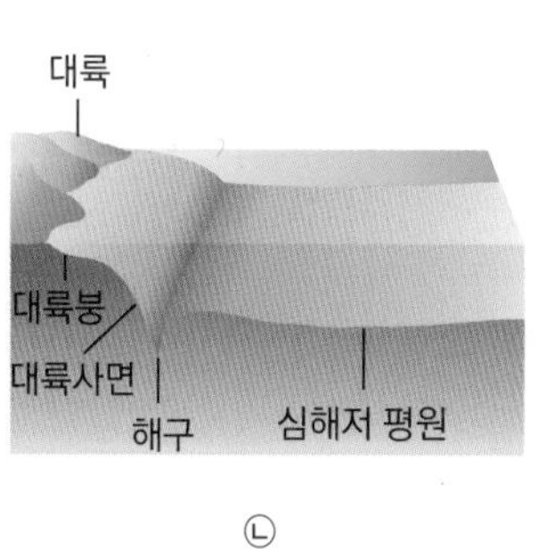

㉡

그림 ㉠, ㉡지형의 형태가 잘 발달하는 바다는 어디인지 해양의 이름을 각각 쓰고, 왜 그런지 설명하시오.

태평양형 해저 지형

- 대륙붕 – 대륙사면 – 해구 – 심해저평원으로 되어 있다.
- 해구를 중심으로 하여 화산과 지진 활동이 활발하다.

대서양형 해저 지형

- 대륙붕 – 대륙사면 – 대륙대 – 심해저평원으로 되어 있다.
- 해구가 없어 대서양 연안에서는 화산과 지진 활동이 거의 일어나지 않는다.

해수 수온의 연직 분포는 태양 복사 에너지와 바람에 의해 결정된다.

단계적 문제 해결력

04 **다음은 수심에 따른 수온의 분포를 알아보기 위하여 그림 (가)와 같이 온도계를 깊이에 따라 설치하여 다음 〈보기〉와 같이 조작하였을 때, 그림 (나)의 그래프를 얻을 수 있었다. (단, 그래프 A, B, C는 (가), (다), (다) 중 하나로 측정한 결과를 나타낸 것이다.)**

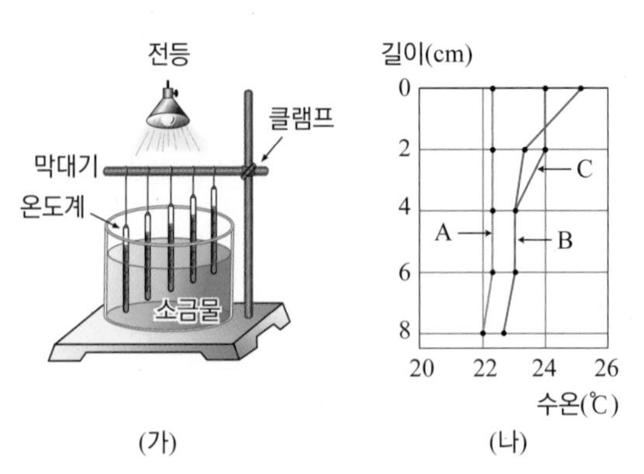

보기
(가) 전등을 끄고, 부채질을 하였다. (나) 전등은 켜고, 부채질은 하지 않았다. (다) 전등을 켜지 않고, 부채질도 하지 않았다.

(1) 그래프 A, B, C에 해당하는 실험 방법을 각각 〈보기〉에서 찾아보시오.

(2) 만약 부채질을 지금보다 더 오래 해준다면 그래프의 모양이 어떻게 달라질지 변화할 그래프의 기호를 쓰고 설명하시오.

(3) 이 실험 결과를 바탕으로 실제 바다의 수온 분포로 만들어지는 층이 어떻게 만들어지는지 실험 결과 그래프와 관련지어서 설명하시오.

단계적 문제 해결력

05 **다음 그림 (가)는 우리나라 주변 해수의 2월과 8월의 수온 분포도를, (나)는 같은 기간의 염분 분포도를 각각 나타낸 것이다.**

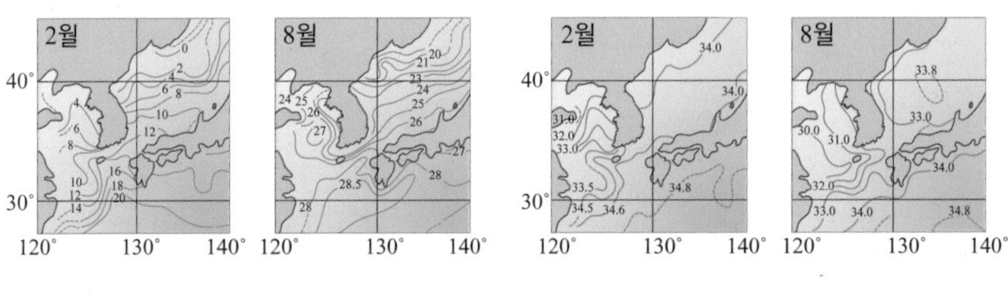

(가) 수온 분포도 (나) 염분 분포도

(1) 우리나라 주변의 해수 중 계절에 따른 수온차가 가장 큰 바다는 어디인가? 또, 그 수온차가 크게 발생하는 이유는 무엇인지 간략히 쓰시오.

(2) 위 수온 분포도를 보면 등온선은 대체로 위도와 나란하지만 대륙 부근에서는 해안선과 나란해진다. 그 이유는 무엇인지 간략히 쓰시오.

(3) 2월과 8월의 염분을 비교해 보면 언제 더 염분이 낮게 나타나는가? 또, 그 이유는 무엇인지 간략히 쓰시오.

(4) 수온 분포도와 염분 분포도를 비교해 볼 때, 수온과 염분은 어떤 연관성이 있는가?.

단계적 문제 해결력

06 다음은 해수의 연직 순환을 알아보기 위한 실험 과정을 나타낸 것이다.

[과정]

A. 수조에 물을 채우고, 바닥에 작은 구멍이 뚫린 종이컵을 그림과 같이 수조에 투명 테이프로 고정시킨다.

B. 푸른색 잉크를 섞은 소금물을 종이컵에 조금씩 천천히 부으면서, 수조에서 일어나는 현상을 관찰한다.

[결과]

푸른색 잉크를 섞은 소금물이 바닥으로 가라앉는 현상을 볼 수 있었다.

(1) 왜 위와 같은 결과가 나타나는지 설명하시오.

(2) 이 실험에서 푸른색 잉크를 섞은 소금물이 더 잘 가라앉게 할 수 있는 방법을 있는 대로 모두 쓰시오.

(3) 이 실험으로부터 실험과 같은 해수의 침강이 주로 일어날 것으로 생각되는 위도는 저위도, 중위도, 고위도 중 어느 곳인가? 또, 그렇게 생각하는 이유는 무엇인가?

단계적 문제 해결력

07 다음 만화를 읽고 물음에 답하시오.

(1) 바닷물을 이용하여 천연 소금을 얻는 곳을 (　　)이라고 한다.

(2) 바닷물을 가열하여 물을 증발시키면 무엇이 남게 되는지 쓰시오.

(3) 우리 몸의 혈액 속에는 무기염류가 혈액 1kg당 0.009g 정도가 들어있다. 혈액의 염분은 몇 ‰ 인가?

- 해수의 밀도는 온도와 염분에 의해 영향을 받는다. 고위도 지방의 해수는 염분이 높고 수온이 매우 낮아 밀도가 높으므로 침강이 잘 일어난다. 따라서 해수의 대부분을 차지하고 있는 심해층은 극지방에 가까운 고위도 지방에서 침강한 것이 저위도로 내려와서 형성된 것이다.
- 표층 해수 아래에는 수온약층이 있기 때문에 해수는 아래로 내려가 섞이지 못한다. 결국 심해층은 남북의 고위도 지방의 해수가 침강한 것이다.

염류

바닷물 속에 녹아 있는 여러 가지 물질 (소금, 암석 성분, 화산 기체 분출물, 대기 중의 기체 성분 등)

염분

해수 1000g 속에 녹아 있는 전체 염류의 양(g), 단위 : ‰ (퍼밀 : 천분율), 전 세계 바닷물의 평균 염분 : 35 ‰

바닷물에 녹아 있는 주요 염류의 양과 구성비

염류	질량(g)	구성비(%)
염화 나트륨	27.2	77.7
염화 마그네슘	3.8	10.9
황산 마그네슘	1.7	4.7
황산 칼슘	1.3	3.6
황산 칼륨	0.9	2.5
기타	0.1	0.6
합계	35.0	100.0

등염분도

염분값이 같은 곳을 연결한 선

염분의 분포

- 수평 분포 : 위도 10° ~ 30° 사이의 아열대 지방은 날씨가 맑아 증발량이 많고 강수량 적어 염분값이 높다.
- 수직 분포 : 해수면 200 ~ 300m 까지는 염분값이 높고 그 아래의 염분값은 감소한다. 염분값은 심해층에서 다시 증가한다.

염분의 변화

- 강수량이 많은 곳, 하천수가 유입되는 곳, 빙산의 융해가 일어나는 곳 → 염분이 낮다.
- 해수의 증발이 많은 곳, 해수의 결빙이 일어나는 곳 → 염분이 높다.

위도에 따른 염분의 분포

위도 10 ~ 30° 사이의 아열대 해양 염분이 가장 높다.

- 적도 지방 : 강수량 < 증발량 → 염분이 낮다.
- 중위도 지방 : 강수량 > 증발량 → 염분이 높다.

장소에 따른 염분의 분포

먼 바다일수록 염분이 높다. (강물의 유입이 적다)

단계적 문제 해결력

08

다음 그림은 전세계의 염분값이 같은 곳을 연결한 등염분도이다. 염분이 가장 높은 곳과 낮은 곳을 서술하고, 그 이유를 설명하시오.

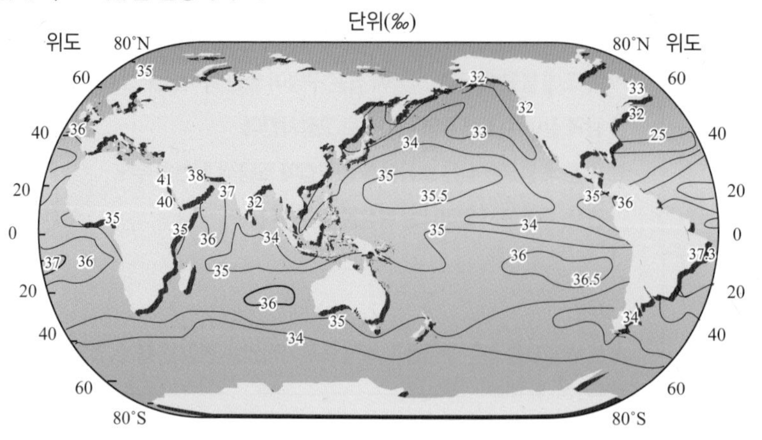

- 가장 높은 곳 :
- 가장 낮은 곳 :

단계적 문제 해결력

09

다음 그래프는 위도에 따른 표층 해수의 온도(A), 염분(B), 밀도(C)의 분포를 나타낸 것이다.

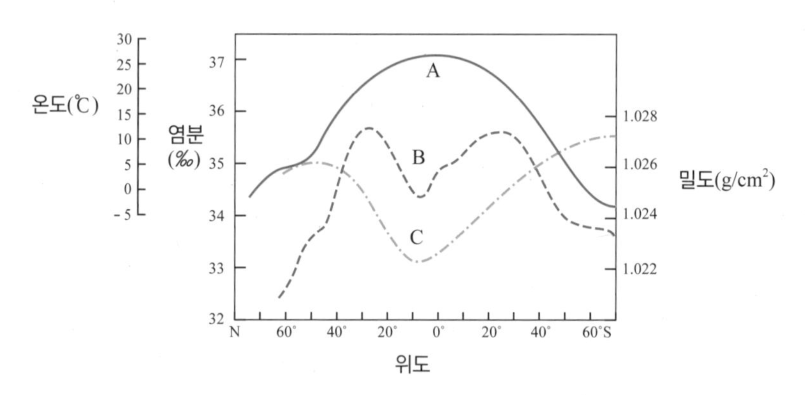

(1) 그래프에 대한 설명으로 옳은 것만을 〈보기〉에서 있는 대로 고르시오.

보기

ㄱ. C는 B보다 A의 영향을 크게 받는다.
ㄴ. B는 증발량과 강수량의 영향을 크게 받는다.
ㄷ. 고위도 지역에서는 A가 낮고 C가 크기 때문에 해수가 침강한다.
ㄹ. 사막은 위도 30° 부근에서 잘 발달할 것이다.

(2) 위 그래프를 보고 판단할 때 고기압이 주로 형성되어 있을 위도대는 저위도, 중위도, 고위도 중 어느 곳이라 생각하는가? 또, 그렇게 생각하는 이유는 무엇인지 그래프 A, B, C와 연관지어 설명하시오.

논리 서술형

10 다음의 글을 읽고 물음에 답하시오.

죽음의 바다 "사해"

▲ 사해의 위치

사해(死海)는 이스라엘과 요르단의 국경에 있는 함수호로 면적 1020km^2, 길이 77km, 폭 16km, 표면적 950km^{2}이다. 사해는 수면이 평균 해수면보다 약 400m 가량 낮다. 바다의 평균 염분량은 35‰(단위) 정도인데 반해 사해의 염분량은 280 ~ 330‰ 정도가 된다.

이러한 특징으로 인해 성경에서는 염해(Salt Sea)라고 불리며, 동쪽의 바다라 하여 '동해', 또는 '아라비아해'로도 불렸다. 생물이 전혀 살 수 없는 환경으로 인해 '사해(Dead Sea)'라고 불린다.

요르단 강을 비롯한 여러 강에서 강물이 유입되지만 호수에서 물이 빠져 나갈 수 있는 유출구는 없다. 건조 기후이기 때문에 유입 수량과 거의 같은 양의 수분이 증발한다. 이로 인해 염분의 함유율이 높아지게 되었다. 높은 염분 농도로 인해 바닷물에 몸을 담그면 인체가 전혀 가라앉지 않는 것으로 유명하다. 또, 여름철에는 염분이 거의 포화 상태가 되어 바다 위에 결정으로 떠 있는 많은 소금 덩어리들을 볼 수 있다.

별 쓸모가 없는 곳으로 생각되었던 사해에는 무궁무진한 광물 자원이 있다는 사실이 밝혀졌다. 그 예로 중요한 공업 원료인 브로민(Br)은 전 세계 소비량의 26%가 사해에서 산출되고 있다. 사해에는 전 세계가 앞으로 1천년을 사용하고도 남을 브로민(Br)이 함유되어 있다고 한다. 또한 포타슘(K)의 매장량은 100년 간 전 세계 소비량을 충족할 수 있을 정도라고 한다. 포타슘은 비누, 비료 등을 만드는데 사용되고 있다.

사해의 물은 피부병에 특효약일 뿐만 아니라 관절염 등 여러 가지 통증 완화에도 특효가 있는 것으로 밝혀져 많은 이들이 치료를 위해 이곳을 찾고 있다. 사해 지역의 공기 중에는 산소가 10% 가량 더 포함되어 있어서 사해 수면에서 증발하는 수증기와 함께 심신을 건강하게 해주는 효과가 있다고 한다. 그리고 사해의 진흙은 미용제로 각광받고 있다.
일찍이 이집트 여왕인 클레오파트라는 사해 진흙을 미용에 이용하였다고 한다. 오늘날 사해 근처의 공장에서는 사해 진흙으로 각종 화장품을 만들어 내고 있다.

오늘날 사해는 갈릴리 호수로부터 흘러 내려오는 강물을 차단하여 조정하고 있기 때문에 수면이 자꾸 낮아지고 있는 실정이다. 또한 여름철의 수분 증발량도 수면이 낮아지는 중요한 이유 가운데 하나이다. 예전에는 사해에 풍부한 물이 있었음이 확인된다. 아주 오래 전에는 적어도 사해 물이 225m가량 채워져 있었으며, 19세기 영국인들이 탐험했을 때도 현재의 수위보다 12m나 높았다고 한다.

(1) 사해의 염분이 높은 까닭은 무엇인가?

(2) 사해에서 사람이 물에 뜨는 이유는 무엇인지 쓰시오.

(3) 사해의 광물자원에는 무엇이 있는가?

(4) 사해의 수면이 낮아지는 이유는 무엇 때문인가?

논리 서술형과 같은 문제의 경우 대부분 글 속에 그 답이 숨겨져 있다. 글을 읽으면서 핵심적인 내용을 잘 찾는 습관을 들여야 한다.

함수호

염분이 많아 물맛이 짠 호수로서 강우량이 적은 건조한 지방에 많이 있으며, 흔히 물이 흘러 나가는 데가 없다.
예) 카스피해, 사해

단계적 문제 해결력

해수의 염분은 강수나 증발, 해수의 결빙이나 융해, 해수의 온도 등의 영향을 받는다.

11 **다음 물음에 답하시오.**

(1) 달걀을 물에 뜨게 하려면 어떻게 해야 하는지 쓰시오.

(2) 위도(적도 지방과 중위도 지방)에 따른 강수량과 증발량을 비교해 보시오.
- 적도 지방 :
- 중위도 지방 :

(3) 위도에 따른 표층 해수의 염분을 비교하여 설명하시오.
- 적도 지방 :
- 중위도 지방 :
- 고위도 지방 :

논리 서술형

12 **다음 〈표〉는 동해와 황해의 1kg에 포함된 염류의 질량과 그 구성비를 각각 나타낸 것이다.**

염류	동해		황해	
	질량(g)	구성비(%)	질량(g)	구성비(%)
염화 나트륨	25.64	(　　)	24.10	77.7
염화 마그네슘	3.60	10.9	3.38	(　　)
황산 마그네슘	1.55	(　　)	1.46	4.7
황산 칼슘	1.19	3.6	1.11	(　　)
황산 칼륨	0.83	(　　)	0.77	2.5
기타	0.19	0.6	0.18	(　　)
합계	33g	100.0	31g	100.0

(1) 빈칸(　　)을 계산하여 표를 완성하시오.

(2) 동해, 황해의 염분값은 각각 얼마인가?

(3) 각 바다에 녹아 있는 염류 중에서 염화 나트륨의 양을 서로 비교해 보시오.

(4) 바닷물 속에 포함된 각각의 염류가 차지하는 비율이 (3)과 같다는 법칙을 무엇이라 하는가?

염분비 일정의 법칙

- 염분값은 바다에 따라 각각 다르지만 바닷물에 들어있는 바닷물이 오랜 시간에 걸쳐 잘 섞여왔으므로 각 염류의 비율은 항상 일정하다.
- 지역과 계절에 따라 염분은 달라져도 각 염류의 상대적인 비율은 거의 일정하게 나타난다.

정답 및 해설 36쪽

단계적 문제 해결력

13 **다음 그림 (가)는 우리나라 주변 해수의 2월과 8월의 수온 분포를, 표 (나)는 우리나라 동해에서 만나는 해류 A와 해류 B의 성질을 비교한 것이다.**

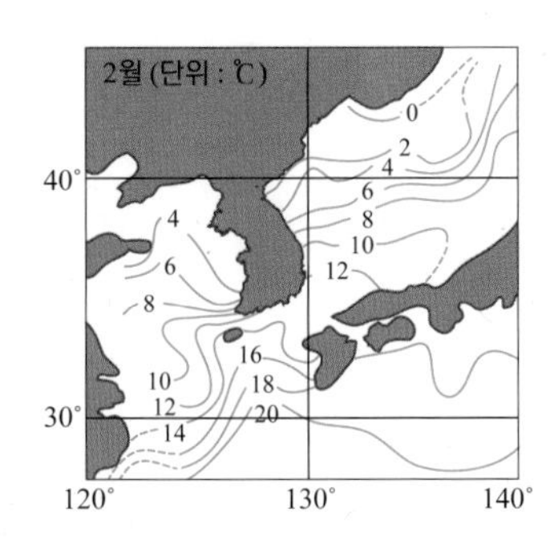

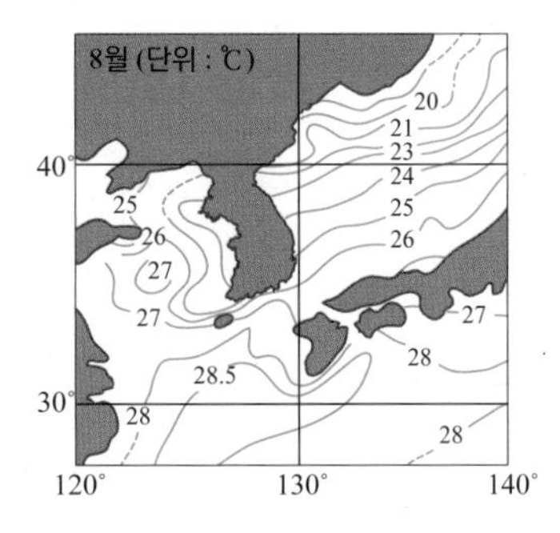

(가)

	수온	염분	영양 염류	용존 산소량
해류 A	높다	높다	적다	적다
해류 B	낮다	낮다	많다	많다

(나)

(1) 그림 (가)와 (나)를 참고로 하여 〈보기〉 중 옳은 것만을 있는 대로 고르시오.

보기

ㄱ. 해류 B는 동해와 황해 모두 영향을 준다.
ㄴ. 해류 A와 B가 만나면 좋은 어장을 형성한다.
ㄷ. 해수의 온도가 높을수록 기체와 고체가 많이 녹아 있다.
ㄹ. 연중 남해 해수의 수온이 항상 가장 높은 것은 A 해류 때문이다.

(2) A 해류는 2월과 8월 중 언제 더 높은 위도까지 북상하는가? 그것을 어떻게 알 수 있는지 수온 분포와 관련지어 설명하시오.

해류

바닷물의 흐름은 해양의 넓이와 깊이, 염분, 온도에 따라 정해진다. 얕은 바닷물의 이동은 바람과 지구의 자전에 의해, 깊은 바닷물의 흐름은 대륙의 분포와 해수의 밀도에 의해 결정된다.

한류

- 고위도에서 저위도로 흐르는 해류, 수온과 염분이 낮다.
- 용존 산소량과 영양 염류가 많아 어족 자원이 풍부하다.

난류

- 저위도에서 고위도로 흐르는 따뜻한 해류, 수온과 염분이 높다.
- 산소량과 영양 염류가 적어 어족의 수가 적다

단계적 문제 해결력

14

다음은 2013년부터 2015년까지 우리나라 주변 어느 해역에서 관측한 해수의 평균 온도(가)와 평균 염분(나)를 나타낸 것이다.

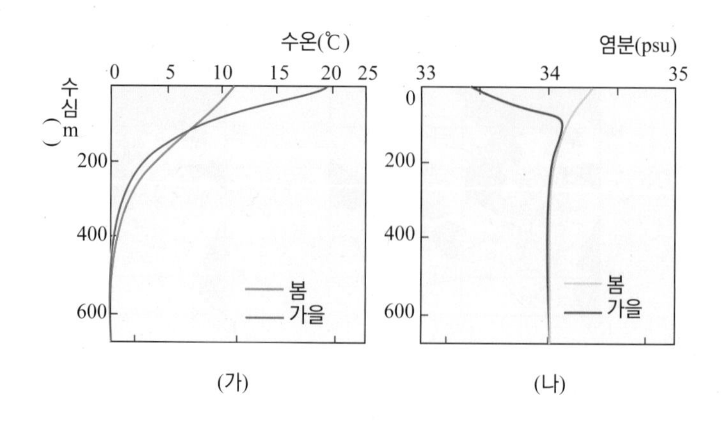

(1) 봄과 가을 중 어느 계절에 표층수의 밀도가 더 높은가?

(2) 이 지역의 외부 요인에 의한 수온과 염분 변화에 대해서 추리하여 서술하시오.

단계적 문제 해결력

15

다음은 대서양에서 일어나는 해류의 심층 순환을 나타낸 것이다.

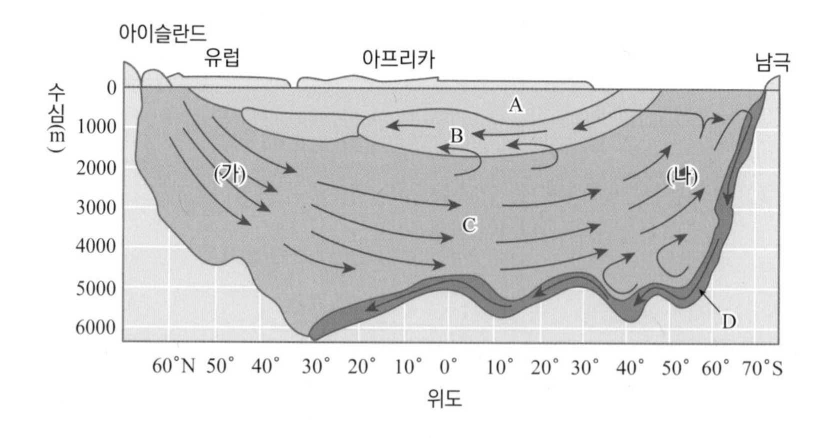

(1) A ~ D 중 해수의 밀도가 가장 높은 곳을 고르시오.

(2) (가)와 (나) 중 난류성 어류가 더 많이 잡히는 곳을 고르고, 그 이유를 서술하시오.

단계적 문제 해결력

16 **다음 (가)는 한달 동안 일어난 조석에 의한 해수면의 높이 변화를, (나)는 위도가 거의 같은 서해안의 인천과 동해안의 삼척 연안에서 조석에 의한 해수면의 높이 변화를 관측한 결과이다.**

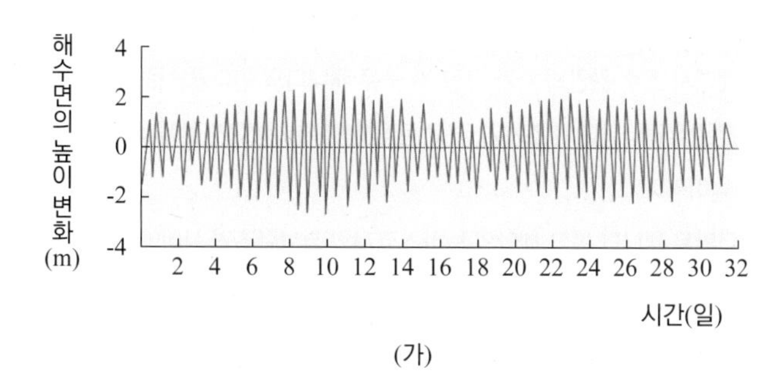

(가)

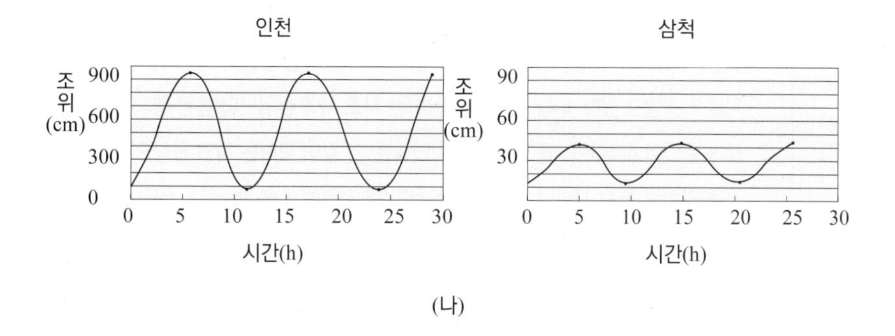

(나)

(1) (가)에서 16일의 달의 위상이 하현일 때, 10일의 달의 위상은 무엇인가?

(2) 파랑과 조석 중 해수면의 높이 변화를 예측하기 쉬운 것을 고르고, 그 이유를 서술하시오.

(3) 인천과 삼척은 위도가 거의 같음에도 조차의 차이가 크다. 그 이유는 무엇일지 서술하시오.

조위

풍랑이나 너울, 항만의 고유진동 등에 의한 단주기의 해면 높낮이를 제외하고 일정한 기준면에서 해수면을 측정했을 때의 높이이다.

파랑

심해파에 대해 표면파로 구분되는 것으로, 바람에 의해 생긴 수면상의 풍랑(風浪)과 풍랑이 다른 해역까지 진행하면서 감쇠하여 생긴 너울이 있다.

⬡ 조류

조석 현상에 의해 수평 방향으로 생기는 바닷물의 흐름이다.
- 밀물 : 바닷물이 해안으로 흘러 들어오면서 해수면이 높아질 때의 흐름
- 썰물 : 바닷물이 바다 쪽으로 빠져나가면서 해수면이 낮아질 때의 흐름

⬡ 조차

만조와 간조 때 해수면의 높이 차로서, 수심과 해안의 지형에 따라 큰 차이가 난다.

⬡ 조석 현상

바닷물의 높이가 주기적으로 변하는 현상이다.

⬡ 기조력

만유인력과 원심력의 합력
- 지구와 달 사이에 작용하는 인력인 만유인력에 의해 발생한다.
- 달과 지구는 만유인력으로 서로 끌어당기지만 지구상의 물체는 달과 떨어지려고 하는 원심력을 느끼게 된다.
- 만유인력과 원심력이 균형을 잘 이루고 있기 때문에 달과 지구는 서로 부딪치는 일도 없고 서로 떨어져 멀어지는 일도 없다.

지구 표면에서 달과 마주 보는 쪽에서는 달과 가깝기 때문에 달의 인력에 지구의 바닷물이 이끌려서 만조가 되며, 반대쪽의 바닷물은 달에서 멀기 때문에 달의 인력을 적게 받는 대신 원심력이 커져서 역시 만조가 된다.

단계적 문제 해결력

17 다음 읽기 자료를 읽고 물음에 답하시오.

[자료]

세계에서 조수 간만의 차가 가장 큰 곳은 캐나다의 펀디만으로 조차가 무려 16m나 된다. 이것은 우리나라에서 조차가 가장 큰 인천이 8m 정도인 것에 비하면 인천의 2배 정도 되는 높이이다.
펀디만은 캐나다 동부 해안의 노바스코샤와 뉴브런즈윅 사이에 깔때기 모양으로 길게 뻗은 곳인데, 밀물이 들어올 때에는 10여 층 짜리 빌딩 높이의 파도가 해안을 덮칠 듯 몰려오는 장관이 펼쳐진다고 한다. 또한, 펀디만은 미국의 뉴브런즈윅 주에 있는 메디코디악이라는 강과 이어지는데, 펀디만의 높은 조차로 인해 이 강은 하루에 두 번씩 하류에서 상류로 흐른다고 한다.
한편, 우리나라에서는 조석 현상으로 인해 바다 갈라짐 현상이 나타나는 곳이 있어 관광지로 각광받고 있다. 바다 갈라짐 현상이란 저조 시에 주위보다 높은 해저 지형이 해상으로 노출되어 마치 바다를 양쪽으로 갈라놓은 것 같이 보이는 자연 현상으로 우리나라 남서 해안처럼 해저 지형이 복잡하고 조차가 큰 지역에서 볼 수 있다. 진도(회동과 모도 사이), 보령 무창포, 여천 사도, 변산 반도, 제부도 등에서 이런 현상이 나타난다.

▲ 진도 바닷길

(1) 진도, 제부도, 무창포 등에서 바다 갈라짐 현상이 일어나는 이유는 무엇인지 쓰시오.

(2) 미국의 '페티코디악 강'이 거꾸로 흐르는 현상은 어떻게 일어나는지 쓰시오.

단계적 문제 해결력

18 다음 그래프는 우리나라 황해 바닷가에 위치한 어느 지역에서 한달 동안(1 ~ 30일)측정한 날짜에 따른 해수면의 높이 변화를 나타낸 것이다.

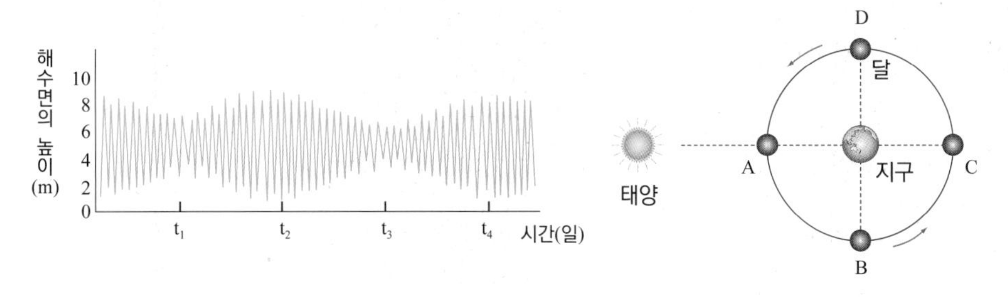

(1) $t_1 \sim t_3$ 사이에 경과한 시간은 약 몇 일 정도인지 쓰시오.

(2) 하루에 일어나는 조석은 약 몇 회씩 반복되는지 쓰시오.

(3) 이와 같은 해수면 높이 변화의 주된 원인은 무엇인가?

(4) 다음은 조석 간만의 차에 의해 일어나는 '바다 갈라짐'에 관련된 글이다.

> '진도 신비의 바닷길 축제'가 4월 17일부터 19일까지 열렸다. 이 기간 동안 진도 회동마을 앞바다는 썰물 때 육지와 섬을 잇는 바다의 밑바닥이 드러난다. 국립해양조사원에 따르면 올해에는 이러한 현상이 일어나는 기간이 약 7번 있을 것이라고 한다.

이 기간 중에 이러한 일이 생겼다면 위의 그래프 상에서 어디에 해당되는지 기호로 쓰시오.

단계적 문제 해결력

19 다음 표는 서해안의 어느 해안가 지방의 2019년 9월 조석표의 일부이다.

달의 위상	날짜(일)	시각(시 :분)	만조와 간조의 높이(cm)
상현	25	04 : 26	300
		10 : 28	627
		17 : 02	218
		23 : 33	650
	26	05 : 48	330
		11 : 43	601
		18 : 18	212

(1) 위 표에 대한 설명으로 옳은 것만을 <보기>에서 있는 대로 고르시오.

> **보기**
>
> ㄱ. 이 날 조차는 사리에 해당될 것이다.
> ㄴ. 26일 이후 조차는 점차 더 큰 값을 나타낼 것이다.
> ㄷ. 달의 위상으로 보아 25일은 음력으로 7일 혹은 8일 일 것이다.

(2) 9월 달에 이 지방에서는 간조 때 바닷물이 갈라져서 그 앞에 있는 섬을 걸어서 왕래할 수 있었다고 한다. 그 날은 언제인지 알 수 있는가? 있다면 그 날은 양력으로 대략 몇 일이겠는지 설명하시오.

조석 주기

- 만조 ~ 만조, 간조 ~ 간조까지의 시간으로 약 12시간 25분이다.
- 지구가 한 바퀴 자전하는 동안 달도 지구 주위를 약 13° 공전하므로 달의 상대적 위치가 전날과 같아지려면 50분이 더 필요하다.

만조와 간조

- 만조 : 밀물 때 해수면의 높이가 가장 높아졌을 때
- 간조 : 썰물 때 해수면의 높이가 가장 낮아졌을 때

사리와 조금

- 사리 : 만조와 간조 때 해수면 높이차가 가장 클 때 (달의 위치 망, 삭)
- 조금 : 만조와 간조 때 해수면 높이차가 가장 작을 때 (달의 위치 상현, 하현)

대회 기출 문제

01 깊은 바다 속에서도 바닷물이 일정한 방향으로 흐르고 있는 까닭은 무엇인가?

[대회 기출 유형]

02 우리나라보다 북쪽에 위치한 영국이나 북유럽 겨울의 기후가 우리나라보다 더 따뜻하다. 그 까닭을 해류와 관련지어 설명하시오.

[대회 기출 유형]

03 다음 〈표〉는 A, B 두 해역의 염분을 각각 측정한 것이다. B 해역에서 바닷물 1kg에 포함된 염화 나트륨의 양 ㉠은 몇 g 인가?

[대회 기출 유형]

해역	염분(‰)	바닷물 1kg에 포함된 염화 나트륨(g)
A	36	27
B	40	㉠

04 다음 〈표〉는 우리나라 부근 바다의 염분을 조사한 것이다. (가), (나)에 알맞은 값을 쓰시오.

[대회 기출 유형]

지역	염분(‰)	바닷물 1kg에 포함된 염화 나트륨(g)	
		염화 나트륨	염화 마그네슘
남해	33.4	25.9	(가)
동해	(나)	26.4	3.7

05 다음 그림은 우리나라 주변 해수의 표층 수온 분포를 나타낸 것이다.

[대회 기출 유형]

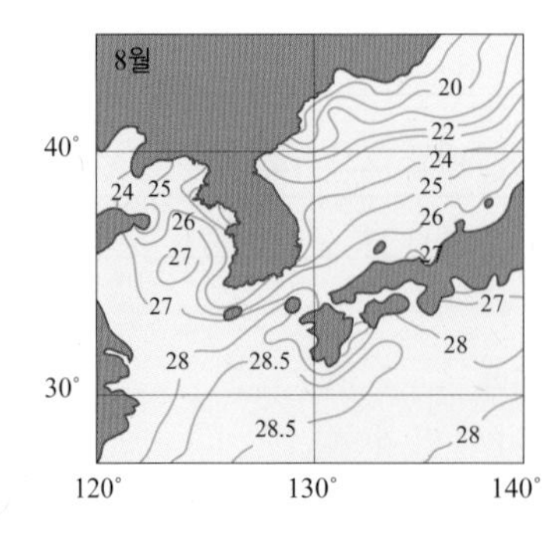

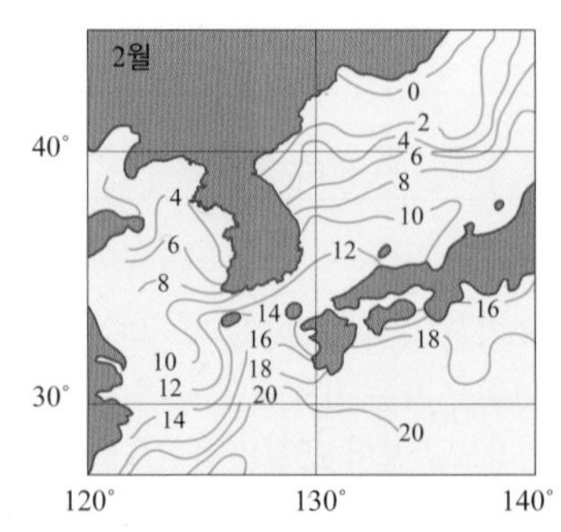

우리나라 주변 바다 중에서 수온의 연교차는 황해에서 가장 크게 나타난다. 황해에서 수온의 연교차가 가장 크게 나타나는 까닭을 설명하시오.

06

다음은 염분이 서로 다른 A, B, C 해역에서 채취한 해수 1kg 에 포함된 화학 성분의 질량(g)을 측정한 자료이다. 물음에 답하시오.

[대회 기출 유형]

염류	A	B	C
Na^{+}	11.5	9.2	4.6
Mg^{2+}	1.5	1.2	0.6
Ca^{2+}	0.5	0.4	0.2
Cl^{-}	20.8	16.6	8.3
SO_4^{2-}	3.0	2.4	1.2
기타	0.3	0.2	0.1

(1) 주어진 자료를 이용하여 염분비 일정의 법칙을 설명하시오.

(2) A, B, C 해역에서 Na^{+} 성분이 차이가 나는 이유는 무엇인가?

07

사리 때는 조차가 한 달 중 최대가 된다. 그러나 같은 사리 때라 하더라도 조차는 지역에 따라 차이가 난다. [대회 기출 유형]

(1) 다음 지역 중 사리 때 조차가 가장 큰 곳은 어디인가?

강릉, 군산, 목포, 부산, 인천

(2) 같은 사리 때라고 하여도 지역에 따라 조차가 차이가 나는 이유를 설명하시오.

08

다음 그림은 우리나라 주변 해양의 8월 표면 염분 분포도, 〈표〉는 두 해역 A, B의 해수에 녹아 있는 염류의 함량을 나타낸 것이다. A 해역의 해수 10kg에서 얻을 수 있는 염류의 총량은 얼마인가?

[대회 기출 유형]

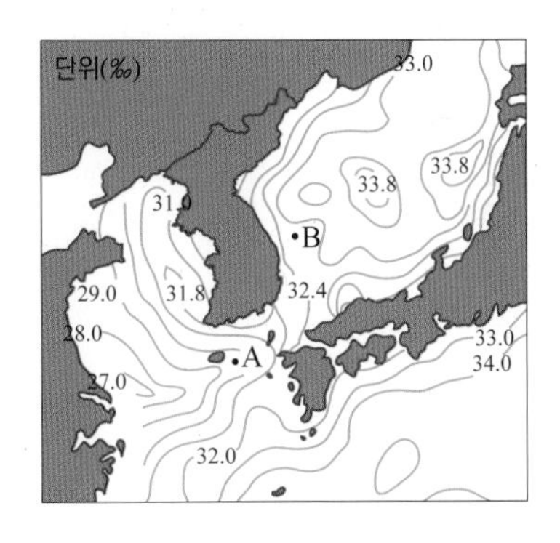

염류	A 해역	B 해역
NaCl	22.9	25.3
$MgCl_2$	3.2	3.5
$MgSO_4$	(　　)	1.6
$CaSO_4$	(　　)	1.2
기타	(　　)	1.0
합계		32.6

09 **다음 〈표〉는 2014년 5월 1일부터 8일까지 측정한 백령도 지역의 조석 자료이다. (단, ▲는 만조, ▼는 간조를 타나내고, 만/간조의 단위는 cm이며, 기준면은 평균 해수면 아래 210cm 지점이다.)** [대회 기출 유형]

날짜	시 : 분(만/간조)	시 : 분(만/간조)	시 : 분(만/간조)	시 : 분(만/간조)
1	03 : 35 (279)▲	09 : 40 (119)▼	16 : 05 (306)▲	22 : 24 (112)▼
2	04 : 35 (307)▲	10 : 38 (95)▼	16 : 57 (325)▲	23 : 08 (85)▼
3	05 : 23 (334)▲	11 : 27 (75)▼	17 : 41 (339)▲	23 : 48 (62)▼
4	06 : 07 (357)▲	12 : 13 (61)▼	18 : 34 (348)▲	
5	00 : 28 (45)▼	06 : 50 (373)▲	12 : 56 (55)▼	19 : 03 (349)▲
6	01 : 07 (35)▼	07 : 31 (382)▲	13 : 39 (56)▼	19 : 44 (345)▲
7	01 : 46 (32)▼	08 : 13 (383)▲	14 : 21 (65)▼	20 : 25 (335)▲
8	02 : 25 (38)▼	08 : 56 (376)▲	15 : 05 (81)▼	21 : 07 (321)▲

(1) 위 표에서 가장 큰 조차는 몇 cm인가?

(2) 5월 4일에는 다른 날과 다르게 저조가 1회밖에 없다. 그 이유를 설명하시오.

10 **다음 그림은 월별 깊이에 따른 해수 온도 분포를 나타낸 것이다.** [대회 기출 유형]

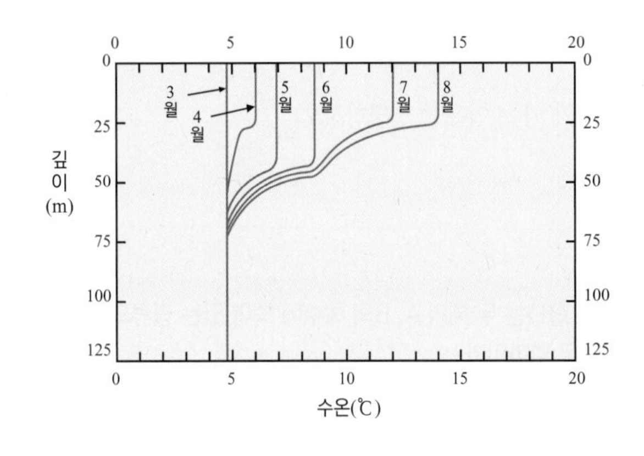

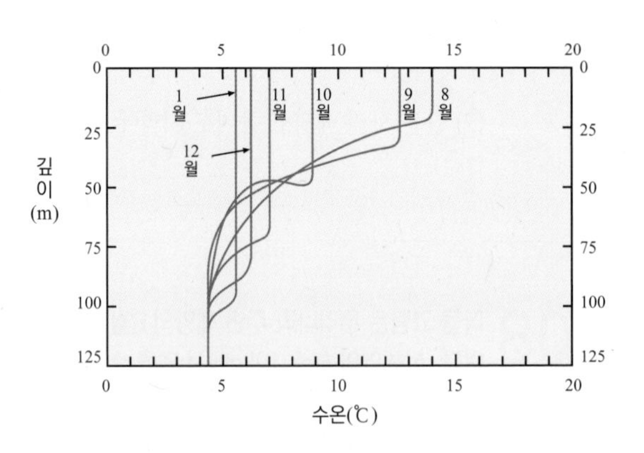

(1) 바람에 의한 해수의 혼합이 즉각적으로 일어난다고 가정할 때, 관측한 1년 동안 바람이 가장 강하게 불었던 달은?

(2) 표층과 심층 해수 사이의 물질과 에너지 교환이 일어나기가 가장 어려운 달은?

(3) 수온 약층의 두께와 해수의 안정도와의 관계를 설명하시오.

11

해류의 순환에는 크게 표층 순환과 심층 순환(열염 순환)이 있다. 이들 두 순환은 서로 분리되어 있는 것이 아니라 그림과 같이 서로 연결되어 오랜 시간을 주기로 순환되고 있다.

[대회 기출 유형]

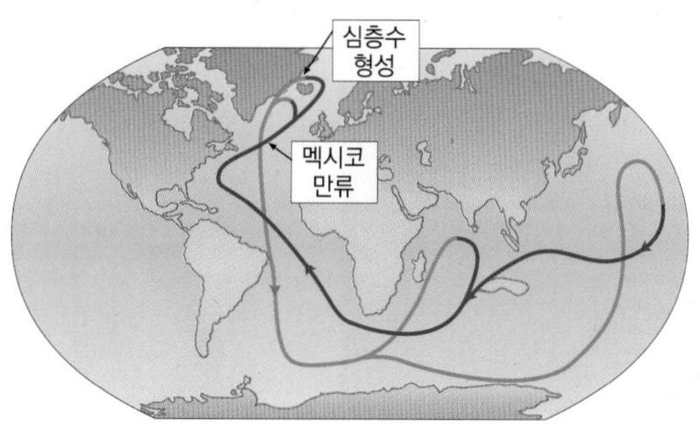

(1) 북극 그린란드 연안의 표층에서 심층수가 형성되는 이유는 무엇인가?

(2) 최근 이 심층 순환이 약화되고 있다고 한다. 심층 순환이 약화되는 이유를 구체적으로 설명하시오.

12

다음 〈표〉는 세계의 평균 해수와 홍해의 해수 1kg 속에 녹아 있는 염류의 양을 g 수로 나타낸 것이다. (가), (나)에 알맞은 값을 각각 쓰시오.

[대회 기출 유형]

염류	평균 해수		홍해 해수	
	염류의 양(g)	질량비(%)	염류의 양(g)	질량비(%)
염화 나트륨	27.21	77.7	(가)	77.7
염화 마그네슘	3.81	10.9	4.35	
황산 마그네슘	1.66		1.91	
황산 칼슘	1.26	3.6	1.44	(나)
기타	1.06		1.20	
합계	35.00	100.0	40.0	100.0

(가) : ( )　　　　(나) : ( )

13

다음 그림은 지구 전체의 평균적인 물의 순환을 나타낸 것이다.

[대회 기출 유형]

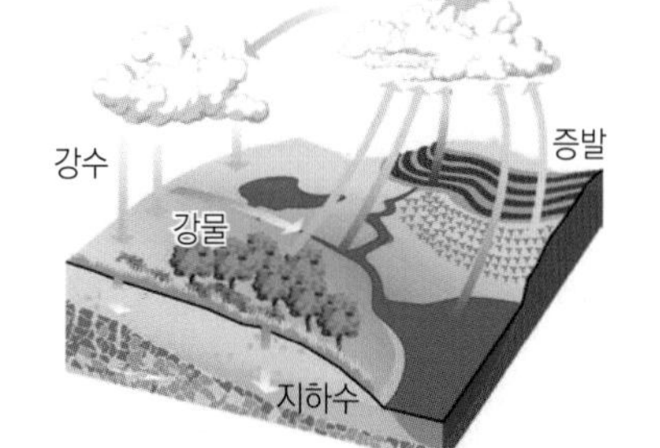

위의 그림에 대한 설명 중 옳지 않은 것은?

① 육지에서는 강수량이 증발량보다 많다.
② 해양에서는 증발량이 강수량보다 많다.
③ 대기 중의 수증기는 대부분 해양에서 증발한 것이다.
④ 해양에서 방출되는 물의 총량은 유입되는 총량보다 많다.
⑤ 지구상의 물은 태양 에너지에 의해 순환한다.

14 **(A)는 극지방 바다에 떠 있는 빙산(iceberg)의 모습을 나타낸 것이다. 빙산은 (B)와 같이 육지의 빙하로부터 떨어져 나와서 만들어지거나 바닷물(해수)이 얼어서 만들어진다.**

[수능 기출 유형]

(A)

(B)

빙산에 대한 설명으로 옳은 것만을 〈보기〉에서 있는 대로 고른 것은?

보기

가. 빙산이 녹으면 주변 해수의 염분이 감소할 것이다.
나. 주변 해수가 얼면 빙산은 지금보다 더 가라앉을 것이다.
다. 해수면 위에 노출된 빙산을 모두 깎아내면 그 부피 만큼의 얼음이 해수면 위로 떠오를 것이다.

① 가 ② 나 ③ 가, 나 ④ 가, 다 ⑤ 가, 나, 다

15 **다음 그래프는 위도가 거의 같은 서해안의 인천과 동해안의 동해 연안에서 관측한 조석 변화를 나타낸 것이다.**

[대회 기출 유형]

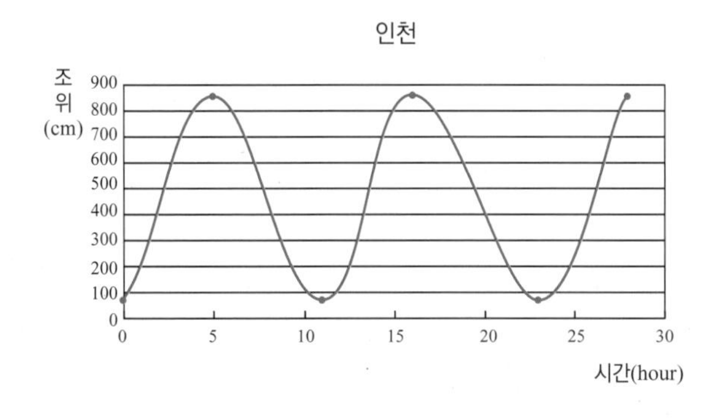

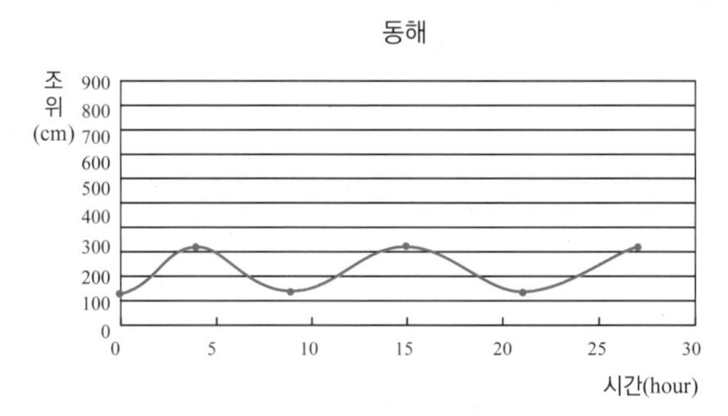

위 그래프에 대한 설명으로 옳은 것만을 〈보기〉에서 있는 대로 고른 것은?

보기

ㄱ. 인천의 조석 주기는 대략 6시간 정도이다.
ㄴ. 인천 연안의 조차가 동해 연안보다 더 크다.
ㄷ. 인천은 하루에 2번, 동해는 하루에 1번 만조와 간조가 발생한다.
ㄹ. 인천과 동해의 조차가 다른 이유는 해안 지형과 수심의 차이 때문이다.

① ㄱ, ㄴ ② ㄱ, ㄷ ③ ㄱ, ㄹ ④ ㄴ, ㄷ ⑤ ㄴ, ㄹ

16 **다음 그림은 아라비아 반도의 북서쪽에 있는 '사해'의 모습이다. 사해의 염분은 표층수가 200‰, 저층수는 300‰정도이며, 이곳에서는 사람이 헤엄치지 않아도 물에 쉽게 뜰 수 있다.**

[대회 기출 유형]

이 자료에 대한 설명으로 옳은 것만을 〈보기〉에서 있는 대로 고른 것은?

보기

ㄱ. 사해는 건조한 기후일 것이다.
ㄴ. 사해의 해수의 밀도는 다른 바다에 비해 크다.
ㄷ. 사해의 염분은 평균 바다 염분의 5배 이상이다.
ㄹ. 사해 표층수 1kg에는 20g의 염류가 녹아 있다.

① ㄱ, ㄴ ② ㄱ, ㄷ ③ ㄴ, ㄹ ④ ㄱ, ㄴ, ㄷ ⑤ ㄴ, ㄷ, ㄹ

17 **다음 〈표〉는 수온과 염분에 따른 해수의 밀도(g/cm³)를 나타낸 것이다. 그림 (가)는 수심이 얕은 만과 수심이 깊은 외해가 인접하고 있는 바다이며, 그림 (나)는 만 밖의 외해에서 깊이에 따른 밀도 분포를 나타낸 것이다.**

[대회 기출 유형]

수온(℃) \ 염분(‰)	33	34	35
9	1.0255	1.0263	1.0271
11	1.0252	1.0260	1.0268
13	1.0249	1.0256	1.0265
15	1.0245	1.0252	1.0260

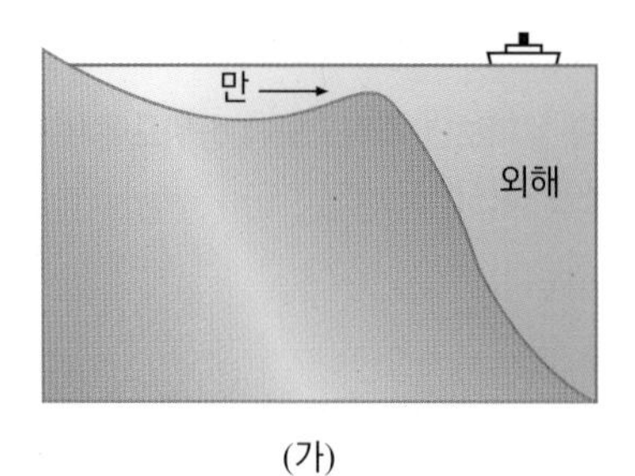

(가)

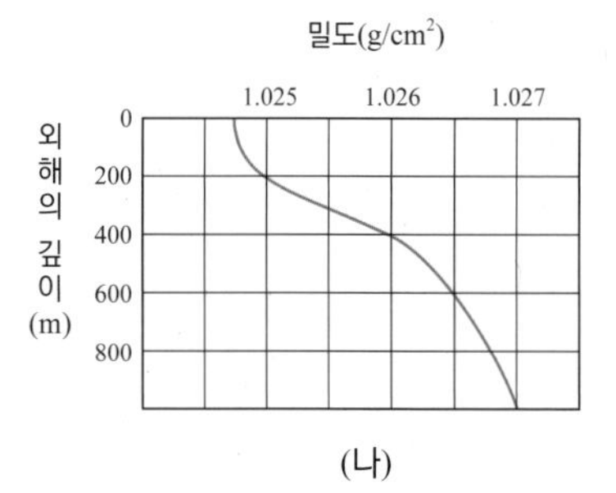

(나)

수온과 염분이 13℃와 35‰인 해수가 만에서 외해로 흘러나갈 때 몇 m의 깊이를 따라 이동하는지 쓰시오. (단, 만의 해수가 흘러가는 동안 외해의 해수와 섞이지 않는다고 가정한다.)

18 다음 〈보기〉는 남극과 북극에 있는 빙산과 바닷물에 대한 설명이다.

[대회 기출 유형]

보기

- 바닷물의 밀도는 1.025g/mL이고 얼음의 밀도는 0.92g/mL이다.
- 빙산의 녹는점은 0 ℃ 이다.
- 바닷물의 염분은 약 35퍼밀(‰)이며, 어는점은 -1.0 ℃이다.
- 물의 온도가 1 ℃ 상승하면 밀도는 0.043% 감소한다.

위 설명을 바탕으로 빙산의 성질에 대해 가장 바른 해석을 한 것은?

① 빙산이 녹으면 빙산 주변의 바닷물의 밀도는 높아질 것이다.
② 빙산을 녹인 물 1kg에는 염분이 35g 포함되어 있을 것이다.
③ 빙산을 녹인 물의 끓는점은 육지에 존재하는 물의 끓는점과 같다.
④ 빙산을 녹인 물을 가열하여 온도가 높아지면 부피가 감소할 것이다.
⑤ 빙산이 녹으면 부피가 감소하므로 해수면이 더 낮아지게 될 것이다.

19 열대 해상에서 발달한 태풍은 저위도에서 중위도로 진행한다. 다음 그림은 태풍이 오기 전 수온의 연직 분포를 나타낸 것이다.

[대회 기출 유형]

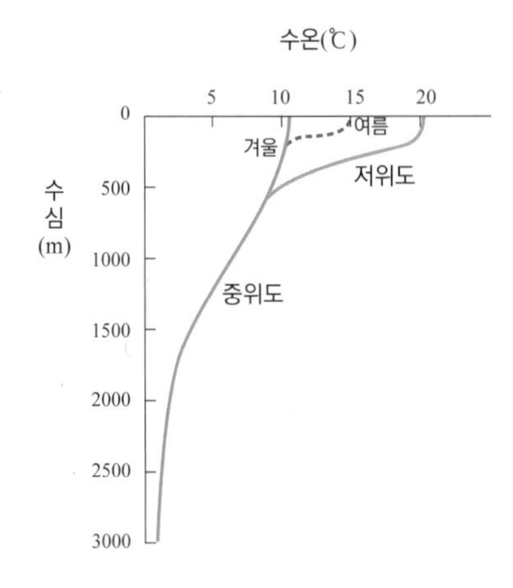

여름철 태풍이 오기 전과 직후의 해양 표층의 온도 변화를 살펴보면 저위도보다 중위도에서 수온이 훨씬 더 많이 떨어진다고 한다. 중위도에서 수온 변화가 심한 이유에 대한 설명으로 옳은 것은?

① 저위도보다 중위도에서 비가 더 많이 내리기 때문이다.
② 저위도에서는 기온이 높아서 바다를 빨리 가열할 수 있기 때문이다.
③ 바람의 세기는 표층 수온이 높은 저위도에서 태풍이 발생한 직후가 가장 강하다.
④ 중위도 여름철 해양의 표층 수온은 겨울철보다 높아서 태풍의 강한 바람으로도 쉽게 혼합되지 않는다.
⑤ 중위도 여름철에는 해양의 수온약층이 뚜렷하고 태풍의 바람이 강하여 혼합층이 깊은 곳까지 형성되므로 같은 세기의 태풍에 대해서 저위도보다 수온을 더 많이 떨어뜨린다.

20 다음 그림은 동해 남부의 한 해역에서 지난 40여 년 동안 2월 해수면의 온도 변화를 나타낸 것이다.

[대회 기출 유형]

(1) 그림을 이용하여 해수면 온도의 상승률(℃/년)을 구하시오.

(2) 1960년에 수온이 약 10 ℃인 바다는 100년 뒤인 2060년에는 몇 ℃가 될 것인지 쓰시오.

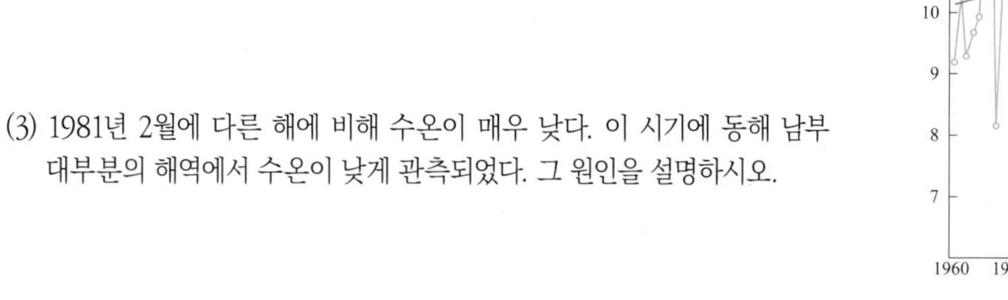

(3) 1981년 2월에 다른 해에 비해 수온이 매우 낮다. 이 시기에 동해 남부 대부분의 해역에서 수온이 낮게 관측되었다. 그 원인을 설명하시오.

(4) 40여년 동안 이 해역의 생물상도 바뀌었다고 한다. 대표적인 어종의 변화를 들고 그 이유를 설명하시오.

21 진도대교가 놓여진 울돌목은 조차가 아주 크며, 좁은 지형 때문에 조류의 속도도 아주 빠른 지역이다. 임진왜란 당시 이순신 장군은 명량해전에서 이런 지형적 특성과 조류를 이용해 큰 승리를 이끌었다고 한다. 화살표는 왜선의 공격 방향이다.

[대회 기출 유형]

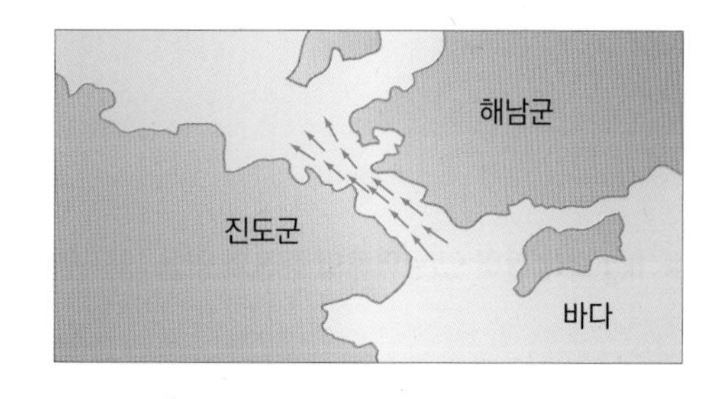

아래 그림은 인진왜란 때 우리나라 수군이 사용했던 판옥선과 일본 수군이 사용했던 안택선의 단면 모습을 나타낸 것이다.

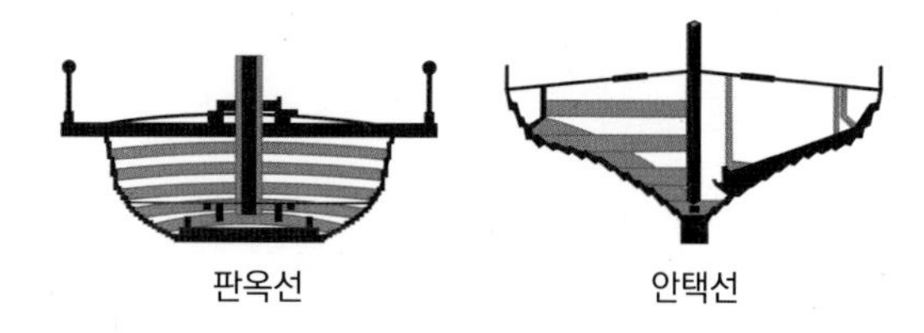

(1) 판옥선과 안택선의 장점과 단점을 각각 1가지씩 쓰시오.

	장점	단점
판옥선		
안택선		

(2) 이순신 장군이 명량해전에서 승리할 수 있었던 이유를 울돌목의 조류와 지형적 특성, 양쪽 수군이 사용한 배의 특징을 이용하여 설명하시오.

22 다음은 우리나라 서해에서 하루 동안 해수면의 높이 변화를 측정하여 나타낸 그래프이다.

[경시 대회 기출]

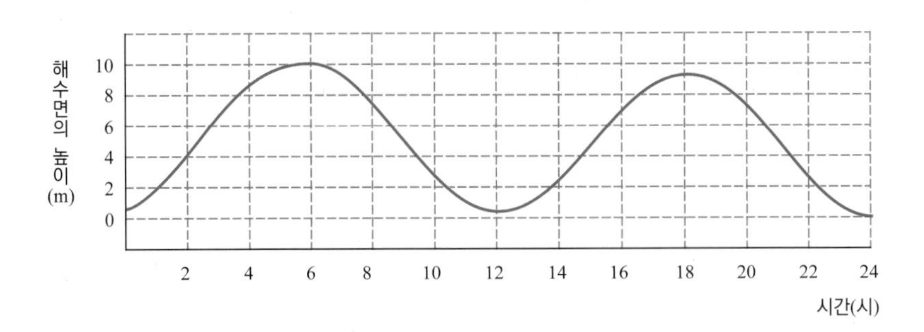

(1) 이날 천구 상에서 달의 위치를 A ~ F 중에서 고르시오.

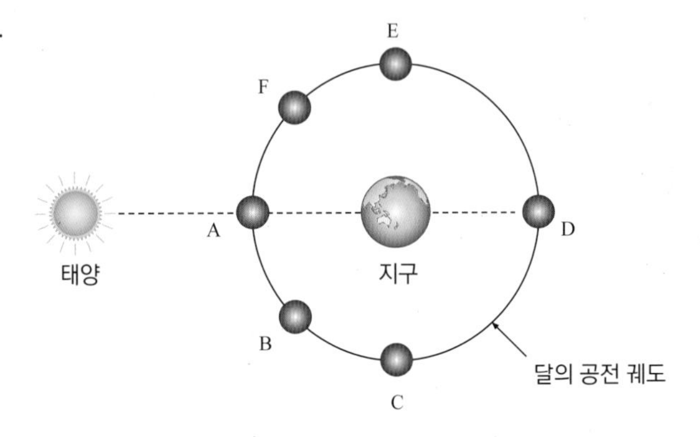

(2) 만조에서 다음 만조가 일어나는 데 걸리는 시간이 12시간보다 긴 이유를 쓰시오.

23 다음은 동해와 황해의 바닷물 1kg 속에 들어 있는 염류의 종류와 양을 나타낸 것이다.

[경시 대회 기출]

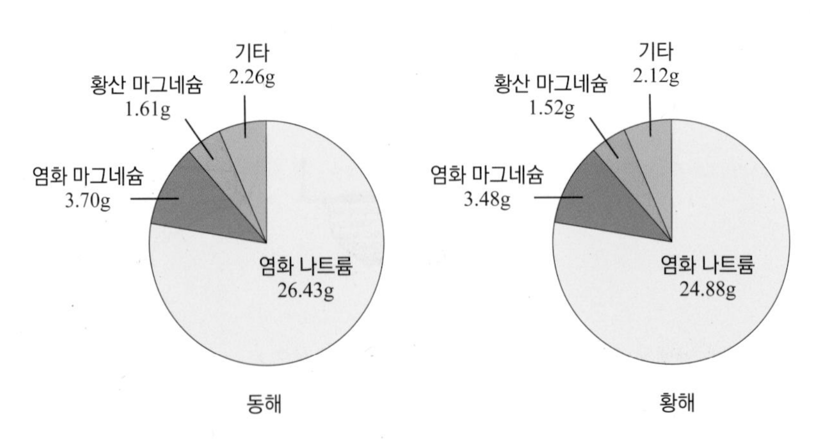

(1) 동해와 황해의 염분을 각각 ‰단위로 나타내시오.

(2) 우리나라 어느 해역의 염분을 측정했더니 35‰이었다. 이 해수 1kg에 들어있는 염화 나트륨의 양을 구하시오.
(단, 소수점 둘째 자리에서 반올림한다.)

24 다음 〈표〉는 천체의 질량과 반지름, 천체 사이의 거리를 나타낸 것이고, 다음 글은 조석력(기조력)에 대해 설명이다.

[경시 대회 기출]

천체 이름	질량(kg)	반지름(m)	행성 - 위성	거리(m)
지구	6.0×10^{24}	6.4×10^{6}	지구 - 달	3.8×10^{8}
달	7.4×10^{22}	1.7×10^{6}	목성 - 이오	4.2×10^{8}
목성	1.9×10^{27}	7.1×10^{7}	목성 - 유로파	6.7×10^{8}
이오	8.9×10^{22}	1.8×10^{6}	-	-
유로파	4.9×10^{22}	1.6×10^{6}	-	-

조석력은 지구에서 밀물과 썰물을 일으키는 힘이다. 조석력은 만유인력의 위치에 따른 힘의 차이를 뜻하므로, 차등 중력이라고도 한다. 이 힘은 조석력을 받는 천체의 반지름에 비례하고, 조석력을 주는 천체의 질량에 비례한다. 또한, 두 천체 사이 거리의 세제곱에 반비례한다.

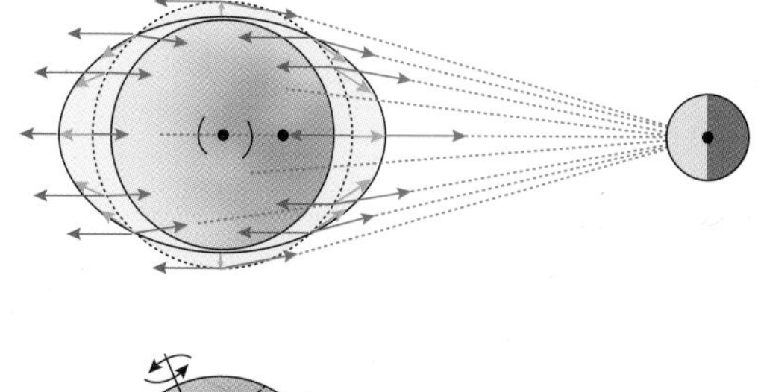

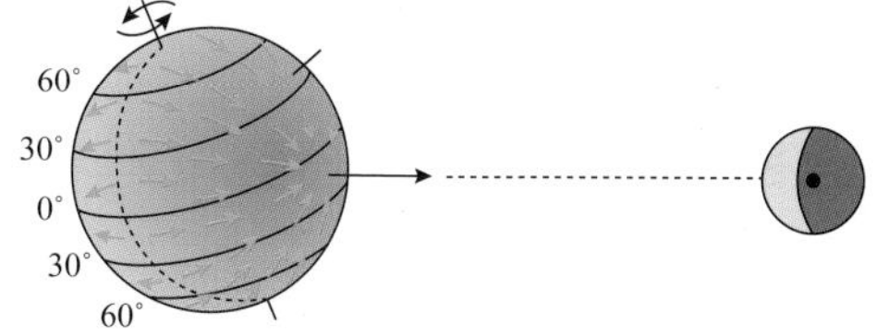

이 경우에 조석력을 받는 천체의 질량이 매우 작고 상대방 천체의 질량이 크다면 질량이 작은 천체의 자전 주기와 공전 주기가 같은 경우가 많다.

(1) 표에 제시된 천체 5개 중 어느 천체가 조석력을 가장 크게 받는지 쓰시오.

(2) 조석력이 작용한 결과로 각 위성에서 나타난 현상의 예를 구체적으로 쓰시오. (단, 동일한 주기의 자전은 정답으로 인정하지 않는다.)

천체	조석력이 작용한 결과
달	
이오	
유로파	

대회 기출 문제

25 **다음 그림은 1492년 ~ 1493년에 콜럼버스가 바람과 해류를 이용하여 북대서양을 왕복 항해한 경로와 지점 A, B, C를 나타낸 것이다.**

[수능 기출 유형]

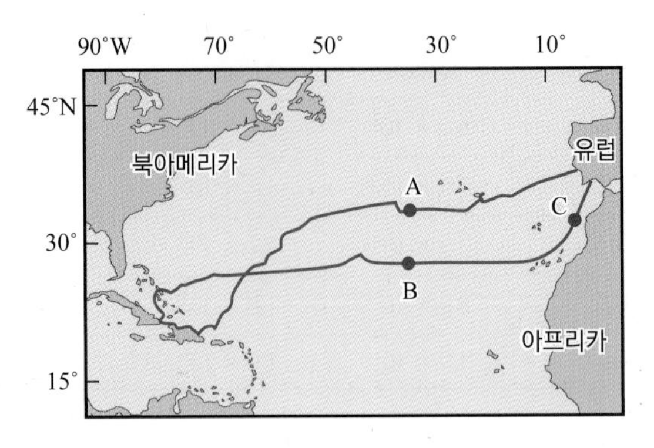

이에 대한 설명으로 옳은 것만을 〈보기〉에서 있는 대로 고르시오.

보기

ㄱ. A를 항해할 때는 무역풍을 이용하였다.
ㄴ. B를 통과할 때는 동쪽에서 서쪽으로 항해하였다.
ㄷ. C에 흐르는 해류는 난류이다.

26 **다음 〈표〉는 하천수와 해수의 용존 물질 농도를, 그림은 지구계 구성 요소의 상호 작용을 나타낸 것이다.**

[수능 기출 유형]

(단위 : ppm)

성분	하천수	해수
HCO_3^-	58.4	140
Ca^{2+}	15.0	400
Cl^-	7.8	19200
Na^+	6.3	10600
기타	32.5	4660
합계	120.0	35000

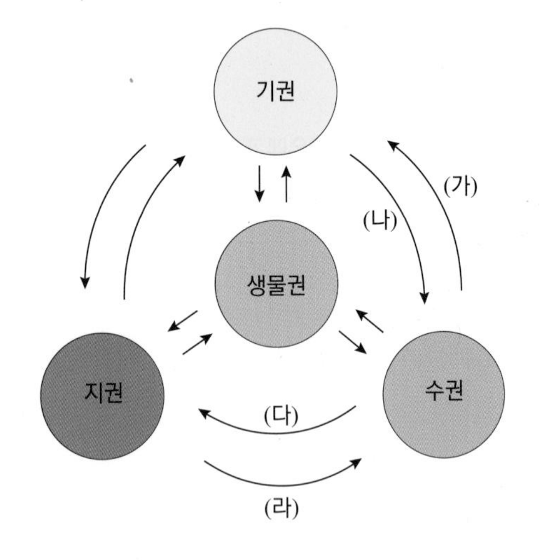

이에 대한 설명으로 옳은 것만을 〈보기〉에서 있는 대로 고르시오.

보기

ㄱ. 용존 물질 중 Ca^{2+}의 비율은 하천수보다 해수에서 낮다.
ㄴ. 해저 화산의 폭발로 해수에 Cl^-이 공급되는 것은 (라)에 해당한다.
ㄷ. 용존 물질 중 HCO_3^-의 비율이 하천수보다 해수에서 낮은 것은 주로 (가) 때문이다.

27 다음 그림은 지구계 수권의 구성비를 나타낸 것이다.

[수능 기출 유형]

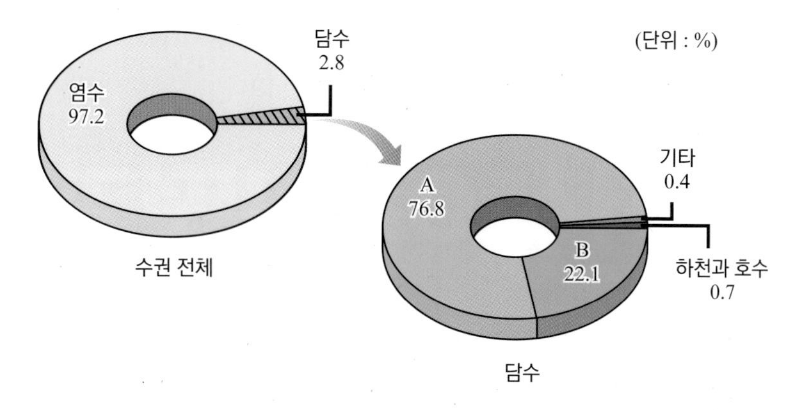

이에 대한 설명으로 옳은 것만을 〈보기〉에서 있는 대로 고르시오.

보기

ㄱ. 지구 온난화가 진행되면 해수의 양은 증가할 것이다.
ㄴ. 담수 중 수자원으로 가장 많이 이용하는 것은 A이다.
ㄷ. 수권 전체 물의 22.1%는 암석의 절리와 토양의 공극에 있다.

28 다음 그림은 우리나라 동해와 그 주변의 표층 해류 분포를 나타낸 것이다.

[수능 기출 유형]

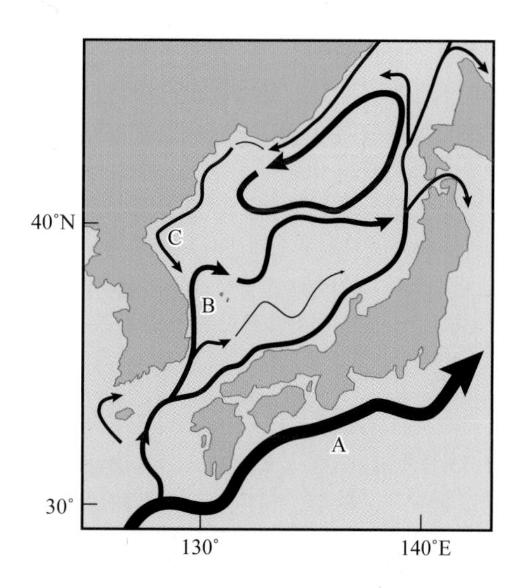

해류 A, B, C에 대한 설명으로 옳은 것만을 〈보기〉에서 있는 대로 고르시오.

보기

ㄱ. A는 북태평양 아열대 표층 순환의 일부이다.
ㄴ. B는 겨울에 주변 대기로 열을 공급한다.
ㄷ. 용존 산소량은 C가 B보다 적다.

명량 해전에서 조석 현상이 어떻게 이용됐을까?

조석 현상과 명량 해전

지금은 진도 대교가 놓여진 울돌목은 조차가 아주 큰 지역으로, 좁은 지형으로 인해 조류의 속도도 아주 빠른 지역이다. 임진왜란 당시 이순신 장군은 명량 해전에서 이런 지형적 특성과 조류를 이용해 큰 승리를 이끌었다고 한다. 당시의 조석 자료를 이용해 이순신 장군이 어떠한 전투 전략을 세웠을지 예측해 보자.

이순신 장군은 임진왜란에서 일본 수군을 상대로 많은 승리를 거두었다. 특히 명량 해전에서는 전선의 수가 133척 대 12척으로 매우 불리한 상황인데도 조류를 이용하여 일본 수군을 물리친 것으로 유명하다.

명량 해협은 진도와 해남의 화원 반도 사이에 있는 좁은 바다로, 우리나라에서 조류가 가장 빠른 곳이다. 이 해역에는 남동쪽과 북서쪽으로 흘러가는 조류가 교대로 흐르며, 유속은 10노트 내외이다. 명량 대첩이 있었던 음력 9월 16일은 ❶ 만조와 간조의 차이가 큰 날이며, 따라서 조류도 매우 강하게 흐르는 날이었다. 울돌목(명량 해협)의 좁은 해협과 거센 조류를 이용하여 적을 물리칠 전략을 세운 이순신 장군은 울돌목의 양 끝에 쇠사슬을 걸어 놓고 일본 수군을 기다리고 있었다.

일본 수군들은 이른 아침부터 북서쪽으로 흐르는 조류를 타고 명량 해협을 통과하여 한강으로 올라가기 위해 우리 수군을 공격하기 시작하였다. 그러나 거침없이 몰려오던 일본 수군의 배들은 생각지도 않던 쇠사슬에 걸려 넘어져 부서지기 시작했다. 뒤따라 오던 일본 함대가 쇠사슬을 피하기 위해 방향을 돌리려고 했지만 북서쪽으로 흐르는 강한 조류 때문에 방향을 돌리는 것도 불가능했다. 이때를 기회로 조선 수군은 각종 화포를 쏘며 맹렬히 공격했다.

시간이 지나 조류의 방향도 남동쪽으로 바뀌었다. 사기충천한 우리 군사들은 더욱 공격을 가하여 31척의 일본 배를 격파하였으며, 일본 수군은 패하여 도망치게 되었다. 이순신 장군은 이처럼 ❷ 바닷물의 흐름을 잘 이용하여 적은 수의 배로 10배가 넘는 일본 수군을 물리칠 수 있었다.

▲ 명량대첩

Imagine Infinite

바다의 이용

- 영국은 발달한 항해술을 앞세워 전세계의 부국이 되었다.
- 통일신라시대 장보고는 완도에 청해진을 설치함으로써 신라의 해상 무역을 번창시켰다.
- 옥포 근해는 우리나라에서 개발한 심해정으로 수심 6000m까지 탐사가 가능하다.

Q1. 밑줄 친 부분에 해당하는 용어를 쓰시오.

❶ ______________ ❷ ______________

Q2. 다음은 명량해전이 일어난 1597년 10월 25일(음력 9월 16일)의 조류표이다.

물길이 바뀌는 시각 (시) (분)	최고저 시간 (시) (분)	조위(최고, 최저) cm
	02 20	- 590
05 18		
	08 09	+ 710
11 08		
	14 45	- 740
17 45		
	20 37	+ 830
23 47		

만조, 간조가 나타난 시간을 구분해 보시오.

Q3. 명량 해전 당시 왜선은 남해에서 서해로 울돌목을 지나가려 하였다. 이들은 물길이 바뀌는 시간을 파악하고 있어서 조류를 이용해 울돌목을 지나려 하였다. 왜선이 공격하였으리라 예측되는 시간은 언제인가? (울돌목에서는 밀물일 때 남해 → 서해, 썰물일 때 서해 → 남해로 바닷물이 이동한다.)

Q4. 위의 표를 참고하여 본인이 이순신 장군이라면 어떻게 공격할 계획을 세울 것인지 설명하시오.

memo

무엇부터 할까?
친구들 안뇽!

무한상상

세상은 재미난 일로
가득 차 있지요!

창·의·력·과·학

I&I 아이앤아이

윤찬섭 저

지구과학(상) 정답 및 해설

개정2판

무한상상

아이앤아이

창·의·력·수·학/과·학

영재학교·과학고

- 아이앤아이 물리학 (상,하)
- 아이앤아이 화학 (상,하)
- 아이앤아이 생명과학 (상,하)
- 아이앤아이 지구과학 (상,하)

영재교육원·영재성검사

- 아이앤아이 영재들의 수학여행
  수학 32권 (5단계)
- 아이앤아이 꾸러미 48제 모의고사
  수학 3권, 과학 3권
- 아이앤아이 꾸러미 120제
  수학 3권, 과학 3권
- 아이앤아이 꾸러미 시리즈 (전4권)
  수학, 과학 영재교육원 대비 종합서
- 아이앤아이 초등과학 시리즈 (전4권)
  과학 (초 3,4,5,6) - 창의적문제해결력

과학대회 준비

- 아이앤아이 꾸러미 과학대회
  초등 - 각종 대회, 과학 논술/서술
- 아이앤아이 꾸러미 과학대회
  중고등 - 각종 대회, 과학 논술/서술

창·의·력·과·학

I&I 아이앤아이

지구과학(상)

개정2판

정답과 해설

무한상상

I. 지구계와 지권의 변화

개념 보기

Q1 태양 복사 에너지 Q2 쿠텐베르크면

Q3

광물	용도	광물	용도
알루미늄	창틀, 비행기, 그릇, 전기배선	납	도료, 전지
점토	종이, 도자기, 벽돌	석회암	시멘트, 토양 첨가제
구리	전선, 배관 설비	수은	전기 스위치, 온도계
다이아몬드	연마제, 드릴, 보석, 유리칼	니켈	전기 도금, 전지
장석	세라믹 유약	규소	반도체, 태양전지
금	보석, 항공, 전자 부품	주석	컨테이너, 땜납, 합금
흑연	윤활제, 연필	아연	건전지
석영	반도체, 유리컵	방해석	시멘트

Q4 성분이 같아도 광물을 이루는 결정형이 다르면 그 성질이 다른 동질 이상 광물이 된다.

Q5 (1) X (2) O (3) X Q6 ③, ⑤

Q7 ③, ④ Q8 화강암

Q9 퇴적암은 주로 바다, 호수에서 생성되므로 그곳에 서식하는 생물이 죽어서 함께 퇴적되면 화석이 된다. 화성암은 고온의 마그마가 식어서 생성되므로 화석을 포함할 수 없다. 변성암은 변성도에 따라 약한 변성을 받았을 경우에는 화석이 남아 있을 수 있지만, 높은 압력과 열을 받게되면 생물체가 파손되어 화석으로 발견되기 어렵다.

Q10 건열, 연흔, 사층리, 점이층리 등

Q11 밝고 어두운 색의 광물이 교대로 띠를 이루며 휘어진 구조가 보인다. 이것은 높은 압력의 영향으로 나타나는 엽리이다.

Q12 태양 복사 에너지

Q13 바다가 형성된 이래 퇴적 작용과 침식 작용이 활발하게 진행되었지만 해안선이 단조롭지 않은 이유는 융기와 침강으로 새로운 해안 지형이 형성되기 때문이다.

Q14 (1) 삼각주와 선상지 : 유수의 퇴적 지형
(2) 버섯 바위와 삼릉석 : 바람의 침식 지형
(3) 빙퇴석과 파식 대지 : 침식 작용의 결과물
(4) V자곡과 U자곡 : 침식 작용의 결과물
(5) 해식 동굴과 석회암 동굴 : 침식 작용의 결과물

Q15 (1) A, 강의 유속이 빨라서 침식이 일어난다.
(2) 깊어진다.

Q16 지각 변동을 받아 융기와 침식이 일어나고 조산 운동으로 높은 산맥이 만들어지기 때문이다.

교과 탐구 문제

30~33쪽

탐구 I 광물의 구별

탐구 과정 이해하기

01 광물의 상대적인 굳기(모스 굳기) 비교
활석 (1) - 석고 (2) - 방해석 (3) - 형석 (4) - 인회석 (5) - 정장석 (6) - 석영 (7) - 황옥 (8) - 강옥 (9) - 금강석 (10)
손톱은 2.5, 동전은 3, 쇠못은 5.5 정도의 굳기를 가지므로 각 굳기보다 작은 굳기의 광물에는 흠집이 난다.

02 방해석(복굴절) 03 자철석(자성)

04 방해석(염산과의 반응)

05 규산염 광물의 기본 구조는 중심부에 산소, 꼭지점에 4개의 규소가 결합된 SiO_4의 사면체 구조를 보인다.

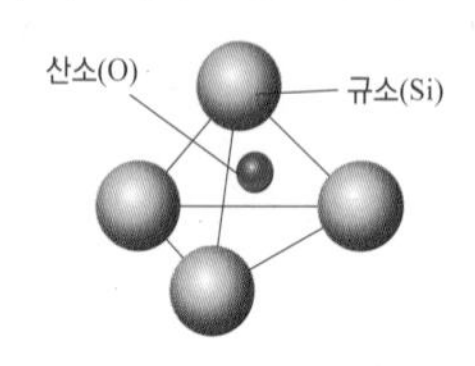

실험 결과

01

	석영	장석	방해석	자철석	황철석	황동석	적철석	흑운모
색	무색 흰색	흰색 분홍색	무색 흰색	검은색	노란색	노란색	검은색	갈색 검은색
조흔색	-	흰색	흰색	검은색	검은색	녹흑색	붉은색	검은색
굳기	7	6	3		6	3~4		2~3
깨짐/쪼개짐	깨짐	쪼개짐	쪼개짐		깨짐	깨짐		쪼개짐

02 규산염 광물

결론 도출

03 광물은 색, 조흔색, 굳기, 결정형, 염산과의 반응, 자석과의 반응, 깨짐과 쪼개짐 등을 기준으로 분류한다.

04 녹색 : 산소 파란색 : 규소

자료 해석 및 일반화

05 ①

해설 | 금강석과 흑연은 모두 탄소 성분으로 구성되었으나 결정 구조가 달라서 각각 다른 성질을 나타낸다. 흑연은 쪼개짐의 성질을 가지고 굳기가 작아 연필심으로 이용하기 좋다.

탐구 II 스테아르산의 결정 만들기

탐구 과정 이해하기

01 얼음물 02 더운물

03 온도차가 적어서 서서히 냉각될수록 결정의 크기가 크다.

04 물질이 녹았다가 다시 굳었을 때 결정의 크기나 굳기, 색이 어떻게 변하는지 알기 위해서이다.

추리

01 각설탕 02 녹였다가 굳은 설탕 덩어리

결론 도출 및 일반화

03 화성암은 냉각 속도 차이에 따라 광물의 결정 크기가 달라진다.

04 A : 현무암 B : 화강암

해설 | 화산암인 현무암인 경우 마그마가 지표 부근에서 빨리 식어서 입자들이 모여 성장하기 전에 굳어버리므로, 결정의 크기가 작다. 반면에 심성암인 화강암의 경우 마그마가 서서히 식어 입자들이 모여서 결정을 만들 시간이 충분하므로, 결정의 크기가 커진다.

05 각설탕-퇴적암, 녹았다가 굳은 설탕 덩어리-화성암

개념 확인 문제

정답 34~39쪽

01 A : 규소 B : 산소 02 색 03 ③
04 ⑤ 05 ② 06 ② 07 결정형, 쪼개짐
08 (해설 참조) 09 복굴절 10 (해설 참조)
11 방해석, 퇴적암 12 정장석
13 (1) 광물 결정의 크기 (2) 색
14 화강암 : A 현무암 : D 15 ②
16 (1) 현무암 (2) A > B
17 암석의 생성 위치, 결정의 크기, 냉각 속도
18 ㄴ, ㄷ, ㄹ, ㄱ
19 (1) 유색 광물 : 감람석 → 휘석 → 각섬석 → 흑운모, 무색 광물 : 사장석 → 정장석 → 석영
(2) (해설 참조) (3) 해설 참조
20 (1) (해설 참조) (2) 화강암, 반려암, 섬록암
(3) (해설 참조) 21 (가) 규암 (나) 대리암
22 ③ 23 ② 24 ②, ⑤ 25 ⑤ 26 ①
27 ② 28 A 화산암 B 심성암 C 변성암 D 퇴적암
29 ⑤ 30 ⑤ 31 덥고, 습한 기후 32 ③
33 A, D, G 34 ①, ② 35 퇴적 지형
36 (해설 참조) 37 (나) → (가) → (라) → (다)
38 A : 황사 B : 바람 39 (1) 물과 공기 (2) (해설 참조)
40 (해설 참조) 41 ③

01 A : 규소 B : 산소
해설 | 지각 구성 원소의 질량비는 산소 46.6%, 규소27.7%, 부피비는 산소가 93.8%를 차지한다.

02 색
해설 | 석영과 장석은 밝은 색, 나머지는 어두운 색 광물이다.

03 ③
해설 | 석고의 굳기 2 < 손톱의 굳기 2.5이므로 석고가 긁힌다.

04 ⑤
해설 | 방해석은 석회암의 주성분으로, 시멘트 원료로 주로 사용된다. 석영 안에 있는 규소(Si) 원소는 영어로 실리콘이라고 하며, 반도체 생산에 이용한다. 활석은 모스 경도에서 가장 무른 돌로 활석 가루를 치약에 넣으면 치아 미백 효과가 있다. 운모는 반짝이는 성질 때문에 페인트, 잉크, 글리터 등으로 이용된다. 공업용 절단기는 굳기가 가장 단단한 공업용 다이아몬드를 사용한다.

05 ②
해설 | 긁힌 쪽의 굳기가 단단할수록 아무런 변화가 없다.

06 ②
해설 | 광물의 색깔(겉보기색, 조흔색)은 광물의 구성 원소와 불순물 등에 의해 결정되며, 화학 결합 양식과는 관련이 없다. 굳기와 깨짐은 광물을 이루는 원소들의 화학 결합 양식에 따라 달라진다. 쪼개짐은 광물을 이루는 원소들의 결합력이 약한 면을 따라 갈라지는 성질이므로 화학 결합 방식과 관련이 있다.

07 결정형, 쪼개짐
해설 | 각각 다른 성질(결정형, 쪼개짐)을 이용하여 광물을 구별한다.

08

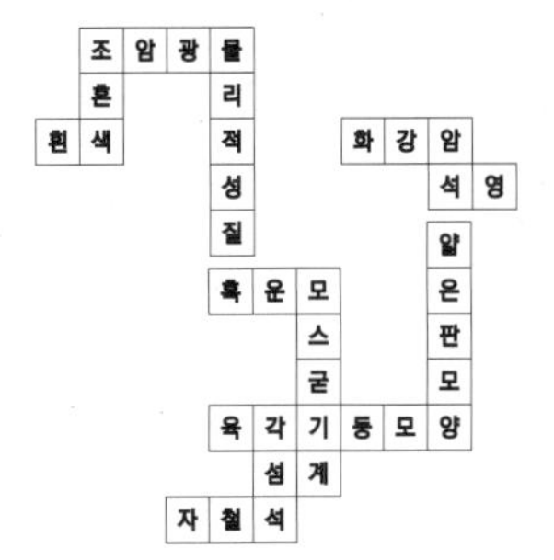

해설 | 세로 열쇠 1-조흔색, 2-물리적 성질, 3-암석, 4-모스굳기계 5-얇은 판 모양, 6-각섬석,
가로 열쇠 A-조암 광물, B-흰색 C-화강암, D-석영, E-흑운모, F-육각기둥모양, G-자철석

09 복굴절
해설 | 방향에 따라 굴절률이 다른 결정체에 입사한 빛이 방향이 다른 두 개의 굴절광으로 굴절되는 현상을 복굴절이라하며 대표적 복굴절 광물이 방해석이다.

10 결정이 충분히 자랄만한 공간을 확보했느냐의 차이
해설 | 화강암내의 석영은 광물이 형성될 당시 다른 광물과 함께 성장함으로 공간이 부족하여 고유의 모양을 나타내지 못한다. 그러나 결정이 자랄 공간이 충분하면 육각기둥의 결정으로 성장하는데 방해를 받지 않는다.

11 방해석, 퇴적암
해설 | 묽은 염산과 반응하여 기포(이산화 탄소)가 생기는 것을 통해 방해석임을 알 수 있다. 방해석은 주로 퇴적암인 석회암에서 산출된다.

12 정장석
해설 | 장석은 사장석, 정장석으로 구분되며 정장석은 고령토로 변하여 도자기의 원료로 사용된다.

정답 및 해설

13 (1) 광물 결정의 크기 (2) 색
해설 | (가)-현무암, (나)-유문암, (다)-반려암, (라)-화강암이다.
화강암을 구분하는 대표적 방법은 구성 광물 결정의 크기에 따라 (가), (나)와 (다), (라)로 구분하며, 색으로 구분할 경우 어두운 색을 띠는 (가), (다)와 밝은 색을 띠는 (나), (라)로 구분할 수 있다.

14 화강암 : A 현무암 : D
해설 | 유색 광물을 많이 포함한 현무암은 어두운 색을 띠며, 지표로 분출하여 빠르게 냉각되기 때문에 세립질의 작은 결정형을 보인다. (D)
무색 광물을 많이 포함한 화강암은 밝은 색을 띠며 심부에서 천천히 냉각되기 때문에 조립질의 큰 결정형을 보인다. (A)

15 ②
해설 | 스테아르산은 온도차가 크고 냉각되는 시간이 짧을수록 결정의 크기가 작아진다.

16 (1) 현무암 (2) A > B
해설 | (1) A는 지표에서 만들어지는 화산암이며 이중 가장 어두운 것은 현무암이다.
(2) 지표면에서는 온도차가 심하여 마그마가 급속 냉각된다.

17 암석의 생성 위치, 결정의 크기, 냉각 속도
해설 | 마그마의 냉각시 위치에 따라 온도차가 생기고 냉각 시간의 차이와 함께 결정의 크기가 결정된다. 화산암은 지표면에서, 심성암은 지하 깊은 곳에서 생성된다.

18 ㄴ-ㄷ-ㄹ-ㄱ
해설 | 여러가지 풍화 작용에 의해 침식, 운반된 퇴적물들이 강, 호수, 바다의 밑바닥에 쌓이고 새로 쌓인 퇴적물의 무게와 압력에 의해 퇴적물이 다져진 후 물에 포함된 광물질 성분이 침전되어 굳어지면서 퇴적암이 된다.

19 (1) 유색 광물 : 감람석→휘석→각섬석→흑운모, 무색 광물 : 사장석→정장석→석영 (2) CaO의 양은 감소하고, K_2O의 양은 증가한다. (3) 해설 참조
해설 | (1) 마그마의 온도가 낮아지면서 결정이 생성되는 온도가 높은 광물부터 결정화되어 정출된다.
(2) CaO는 결정화 온도가 높아 초기에 정출되어 마그마 내의 함량비가 낮아지고, K_2O는 결정화 온도가 낮아 후기까지 정출이 많이 일어나지 않아 함량비가 높아진다.
(3) 마그마의 분화 계열에서 암석 A는 C에 비해 유색 광물의 함량이 많아, 어두운 색을 띤다. 그리고 고온에서 정출되며 용융점이 높다. SiO_2의 함량은 상대적으로 적으며 밀도는 높다.

	색	비중	용융점	SiO_2의 함량	유색 광물의 비율
암석 A	어둡다	크다	높다	적다	많다
암석 C	밝다	작다	낮다	많다	적다

20 (1) 스테아르산이 냉각되는 시간이 길수록 결정의 크기는 커진다. (2) 화강암, 반려암, 섬록암 (3) 지하 깊은 곳에서 천천히 식어 결정이 형성될 시간이 충분하기 때문이다.
해설 | (1) 스테아르산이 천천히 냉각될수록 광물이 결정화되는 시간이 길어져 더 큰 결정이 만들어질 수 있다.
(2) 천천히 냉각되어 광물의 결정이 커진 화성암은 조립질 조직을 가지는 반려암, 섬록암, 화강암이다.
(3) 조립질 조직을 가지는 심성암은 지하 깊은 곳에서 천천히 식기 때문에 결정이 커질 시간이 충분하다.

21 (가) 규암 (나) 대리암
해설 | 마그마에 의한 접촉 변성 작용으로 인하여 사암과 석회암은 각각 규암과 대리암으로 변성된다.

22 ③
해설 | 〈보기〉의 과정은 열과 압력의 영향으로 인해 성질이 변하는 것을 의미하므로 변성암인 대리암을 선택한다.

23 ②
해설 | 조립, 등립, 세립질이 발견되는 것은 화성암이고, 편마 구조는 변성암의 특징이다. 또한 층리는 퇴적암에서 발견된다. 방해석은 퇴적암인 석회암의 주요 성분이지만 동시에 변성암인 대리암에서도 발견할 수 있는데, D 암석에서 퇴적암에서 발견될 수 있는 화석이 발견되므로 퇴적암인 것을 알 수 있다.

24 ②, ⑤
해설 | 화석은 퇴적암과 변성도가 낮은 변성암에서 나타난다.
화성암의 경우 용융된 마그마에서 생성되기 때문에 화석을 포함하기 어렵고 변성도가 큰 변성암도 화석을 보존하기 어렵다.

25 ⑤
해설 | 화산재가 퇴적되어 만들어진 암석은 응회암이다.

26 ①
해설 | 변성암에서는 엽리(편리, 편마구조), 퇴적암에서는 층리가 관찰된다.

27 ②
해설 | 마그마는 열과 압력에 의한 용융에 의해 나타난다.

28 A 화산암 B 심성암 C 변성암 D 퇴적암
해설 | 마그마가 지표로 분출하여 빠르게 냉각되면 세립질의 화산암이 생성되고, 마그마가 지각 심부에서 천천히 냉각되면 조립질의 심성암이 생성된다. 퇴적물이 다져지는 작용과 교결 작용을 통해 퇴적암이 되고, 암석이 높은 열과 압력을 받게 되면 변성되어 변성암이 된다.

29 ⑤
해설 | 곡류와 우각호는 유수의 작용에 의해 만들어진다. 오아시스는 바람에 의해 지표가 침식되어 지하수면이 드러난 곳에서 형성된다.

30 ⑤
해설 | 암석은 마그마가 냉각되어 만들어진 화성암, 퇴적물이 굳어진 퇴적암과 이 암석들이 열과 압력의 영향으로 성질이 변한 변성암으로 구분된다.

31 덥고, 습한 기후

해설 | 풍화는 물과 공기의 작용이 중요하므로 덥고 습한 지역에서 많이 일어난다. 온도와 강수량에 따른 풍화 영역을 보면 강수량이 많고 온도가 높은 지역에서는 화학적 풍화가 우세하고 온도가 낮은 지역에서는 기계적 풍화 작용이 잘 일어난다.

32 ③

해설 | 공기 중에 오염 물질이 많을수록 풍화가 잘 일어난다. 문화재로 남아있는 석탑의 경우 보수를 위해 콘크리트를 사용하면 이차적인 오염 물질과 침전물이 산재하게 되어 풍화를 더욱 촉진시키게 된다.

33 A, D, G

해설 | A지역은 파도의 힘이 약해지는 곳이며, D지역은 유속이 느려지는 곳이므로 퇴적 작용이 활발하다. E지역과 F지역에서 침식된 퇴적물이 파도에 의해 운반되어 G지역에 퇴적된다. B, C는 침식이 일어나는 곳이며, H는 빙하에 의한 침식 작용 결과 만들어진 지형이다.

34 ①, ②

해설 | 해안선은 단조로워진다. 그리고 곡류는 더욱 발달하여 우각호를 형성한다. 빙하의 침식으로 인해 산 정상 부분이 뾰족하게 깎인 후에는 바람이나 비 등에 의해 침식되어 둥글게 깎이게 된다.

35 퇴적 지형

해설 | 선상지는 유수, 퇴적 대지는 해수, 종유석은 지하수의 퇴적 지형이다.

36 바람이 불어오는 쪽의 경사는 완만하고, 그 반대쪽의 경사는 급하다.

해설 | 사구는 바람이 불어오는 쪽의 경사가 완만하며, 바람이 불어가는 방향으로 조금씩 이동한다.

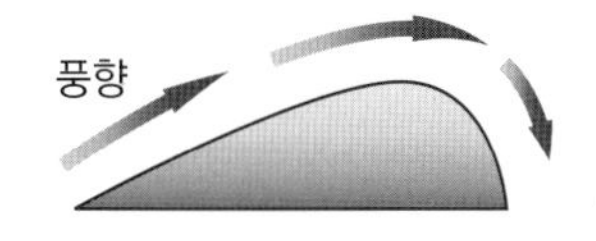

37 (나)→(가)→(라)→(다)

해설 | (나)V자 계곡→(가)선상지→(라)곡류→(다)삼각주의 순서이다. 경사가 깊고 유속이 빠른 곳에서는 침식(V자 계곡)이 일어나고 유속이 느려지면 퇴적 지형(선상지)이 만들어진다. 강이 굽이쳐 흐르면서 침식과 퇴적으로 곡류가 형성되고, 하류에는 삼각주가 만들어진다.

38 A : 황사 B : 바람

해설 | 황사는 바람의 영향으로 지형을 변화시키는 요소이다.

39 (1) 물과 공기 (2) 기반암이 풍화되어 모질물이 형성되고, 모질물이 다시 풍화되어 표토가 형성된다. 그 후 표토로부터 분해된 물질이 쌓여 심토층이 형성된다.

해설 | (2) 기반물 → 모질물 → 표토 → 심토의 순으로 생성된다.

40 달은 물이나 공기가 없기 때문에 달 표면에 풍화나 침식 등이 일어나지 않는다.

해설 | 풍화 작용은 물, 바람, 생물에 의해 진행된다. 달에는 이 세 가지가 없으므로 풍화 작용이 일어나지 않는다.

41 ③

해설 | 토양을 환경 오염으로 보호하기 위해 안식년제를 도입하여야 한다.

개념 심화 문제

정답 40~49쪽

01 ① **02** 다 **03** 가, 나

04 (1) 활석 (2) 방해석 (3) 석영

05 (해설 참조) **06** (해설 참조)

07 (1) 지하 심부 (2) 각력암 (3) 광역 변성 작용 또는 동력 변성 작용 (4) 수심 20m 이내, 얕은 수심

08 (가) 손톱 (나) 동전 (다) 못

09 ㄱ, ㄴ, ㄷ **10** ㄱ, ㄷ **11** ④

12 (1) A, C, B (2) B, C, A (3) 화강암

13 (해설 참조)

14 (1) 석영 또는 백운모 (2) E (3) 편마암 또는 화강편마암 (4) C, D, E

15 가, 나, 라 **16** 가, 라 **17** (해설 참조)

18 (1) (해설 참조) (2) (해설 참조) **19** 가, 나, 다, 라

20 ㄱ, ㄴ **21** 화성암 : ㄷ, ㄹ 변성암 : ㄱ 퇴적암 : ㄴ

22 (해설 참조) **23** ⑤

24 (1) (해설 참조) (2) (해설 참조) **25** ④

01 ①

해설 | 석영, 정장석, 흑운모, 감람석, 방해석 중 석영, 정장석, 방해석은 밝은 색의 광물이고, 감람석과 흑운모는 어두운 색의 광물이다. 밝은 색의 광물인 석영, 정장석, 방해석 중 석영은 깨지는 성질이 있고, 정장석은 두 방향의 쪼개짐이 발달하고 방해석은 세 방향의 쪼개짐이 발달한다. 이 중 묽은 염산과 반응하는 광물은 방해석이다. 한편 어두운 색의 광물인 흑운모와 감람석 중 쪼개짐이 발달한 것은 흑운모이고, 감람석은 깨짐이 발달한다. 따라서 (가)는 방해석, (나)는 정장석, (다)는 석영, (라)는 흑운모, (마)는 감람석이다.

02 다

해설 | 세 광물의 굳기는 서로 다르다. 가장 단단한 것은 석영으로 모스 굳기계로 7이며, 가장 무른 것은 암염으로 굳기가 2.5이다. 방해석은 모스 굳기가 3이다. 암염과 방해석은 쪼개짐이 있으나, 석영은 쪼개짐이 없다. 세 광물은 각각 서로 다른 결정 구조를 가진다. 암염은 정육면체 형태, 석영은 육각기둥, 방해석은 기울어진 직육면체 형태의 결정 구조를 가진다. 이렇게 결정 구조가 다른 것은 광물을

이루는 원자들의 배열이 서로 다르기 때문이다. 석영과 방해석은 각각 조암 광물이나 암염은 증발을 통해 만들어지는 증발암의 일종이다.

03 가, 나

해설 | 흑운모와 장석, 그리고 석영은 규산염 광물로 규소와 산소가 주성분이다. 흑운모는 한 방향, 장석은 두 방향, 방해석은 세 방향의 쪼개짐을 가지나, 석영은 깨짐을 가진다. 방해석은 주로 조개껍질 같은 생명체의 일부가 퇴적되어 생성된 퇴적 광물이므로 퇴적암에서 많이 산출된다. 염산과 반응하여 기포를 발생시키는 광물은 탄산염 광물인 방해석 뿐이다.

04 (1) 활석 (2) 방해석 (3) 석영

해설 | 과정 1 : 손톱에 긁히므로 손톱보다 굳기가 작다. 따라서 활석이다.

과정 2 : (활석을 뺐으므로)쪼개짐이 나타나는 것은 방해석이다.

과정 3 : (활석, 방해석을 뺐으므로)가루색이 흰색인 것은 석영이다.

05 (가)는 밝은 색 광물로 Fe, Mg 의 함량이 (나)의 어두운 색 광물보다 적기 때문이다.

해설 | 광물에 Fe, Mg 성분이 많을수록 무겁고 어두운 색을 띤다.

06 방해석. 뒷산은 과거에 바다였을 가능성이 높다.

해설 | 묽은 염산과 반응하는 광물은 방해석이다. 방해석은 탄산염 광물로, 이 광물은 대부분 바다에서 탄산칼슘이 침전되어 만들어졌으므로 뒷산은 과거에 바다였을 가능성이 높다.

07 (1) 지하 심부 (2) 각력암 (3) 광역 변성 작용 또는 동력 변성 작용 (4) 수심 20m 이내, 얕은 수심

해설 | (1) 심성암인 화강암에 대한 육안적 기재를 특징에 제시.

(2) 각력암의 특징을 제시.

(3) 편마암(호상편마암)의 특징을 제시.

(4) 물에서 퇴적된 석회암의 특징을 제시. 스트로마톨라이트는 얕은 수심에서 생존하였다.

08 (가) 손톱 (나) 동전 (다) 못

해설 | 물질 (가) ~ (다)에 의해 많이 긁히지 않는 광물일수록 단단한 광물이다. 반대로 광물을 많이 긁은 물질일수록 단단한 물질이다. 그러므로 물질 (다)가 가장 단단하며, 물질 (가)가 가장 무르며, 물질 (나)는 (다)와 (가)의 중간 굳기이다.

09 ㄱ, ㄴ, ㄷ

해설 | ㄱ. ㉮에선 해양지각이 대륙지각 밑으로 섭입될 때 발생하는 마찰에 의한 열과 침강한 해양지각 속에 함유된 물이 마그마의 녹는점을 낮추어서 마그마가 생성된다.

ㄴ. ㉯에선 상부 맨틀 물질이 해양지역으로 상승하면서 압력이 감소하여 마그마가 생성된다.

ㄷ. 현무암질 마그마는 맨틀에서, 화강암질 마그마는 침강되면서 위의 지각이 용융하여 생성된다.

10 ㄱ, ㄷ

해설 | 마그마는 고온에서 현무암질 마그마가 생성되고 차츰 온도가 낮아지면서 안산암질 마그마, 유문암질 마그마로 분화되어 간다. 감람석과 휘석과 같은 유색 광물은 분화 초기에 정출되어 현무암질 암석이 검은색을 띠게 된다. 점성은 SiO_2성분이 많을수록 커지는데 이는 SiO_2성분이 서로 뭉쳐져 마그마의 흐름을 방해하기 때문이다. 따라서 온도가 낮은 방향으로 분화가 진행됨에 따라 점성이 점차 커지게 된다.

11 ④

해설 | 화강암은 마그마 분화 후기 산물이므로 사장석은 Na-사장석이 많다. 규장질 광물은 Ca-사장석과 Na-사장석과 같은 무색광물을, 철질 광물은 감람석, 휘석과 같은 유색광물을 의미하는 것으로 화성암에서는 불연속 계열의 광물인 철질 광물과 연속 계열의 광물인 규장질 광물이 함께 산출될 수 있다. 감람석이나 휘석은 마그마 분화 초기의 고온 광물이고, 흑운모, 정장석, 석영은 후기의 저온 광물이기 때문에 동시에 존재하기 어렵다. 지표의 환경은 저온 환경이다. 따라서 상대적으로 저온에서 생성된 암석이 풍화에 더 강하다.

12 (1) A, C, B (2) B, C, A (3) 화강암

해설 | (1) 보웬의 반응 계열에서 늦게 정출되는 광물일수록 SiO_2 함량비가 증가한다.

(2) 유색 광물이 많을수록 밀도가 크다.

(3) 조립질 화성암을 표에 나타난 구성 광물로 분류하면, A는 화강암, B는 반려암, C는 섬록암임을 알 수 있다.

13 칼로 긁어 떨어진 모양이 비늘처럼 보이면 흑운모이다. 각섬석은 녹흑색의 주상 또는 침상의 단단한 광물로 관찰되므로 육안이나 확대경으로 관찰해서 식별할 수 있다.

해설 | 야외에서의 암석이나 광물 감별법은 다음과 같다.

- 색, 조흔색, 경도 등을 육안 및 기타방법으로 측정
- 탄산염 광물은 염산과의 반응여부로 감정
- 미세한 결정은 휴대용 확대경(루페)을 이용

야외에서 화강암에 들어 있는 대표적인 고철질(어두운)광물은 각섬석과 흑운모이다. 각섬석은 주상의 단단한 광물이며, 흑운모는 판상의 광물로 칼로 쉽게 뜯어낼 수 있다. 흑운모는 아주 얇은 판상으로 관찰되며 각섬석은 주상 또는 침상으로 관찰된다. 광물 색깔에서 흑운모는 흑갈색 내지 흑색이며 각섬석은 녹흑색 내지 흑색을 띤다.

14 (1) 석영 또는 백운모 (2) E (3) 편마암 또는 화강편마암 (4) C, D, E

해설 | (1) 석영 또는 백운모 (2) E (3) 편마암 또는 화강편마암 (4) 화강암은 마그마가 지하 깊은 곳에서 관입하여 느리게 냉각됨으로써 생성된다.

15 가, 나, 라

해설 | 결정이 비교적 크고 고른 화성암은 심성암(반려암, 섬록암, 화강암)에 해당한다. A암석에는 밝은 색의 광물인 석영과 장석이 가장 많으므로 화강암이고, B암석에는 어두운 색의 광물인 감람석과 휘석이 많으므로 반려암이며, C암석에는 감람석은 매우 적고 각섬석, 휘석이 많으므로 섬록암이다. 따라서 가장 밝은 색을 띠는 암석은 A(화강암)이고, 가장 어두운 색을 띠는 암석은 B(반려암)이다. 표에서 A, B, C 세 암석에 공통으로 가장 많이 들어 있는 광물은 장석임을 알 수 있다.

16 가, 라

해설 | 암석을 구성하고 있는 알갱이의 크기와 모양으로 보았을 때, 두 암석은 모두 퇴적암이며, 종류로는 역암에 해당된다. 두 암석은 모두 퇴적암이므로 모두 층리가 발견될 수 있다. 퇴적물이 강물에 의해 운반되어 만들어지는 역암은 주로 얕은 바다나 호수에 퇴적된다. 두 암석의 차이점은 암석을 구성하는 알갱이의 모양이 A는 둥글둥글한 반면, B는 뾰족하게 모가 나 있다는 것이다. 이러한 차이를 유발한 것은 운반 거리의 차이이다. A는 알갱이들이 멀리까지 운반되면서 서로 부딪혀 마모된 반면, B는 부서진 알갱이들이 멀리 운반되지 못하고 바로 퇴적된 경우여서 서로 부딪혀 마모될 시간이 부족하였던 것이다.

17 강 하류에 있는 암석은 이동거리가 길어 운반되는 동안 침식을 많이 받았으므로 모양이 둥글다. 또 유속이 느린 곳에서 퇴적되었으므로 크기가 고르다.

해설 | 강에서 채집한 암석은 지각 암석에서 떨어진지 얼마 되지 않아 크고 모나지만 강 하류로 멀리 운반되는 과정에서 침식, 마모되면서 크기가 작아지고 비슷한 크기들끼리 모이며 모서리가 둥글어진다. 따라서 하류로 갈수록 입자의 크기는 작아지고 표면은 매끄럽게 변한다.

18 (1) 공극률의 감소로 입자 간의 간격이 좁아지고 퇴적물 안에 포함된 물이 빠져 나가게 된다. (2) $CaCO_3$, SiO_2, Fe_2O_3 등의 침전으로 퇴적물의 알갱이들을 단단하게 결합시킨다.

해설 | (1) 모래와 자갈이 두껍게 쌓여 무게가 증가하여 퇴적물의 무게에 의해 다져지면 공극률이 감소하여 입자 간의 간격이 좁아지고 퇴적물 안에 포함된 물이 빠져 나가게 된다. (2) 퇴적물의 입자 사이의 공극 내에 물속에 녹아 있는 $CaCO_3$, SiO_2, Fe_2O_3 등이 침전되면서 퇴적물의 알갱이들을 단단하게 결합시킨다.

19 가, 나, 다, 라

해설 | 화강암과 접촉해 있는 부분은 마그마의 관입시 열에 의한 변성작용을 받는다. A부분은 석회암에서 대리암으로, B는 사암에서 규암이 된다. 암석이 열에 의해 녹았다가 다시 굳어지면 결정이 커지고 더욱 단단해져 풍화 작용에 잘 견딜 수 있게 된다. 대리암은 건축 재료로 쓰이고 염산 반응이 일어난다.

20 ㄱ, ㄴ

해설 | ㄱ. 풍화, 침식, 운반, 퇴적 작용의 에너지원은 태양 에너지이다. 지표의 암석이 풍화, 침식 작용을 받아 부스러진 후 운반되어 퇴적되고 굳어져 퇴적암이 된다.

ㄴ. 마그마 생성이나 변성 작용의 에너지원은 지구 내부 에너지이다. 지구 내부 에너지에 의해 지하의 암석은 열이나 압력에 의한 변성 작용을 받아 변성암이 된다. 그리고 열과 압력 정도가 변성 한계를 넘어서게 되면 용융되어 마그마가 된다.

ㄷ. 마그마의 분출 또는 관입이 일어나는 화성 활동은 판의 경계부에서 일어나는데 이러한 판의 경계부는 대륙의 중앙부보다는 대륙의 가장자리에 우세하게 분포하고 있다.

21 화성암 : ㄷ, ㄹ 변성암 : ㄱ 퇴적암 : ㄴ

해설 | 엽리 구조가 나타나는 (ㄱ)변성암, 퇴적암 중 (ㄴ)역암, 입자가 작고 고른 (ㄷ)화성암, 판상 조직을 가진 흑운모(화성암)(ㄹ)로 판단된다.

22 왼쪽에서 순서대로 화강암, 현무암, 반려암, 역암, 사암, 셰일, 석회암, 편마암, 규암, 대리암

해설 | 각 암석의 특징을 살펴서 암석의 이름을 구별할 수 있다.

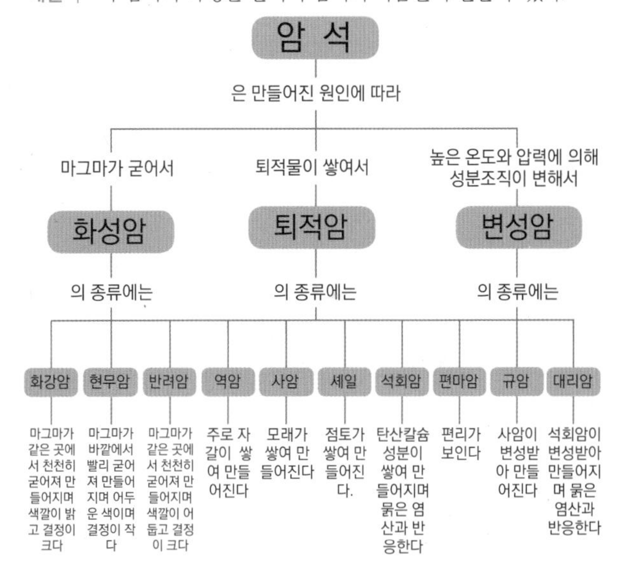

23 ⑤

해설 | (가)는 퇴적암 중 역암, (나)는 줄무늬로 보아 변성암, (다)는 화강암이다. 역암은 주로 유수나 빙하에 의해 이동되는 환경에서 생성된다. 변성암은 변성 작용에 의해 화석이 보존되기가 어렵다. 화강암은 심부에서 생성된 화성암으로 구성광물 입자가 크다.

24 (1) 변성암. 검은색과 흰색이 교대로 나타나는 휘어진 편마구조가 보이기 때문이다. (2) 해설 참조

해설 | 암석에 압력이 가해지면 운모류의 광물이 재결정되면서 압력에 대하여 수직인 방향으로 평행하게 배열되는 줄무늬를 가지는데 이를 편리구조라 하고, 더욱 심한 열과 압력을 받으면 재결정 작용으로 결정이 커지므로 편리구조가 미약해지면서 불완전하고 불규칙한 평행구조를 보이는데 이를 편마구조라 한다. (나)그림에선 편마구조를 보이고 있다. (라)에선 광물에 수직인 방향, 즉 그림의 양옆에서 횡압력이 가해졌음을 알 수 있다.

(2)

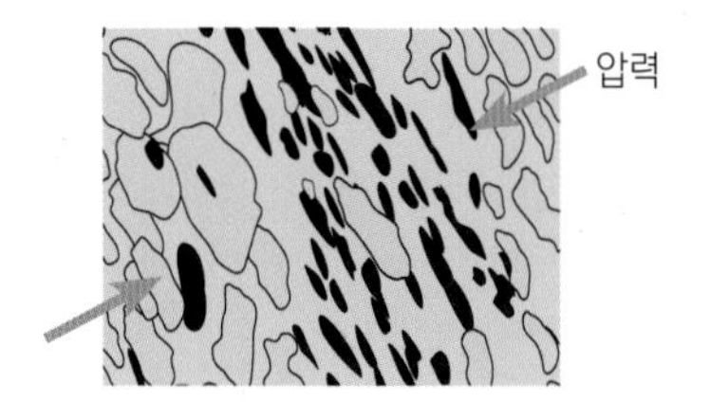

25 ④

해설 | (가)는 여러 광물 결정이 보이는 화성암, (나)는 엽리가 보이는 변성암, (다)는 작은 알갱이가 뭉쳐져 있는 퇴적암이다.

창의력을 키우는 문제 50~61쪽

01. 단계적 문제 해결형

(1) 색깔이 밝은 암석: 화강암, 대리암
색깔이 어두운 암석: 현무암, 편마암, 역암, 셰일
(2) 줄무늬가 있는 암석: 편마암
줄무늬가 없는 암석: 화강암, 대리암, 셰일, 현무암, 역암
(3) 큰 알갱이가 있는 암석: 역암, 화강암
작은 알갱이로만 이루어진 암석: 셰일, 현무암, 편마암

02. 단계적 문제 해결형

(1) 역암 > 사암 > 셰일
(2) 역암의 알갱이는 서로 다른 자갈이 한데 퇴적되어 다져진 것인데 반해 화강암의 알갱이는 하나였던 마그마가 천천히 식으면서 결정이 크게 만들어진 것이다.

03. 단계적 문제 해결형

(1) 지질학적, 환경학적 기반 조사, 건축 기반 조사, 범죄 수사
(2) 학교 건물 중 화강암과 같은 암석은 지각의 물질을 직접 이용한 것이지만, 벽돌, 시멘트, 인조 대리석, 유리, 알루미늄, 철 등은 모두 지각의 물질(암석이나 광물)을 가공하여 만든 것이다. 그러나 운동장을 구성하는 물질은 모래, 자갈, 토양 등은 암석이나 광물이 풍화 작용을 받아 생긴 것이다. 학교 건물에 쓰인 지각 물질의 종류와 운동장을 구성하는 물질의 종류는 같은 것도 있지만 서로 다른 것도 많다. 인공적으로 가공한 물질은 원래의 지각 물질(암석, 광물)로 되돌아갈 수 없지만 운동장의 구성 물질(모래, 토양, 자갈, 암석)은 오랜 시간이 지나면 암석의 순환 과정에 의해 다시 원래의 지각 물질로 되돌아 갈 수 있다.

04. 단계적 문제 해결형

(1) 4만 년 (2) 2mm

해설 | (1) 낙동강 삼각주에 있는 총 퇴적물의 양은 550,000,000 m^2(삼각주의 면적) × 80m(삼각주 퇴적물의 평균 두께) = 44,000,000,000m^3 매년 삼각주에 쌓이는 퇴적물의 양은 1,100,000m^3 이므로 삼각주의 나이는 총 퇴적물의 양을 매년 쌓이는 퇴적물의 양으로 나누면 된다.
(2) 매년 늘어나는 퇴적물의 두께는 매년 쌓이는 퇴적물의 양을 삼각주의 면적으로 나누면 된다.

05. 논리 서술형

(1) 기원암은 셰일로 같지만 변성도가 다른 점판암, 천매암, 편암, 편마암등 변성암을 강철통에 넣고 회전시키면 시일이 지남에 따라 변성도가 높은 암석일수록 좀 더 큰 덩어리로 남아있을 것이다. 그것으로부터 변성도가 클수록 풍화와 침식에 강하다는 것을 알아낼 수 있다.
(2) ㄱ, ㄴ, ㄷ
- 강철통 안에서 암석 간에 부딪힘에 의해 깍이는 침식 작용이 발생하기 때문에 마모되어 점점 작아지고 각이 져있던 부분은 둥글게 될 것이다.
- 화성암, 퇴적암, 변성암은 같은 강도의 침식에도 각기 다른 정도의 영향을 받을 것이다. 재결정 작용이 발생하여 더욱 견고하고 치밀해진 변성암이 가장 침식에 강해서 큰덩어리로 남아 있을 것이고 단순히 퇴적물이 쌓여 생성된 퇴적암은 침식에 가장 약해져 덩어리로 남아 있지 않을 것이다.

06. 논리 서술형

B 지역은 거리상으로는 우물 가까이 있지만 불투수층인 점토로 구성되어 있어서 매립장의 침출수가 아래로 내려가지 않아서 우물을 오염시키지 않는다. 반면에 A 지역은 거리상으로는 우물과 멀리 떨어져 있지만 사암 지역이어서 매립장의 오염 물질(침출수)이 지층을 투과하여 아래로 내려가 우물을 오염시키게 된다. 따라서 B지역이 쓰레기 매립장으로 적절하다.

07. 논리 서술형

(1) $CaCO_3 + H_2O + CO_2 \rightleftarrows Ca(HCO_3)_2$
석회암(탄산칼슘) + 물 + 이산화 탄소 ⇄ 탄산수소칼슘
(2) 공기 중의 이산화 탄소는 빗물에 녹아 약한 산성을 띤다. 이처럼 약한 산성을 띤 빗물이 석회암 지대의 틈을 오랜 세월동안 계속 흐르면 지하의 석회암(탄산칼슘)이 녹아 석회암 동굴이 형성된다. 석회암이 녹아 탄산수소칼슘이 되면서 석회 동굴이 만들어지고 이 석회 동굴 안에서 탄산수소칼슘으로부터 이산화 탄소와 물이 빠져 나가면 다시 방해석($CaCO_3$)이 되면서 종유석, 석순, 석주 등이 만들어진다. 석회암 지대를 이루는 석회암(방해석)은 화학적 풍화에 약하여 돌리네, 우발레, 카렌 등 다양한 지형이 형성되며 이러한 지형을 카르스트 지형이라 한다.

해설 | 석회암 지대의 석회암이 화학적 풍화 작용을 받으면 석회암 생성 당시 포함되었던 미량의 철분이 산화 작용을 받아 적색의 테라로사란 토양이 형성된다.

08. 논리 서술형

(1) 지구 내부로 갈수록 온도가 증가하여 A점에 이르렀어도 현무암의 용융 온도보다는 계속 낮으므로, 고체 상태의 A점은 온도가 B점 만큼 높아지거나, 압력이 C점 만큼 낮아질 때 현무암의 용융 곡선과 만나는 곳에서 현무암질 마그마가 된다.
(2) 물이 있으면 암석의 용융 온도가 낮아져 지각 심부에서 화강암질 마그마가 생길 수 있다.
(3) ㄴ

해설 | (3) ㄱ. 지구 내부로 갈수록 온도와 압력이 함께 증가하여 지하 100km에 이르러도 온도가 현무암의 용융 온도보다는 낮으므로 마그마 상태로 존재할 수 없다. ㄷ. 해령 하부에서는 맨틀의 대류에서 맨틀 물질이 상승하여 압력이 하강하는 A → C 과정을 거쳐 현무암질 마그마가 생성된다.

09. 논리 서술형

(1) 인위적으로 만든 직선 모양의 하천은 물의 흐름이 일정하므로 다양한 생물이 살지 못한다. 자연 상태로 하천의 모양을 되돌리면 물의 흐름에 따라 다양한 종류의 생물이 살 수 있다. 하천을 통한 생태계의 보존과 지각의 평탄화 및 변화 과정은 밀접한 관련이 있다.
(2) 파도가 해안 지형에 접근할 때 해파의 에너지는 곶으로 수렴하는데 그 이유는 해파의 속도는 수심이 얕을수록 느려지기 때문이다. 따라서 곶에서는 해파가 집중되어 침식이 일어나고 만에서는 퇴적이 활발하게 일어나 해안선은 점차 단조로워진다.

10. 논리 서술형

ㄱ, ㄷ

해설 | 남정석, 규선석, 홍주석은 Al_2SiO_5로 화학 조성은 같지만 생성 당시의 온도와 압력의 차이로 인해 물리적 성질이 서로 다른 동질이상의 관계이다. 변성암은 열과 압력의 상호 작용과 조건에 따라 각각 다른 종류의 변성암으로 변하게 된다.

11. 논리 서술형

(1) ㄴ, ㄷ
(2) 용암이 지표나 지표 가까이에서 식어 굳어질 때 수축 현상이 일어나 암석 사이에 틈이 생기게 된다.

해설 | (1) ㄱ. 암석의 색깔로 보아 (가)의 암석에 유색 광물의 함량이 많음을 알 수 있다. ㄴ. 용암의 점성이 작을수록 용암이 넓게 퍼져 화산체의 경사가 완만하다. 색이 어두운 현무암이 밝은 색의 유문암보다 점성이 작다. ㄷ. 주상절리는 현무암에서 특히 잘 나타나지만, 화강암 등 다른 화성암에서 나타나기도 한다. (2) 수평 절리는 화강암 위에 놓인 암석이 풍화 작용과 침식 작용에 의하여 제기되면서 무게(압력)가 감소함에 따라 화강암이 융기하면서(지각 평형설에 의해) 상부와 하부의 융기 속도가 달라 암석 사이에 절리(틈)가 생기게 된다.

12. 논리 서술형

현재 하부는 화강암이고 상부는 역암인데, 화강암 조각이 역암 속에 들어 있다는 것은 화강암이 이전에 생성되었음을 의미한다. 마그마의 관입으로 화강암이 생성되고 이후 침식과 퇴적으로 상부에 역암층이 형성되었음을 알 수 있다.

해설 | 상부 역암에 화강암의 조각이 들어있다는 것은 역암의 퇴적 과정 전에 하부 화강암이의 풍화가 이뤄졌다는 것을 의미한다. 따라서 화강암이 역암보다 먼저 생성되었다.

13. 논리 서술형

(1) ㄱ, ㄴ
(2) 화성암의 분류는 주요 원소의 구성비와 입자의 크기를 중심으로 분류한다. 화성암의 입자 크기는 냉각 속도에 따라 달라지며, 화학 성분의 함량은 SiO_2 성분이 많을수록 Na_2O, K_2O가 많고, SiO_2 성분이 적을수록 FeO, MgO, CaO가 많아 상대적으로 어두운 색을 띄게 된다. Al_2O_3는 SiO_2 성분 다음으로 많고 안산암에서 비교적 많이 포함되어 있다.

해설 | (1) ㄱ. 주요 원소의 질량비에서 50%가 넘는 것은 SiO_2 뿐이므로 (가)는 SiO_2, (나)는 그 다음으로 많은 Al_2O_3이다. ㄴ. 화성암 A가 SiO_2성분이 더 많은 것으로 보아 무색 광물이 많이 포함되어 있으므로 더 밝은 색을 띤다. ㄷ. A는 조립질이며, SiO_2성분이 66%이상이므로 화강암이다. B는 세립질이며, SiO_2성분이 52%~66%이므로 안산암임을 알 수 있다.

SiO_2 함량	52%	66%	
세립질(화산암)	현무암	안산암	유문암
조립질(심성암)	반려암	섬록암	화강암

주요조암광물(부피%)
80
60
40
20
석영
장석
휘석
각섬석
감람석
흑운모

정답 및 해설

대회 기출 문제

정답 62~75쪽

01 ㄴ, ㄷ 02 ④ 03 ④ 04 ㄱ 05 ㄱ
06 ③, ④, ⑤ 07 ㄴ 08 해설 참조
09 (1) B, C, D (2) A, E
10 (가) 1 : 3 (나) 4 : 11 (다) 2 : 5 (라) 2방향의 쪼개짐 (마) 2방향의 쪼개짐 (바) 감람석 (사) 각섬석 (아) 흑운모
11 ② 12 ㄴ 13 ⑤ 14 ②, ⑤
15 ⑤ 16 ㄱ, ㄷ 17 ② 18 ㄱ 19 ㄱ, ㅁ
20 (1) (가) 종유석, 석순, 석주 (나) 석회 동굴 (2) 이산화 탄소
21 (1) 카르스트 지형 (2) 테라로사
22 (가) 석회암 동굴 (나) 종유석, 석순, 석주
23 해설 참조 24 ② 25 ① 26 ②
27 ㄱ, ㄴ

01 ㄴ, ㄷ
해설 | ㄱ. 지각과 맨틀은 대부분 규산염 광물로 되어있다.
ㄴ. 유색 광물인 철과 마그네슘은 맨틀에 많다.
ㄷ. 지구 전체의 철 질량비는 높은데 지각과 맨틀의 철 함량비는 낮다. 따라서 대부분의 철은 핵에 있음을 알 수 있다.

02 ④
해설 | 지각과 맨틀은 석질 운석, 핵은 철질 운석과 성분이 비슷한 것으로 보아 지구 내부 구조를 연구하는데 운석 연구가 중요하다.

03 ④
해설 | 광물은 서로 다른 특성을 이용하여 감별한다.

04 ㄱ
해설 | 석영의 결정형과 색이 다르게 나타나는 이유는 결정이 형성되는 공간이 다르기 때문이다. 두 광물은 동일한 광물이기 때문에 결정 크기는 다르나 같은 결정질이다. 그 이외의 광물 특징도 동일하다. 따라서 두 석영에서 깨짐이 모두 나타나며, 조흔색은 흰색이다.

05 ㄱ
해설 | 방해석은 규산염 광물이 아닌 탄산염 광물이므로 A이고, 규산염 광물이면서 쪼개짐이 없는, 즉 깨짐의 성질을 가지는 B는 석영이다. 따라서 C는 정장석이다. 규산염 광물은 SiO_4 사면체를 기본 단위로 다른 이온과 결합되어 이루어진 광물이며, 쪼개짐은 광물에 충격을 가했을 때 결합력이 약한 면을 따라 광물이 일정하게 갈라지는 성질이다.
ㄱ. A는 방해석으로 빛의 복굴절이 나타난다.
ㄴ. B인 석영은 A인 방해석보다 모스 굳기가 크므로 방해석에 긁히지 않는다.
ㄷ. C는 규산염 광물이면서 쪼개짐이 있으므로 정장석이다. 석영은 깨짐이 있다.

06 ③, ④, ⑤
해설 | 쪼개짐과 깨짐은 광물의 구성 상태에 관련되며, 황철석과 황동석은 조흔색으로 구별이 가능하다.

07 ㄴ
해설 | ㄱ. 석질 운석의 구성비는 지구 전체를 구성하는 원소 구성비와 유사하다.
ㄴ, ㄷ. 지구 내부는 무거운 원소인 니켈과 철로 구성되어 있다.

08 결정을 육안으로 확인하기 어려운 석영은 타형으로 광물이 형성될 당시 다른 광물과 함께 성장함으로 공간이 부족하여 자기 고유의 모양을 갖지 못한 것이지만, 육각형의 결정을 가진 석영은 공간이 충분하여 결정이 성장하는 데 방해 받지 않았기 때문에 고유의 결정을 가지게 된다.

09 (1) B, C, D (2) A, E
해설 | 사면체에서 산소 이온은 -2가 이므로 O_4는 -8, 규소 이온은 +4이므로 사면체 전체의 전하는 -4가 된다. 따라서 기본 단위체 K+, Na+, Mg^{2+}, Ca^{2+}등의 양이온과 결합하는데 이때 결합력은 공유 산소의 결합보다 약하여 상대적으로 잘 떨어져 쪼개짐의 성질이 나타난다. A 독립 구조와 E 망상 구조는 양이온과 결합해있지 않아 공유 산소의 결합만으로 이루어져 있으므로 깨짐이 일어나고, B 단일 사슬 구조, C 이중 사슬 구조, D 층상 구조는 양이온과 결합되어 있는 방향으로 쪼개짐의 성질이 나타난다.

10 (가) 1:3 (나) 4:11 (다) 2:5 (라) 2방향의 쪼개짐 (마) 2방향의 쪼개짐 (바) 감람석 (사) 각섬석 (아) 흑운모
해설 | 한 개의 규소(Si)와 결합하는 산소(O)의 수는 독립 구조에서는 4개, 단일 사슬 구조에서는 3개, 이중 사슬 구조에서는 2~3개, 층상 구조에서는 2.5개가 된다. 결합력이 약한 면을 따라 쪼개짐이 발달하므로 독립 구조에서는 깨짐이, 단일 사슬 구조와 이중 사슬 구조에서는 두 방향의 쪼개짐이, 층상 구조에서는 한 방향의 쪼개짐이 발달한다.

11 ②
해설 | 보엔의 반응 계열은 마그마의 분화 작용으로 규산염 광물이 정출되는 순서를 나타낸 것이다. ㉠은 독립 구조, ㉡은 단일 사슬 구조, ㉢은 이중 사슬 구조, ㉣은 층상 구조, ㉤은 망상 구조이다.
② 감람석이 석영보다 무거운 원소를 더 많이 포함하고 있으므로 밀도가 더 크다.
① 나중에 정출될수록 정출되는 온도가 낮다는 뜻이다.
③ $\frac{\text{Si 원자 수}}{\text{O 원자 수}}$는 산소 이온들끼리의 결합 수가 많을수록 커지므로 ㉠구조가 ㉡구조보다 작다.
④ 주로 한 방향 쪼개짐이 나타난다.
⑤ ㉤은 석영의 구조이다.

12 ㄴ

해설 | 유문암질 마그마는 현무암질 마그마보다 SiO_2와 Na_2O + K_2O의 질량비(%)는 크지만, CaO의 질량비(%)는 작다.
ㄴ. 그림에서 CaO의 질량비(%)는 A가 B보다 크다.
ㄱ. A는 현무암질 마그마이다.
ㄷ. 유색 광물은 현무암질 마그마인 A에서 더 많이 정출된다.

13 ⑤

해설 | 화성암은 입자의 크기에 따라 조립질과 세립질로 구분하고 광물 조성에 따라 산성과 염기성으로 구분한다.
화강암 - 밝고 큰 결정 유문암 - 밝고 작은 결정
반려암 - 어둡고 큰 결정 현무암 - 어둡고 작은 결정
섬록암 - 큰 결정

14 ②, ⑤

해설 | (가)는 석영, (나)는 흑운모, (다)는 장석이다. 화강암을 구성하는 광물 중 부피비는 장석>석영>운모 순이다.

15 ⑤

해설 | 굳기와 조흔색은 광물의 종류 구별에 사용되는 것으로 화성암의 분류에는 사용할 수 없다.
(가) 화강암은 산성암이자 심성암이고 유문암은 산성암이자 화산암이므로 ㅁ. 알갱이(조직) 크기의 차이로 구분할 수 있고, (나) 반려암은 염기성암이자 심성암이므로 ㅂ. SiO_2(이산화 규소)의 함량비를 비교하여 구분할 수 있다.

16 ㄱ, ㄷ

해설 | 유색 광물의 함량에 따라 전체 암석의 색이 결정된다. 주요 유색광물인 조암 광물은 감람석, 휘석, 각섬석, 흑운모이다. A는 SiO_2 함량이 낮은 염기성이고 조립질 조직을 가진 심성암이므로 반려암이고, B는 SiO_2 함량이 중성이고 세립질 조직을 가졌으므로 안산암, C는 SiO_2 함량이 높은 산성이고 조립질 조직을 가졌으므로 화강암이다.

17 ②

해설 |

암석의 성인에 따른 분류	화성암, 변성암, 퇴적암
화학 조성에 따른 마그마의 분류	현무암질 마그마, 안산암질 마그마, 유문암질 마그마
화성암의 산출 상태 유형	용암 대지, 암주, 암맥, 저반, 병반, 암상
산출 상태에 따른 조직 분류	완정질, 반상 조직, 유리질
산출 상태에 따른 화성암 분류	화산암, 반심성암, 심성암

18 ㄱ

해설 | SiO_2의 함량은 마그마의 점성의 차이를 내고 광물의 성분이 달라지는 데 영향을 끼치지만 광물 결정의 크기는 냉각 속도 차이에 기인한다.

19 ㄱ, ㅁ

해설 | ㄱ. 강에서 쌓이는 퇴적물은 물의 깊이와 유속이 달라지면 쌓이는 퇴적물의 종류가 달라져 층리가 생성될 수 있다. 따라서 ㄱ은 옳은 진술이다.
ㄴ. 빙하 작용에 의해 운반된 퇴적물은 다양한 크기의 입자들로 이루어진다. 따라서 ㄴ은 틀린 진술이다.
ㄷ. 강에서 자갈은 물에 의하여 굴러가면서 이동되기 때문에 일정한 방향으로 긁힌 자국이 생길 수 없다. 이에 반해 빙하에 의해 운반된 자갈은 일정한 방향으로 미끄러지면서 이동되기 때문에 자갈의 아래표면에 긁힌 자국이 생긴다. 따라서 ㄷ은 틀린 진술이다.
ㄹ. 강에서 쌓인 조립의 퇴적물은 밑점으로 구르거나 뛰어서 이동됨으로 퇴적물끼리 서로 부딪혀 모서리가 마모되어 퇴적물의 모양은 둥그렇다. 이에 반해 빙하에 의해 운반된 퇴적물은 고체 상태의 얼음에 의해 운반되기 때문에 퇴적물끼리 부딪히는 비율이 낮아 모가 난 경우가 많다. 따라서 ㄹ은 틀린 진술이다.
ㅁ. 빙하 퇴적물은 빙하 작용에 의하여 쌓이는 데 빙하는 한랭한 기후에서 생성된다. 따라서 ㅁ은 올바른 진술이다.

20 (1) (가) 종유석, 석순, 석주 (나) 석회 동굴 (2) 이산화 탄소

해설 | (1) 빗물은 공기 중의 이산화 탄소를 녹여 약한 산성을 띤다. 이처럼 약한 산성을 띤 빗물이 석회암 지대의 틈을 오랜 세월동안 계속 흐르면 지하의 석회암(탄산칼슘)이 녹아 석회암 동굴이 형성된다.
*실험 (가)에서 입김 속에는 이산화 탄소가 들어 있고, 이 입김이 석회수에 들어가면 탄산칼슘이 생기므로 뿌옇게 흐려진 것이다. 따라서 이러한 현상은 석회암 동굴 내부에 종유석, 석순, 석주가 생기는 원리에 해당한다.
*실험 (나)애서 석회수가 다시 맑아진 것은 탄산칼슘이 계속 공급되는 입김(이산화 탄소)에 의해 녹았기 때문이다. 이러한 현상은 석회암이 녹아 동굴이 만들어지는 원리에 해당한다.
(2) 맑아진 석회수 용액을 가열하면 녹아 있던 이산화탄소가 발생하면서 탄산칼슘이 침전되므로 용액이 다시 뿌옇게 흐려진다. 따라서 발생하는 기체는 이산화 탄소이다.
석회수($Ca(OH)_2$)가 이산화 탄소(CO_2)와 만나면 탄산칼슘($CaCO_3$)과 물(H_2O)가 된다. 탄산칼슘은 물에 녹지 않아 앙금 때문에 물이 흐려진다.

21 (1) 카르스트 지형 (2) 테라로사

해설 | (1) 석회암 지대를 이루는 석회암(방해석)은 화학적 풍화에 약하여 돌리네, 우발레, 카렌 등 다양한 지형이 형성되며 이러한 지형을 카르스트 지형이라 한다.
(2) 석회암 지대의 석회암이 화학적 풍화 작용을 받으면 석회암 생성 당시 포함되었던 미량의 철분이 산화 작용을 받아 적색의 테라로사란 토양이 형성된다.

22 (가) 석회암 동굴 (나) 종유석, 석순, 석주

해설 |

$$\underset{(CaCO_3)}{\textbf{석회암}} + \underset{(H_2O)}{\textbf{물}} + \underset{(CO_2)}{\textbf{이산화 탄소}} \underset{\text{종유석, 석순, 석주}}{\overset{\text{석회 동굴}}{\rightleftarrows}} \underset{(Ca(HCO_3)_2}{\textbf{탄산수소칼슘}}$$

(가)는 석회암이 물과 이산화 탄소에 녹아 탄산수소칼슘이 되는 과정이므로 석회암에 구멍이 생기고, (나)는 탄산수소칼슘에서 석회암

이 석출되는 과정이므로 종유석, 석순, 석주 등의 동굴 퇴적물이 생성된다.

23 (1) 층리 : 퇴적물이 쌓일 때 퇴적 조건이 달라짐에 따라 퇴적물의 종류와 입자의 크기, 입자의 색깔 등이 달라져 나타나는 평행 조직이다.

(2) 엽리 : 암석이 변성 작용을 받을 때 규장질 광물을 이루는 원소들이 이동하여 모이고 흑운모, 각섬석과 같은 고철질 광물들은 잔류하면서 압력에 직각 방향으로 평행하게 재배열되어 생성된 조직이다.

24 ②

해설 | 사암의 성분은 석영이며 재결정 작용을 받아 규암으로 된다. 대리암은 원암보다 결정의 크기가 크고 치밀하며 건축 내장재나 조각 재료로 많이 쓰인다. 규암은 원암인 사암보다 단단하며 풍화 작용에 강하고, 규암은 염산 반응이 없지만 대리암은 염산 반응을 한다.

25 ①

해설 | (가)화성암, (나) 역암, (다) 엽리가 나타나는 변성암

26 ②

해설 | ① 서리 작용은 얼었다 녹는 과정을 되풀이해야 하므로 영상과 영하를 반복하는 기온 분포가 적당하다.

③ 연평균 기온이 지나치게 낮아도 항상 얼어 있으므로 풍화 작용이 일어나지 않는다.

④ 기계적 풍화 작용은 주로 온도, 화학적 풍화 작용은 강수량이 더 많이 관계한다.

⑤ 달에는 낮과 밤의 기온 차는 크지만 물과 공기가 없어 풍화 작용이 일어나지 않는다.

27 ㄱ, ㄴ

해설 | ㄱ. 성숙 토양이 형성되는 순서는 기반암 > 모질물(A층) > 표토(B층) > 심토(C층)이다. 따라서 B층은 C층보다 먼저 형성되었다.

ㄴ. 심토(C층)는 표토에서 빗물 등에 의해 씻겨 내려온 점토 광물이 풍부한 층이고, 모질물(A층)은 기반암이 기계적 풍화를 받아 형성된 층으로 점토 광물이 거의 존재하지 않는 층이다.

ㄷ. 표토(B층)는 죽은 생물체가 분해된 유기물과 광물질이 혼합된 층으로, 유기물의 양이 가장 풍부한 층이다.

Imagine Infinitely — 76~77쪽

황사의 주요 발원지 중 하나인 내몽골 고원과 고비 사막 등의 먼지 등 부유물질이 봄에 서풍으로 부는 저기압을 타고 한국에 오게 되기 때문이다.

Ⅱ. 지각 변동과 판구조론

개념 보기

Q1 지진파 분석 Q2 SiO_2

Q3 진도 : 느낌이나 주변 물체의 흔들림 정도를 나타낸 것으로 지진 발생 지점으로부터의 거리에 따라 달라진다.
규모 : 지진이 발생할 때 나오는 실제 에너지를 나타낸 것으로 지진 발생 지점으로부터의 거리가 달라져도 변하지 않는다.

Q4 3개 (전후, 좌우, 상하) Q5 4개, 외핵 Q6 정단층

Q7 해안 단구, 하안 단구, 스칸디나비아 반도의 융기, 높은 산에서 해양 생물의 화석 발견

Q8 ⑤ Q9 맨틀 대류 Q10 보존형 경계

Q11 북서쪽 Q12 반감기

교과 탐구 문제 — 93~95쪽

탐구 Ⅰ 지진파를 이용한 지구 내부 조사

탐구 과정 이해하기

01 4군데

해설 | · 모호로비치치면(50km) : P파의 속도가 급격히 증가

· 저속도층(80~220km) : 연약권 내에서 지진파의 속도가 감소하는 층. 이 부분이 존재하는 암석이 부분 용융되어 있기 때문

· 구텐베르크면(2900km) : 외핵과 맨틀의 경계면으로 외핵이 액체이기 때문에 P파의 속도는 급속히 감소하고, S파는 통과하지 못해 속도가 측정되지 않는다.

· 레만면(5100km) : P파의 속도가 증가 하는 것으로부터 내핵과 달리 외핵은 고체 상태임을 알 수 있다.

02 A : 지각 B : 맨틀 C : 외핵 D : 내핵

가설 설정

01 변하지 않고 일정할 것이다.

추리

02

경계면	A와 B층	B와 C층	C와 D층
깊이(km)	5~35	2900	5100

03 맨틀

04 (가) P파 (나) S파

05 핵의 온도가 매우 높아 외핵은 액체 상태로 존재하기 때문에 지진파의 속도가 갑자기 느려진다.

자료 해석 및 일반화

06 맨틀과 핵의 구성물질이 다르기 때문이다. 즉, 맨틀의 구성 물질에는 규소나 마그네슘이 많이 들어있고, 핵은 주로 철이 들어 있

다. 따라서 맨틀과 핵의 경계를 지나면서 밀도가 크게 증가한다.

07 C, C층은 액체 상태로 되어 있기 때문

08

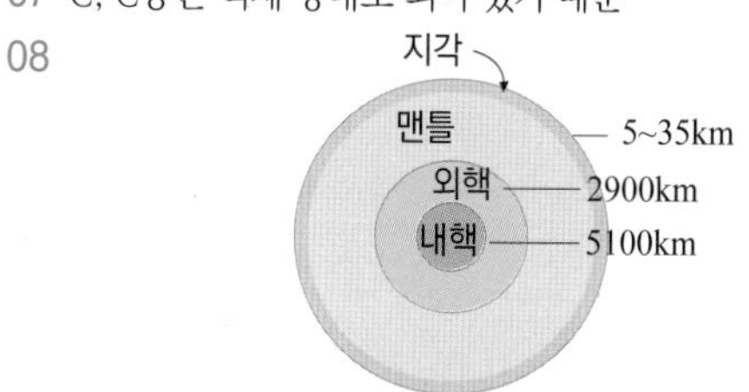

탐구 II 지각의 구조와 조륙 운동

탐구 과정 이해하기

01 나무 도막이 물보다 밀도가 작기 때문이다.

02 나무 도막은 지각, 물은 맨틀에 해당된다.

03 나무 도막 A가 더 밑으로 가라앉는다.

가설 설정

01 지각과 맨틀의 밀도 차이 때문에 조륙 운동(융기와 침강)이 일어난다.

추리

02

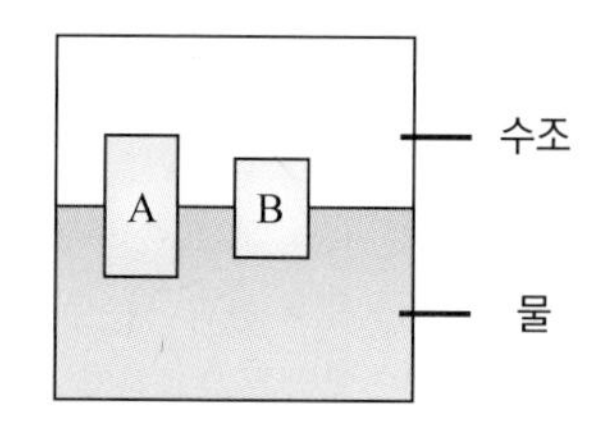

자료 해석 및 일반화

03

나무 도막을 겹쳐 놓았을 때	침강
나무 도막을 제거했을 때	융기

04 높은 산이 낮은 해안 지방에서보다 지각의 두께가 두껍다.

탐구 III 부정합의 생성 과정

탐구 과정 이해하기

01 습곡 산맥이 형성될 때와 같은 횡압력을 발생시키기 위해서

02 침식 작용

가설 설정

01 부정합이 생성되는 과정에서 일어나는 여러 가지 지각 변동을 알 수 있다.

추리

02 습곡

03 융기

결론 도출

04 횡압력(양쪽에서 미는 힘)

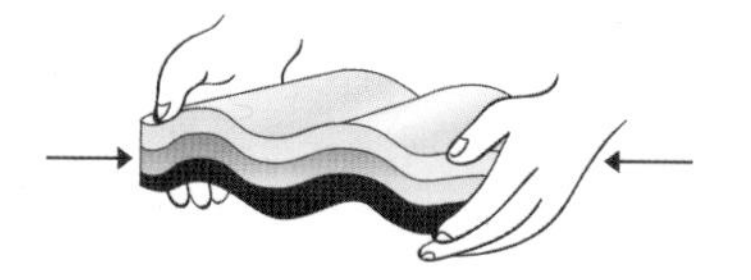

05 A층과 B층 사이(칼로 잘라낸 부분)

결론 도출 및 일반화

06 부정합면 아래 지층이 심한 지각 변동을 받았고, 부정합면을 경계로 상하 지층 사이에 큰 시간적 단절이 있다.

07 (퇴적) ⇒ 습곡 ⇒ 융기 ⇒ 침식 ⇒ 침강 ⇒ 퇴적

개념 확인 문제

정답 96~101쪽

01 ③ 02 ③ 03 ③ 04 ① 05 ②
06 ④, ⑤ 07 ③ 08 (가) P파 (나) S파
09 ④ 10 ② 11 ① 12 ④ 13 ⑤
14 ④ 15 ④ 16 ⑤ 17 ③ 18 ③
19 ④ 20 ⑤ 21 ⑤ 22 ② 23 ②
24 ③, ⑤ 25 ②, ④ 26 수연 27 ②
28 ①, ②, ⑤ 29 ④ 30 ⑤ 31 ⑤
32 ④ 33 ② 34 ④
35 (1) O (2) X (3) X (4) X 36 ② 37 ③
38 ② 39 ④ 40 (1) A (2) D (3) B
41 (1) ○ (2) X (3) ○ 42 ③

01 ③

해설 | 지구 내부 구조를 알아보는 방법은 직접적인 방법과 간접적인 방법으로 나눌 수 있다. 직접적인 방법에는 시추법과 화산 분출물 조사가 있고, 간접적인 방법에는 지진파 분석, 운석 분석, 고온·고압 실험 등이 있다. 그 중에서도 지구 내부 구조를 가장 효과적으로 알아보는 방법은 지진파 분석이다.

02 ③

해설 | 화산 분출물에는 화산 가스와 화산 쇄설물, 용암이 있다. 화산 가스는 대부분이 수증기이고, 화산 쇄설물은 화산 폭발시 분출되는 고체 상태의 물질로, 크기에 따라 화산진, 화산재, 화산력, 화산암괴로 구분할 수 있다. 화산 활동은 용암이나 화산재 분출 등으로 인명, 재산 피해를 가져오지만, 온천이나 관광지, 금속 광상, 지열 발전소 등을 이용할 수 있어 혜택을 가져오기도 한다.

03 ③

해설 | 지진은 일으키는 원인에 따라 인공 지진과 자연 지진으로 나눌 수 있다. 인공 지진에는 땅 속 화약 폭발과 지하 핵실험이 있고, 자연 지진에는 구조 지진, 화산 지진, 함몰 지진으로 나눌 수 있다.

정답 및 해설

구조 지진은 실제로 일어나는 대부분의 지진으로 지구의 여러 가지 지각 변형 운동에 의하여 축적된 에너지가 일시에 방출되는 현상으로 발생하는 지진을 말한다. 화산 지진은 화산 지역에서 화산 폭발이 원인이 되어 발생하는 지진을 말하며, 함몰 지진은 지각 내부 어디에선가 연약한 곳이나 비어있던 곳이 내려앉으면서 발생하는 지진을 말한다.

04 ①

해설 | 지구 내부는 지각, 맨틀, 외핵, 내핵 즉, 4개의 층으로 이루어져 있다. 따라서 A는 지각, B는 맨틀, C는 외핵, D는 내핵이다.

05 ②

해설 | ① 지각은 대륙 지각과 해양 지각으로 나눌 수 있고, 대륙 지각은 화강암질, 해양 지각은 현무암질로 이루어져 있다.
② 맨틀은 감람암질로 이루어져 있으며, 지구 내부에서 가장 부피가 커서 약 82%를 차지한다.
③ 외핵은 액체상태로 존재하기 때문에 P파만 통과할 수 있다.
④ 내핵은 외핵보다 온도가 더 높기도 하지만, 압력이 매우 높아서 고체 상태로 존재한다.

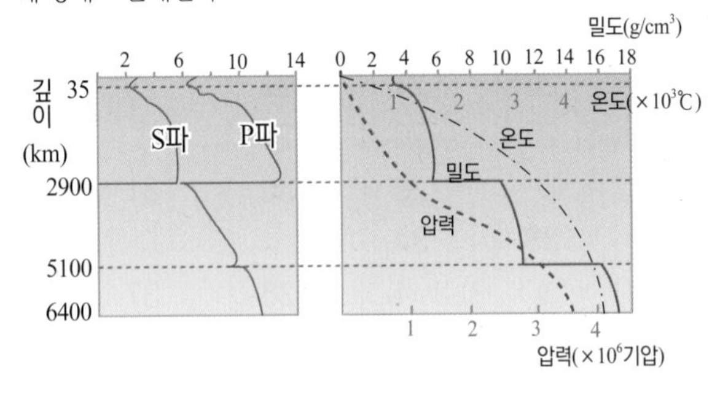

지구 내부에서의 각 층의 물리적 특성은 그래프와 같다.

온도	지구 내부로 갈수록 점점 높아져 중심에서 4500~6000℃
압력	지표면에서 지구 중심까지 일정한 비율로 증가한다.
밀도	불연속면을 경계로 하여 계단식으로 변화하며 증가한다. 지구 평균 밀도는 약 $5.5g/cm^3$
중력	지구내부의 밀도가 균질하지 않기 때문에 깊이에 따라 일정한 비율로 감소하는 것은 아니다.

따라서, 각 층의 밀도를 크기순으로 나열하면 D>C>B>A이다.

06 ④, ⑤

해설 | ①

P파 S파

시간

위의 지진 기록에서와 같이 S파가 P파보다 진폭이 크고 피해도 더 크다.
② P파는 primary wave의 약자로 지진 발생시 관측소에 처음으로 도착하는 지진파를 말한다. 따라서, 관측소에 가장 먼저 도달하는 파는 P파이다.
③ P파는 고체, 액체, 기체를 모두 통과할 수 있지만, S파는 고체만을 통과할 수 있다.
④ P파는 파의 진행 방향과 진동 방향이 일치하는 종파이고, S파는 파의 진행 방향과 진동 방향이 수직인 횡파이다.
⑤ 지진파는 성질이 다른 물질의 경계면에서 굴절하거나 반사하는 성질을 가지고 있으며, 물질의 종류와 상태에 따라 전파 속도가 급격히 변하기 때문에 지구 내부 구조를 알아내는데 유용하게 쓰인다.

07 ③

해설 | 그림의 A는 대륙 지각, B는 해양 지각, C는 모호면, D는 맨틀이다.
ㄱ. 대륙 지각의 밀도는 $2.7g/cm^3$, 해양 지각의 밀도는 $3.0g/cm^3$로 해양 지각의 밀도가 더 크다.
ㄴ. 지각, 맨틀은 고체 상태로 이루어져 있다.
ㄷ. C는 모호면으로 급격한 지진파의 속도 증가로 발견되었다.

> **모호로비치치(1957~1936)**
> 크로아티아 태생의 기상학자·지구물리학자.
> 그는 조선소 목수의 아들로 태어나, 수학 및 물리학을 전공한 후, 7년 동안 중등학교에서 교사로 근무한 후에 리예카 근처 베이커에 있는 왕립해양학교에 임용되어 기상학과 해양학을 강의했다. 자그레브 관측소에서 모호면을 발견했으며, 진앙의 위치를 알아내는 기술을 개발하고, 지진파의 진행 시간을 계산했다. 또한 그는 일찍이 내진 건물의 필요성을 역설한 사람이었다.

08 (가) P파 (나) S파

해설 | 그래프에서 A는 지각, B는 맨틀, C는 외핵, D는 내핵이다. (가)는 지각, 맨틀, 외핵, 내핵을 모두 통과하는 것으로 보아 P파임을 알 수 있고, (나)는 액체 상태인 외핵을 통과하지 못하는 것으로 보아 S파라는 것을 알 수 있다.

09 ④

해설 | ① A와 B의 경계는 모호면, B와 C의 경계는 구텐베르크면, C와 D의 경계는 레만면이다.
② P파는 가장 먼저 관측소에 도달하는 파로써, S파보다 더 빠르다.
③ P파는 고체, 액체, 기체를 모두 통과할 수 있으므로, 지구 전체 물질을 통과할 수 있다.
④ S파는 액체, 기체를 통과할 수 없다. C구간은 액체 상태인데, D구간이 고체 상태인 이유는 온도가 높을 뿐만 아니라 압력도 매우 높아 밀도가 매우 높기 때문이다. 따라서, S파는 액체 상태인 C구간을 통과하지 못하기 때문에 D구간에 도달할 수 없다.
⑤ 3500km는 외핵 부분이기 때문에 P파만 통과할 수 있다.

10 ②

해설 | 위 지진 기록에서 A는 관측소에 가장 먼저 도착했으므로 P파, B는 두 번째로 도착했기 때문에 S파이다.
① A는 P파로 고체, 액체, 기체를 모두 통과할 수 있으므로, 지구 전체를 통과할 수 있다.
② A가 관측소에 먼저 도달했기 때문에 B보다 속도가 빠르다.
③ B는 횡파로 파의 진행 방향과 물질의 진동 방향이 수직이다.
④ 지진 기록과 같이 B는 A보다 진폭이 크므로, 더 큰 피해를 줄 수

있다.
⑤ A의 속도는 5~8km/s, B의 속도는 약 4km/s이다. 관측소에서 진원까지의 거리가 멀수록 속도 차이에 의한 이동 거리 차이가 커지므로 도착 시간의 차이가 커진다.

11 ①
해설 | 이것은 지층이 양쪽에서 미는 힘을 받아 생성된 역단층이다. 양쪽에서 밀기 때문에 상반이 위로 올라간다. 발산형 경계에서는 맨틀이 위로 상승하여 서로 반대 방향으로 이동하므로, 양쪽으로 당기는 힘이 작용하여 정단층이 발달하고, 수렴형 경계에서는 맨틀이 하강하면서 서로 다른 판이 충돌하면서 서로 미는 힘이 작용하여 역단층이 발달한다. 상반은 단층면의 위쪽, 하반은 단층면의 아래쪽을 말하며, 그림의 A가 하반, B가 상반이다.

12 ④
해설 | 부정합이란 지층이 지각 변동을 받아 연속적으로 쌓이지 못하고, 침식에 의해 퇴적이 중단되어 시간적인 불연속이 있는 두 지층의 관계를 말한다.
부정합의 생성과정 : 퇴적(바다 환경) → 습곡·단층 → 융기 → 침식(육지 환경)→ 침강 → 퇴적(바다 환경)

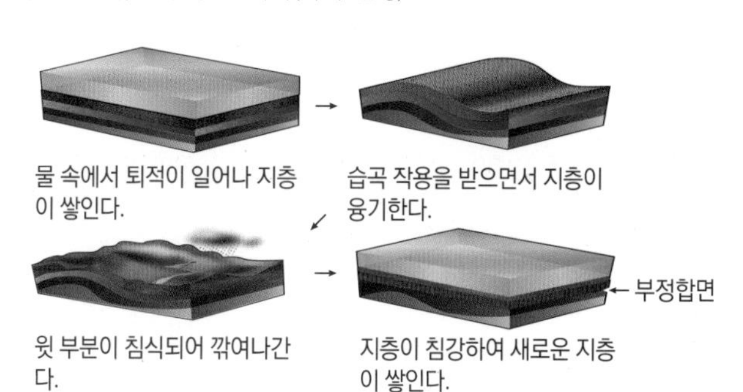

13 ⑤
해설 | ① 바다 환경에서는 퇴적이 잘 일어나고, 육지 환경에서는 침식이 활발하게 일어난다. 부정합은 물 밑에서 퇴적 작용이 일어난 후, 횡압력을 받으면 습곡 작용이 일어나고, 융기하여 육지로 올라온다. 육지는 침식 작용이 활발하게 일어나기 때문에 침식의 흔적이 있다.
② 부정합은 바다 속에서 퇴적이 일어난 후 융기하여 육지에서 침식이 일어나고 다시 침강하여 바다 속에서 새로운 퇴적 작용이 일어나서 생성된다. 이때, 침강하는 과정에서 무거운 역암이 먼저 퇴적되어 부정합면 바로 위에 기저역암이 잘 나타나는 것이다.
④, ⑤ 부정합면을 경계로 위 지층과 아래 지층 사이에는 시간적 간격이 크기 때문에 지질 시대를 구분할 수 있으며, 불연속적으로 쌓여서 만들어진다.

14 ④
해설 | ① (가)는 바다 밑에서 퇴적 작용을 받아 지층이 쌓이는 것을 나타낸 것이다.
② (나)는 양쪽에서 밀어내는 횡압력에 의해 습곡 작용을 받는 것을 나타낸 것이다.
③ (다)는 (나)의 단계에서 습곡 작용을 받은 지층이 융기되어 육지 환경이 된 후, 침식 작용을 받는 것을 나타낸 것이다.
④, ⑤ (라)의 A층은 다시 바다 밑으로 침강한 후에 퇴적 작용을 받아 생성된 것이다.

15 ④
해설 | A 지진대, B 대류, C 부정합, D 정단층, E 지층이다. 수평 방향으로 잡아당기는 힘(장력)에 의해 상반이 내려가 어긋난 지질 구조를 정단층이라고 한다.

16 ⑤
해설 | 조산 운동이란 해저에서 수평하게 퇴적된 지층들이 횡압력을 받아 거대한 습곡 산맥을 만드는 과정을 말하며, 조산 운동의 원인은 맨틀의 대류 때문이다.

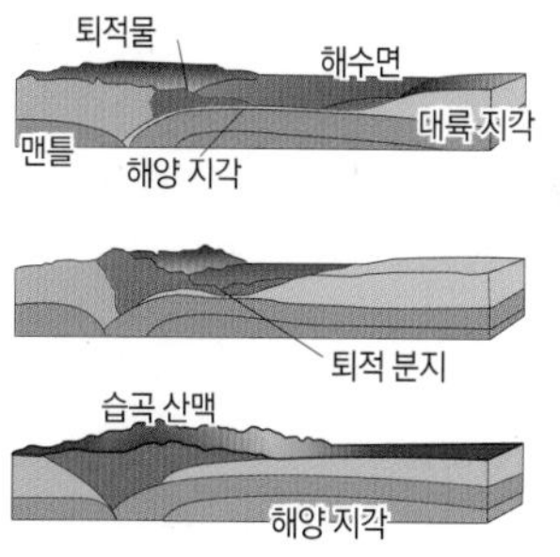

대륙의 가장자리에 육지에서 온 퇴적물이 많이 쌓이고, 맨틀의 대류에 의해 두 대륙이 서로 가까워지게 되면 오목한 지형에 퇴적물이 더 두껍게 쌓인다. 밀도가 작은 대륙 지각은 아래로 침강하지 않고, 퇴적물이 밀려 올라가면서 습곡과 단층이 생기면서 습곡 산맥이 형성된다. 피오도르 지형은 침강으로 인한 지형이다.

17 ③
해설 | 해안에서 거리가 멀어질수록 작고 가벼운 퇴적물이 퇴적되므로 A에서 C로 갈수록 퇴적물 입자의 크기가 작아진다. 따라서 A에서는 자갈이 퇴적되어 역암, B에서는 모래가 퇴적되어 사암, C에서는 진흙이 퇴적되어 셰일이 만들어진다.

18 ③
해설 | 지층 누중의 법칙에 의해 아래 지층은 위 지층보다 오래된 지층이다. E는 D와 C지층을 관입하였으므로 D와 C지층보다 나중에 생성되었고, A와 B는 관입되지 않았으므로 E지층보다 나중에 생성되었다.

19 ④
해설 | ① 사진과 같이 지층이 오랫동안 횡압력을 받아 휘어져 주름진 것을 습곡이라고 한다.
②, ⑤ 횡압력의 힘이 더 커져 계속 작용하게 되면 지층이 끊어져 역단층이 형성 되었을 것이다.
③ 지층이 퇴적될 당시에는 지각 변동을 받지 않으므로 해수면과 나란하게 퇴적된다.
④ 습곡의 구조 중 위로 휘어져 볼록하게 솟은 부분을 배사라고 하

며, 아래로 오목하게 들어간 부분을 향사라고 한다.

20 ⑤

해설 | ①, ② A지층과 B지층 사이에 기저 역암이 발견되는 것으로 보아 두 지층은 부정합 관계임을 알 수 있다. 부정합이 만들어지려면 퇴적 → 융기 → 침식 → 침강 → 퇴적의 과정을 거친다.

③ B지층에서는 횡압력에 의해 생성된 주름진 모양의 습곡 구조가 나타난다.

④ 부정합 과정에서 나타난 융기나 침강은 조륙 운동에 포함된다.

⑤ 이 지층에서는 지층이 끊어져 생성된 지질 구조의 흔적은 보이지 않으므로 단층 작용은 일어나지 않았음을 알 수 있다.

21 ⑤

해설 | ⑤ 조산 운동X → 조륙 운동(O)이다. 조산 운동은 해저에 쌓인 두꺼운 퇴적층이 수평 방향의 횡압력을 받아 습곡 산맥이 형성되는 과정을 말한다. 이에 반해 조륙 운동이란 지각 위에 퇴적물이 퇴적되거나 침식되면서 생성된 무게에 의한 상하 방향의 힘을 받아 서서히 융기하거나 침강하는 현상을 말한다.

22 ②

해설 | 강가에서 나타나는 계단 모양의 지형을 하안 단구라고 한다. 하안 단구는 지각이 융기 후 강물의 영향으로 침식이 되어 깎이고, 다시 융기가 일어나는 과정이 반복되어 형성된 구조이다. 따라서 이 지역에서 일어난 지각 변동은 융기임을 알 수 있다.

23 ②

해설 | 기원 전의 이 사원은 육지에 있던 것이 바다에 잠겼다가 다시 육상으로 올라온 것이므로 육지가 침강하였다가 다시 융기하였음을 알 수 있다.

24 ③, ⑤

해설 | ① 습곡 산맥은 두꺼운 퇴적암의 지층으로 되어있다.

② 습곡 산맥은 횡압력에 의한 계속적인 융기로 만들어지며 융기와 침강이 반복적으로 나타나지 않는다.

③ 두 개의 판이 충돌하면서 생기는 높은 압력과 열 때문에 중심부에서는 암석이 녹아 마그마가 만들어지기도 하며 이 마그마가 굳어져 화성암이 되기도 한다.

④ 바다 밑에 쌓였던 퇴적층이 밀려 올라와 만들어졌으므로 산 정상에서 암모나이트와 같은 바다 생물 화석이 발견되기도 한다.

⑤ 횡압력에 의해 대규모의 습곡과 단층 작용을 받아 복잡한 지질 구조를 갖는다.

25 ②, ④

해설 | ① 습곡 산맥의 중심부에는 마그마의 관입으로 인한 화성암이 존재한다.

② 융기와 침강은 조륙 운동이다.

④ 해안 단구는 조륙 운동에 의해 만들어진 지형이다.

26 수연

해설 | 히말라야 산맥과 같은 대규모 습곡 산맥이 만들어지는 근본적인 원인은 맨틀의 대류에 의한 판의 충돌 때문이다. 판의 충돌로 인하여 발생한 횡압력에 의해 조산운동이 발생하면서 오랜 시간 동안 퇴적되었던 지층이 높은 산맥으로 형성된 것이다.

27 ②

해설 | 조륙 운동과 관련된 실험으로 물은 맨틀, 나무 도막은 지각에 비유할 수 있다. 이때 나무 도막 A위에 B를 올려놓으면 처음보다 나무 도막이 잠기는 깊이가 커진다. 따라서 조륙 운동 중 침강에 해당된다고 할 수 있다. 침강의 증거로는 리아스식 해안, 다도해, 피오르드 등이 있다. 반대로, 나무 도막 B를 제거하면 나무 도막이 위로 떠오른다. 이것은 조륙 운동 중 융기에 해당되는 현상으로, 높은 산에서 해양 생물이 발견되는 것이나, 해안 단구, 하안 단구, 스칸디나비아 반도의 융기 등이 이에 해당된다.

28 ①, ②, ⑤

해설 | 조륙 운동이란 지각이 융기하거나 침강하는 운동을 말한다. 높은 산에서 해양 생물이 발견되는 것은 지각이 융기하거나, 해수면이 내려가는 해퇴현상에 의한 것이다. 빙하기 이후의 간빙기에는 빙하가 녹으면서 지각의 무게가 감소하므로 융기가 일어난다.

29 ④

해설 | 히말라야 산맥은 판의 충돌에 의한 조산 운동의 결과이다.

조륙 운동	
융기	침강
세라피스 사원의 기둥의 천공조개, 해안 단구, 하안 단구, 스칸디나비아 반도	리아스식 해안, 다도해, 피오르드

30 ⑤

해설 | 대륙 이동설은 독일의 지구물리학자 베게너가 최초로 주장하였으나 나오자마자 강력한 비판을 받았다. 어떻게 대륙이 움직이는지를 설명하지 못했던 것이다. 베게너는 마치 쇄빙선이 얼음판을 쟁기질하면서 뚫고 움직이듯이 대륙 지각이 해양 지각을 뚫고 떠다닌다고 생각했다. 그리고 그 힘은 지구의 자전에서 비롯된 원심력과 달과 태양의 조석력에서 나온다고 설명했다. 그러나 대륙이 움직이기엔 원심력과 조석력은 너무 작았고, 대륙을 움직일 정도의 조석력이 있었다면 지구는 1년도 못돼 멈추고 말았을 것이라는 계산 결과도 나왔다. 결국 베게너의 이론은 학자들의 논의에서 멀어져 갔다.

31 ⑤

해설 | 히말라야 산맥은 대륙판인 인도판과 유라시아판이 맨틀의 하강부에서 충돌하여 만들어진 습곡 산맥이다. 남반구에 위치하던 인도판이 점차 북쪽으로 올라와 유라시아 대륙과 충돌하였다. 이 과정에서 해저에 있던 퇴적층이 밀려올라가 습곡과 단층이 생성되었다. 히말라야 산맥은 대륙판과 대륙판이 충돌하여 만들어지기 때문에, 밀도가 작아 지진 활동은 활발하지만, 화산 활동은 활발하지 않다.

· 인도판-유라시아판 충돌 과정

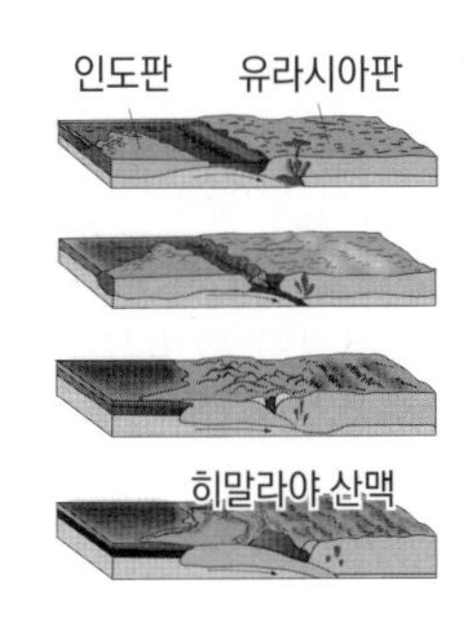

32 ④

해설 | 초대륙은 고생대 말기에 하나를 이루고 있다 점점 따로 분리되어 이동하였다.

33 ②

해설 | 대륙 이동설의 증거에는 남미의 동해안과 아프리카 서해안의 일치, 글로솝테리스나 메조사우루스 등의 화석의 일치, 빙하의 흔적과 분포 일치, 멀리 떨어진 지질 구조의 일치 등을 들 수 있다. 현재 기후의 일치로는 대륙이 이동했다는 것을 알 수 없다.

34 ④

해설 | 전 세계의 주요 화산대와 지진대는 주로 판의 경계에 분포하고 있다. 즉, 지각 변동은 주로 판의 경계에서 일어난다.

환태평양	태평양 연안을 따라 둥글게 분포, 전세계 지진의 60% 발생
알프스-히말라야	지중해에서 히말라야 산맥을 거쳐 인도네시아에 이르는 지역. 대륙의 충돌로 습곡 산맥 발달, 지진, 화산 활발
해령	태평양, 인도양, 대서양 등의 해저에 길게 분포

35 (1) O (2) X (3) X (4) X

해설 | (1) 지진은 주로 판의 경계에서 발생한다.

(2), (3) 환태평양 지진대는 '불의 고리'라고 불리며, 전세계 지진의 약 60%가 발생하므로, 가장 많이 발생한다.

(4) 대서양 중앙해령은 발산형 경계의 대표적인 예로써 맨틀대류의 상승부에서 생성되며, 화산 활동과 지진 활동이 함께 일어나지만, 천발 지진이 주로 발생한다.

36 ②

해설 |

대륙판과 대륙판(수렴) 경계

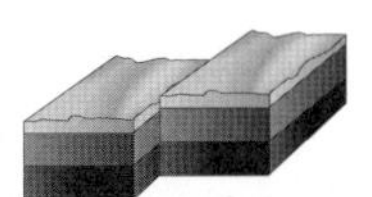
대륙판과 대륙판(보존) 경계

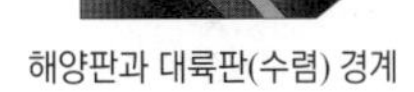

해양판과 대륙판(수렴) 경계

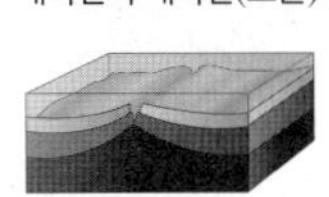
해양판과 해양판(발산) 경계

(가)는 습곡 산맥으로 수렴형 경계에 해당된다. 밀도가 작은 대륙판과 대륙판이 서로 만나면 침강하지 않고, 그 사이의 퇴적물이 습곡 작용을 받아 융기하여 형성된 산맥으로 히말라야 산맥, 알프스 산맥 등이 있다. (나)는 변환단층으로 보존형 경계에 해당된다. 서로 접해있는 두 판이 반대 방향으로 이동하면서 어긋나는 곳으로 미국의 산안드레아스 단층이 있다. (다)는 해구로, 수렴형 경계에 해당된다. 확장하던 해양판이 대륙판과 만나면, 밀도가 큰 해양판이 밀도가 작은 대륙판 밑으로 섭입하면서 해구와 호상열도가 형성되며, 일본 해구-일본 열도와 안데스 산맥이 있다. (라)는 해령으로 확장형 경계에 해당된다. 맨틀 대류가 상승하여 판이 새로 생성되어 양쪽으로 확장되는 곳으로 대서양 중앙해령, 동아프리카 열곡대가 있다.

37 ③

해설 | A는 해령, B는 해구, D는 변환 단층에 해당된다. C는 판의 경계가 아니다.

ㄱ. 해령과 변환 단층에는 천발 지진이 해구에는 천발 지진과 심발 지진이 모두 발생한다. C는 양쪽 판의 이동 방향이 서로 같으므로, 지진이 발생하지 않는다.

ㄴ. B에서는 밀도가 큰 해양판이 밀도가 작은 대륙판과 충돌하면서, 대륙판 밑으로 침강하여 지진과 화산 활동이 모두 발생한다.

ㄷ. 해령과 해구에서는 화산 활동이 활발하게 일어나지만, C에서는 화산 활동이 일어나지 않는다.

38 ②

해설 | ① A는 맨틀 대류의 상승부로, 주로 해령이 발달한다.

② B는 맨틀 대류의 하강부로, 주로 해구나 습곡 산맥이 발달한다.

③ B는 수렴형 경계로 판과 판이 서로 충돌하여 습곡 산맥이 발달하거나, 밀도가 큰 해양판이 대륙판 밑으로 섭입하여 소멸한다.

④ A는 발산형 경계로 판이 새로 생성되어 양쪽으로 확장하는 부분이다.

⑤ 해령부분에는 주로 천발 지진이 발생하고, 해구 부분에서는 천발 지진과 심발 지진이 함께 발생한다.

39 ④

해설 | ㄱ, ㄷ. A에서 C로 갈수록 퇴적물의 두께가 두꺼워지며 해양 지각의 나이가 점점 더 많아진다. 따라서 지각의 연령이 많은 순으로 나열하면 C>B>A이다.

ㄴ. A는 해령, C는 해구 부분이므로 지진과 화산 활동이 활발하지만, B는 판의 중심부로 지진과 화산 활동이 일어나지 않는다.

40 (1) A (2) D (3) B

해설 | (1) 열점은 뜨거운 플룸이 상승하여 지표면과 만나는 지점 아래의 마그마가 생성되는 곳으로, A ~ D 중에서 A에 해당한다.

(2) 열점에서 생성된 화산섬은 판의 이동에 따라 열점에서 서서히 멀어지므로 열점에서 가장 먼 D섬이 가장 나이가 많다.

(3) B ~ D 중 열점 바로 위에 있는 B섬에서 화산 활동이 가장 활발히 일어난다.

41 (1) O (2) X (3) O

해설 | (1) 기존의 암석에 마그마가 관입하여 관입암이 생성될 때 관입 당한 지층은 관입암보다 먼저 형성된 것이다. 이와 같은 지사학의 원리는 관입의 법칙이다.

(2) 지구에서 생명체가 탄생한 이후 생물은 시간이 지남에 따라 계속 진화해 왔으므로 상대적으로 더 진화된 화석을 포함한 퇴적층은 덜 진화된 화석을 포함한 퇴적층보다 나중에 생성된 것이다. 이와 같은 지사학의 원리는 동물군 천이의 법칙이다.
(3) 부정합면을 경계로 상하 지층이 쌓인 시기는 큰 차이가 난다. 상하 두 지층에서 산출되는 화석군은 급격하게 달라지며, 부정합면은 지질 시대를 구분하는 중요한 기준이 되기도 한다. 이에 해당하는 지사학의 원리는 부정합의 법칙이다.

42 ③
해설 | (가)는 공룡이 있으므로 중생대, (나)는 스트로마톨라이트가 있으므로 선캄브리아대, (다)는 매머드가 있으므로 신생대의 생물과 환경을 나타낸 상상도이다.
① 중생대에서는 전반적으로 온난한 기후가 지속되었고 빙하기는 없었다. 고생대와 신생대에는 여러 차례의 빙하기가 있었다.
② 에디아카라 동물군은 선캄브리아대 원생 이언의 대표적인 생물이다.
③ 매머드는 신생대 육지에서 서식하였으며, 암모나이트는 중생대 바다에서 서식하였으므로 같은 지층에서 발견될 수 없다.
④ 삼엽충은 고생대에 출현하였으므로 신생대에 출현한 생물보다 먼저 바다에 출현하였다.
⑤ 지질 시대의 순서대로 나열하면 (나) 선캄브리아대 - (가) 중생대 - (다) 신생대가 된다.

개념 심화 문제

정답 102~111쪽

01 ③ **02** ②, ⑤
03 (1) 물질의 상태에 따라
(2) A : 화산 가스, B : 화산 쇄설물, C : 용암 (3) ①
04 ㄱ, ㄴ, ㄷ **05** (해설 참조)
06 ①, ② **07** A : ㉣ B : ㉠ C : ㉡
08 (1) 5,000km
(2) P, S파의 기록, P파가 S파보다 먼저 도착한다. P파보다 S파의 진폭이 크다. PS시, 진앙의 위치
09 (1) 2cm/년 (2) (해설 참조)
10 (1) A 지역은 침강하고, B 지역은 융기하는 조륙 운동이 일어날 것이다. (2) B, 융기
11 ②, ④, ⑤ **12** (가) - ㄷ, (나) - ㄴ
13 (1) ㄱ, ㅁ (2) ㄷ (3) ㄱ, ㅁ
14 (1) (해설 참조) (2) 약 2cm/년
15 (해설 참조) **16** ①, ②, ⑤
17 (해설 참조) **18** ④ **19** ㄱ, ㄴ
20 (해설 참조) **21** ①, ⑦

01 ③
해설 | (가)는 온도가 높고 가스가 적으며, 점성이 작은 마그마로부터 형성된 현무암질 순상 화산이고, (나)는 온도가 낮고 가스가 많으며, 점성이 큰 마그마로부터 형성된 안산암질 성층 화산이다. 따라서 (나)는 (가)보다 SiO_2 함량이 더 높다. 마그마의 화학 성분과 가스 성분에 따라 폭발성이 달라지는데 수증기와 같은 가스를 많이 포함할수록 지온에 의해 가열되어 폭발성을 보이게 된다.
〈SiO_2 함량에 따른 화산의 특징〉

용암의 온도	SiO_2 함량	점성	유동성	경사
낮을수록	높을수록	증가	감소	급함

02 ②, ⑤
해설 |

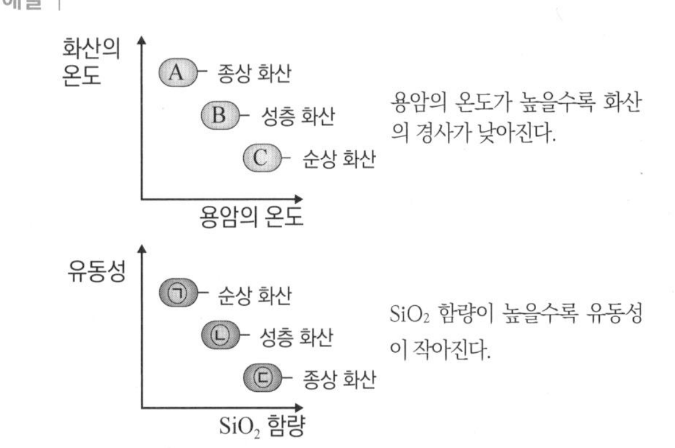

① A는 화산의 경사가 높은 화산이므로 종상 화산이다.
② 온도가 높을수록 유동성이 크다. ㉠ ~ ㉢ 중 ㉠의 유동성이 크기 때문에 C와 같이 높은 온도에서 만들어진 것을 알 수 있다.
③ C의 용암이 A보다 온도가 높기 때문에 점성이 작아 유동성이 크다.
④ ㉠이 ㉢보다 유동성이 크기 때문에 점성이 작아 경사가 완만해진다. 따라서 화산의 높이는 낮아진다.
⑤ ㉢이 ㉠보다 유동성이 작으므로 점성이 크다.

03 (1) 물질의 상태에 따라
(2) A : 화산 가스, B : 화산 쇄설물, C : 용암 (3) ①
해설 | (1) 화산 분출물은 물질의 상태에 따라 화산 가스, 용암, 화산 쇄설물로 나눌 수 있다.

종류	화산 가스	용암	화산 쇄설물
정의	화산 폭발시 분출되는 가스	지하 깊은 곳의 마그마가 지표로 흘러나오는 곳	화산 폭발시 분출되는 고체 상태의 물질
상태	기체	액체	고체

(3) ① A는 수증기가 대부분을 차지한다.
② 화산 가스의 양이 많을수록 화산 분출이 폭발적으로 일어난다.
③ 화산재의 분출량이 많아지면 지구 표면을 뒤덮어 태양 복사 에너지가 도달하기 힘들기 때문에 지구의 평균 기온은 낮아진다.
④ 용암은 SiO_2 함량이나 온도에 따라서 구분된다. SiO_2 함량이 클수록 점성이 크고, 흰색을 띤다.
⑤ 용암의 점성이 작을수록 화산체의 경사가 완만해진다.

04 ㄱ, ㄴ, ㄷ

해설 | ㄱ. 지진 기록을 보면 P파가 먼저 도착했으므로, P파의 속도는 S파의 속도보다 빠르다.

ㄴ. A 지점이 B 지점보다 지진파가 먼저 도착했으므로, 진원으로부터의 거리가 더 가깝다. 따라서, 지진의 피해는 A 지점이 B 지점보다 크다.

ㄷ. 지진의 규모는 어디에서나 같은 것이므로 A 지점과 B 지점이 같다.

05 진도는 진원에서 가장 가까운 A가 가장 크고, 가장 먼 C가 가장 작지만, 규모는 모두 같다. PS시는 진원으로부터 가장 먼 C가 가장 크고, 가장 가까운 A가 가장 작다.

해설 | 진도는 지진이 발생할 때 사람의 느낌이나 주변 물체의 흔들림 정도를 나타낸 것으로, 지진 발생 지점으로부터 멀수록 작아지는 값이다. 규모는 지진이 발생할 때 나오는 실제 에너지를 나타낸 것으로, 지진 발생 지점과 관계없이 일정한 절대적인 값이다. 따라서, 진도는 지진 발생 지점에서 가장 가까운 A가 가장 크고, 가장 먼 C가 가장 작다. 하지만, 규모는 모두 같다. PS시는 P파가 도착하고 나서 S파가 도착할 때까지 걸린 시간으로 진원으로부터의 거리가 멀수록 PS시는 길어진다. 따라서, 진원으로부터 가장 먼 C의 PS시가 가장 크고, 가장 가까운 A의 PS시가 가장 작다.

06 ①, ②

해설 | ① A는 지구 내부 전체를 모두 통과하고 있으므로, 고체, 액체, 기체를 모두 통과할 수 있는 P파이고, B는 액체 상태인 외핵을 통과하지 못하므로 S파이다.

② 불연속적으로 변하는 것은 P파, S파, 밀도이고, 연속적으로 변하는 것은 온도와 압력이다.

③ 지구 내부는 지각, 맨틀, 외핵, 내핵의 4개의 층으로 구별할 수 있다.

④ 지하 약 5,100 ~ 6,400km 부분은 외핵보다 온도가 높지만, 압력이 커서 고체 상태로 유지되는 내핵이다.

⑤ 값이 계속해서 증가하는 것은 온도, 압력, 밀도이다.

07 A : ㉣ B : ㉠ C : ㉡

해설 | A : 지진 발생 지점으로부터 90° 떨어진 지점이므로, P파와 S파가 모두 도달하며, P파가 먼저 도착하므로 ㉣에 해당된다.

B : 지진 발생 지점으로부터 125° 떨어진 지점이므로, P파와 S파가 모두 도착하지 않으므로 ㉠에 해당된다.

C : 지진 발생 지점으로부터 180° 떨어진 지점이므로, P파만 도달하므로 ㉡에 해당된다.

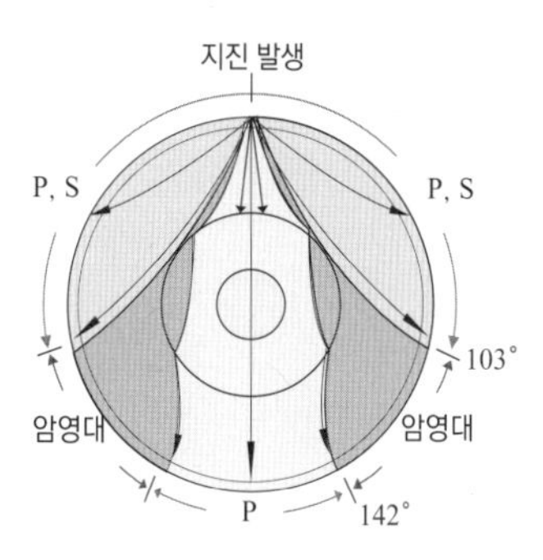

· 0 ~ 103° : P파와 S파 모두 도달
· 103° ~ 142° : P파와 S파 모두 도달하지 않음
· 142° 이상 : P파만 도달

08 (1) 5,000km (2) P, S파의 기록, P파가 S파보다 먼저 도착한다. P파보다 S파의 진폭이 크다. PS시, 진앙의 위치

해설 | (1) 지진 기록을 보면 PS시가 10분이라는 것을 알 수 있다. 따라서, 주시 곡선에서 PS시가 10분인 지점의 진앙 거리를 찾으면, 약 5,000km지점이다.

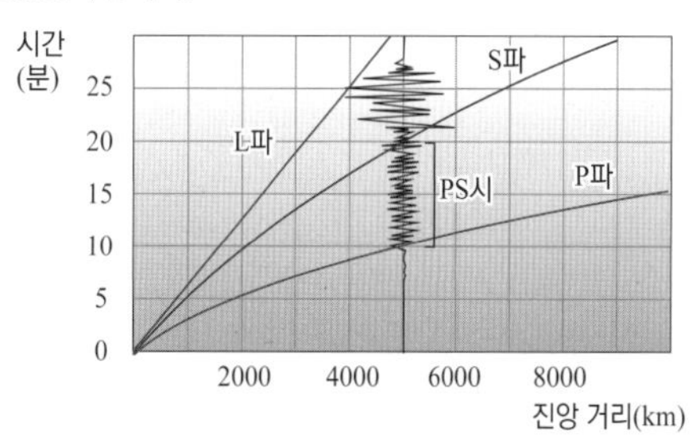

$$PS시 = \frac{d}{V_S} - \frac{d}{V_P} \qquad d = \frac{V_S \times V_P}{V_P - V_S} \times PS시$$

(2) P파, S파의 기록을 그림에서 찾아볼 수 있다. 상대적으로 빠르게 전달되는 P파가 S파보다 먼저 기록되는 것을 알 수 있다. 또한 P파의 진폭에 비해 S파의 진폭이 크다는 사실도 눈으로 확인할 수 있다. 또한 S파가 도달한 시간과 P파가 도달한 시간의 차이를 알 수 있는데 이것이 바로 PS시이다. 진원과 지진 관측소의 거리가 멀어질수록 PS시가 커지는 성질을 이용하여 진앙의 위치를 알아낼 수 있다.

09 (1) 2cm/년 (2) 빙하가 녹으면서 주변보다 지각이 상승하여 해수면 위로 융기하는 조륙 운동이 일어났다.

해설 | (1) B 지역은 해발 고도 변화량이 120m이므로 6,000년 동안 120m 상승하였고, 해발 고도의 평균 변화율은 $\frac{(120 \times 100)\text{cm}}{6{,}000\text{년}}$ = 2cm/년이다.

10 (1) A 지역은 침강하고, B 지역은 융기하는 조륙 운동이 일어날 것이다. (2) B, 융기

해설 | 풍화, 침식을 받거나 빙하가 녹으면 새로운 평형이 일어나기 위하여 주변보다 지각이 상승하는 융기가 일어나고, 두꺼운 퇴적층이나 빙하가 쌓이면 지각이 가라앉는 침강이 일어난다.

11 ②, ④, ⑤

해설 | (ㄱ)과 같이 약 2억 3천만년 전(고생대 말기)에는 모든 대륙이 뭉쳐져 하나의 덩어리를 이루고 있었으나, 대륙이 서서히 분리하기 시작하여 현재와 같은 대륙 분포를 이루게 되었다. 이러한 대륙 이동설의 원동력은 맨틀 대류이다. 고생대에는 삼엽충, 갑주어, 중생대에는 공룡, 암모나이트, 신생대에는 화폐석, 매머드가 번생하였다.

① 대륙의 배치가 (ㄱ)일 때는 고생대 말기이므로, 삼엽충, 갑주어 등이 번성하였다.

③ 대륙의 배치가 (ㄴ)일 때는 중생대이므로, 공룡과 암모나이트가 번성하였다. 매머드와 화폐석은 신생대의 대표적인 화석이다.

12 (가) - ㄷ, (나) - ㄴ

해설 | ㄱ. 습곡 산맥에 단층 작용이 일어나는 것은 횡압력을 많이

받아 지층이 끊어졌기 때문이다.
ㄹ. 지각의 평형을 이루기 위해 지반의 융기와 침강이 나타나는 것은 지각 평형설을 설명하고 있다.

13 (1) ㄱ, ㅁ (2) ㄷ (3) ㄱ, ㅁ
해설 |

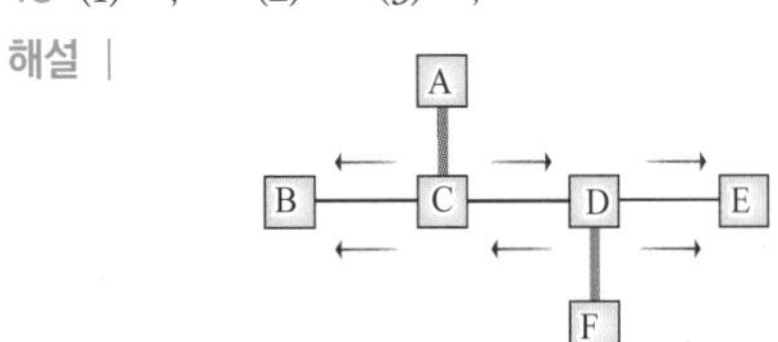

(1), (3) 그림에서 A - C와 D - F는 해령을 나타낸다. 해령은 발산형 경계로 판이 새로 생성되면서 확장하는 구간으로, 화산 활동과 지진 활동이 모두 일어난다.
(2) C - D 구간은 두 판이 어긋나면서 만들어지는 변환 단층을 나타낸 것이며, 변환 단층에서는 천발 지진은 발생하나 화산 활동은 일어나지 않는다. B-C 구간과 D-E 구간은 양쪽 판이 같은 방향으로 이동하므로 판의 경계가 아니다.

14 (1) B에서 A로 가면서 퇴적물의 두께가 점점 두꺼워지면서 퇴적물의 나이가 점점 많아진다. (2) 약 2cm/년
해설 | (1) 그림에서 B 부근은 태평양 판과 나즈카 판이 서로 반대 방향으로 멀어지고 있다는 것을 알 수 있다. 즉, B 부근에 판의 발산 경계인 해령이 존재한다는 것이다. 따라서 B에서 A로 가면서 퇴적물이 쌓이고, 퇴적물의 두께가 점점 두꺼워지면서 퇴적물의 나이가 점점 많아진다.
(2) 그래프를 보면 10,000만년 동안 2,000km를 이동했다는 것을 알 수 있다. 따라서 판의 평균 이동 속도는 2,000km/10,000만년 = 1km/5만년 = 2cm/년이다.

15 밀도가 큰 해양 지각은 최고 2 ~ 3억 년이 지나면 맨틀 아래로 섭입하여 없어지지만 밀도가 작은 대륙 지각은 맨틀 위에 떠 있는 상태로 침강하지 않기 때문이다.
해설 | 밀도가 작은 대륙 지각은 맨틀 위에 떠 있는 상태이므로, 판의 충돌이 일어나더라도 맨틀 아래로 침강하지 않는다. 따라서 한 번 생성된 대륙 지각은 풍화, 침식 작용이 일어나지 않으면 소멸되지 않는다. 그러나 밀도가 큰 해양 지각은 해령에서 생성되어 확장되다가 대륙판을 만나면 그 아래로 섭입(침강)하여 맨틀 아래로 사라지므로 해양 지각의 나이는 대륙 지각에 비해 매우 젊다. 해양 지각의 일부는 수렴부에서 '오피올라이트'라는 암석으로 지표면에 보존된다.

오피올라이트		섭입하는 해양 지각의 일부가 대륙 지각의 경계부에 달라붙어 남아있는 암석으로 해양 지각의 지층 연구에 이용된다.

16 ①, ②, ⑤
해설 |

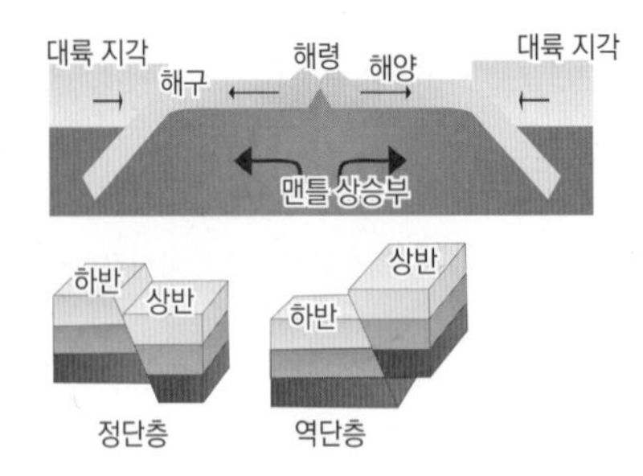

① A는 맨틀 상승부의 해령으로 판이 새로 생기거나 확장된다.
② B는 맨틀 하강부로, 해양 지각과 대륙 지각이 충돌하는 판의 섭입 부분이므로 해구나 호상열도가 만들어진다.
③ (나)는 양쪽으로 잡아당기는 힘(장력)을 받아 상반이 내려간 정단층이다.
④ (다)는 양쪽에서 미는 힘(횡압력)이 작용하여 상반이 위로 올라가 생성된 역단층이다.
⑤ (나)는 장력을 받아 생성된 것이므로 A에서 (다)는 횡압력을 받아 생성된 것이므로 B에서 주로 생성된다.

17

지역	경계 유형
태평양판과 유라시아판	B
나즈카판과 남아메리카판	B
남아메리카판과 아프리카판	A
유라시아판과 인도-오스트레일리아판	D

해설 | 남아메리카판은 대서양 중앙해령을 경계로 아프리카판과 접한다. (대륙간 서로 발산하고 있다.)

18 ④
해설 |

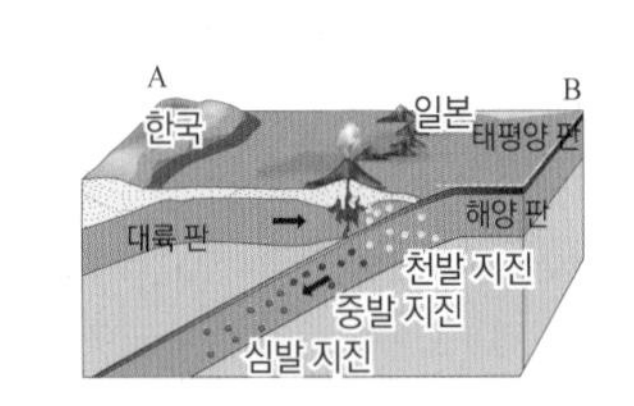

① B에서 A로 갈수록 진원의 깊이가 깊어지므로 심발 지진이 발생한다.
② 판과 판이 충돌하여 해양판이 대륙판 밑으로 섭입하고 있으므로, 수렴형 경계에서 위와 같은 지형이 만들어진다.
③ 밀도가 큰 해양판인 태평양 판과 밀도가 작은 대륙판인 유라시아 판이 만나 태평양 판이 유라시아 판 밑으로 섭입하게 되어 위와 같은 지형을 형성한다.
⑤ 구조상으로 일본 지역에서는 천발 지진, 우리나라 지역에서는 심발 지진이 일어날 수 있다.

19 ㄱ, ㄴ
해설 | ㄱ. (가) 시대는 선캄브리아대로서 시생 이언과 원생 이언으로 구분된다.
ㄴ. (나) 시대는 고생대로서 고생대 말 해양 생물종의 90% 이상이 멸

종하는 대멸종이 일어났다.
ㄷ. (다)와 (라)는 각각 중생대와 신생대로이고, 두 시대의 경계가 되는 시기에는 생물 종의 수가 급변하였다.

20 공통점 : 둘 다 판과 판의 충돌로 형성되는 수렴형 경계 지역이다.
차이점 : 일본은 해양판이 대륙판 밑으로 섭입하면서 해구, 호상열도가 생성되나 히말라야 산맥은 대륙판과 대륙판이 충돌하여 융기하여 습곡 산맥을 형성한다. 또, 화산 활동은 일본 지역에서만 일어난다.
해설 | 공통점은 둘 다 수렴형 경계로 판과 판이 충돌하여 형성되었다는 점이다. 일본은 밀도가 큰 해양판(태평양 판)이 밀도가 작은 대륙판(유라시아 판) 밑으로 침강하면서 생성되었다. 히말라야 산맥은 모두 밀도가 비슷하게 작은 대륙판(인도 판, 유라시아 판)의 충돌에 의해 생성되었기 때문에 어느 하나가 다른 판 밑으로 침강하지 못하고 서로 밀어내므로, 두 판의 경계는 거대한 습곡 산맥을 형성하며 융기할 수 밖에 없었다.

21 ①, ⑦
해설 | ① 열점은 판의 경계부가 아닌 판 내부에서 작용한다.
②, ③ 태평양 판의 이동 방향은 4,240만년 전에 북북서에서 서북서로 바뀌었다.
④ 열점으로부터 멀리 있는 화산섬일수록 먼저 만들어진 화산섬이므로 나이가 많다.
⑤ 열점에서 만들어지는 새로운 화산섬은 이미 만들어진 화산섬의 남동쪽에서 형성된다.
⑥ 화산섬과 열점 사이의 거리와 나이를 이용하여 판의 이동 속도를 구해 보면 태평양 판의 이동 속도는 일정하지 않음을 알 수 있다. 단, 열점에서 대략적으로 태평양판의 이동 속도를 추정할 때에는 판의 이동 속도가 일정하다고 가정한다.
⑦ 하와이 열도를 형성한 열점은 고정되어 있기 때문에 판의 이동과 관계없이 열점과 해령과의 거리는 일정하다.

창의력을 키우는 문제 112 ~ 127쪽

01. 논리 서술형

(1) 하와이 화산의 용암은 온도가 높고, 점성이 작아 유동성이 큰 현무암질 용암으로 경사가 완만한 형태의 화산을 형성한다. 하지만, 제주도의 산방산을 만든 용암은 온도가 낮고, 점성이 커서 유동성이 작으므로, 경사가 큰 형태의 화산을 형성한다.
(2) A : 화산재에 무기질이 풍부하여 비옥한 토양으로 변한다. 화산 활동을 통해 이산화탄소가 대기 중으로 방출된다. 화산 폭발로 인한 화산재가 대기권을 뒤덮어 기온을 낮춘다.
B : 지열 발전소를 이용할 수 있다. 산사태, 홍수 발생, 화산 쇄설물로 인한 생태계 변화, 인명, 재산 피해를 입힌다.
C : 화산 지대에 온천이 분포하여 관광지로 이용된다. 해저 화산 폭발로 해저 생태계가 변한다.

02. 논리 서술형

(1) 긍정적인 것은 화산 지대에 온천이 분포하여 관광지로 이용되며, 화산재에 무기질이 풍부하여 땅이 비옥한 토양으로 변한다는 점이 있다. 또한 화산 활동으로 인한 지하 광물 농집으로 금, 은, 구리와 같은 금속 광상이 생성되어 자원 활용에 이로우며, 화산에서 발생되는 열에너지를 이용하여 지열 발전소를 건설할 수 있다는 점이다. 부정적인 것은 용암이나 화산재 분출, 지진 해일로 인한 막대한 인명, 재산 피해를 가져오는 점과 화산 활동과 함께 분출한 수증기 상승으로 많은 비가 내려 홍수 피해가 생긴다는 점이다. 무엇보다도 가장 큰 피해는 화산재가 대기권 상층에서 오랫동안 머물며 햇빛을 차단해 지구의 온도를 낮추면, 농작물이 자라기 어려워 전세계적인 대기근과 경제 상황 악화로 이어진다는 점이며, 이러한 환경이 정상적인 상태로 복원되는데 오랜 시간이 걸린다.
(2) (나), 탐보라, 크라카타우 화산 분출은 성층 화산에 포함되므로 (가)와 같이 용암의 점성이 작아 조용한 분출과는 달리 화산 분출물과 가스가 비교적 많이 나오는 편이므로 화산재로 전지구를 뒤덮은 재해를 가져온 것이다.

해설 | (1) 화산 활동의 장점으로는 아름다운 자연 경관을 이용한 관광지로 이용할 수 있으며, 새로운 화산섬이 생성되므로 육지가 새로 생성되기도 하는 점이다. 또한 화산재에 포함된 인, 칼륨 같은 비료 물질이 포함되어 있어, 토지의 비옥화, 이로운 지하 자원을 가져다 주기도 한다. 화산에서 발생되는 열에너지를 이용하여 지열 발전소를 건설할 수 있다. 하지만 용암의 경우에 이동 속도가 수 십 m/h 이하이기 때문에 예측이 가능하기는 하지만, 건물이나 도로 파괴 등의 재산 피해를 가져온다. 이러한 경우에는 폭파를 통해 용암이 흐르는 방향을 바꾸거나, 인공 구조물을 설치, 또는 물로 냉각시켜 빨리 굳게 함으로써 피해를 줄일 수 있다. 격렬한 폭발인 경우, 화산재나 화산 쇄설물이 급격하게 분출하여 사람이 매몰되거나 질식사 하는 등의 피해사 생길 수 있으며, 미리 예방하기도 쉽지 않다. 화산이 분출한 산 정상에 호수나 빙하가 있다면, 홍수로 인한 피해가 생길 수 있고, 해저 폭발이 일어난 경우에는 쓰나미가 생성되기도 한다.
(2) 그림 (가)는 하와이의 화산 분출로 유동성이 큰 용암이 흘러내려와 땅을 뒤덮고 있는 모습이다. 이렇게 현무암질로 되어있는 순상 화산은 분출되는 화산 가스의 양이 적고 폭발성이 적으며, 순상 화산, 용암 대지의 지형을 만든다. 그림 (나)는 성층 화산의 대표적인 예인 후지산이다. 성층 화산은 안산암질 용암으로 형성되며, 용암 분출과 화산 쇄설물의 분출이 번갈아가며 일어나서 화산체를 형성하며, 중간 정도의 점성과 폭발성이 있다. 마지막으로 종상 화산은 유문암질 용암으로 형성되어 가장 격렬한 분출을 하며, 용암의 점성이 가장 커서 경사가 가장 급한 화산의 형태가 만들어진다.

03. 논리 서술형

(1)

(2)

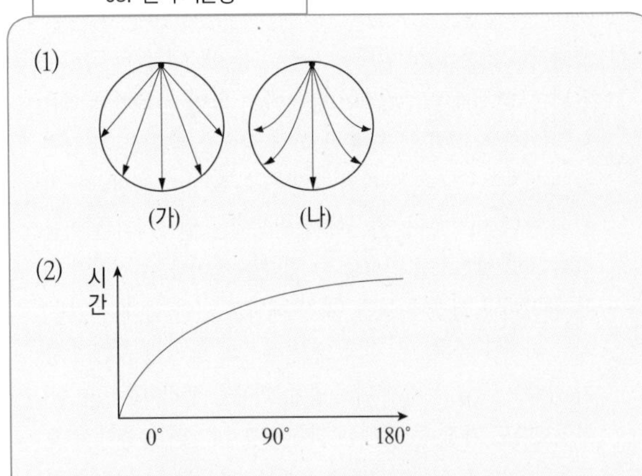

(3) 외핵의 두께가 증가하면 지구 전체의 질량은 증가하고, 암영대가 나타나는 각도는 103°보다 작아진다.

해설 | (1) 지진파의 속도가 일정한 경우에 지진파는 직선으로 전파되지만, 지진파의 속도가 깊이에 따라 증가하는 경우에는 입사각보다 굴절각이 크게 나타나기 때문에 스넬의 법칙에 의해 아래로 볼록한 모양으로 굴절한다.

(2) 지구 내부에서는 지진파의 속도가 빠르므로 지구 내부를 많이 통과할수록 통과 시간은 짧아진다.

(3) 외핵은 철과 니켈 등의 금속 원소로 이루어져 있으므로 맨틀보다 밀도가 크다. 따라서 외핵의 두께가 증가하면 지구 전체의 질량은 증가한다. 지구 내부를 전파하는 P파는 맨틀과 외핵의 경계에서 굴절하여 암영대가 형성된다. 따라서 외핵의 두께가 증가하면 암영대가 나타나는 각도는 103°보다 작아진다.

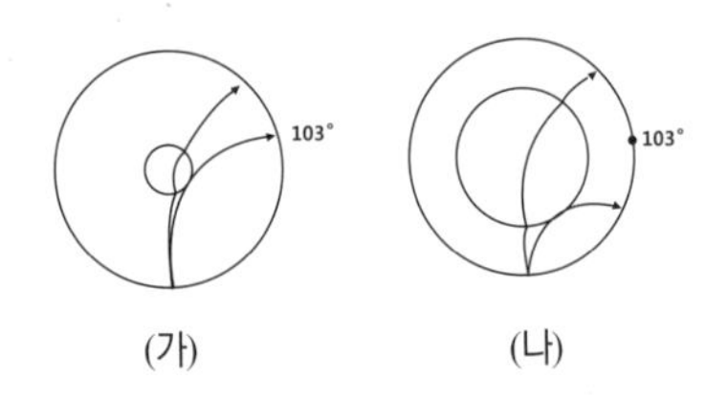

04. 논리 서술형

(1)

지진 발생 시	흔들리는 것	용수철, 지진 기록지, 틀
	흔들리지 않는 것	추

(2) 땅은 흔들리지만 관성의 법칙에 의해 용수철에 매달린 무거운 추가 흔들리지 않기 때문에 지진을 기록할 수 있다.

(3) 추의 질량을 크게 하는 것이 더 좋다. 질량이 클수록 관성이 더 커지기 때문에 지진을 잘 기록할 수 있기 때문이다.

(4) 수평 방향의 지진만을 분석할 수 있다. 수평 방향의 지진에도 동서 방향과 남북 방향 두 대의 지진계가 필요하고, 수직 지진계도 필요하다. 따라서 총 3대여야 하고, 2대의 지진계가 더 필요하다.

(5) '후풍지동의'는 지진의 발생 여부, 처음 지진의 방향만 알 수 있소, 지진의 규모나 시간에 따른 지진의 변화, 지진이 처음 일어난 위치 등은 알 수 없다.

해설 | '후풍지동의'를 오늘날의 지진계와 비교할 때, 지진계로서 보완하기 위해서는 지진의 규모를 측정할 수 있게 하고, 시간에 따른 지진의 변화를 기록할 수 있게 해야 한다. 그리고 상하 진동을 측정할 수 있게 하고, 진앙(진원)의 위치를 확인 가능하게 해야 한다.

05. 논리 서술형

(1) 진도 : A > B > C, 규모 : A = B = C

(2) 25초

(3) ㄴ

해설 | (1)

	규모	진도
정의	지진이 발생할 때 나오는 실제 에너지	지진이 발생할 때 사람의 느낌이나 주변 물체의 흔들림 정도
진원과의 관계	지진 발생 지점과 관계 없이 일정	지진 발생 지점으로부터 멀수록 작아짐

(2) $d = \dfrac{V_S \times V_P}{V_P - V_S} \times$ PS시(d : 진원 거리, V_P : P파 속도, V_S : S파 속도)

진원 거리와 진앙 거리가 같다고 하였으므로

진원 거리 200km = $\dfrac{V_S \times V_P}{V_P - V_S} \times$ PS시 = 8 × PS시 이다.

따라서 PS시는 25초이다.

(3) ㄱ. 6시 30분 30초는 A 관측소에서 처음으로 P파가 관측된 시간이다. 지진은 그 이전에 발생하였다.

ㄴ. 세 관측소와 지진 기록을 짝지으면 진앙으로부터 거리가 가장 가까운 A가 가장 먼저 지진이 기록되기 때문에 각각 A - ㉠, B - ㉡, C - ㉢이다.

ㄷ. 진원지로부터 가깝거나 땅이 호수나 매립지 등이어서 연약한 경우 진동이 더 커진다. 조건이 같을 경우 진동은 ㉠에서 가장 크다.

06. 단계적 문제 해결형

(1) 인도판 과 유라시아 판 사이에 서로 미는 힘, 즉, 횡압력이 작용하여 해저에서 역단층이 발생하면서 지층 위의 바닷물이 위로 치솟아 발생하였다.

(2) 수렴형 경계

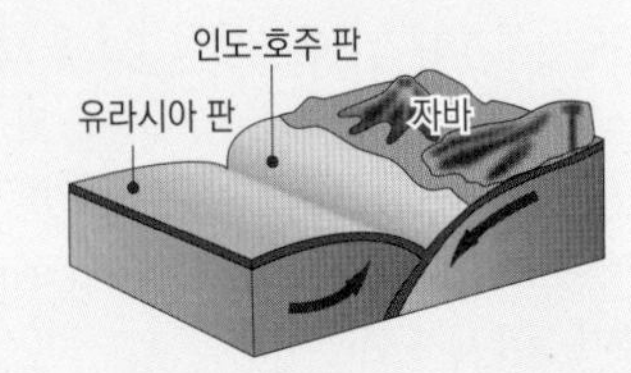

07. 추리 단답형

(1) 지각, 맨틀의 상부
(2)

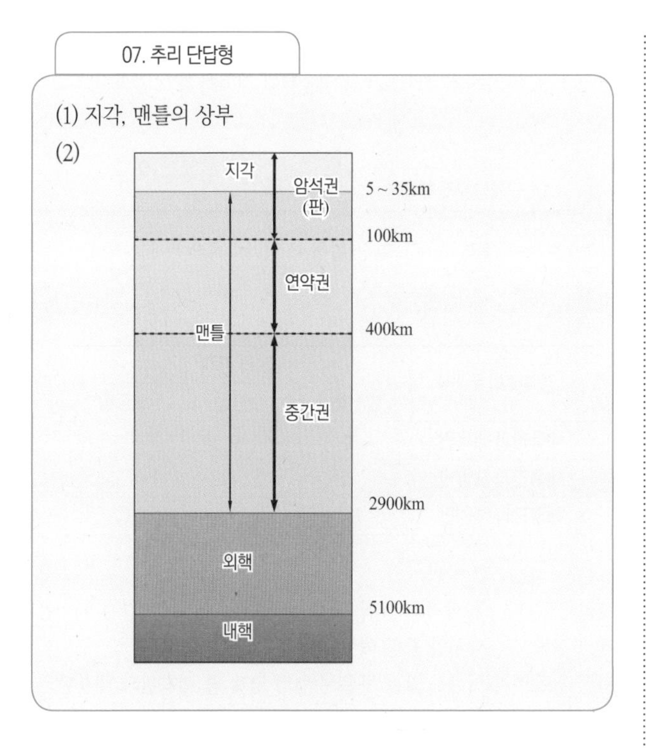

해설 | ※ 지구 내부의 구조
① 화학 성분 기준: 지각(규소, 알루미늄), 맨틀(규소, 철), 핵(철, 니켈)
② 물리적 성질 기준: 암석권, 연약권, 중간권, 외핵(액체), 내핵(고체)

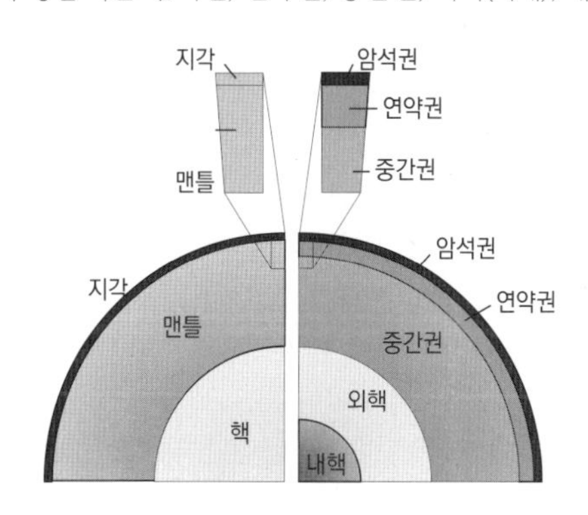

08. 논리 서술형

(1)

구분	지형 특징	조륙 운동의 종류
남해안	리아스식 해안(또는 다도해)	침강
동해안	해안단구	융기

(2) (가), 다도해, 피오르드
(3) A : 풍화, 침식 B : 퇴적 C : 지각 침강 D : 지각 융기

해설 | (1) 남해안의 리아스식 해안은 육지가 가라앉거나 해수면이 올라가 육지가 바닷속에 가라앉아 이루어진 해안으로 해안선이 복잡하며, 지각의 침강에 의해 생성된 지형이고, 동해안의 해안단구는 파도에 의한 침식 작용을 받은 후, 지각의 융기에 의해 생성된 대표적인 지형이다.
(2) 나무도막 B위에 A를 올려놓으면 나무도막 B는 처음보다 물속에 더 많이 잠기며 가라앉게 된다. 이것은 조륙운동의 침강에 해당하는 것으로 높은 산이 바닷속으로 가라앉아 섬으로 남은 지형인 다도해와 빙하에 의해 만들어진 깊고 좁은 만인 피오르드를 예로 들 수 있다.

09. 단계적 문제 해결형

(1) (다) → (나) → (가) → (라)
(2) 길어지고, 복잡, 다양

해설 | (1) 고생대 말기에 초대륙(판게아)을 이루던 대륙이 서서히 분리되면서 현재와 같은 대륙 분포를 이루는 것을 대륙 이동설이라고 한다.
(2) 하나였던 대륙이 서로 분리되면서 해안선이 길어지고, 해류의 흐름이 복잡해지면서 생물의 진화 및 생물의 종이 다양해졌다.

10. 논리 서술형

(1)

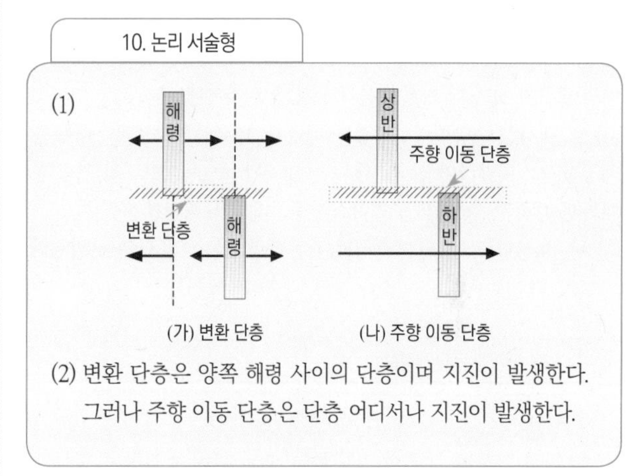

(2) 변환 단층은 양쪽 해령 사이의 단층이며 지진이 발생한다. 그러나 주향 이동 단층은 단층 어디서나 지진이 발생한다.

해설 | (2) 변환 단층은 해령의 양쪽 판이 확장되어 이동하면서 상대적인 이동은 양쪽 해령 사이에서만 일어나기 때문에 지진이 양쪽 해령사이에서만 지진이 발생한다. 하지만, 주향이동단층은 단층 양쪽의 상대적인 이동이 단층 전체에 걸쳐서 일어나기 때문에 지진도 단층 전체에서 발생한다.

11. 단계적 문제 해결형

(1) 지구의 화산은 암석 상태인 고온 고압의 맨틀 상층부-지각 하층부가 급격한 지각 이동 등의 지각 변화에 의해 압력이 낮아지면서 액체 상태로 용융되어 마그마가 형성되면서 일어난다. 이러한 마그마가 점점 고이면서 지각의 약한 부분이나 단층, 균열이 일어났던 틈을 따라 지표면으로 분출하면서 화산 폭발이 일어나게 된다. 하지만 이오는 기조력의 차이에 의한 내부 마찰로 인해 화산 폭발이 일어난다.
(2) (가) 판의 운동: 맨틀에서 방사성 원소에 의한 핵붕괴 열과 같은 지구 내부의 에너지 공급원이 줄어 판의 운동이 매우

약하거나 없을 것이다.

(나) 화산의 크기와 분포: 판의 운동으로 인해 판의 경계를 따라 화산 지역이 균일하게 분포되고 크기가 제한되어 있었지만, 판의 이동이 없다면 화산의 크기가 크고 불규칙하게 분포할 것이다.

12. 단계적 문제 해결형

(1) 해양판 A가 B보다 더 멀리 이동하였으므로 B보다 퇴적물의 두께가 두껍고 퇴적물의 연령이 더 많다.
(2) 해령에서 더 멀리 이동한 해양판 A가 먼저 생성되어 오래된 해양판이므로 더 차가워져서 밀도가 더 크다. 따라서 해양판의 기울기가 더 급하다.
(3) ㄴ, ㅁ
(4) 해령 : B 해구 : A

해설 | (2) 생성된지 오래된 판일수록 더 차가워지므로, 밀도가 크게 된다. 해양판 A와 대륙판 사이의 밀도차가 해양판 B와 대륙판 사이의 밀도차 보다 더 커서 기울기가 더 급한 것이다.
(3) ㄱ. 대서양 중앙해령 : 해양판-해양판, ㄴ. 안데스 산맥 : 대륙판-해양판, ㄷ. 히말라야 산맥 : 대륙판-대륙판, ㄹ. 동아프리카 열곡대 : 대륙판-대륙판 , ㅁ. 산안드레아스 단층 : 대륙판-해양판
(4) A는 호상열도, 해구, 습곡 산맥, B는 해령, C는 변환 단층을 말한다.

13. 단계적 문제 해결형

(1) 안데스 산맥 - B, 히말라야 산맥 - A
(2) 판의 경계 중 수렴형 경계 특히, 판과 판이 충돌하여 형성된 습곡 산맥에 해당된다. 천발, 심발 등의 지진 활동이 활발하게 일어난다. 맨틀 대류의 하강부에 해당된다. 역단층이 발달한다. 횡압력을 받는다.
(3) 안데스 산맥 - 해양판과 대륙판이 충돌하여 형성된 습곡 산맥으로 천발과 심발 지진이 일어난다. 또한, 물을 포함한 해양판과의 충돌로 판과의 충돌 시 마찰열로 인해 마그마가 형성되어 화산 활동도 빈번하다.
히말라야 산맥 - 대륙판과 대륙판이 충돌하여 형성된 습곡 산맥이다. 주로 천발 지진이 발생하지만, 대륙판끼리의 충돌로 마그마 생성이 되지 않아 화산 활동은 드물다.
(4) ㄱ, ㄷ

해설 | (1) A는 대륙판과 대륙판이 만나서 침강하는 판이 없이, 생성된 습곡 산맥을 나타낸 그림이고, B는 대륙판과 해양판이 만나서 밀도가 큰 해양판이 대륙판 밑으로 섭입하면서 생성되는 습곡 산맥을 나타낸 그림이다.
(4) ㄱ은 횡압력을 받아 상반이 올라간 역단층, ㄴ은 장력을 받아 상반이 내려간 정단층, ㄷ은 습곡을 나타낸다. 안데스 산맥과 히말라야 산맥은 두 판이 서로 충돌하여 횡압력을 받아 생성된 습곡 산맥이다.

14. 단계적 문제 해결형

(1) 보존 경계인 곳 : C, 화산 활동이 일어나지 않는 곳 : A, C
(2) ㄷ, ㄹ
(3)

경계부의 두 판	판의 경계		
	발산형	수렴형	보존형
대륙판과 대륙판		A	
대륙판과 해양판		B, D	
해양판과 해양판	E		C

해설 | (1) A : 히말라야 산맥, B : 일본 해구, C : 변환단층, D : 안데스 산맥, E : 대서양 중앙 해령, F : 하와이 열점
화산 활동이 일어나지 않는 곳은 수렴형 경계 중 대륙판과 대륙판의 충돌형인 히말라야 산맥과 보존형 경계인 변환 단층이다.
(2) ㄱ. 하와이 섬의 하부에는 맨틀이 상승하는 열점이 존재한다.
ㄴ. 열점에서 먼 B쪽으로 갈수록 화산섬의 나이가 많아진다.

단계적 문제 해결형 15번

(1) 찰흙 판은 지층을, 차가운 찰흙 판은 지표에 가까운 지층을 따뜻한 찰흙 판은 지하 깊은 곳의 지층을 나타낸다. 양쪽으로 미는 힘은 횡압력이다. 또한, 땅속 깊은 곳에서 지층은 온도뿐만 아니라 높은 압력도 받는다. 따라서 실제 지층에서는 온도만큼이나 압력도 중요한 작용을 한다. 즉, 지층이 지하 깊은 곳에서 힘을 받을 때 여러 가지 조건에 따라 지층의 변형이 달라진다.
(2) 차가운 찰흙 판은 금이 가거나 깨지게 된다. 반면 따뜻한 찰흙 판은 두꺼워지거나 휘게 된다. 나머지 상온의 찰흙 판은 밀어 주는 강도, 찰흙 판의 건조한 정도에 따라 차가운 판과 따뜻한 판의 중간 특성을 보이게 될 것이다.
(3) 지상에 가까운 지층은 딱딱한 성질을 갖고 있어 횡압력이 가해지는 경우 금이 가 단층이 생성되는 반면, 지하로 내려갈수록 온도가 증가하므로 지층은 가소성을 갖게 되어 모양이 변형된 상태를 유지하게 된다.
(4) 습기가 많은 지층은 온도가 높은 찰흙 판처럼 휘어지는 경향이 있고, 마른 지층은 온도가 낮은 찰흙 판처럼 깨지는 경향을 보이게 될 것이다.

단계적 문제 해결형 16번

(1) (예시 답안) 고생대 페름기 말기에는 판게아의 형성으로 대규모 조산 운동이 일어났으며, 기후가 단순해졌고, 대륙붕의 면적이 줄어들어 가장 큰 규모의 생물들이 갑자기 감소하게 됨으로써 생물의 대량 멸종 현상이 일어났을 것이다. 즉, 바다 생물 종의 90% 이상, 육상에 살았던 척추동물의 70% 이상이 멸종하였다. 그리고 고생대의 석탄기와 페름기에 빙하기가 있었기 때문에 빙하의 발달이 생물의 생존을 위협하였을 것이다.
(2) (예시 답안) 거대한 운석의 충돌과 화산 활동 : 멕시코 유카탄 반도에는 백악기 때 형성된 것으로 추정되는 분화구가 존재하며, 이 운석의 충돌시 충격은 히로시마 원자폭탄의 30억 배에 가까운 에너지라고 한다. 운석의 충돌로 생긴 구덩이는 불타고, 충돌로 인해 지구 내부의 마그마가 증가하여 화산 활동이 활발해져 분화에 의해 많은 용암뿐만 아니라 유독가스가 배출되고, 화산재가 지구를 덮어 태양 빛이 가려져 지구의 기온이 급격하게 내려가게 되어 식물이 더 이상 살 수 없어 공룡이 멸종하였을 것이다.

대회 기출 문제

정답 128~141쪽

01 영희 02 ㄴ, ㄷ 03 ㄴ 04 ㄷ 05 ㄱ, ㄴ
06 ㄱ, ㄴ 07 ㄱ 08 ㄱ, ㄴ, ㄷ 09 ②
10 ③ 11 ① 12 ㄱ, ㄷ, ㅁ
13 3,120km
14 불연속적 물리량 : ㄱ, ㄴ, ㅁ 증가하는 물리량 : ㄷ, ㄹ, ㅁ
15 받침대, 회전 드럼, 지지대
16 (1) A : 지각, B : 맨틀, C : 외핵, D : 내핵
(2) (가) : P파, (나) : S파 (3) (해설 참조)
17 해설 참조
18 (1) 역암 (2) (해설 참조) (3) ㄴ, ㄹ, ㅁ
19 ㄴ, ㄹ
20 ① 지구의 내부(매질)을 통과할 수 있다. ② (해설 참조)
21 ②, ③ 22 ㄷ, ㅁ 23 (해설 참조)
24 (1) ③ (2) ↖↓ 25 (해설 참조)

01 영희
해설 |

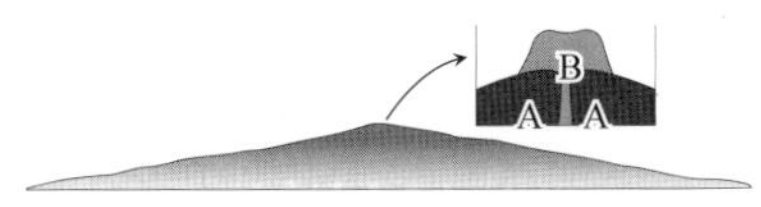

암석 A를 뚫고 분출된 후 암석 B가 형성되었으므로 암석 A가 암석 B보다 먼저 생성되었다는 것을 알 수 있다. 종상 화산(B)은 유문암질 용암이 분출해서 만들어며, 점성이 순상 화산 A보다 더 크다.

02 ㄴ, ㄷ
해설 |

지진의 규모	지진의 진도
· 지진이 발생했을 때 진원으로부터 방출되는 총 에너지량	· 지진의 피해 정도를 수치로 나타낸 것
· 진원 거리에 관계없이 일정하다.	· 진원에서 멀수록 진도는 작아진다.

ㄱ. 지진의 진도는 건물이 흔들리거나 사람이 느끼는 상대적인 값으로 지진의 규모, 진원 거리, 지표의 구성 물질 등에 따라 달라진다. 따라서 진도는 A보다 진원 거리가 먼 B에서 작게 나타난다.
ㄴ. 지진의 규모는 지진이 방출하는 에너지를 나타내므로 동일한 지진에 대해서는 진원으로부터의 거리에 상관없이 항상 일정하다.
ㄷ. P는 Q보다 PS시도 길고 진폭도 작게 나타나는데, 이것은 P는 Q보다 진원 거리가 멀다는 것을 의미한다. B 지역은 A 지역보다 진원 거리가 멀다. 따라서 P는 B 지역의 지진 기록을, Q는 A 지역의 지진 기록을 나타내는 것이다.

03 ㄴ
해설 | ㄱ. 지진의 진도가 클수록 피해는 크게 나타난다. 따라서 B 지역은 A 지역보다 지진 피해가 크다.
ㄴ. 지진의 규모는 진앙 거리와 관계없이 동일하게 나타난다.
ㄷ. 진앙 거리가 짧을수록 지진파가 먼저 도착한다. 따라서 지진파는 서울보다 베이징에 먼저 도착한다.

04 ㄷ
해설 | ㄱ. 지진의 규모는 지진이 발생할 때 진원으로부터 방출되는 에너지의 총량이므로, 진앙 거리에 관계없이 일정하다. 따라서 이 지진의 규모는 A, B, C지역에서 모두 같다.
ㄴ. 그림 (나)에서 보면 지진파의 진폭이 가장 큰 곳은 A 관측소이다.
ㄷ. 세 관측소에서 진앙까지의 거리 차이는 무시한다고 하였으므로 (가)에서 A, B, C의 진앙 거리가 같다고 하면 지진 기록에서 진폭이 클수록 지진에 의한 피해가 커질 것이다. 따라서 이 지진에 가장 취약했던 지역은 지진파의 진폭이 가장 큰 A 지역이고, (가)에서 A지역은 매립지이다. 매립지의 경우 액상화(입자 사이 액체 압력 증가)가 진행되면 강성에 급격한 손실이 일어나 동일 규모의 지진에도 진도가 커져 큰 피해를 입을 수 있다. 예를 들어 서울에서 지진이 발생되면 화강암질로 된 강북에 비해 매립지인 김포지역에서는 큰 피해를 예측할 수 있다.

05 ㄱ, ㄴ
해설 | ㄱ. A 지점은 히말라야 산맥 부근으로 대륙판과 대륙판이 충돌 하면서 지진이 발생하고, B지점은 일본 해구 부근으로 해양판이 대륙판 아래로 섭입하면서 지진이 발생한다.
ㄴ. 그림에서 규모 7.0 이상의 지진은 대부분 태평양 주변부, 즉 환태평양 지진대에서 발생하였다.
ㄷ. 심발 지진은 해구와 습곡 산맥과 같은 수렴형 경계에서 나타나

며, 해령과 같은 발산형 경계에서는 천발 지진이 발생한다.
ㄹ. 지진의 규모는 지진이 발생할 때 방출하는 에너지를 표시한 값으로 진앙으로부터 거리에 상관없이 일정한 값을 나타낸다. 진앙으로부터 멀어질수록 작아지는 것은 지진의 진도이다.

06 ㄱ, ㄴ

해설 | ㄱ. 하와이 열도는 열점에서의 화성 활동으로 생성된 화산섬들이 줄지어 발달한 것으로, 이 지역에는 온천, 간헐천 등이 발달하여 이러한 화산을 이용한 관광 산업이 발달해 있다.
ㄴ. 화산 활동에 의해 마그마가 지표로 분출할 때 지진도 함께 발생하므로 이로 인한 피해를 입기도 한다.
ㄷ. 하와이 섬은 판의 경계와 상관없이 열점에서의 화성 활동으로 생성되고, 습곡 산맥은 판의 수렴형 경계에서 두 판이 충돌할 때 형성된다.
ㄹ. 해령의 열곡은 판의 발산형 경계에서 나타나는데, 동아프리카 열곡대와 같이 육상에서도 관찰할 수 있지만 열점으로부터 형성된 하와이 섬과는 관련이 없다.

07 ㄱ

해설 | ㄱ. A는 일본 해구 부근에서 발생한 지진으로 태평양 주변을 따라 둥글게 분포하는 환태평양 지진대에 속한다.
ㄴ. B는 페루-칠레 해구 부근에서 발생한 지진으로 해양판과 대륙판이 수렴하는 경계에서 발생하였다.
ㄷ. A는 일본 해구 부근, B는 페루-칠레 해구 부근으로 모두 판의 경계에서 발생한 지진이지만 C는 하와이 섬 부근에서 발생하였으므로 판의 경계가 아닌 열점 부근에서 발생한 지진이다.

08 ㄱ, ㄴ, ㄷ

해설 | ㄱ. 태평양 판 쪽에서 필리핀 판 쪽으로 갈수록 진원의 깊이가 깊어지는 것으로 보아, 이곳은 태평양 판이 필리핀 판 아래로 섭입하여 해구가 발달하는 수렴형 경계이다.
ㄴ. 태평양 판이 필리핀 판 아래로 섭입되어 형성된 베니오프 대에서는 마그마가 생성되어 화산 활동이 일어난다. 따라서 이 지역의 화산 활동은 주로 필리핀 판에서 일어난다.
ㄷ. 그림에서 보면 진원의 깊이는 두 판의 경계에서 필리핀 판 쪽으로 갈수록 대체로 깊어진다.

09 ②

해설 | ㄱ. B는 하와이에서 분출한 화산으로, 태평양 판의 내부에 위치한다.
ㄴ. B에서는 주로 현무암질 용암이 분출되고, A, C에서는 주로 안산암질 용암이 분출된다. 현무암질 용암은 안산암질 용암보다 SiO_2 함량이 낮으므로 화산에서 분출된 용암의 SiO_2 평균 함량은 B가 C보다 낮다.
ㄷ. 태평양에서는 판이 생성되는 해령이 동쪽으로 치우쳐 있기 때문에 해령으로부터의 거리는 A가 C보다 멀다. 따라서 해구에서 섭입하는 판의 지각 나이는 A가 C보다 많다.

10 ③

해설 | 판 경계의 왼쪽에 지진이 집중적으로 발생하고 있으므로 섭입형 경계에 해당한다.
ㄱ. A와 B는 모두 서쪽으로 움직이고 있고, 두 판의 경계는 수렴형 경계이므로 A의 이동 속력 ㉠이 B의 이동 속력인 5보다 작아야 한다.
ㄴ. 두 판이 서로 수렴하여 밀도가 큰 해양판 B가 밀도가 작은 해양판 A 밑으로 섭입하고 있다. 따라서 판의 경계는 맨틀 대류 하강부에 해당한다.
ㄷ. 해양판이 대륙판 밑으로 섭입할 경우에는 안데스 산맥처럼 습곡 산맥이 발달하지만, 해양판이 다른 해양판 밑으로 섭입할 경우에는 습곡 산맥이 형성되지 않는다.

11 ①

해설 | ㄱ. 지진 B의 PS시와 최대 진폭을 잇는 직선을 그어보면 지진 B 규모 ㉠이 약 4.5임을 알 수 있다.
ㄴ. 지진 A의 PS시는 6초이며, 이에 해당하는 진앙 거리는 40 ~ 60 km 사이이다.
ㄷ. 진앙 거리가 멀수록 PS시가 길어진다. 이때 규모가 같다면 최대 진폭이 작아질 것이다.

12 ㄱ, ㄷ, ㅁ

해설 | 대륙 이동설의 증거로는 남아메리카의 동해안과 아프리카의 서해안이 일치하는 것, 남아메리카, 아프리카 남부, 오스트레일리아, 인도에 빙하의 흔적이 존재하는 것, 대서양을 사이에 둔 양쪽 대륙에서 나타나는 지질 구조가 연속적인 것, 인도, 아프리카, 남미, 호주에 글로숍테리스, 메조로사우르스 화석이 분포한 것이 있다.

13 3,120 km

해설 | P파 속도를 V_P, S파 속도를 V_S, PS시를 t(초)라 하면, 진원까지 거리(d)는 다음과 같다.

$$d = \frac{V_P \times V_S}{V_P - V_S} \times t$$

이 지진 관측소에서 PS시는 S파가 도달한 시각에서 P파가 도달한 시각을 뺀 것이므로 4분 20초 즉, 260초이다. 따라서 진원까지의 거리 $d = \frac{6(km/s) \times 4(km/s)}{6(km/s) - 4(km/s)} \times 260(s) = 3,120$ km이다.

14 불연속적 물리량 : ㄱ, ㄴ, ㅁ 증가하는 물리량 : ㄷ, ㄹ, ㅁ

해설 |

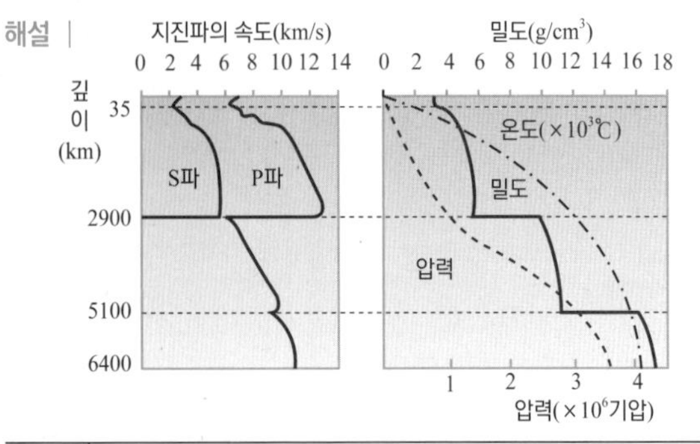

온도	지구 내부로 갈수록 점점 높아져 중심에서 4500 ~ 6000°C이다.

압력	지표면에서 지구 중심까지 일정한 비율로 증가한다.
밀도	불연속면을 경계로 하여 계단식으로 변화하며 증가한다. 지구 평균 밀도는 약 5.5g/cm^{3}이다.
중력	지구 내부의 밀도가 균질하지 않기 때문에 깊이에 따라 일정한 비율로 감소하는 것은 아니다.

15 받침대, 회전 드럼, 지지대

해설 | (가)에서 실 끝을 좌우로 빠르게 흔들어도 추가 움직이지 않는 것은 추의 관성 때문이다. 지진계도 추의 관성을 이용하여 지면의 진동을 기록하는 것이다. 따라서 지진에 의해 지면이 흔들리면 추와 추에 연결된 펜만 움직이지 않고, 받침대, 회전 드럼, 지지대는 지면과 함께 흔들린다.

16 (1) A : 지각, B : 맨틀, C : 외핵, D : 내핵
(2) (가) : P파, (나) : S파 (3) 외핵이 액체 상태임을 알 수 있다.

해설 | 지진파 분석을 통하여 지구 내부는 4개의 층으로 이루어져 있다는 것을 알 수 있고, 외핵에 S파가통과하지 않았으므로 액체 상태로 이루어져 있는 것을 알 수 있다.

17

	(가)	(나)
이름	판상 절리	주상 절리
생성 원인	화강암 위에 놓인 암석이 풍화,침식 작용에 의해 제거되면서 무게(압력)가 감소함에 따라 화강암이 융기하면서 암석 사이에 절리(틈)가 생기게 된다.	용암이 지표나 지표 가까이에서 식어 굳어질 때 수축 현상이 일어나 암석 사이에 틈이 생기게 된다.

해설 | 절리는 마그마가 냉각될 때, 암석이 압력을 받거나 화성암이 식으면서 수축될 때 암석에 생기는 틈이다. 또, 점토질 퇴적암에서 습기가 빠져 나갈 때나 지각이 횡압력을 받았을 때, 습곡에서 암석의 내부에 장력이 작용할 때 절리가 생성된다.

18 (1) 역암 (2) 자갈들이 풍화와 침식에 의해 빠져나간 후에 그 자리가 다시 풍화와 침식을 받아서 (3) ㄴ, ㄹ, ㅁ

해설 | (3) 마이산을 이루고 있는 지층은 퇴적암으로 이루어져 있어 화산 활동이 있었다고 추정하기 어렵다. 퇴적암층이 풍화 작용 이외의 외부 작용을 받은 흔적을 찾기 어렵다.

19 ㄴ, ㄹ

해설 | 그림은 고생대말 대륙이 초대륙을 이룰 때의 수륙 분포이다. 고생대 말기에는 번성하던 삼엽충이 멸종하고, 겉씨 식물이 출현하여 숲을 이루게 된다. 남극 대륙과 그 주변 대륙에는 고생대 후반 지층에 빙하 흔적이 나타나는 것으로 보아 곤드와나 대륙에는 빙하가 폭넓게 발달했음을 알 수 있다.

ㄱ. 완족류는 고생대에 번성했으나, 파충류는 중생대에 번성하였다.

ㄷ. 약 2억 3천만 년 전부터 6천 5백만 년 전까지의 지질 시대를 중생대, 약 6천 5백만 년 전부터 1만 년 전까지의 지질 시대를 신생대라고 한다. 히말라야는 지금으로부터 1억 2천만 년 전 남극쪽에 있던 인도판이 서서히 북쪽으로 이동하다가 5천만 년 전부터는 북쪽의 유라시아판과 부딪치기 시작했다.

20 ① 지구의 내부(매질)을 통과할 수 있다.
② 매질의 밀도에 따라 지진파의 진행 속도와 진행 방향이 달라지므기 때문이다.

21 ②, ③

해설 | ① 이 표만으로는 해석할 수 없으나, 대서양은 해령을 중심으로 해저가 확장되고 있다 따라서 대서양은 점점 넓어질 것이다.

② 대서양 해저의 평균 이동 속도는 $\frac{1,680\text{km}}{7,800\text{만년}} = \frac{0.215\text{km}}{\text{만년}} = \frac{21,500\text{cm}}{10,000\text{년}} = 2.15\text{cm/년} = \text{약 } 2\text{cm/년}$이다.

③ 해령으로부터 멀어질수록 암석의 연령이 많아진다는 것을 알 수 있다.

④ 중앙 해령에서 멀어질수록 해저 이동 속도가 반드시 증가하는 것은 아니다.

시추 시점	해령으로부터의 거리(km)	암석의 연령 (백만 년)	이동 속도 (km/백만 년)
A	200	10	20
B	420	24	17.5
C	520	27	22.96
D	750	32	23.75
E	860	40	21.5
F	1000	48	20.83
G	1300	66	19.69
H	1680	78	21.54

⑤ 해저 퇴적물의 두께는 표를 봐서는 알 수 없지만, 암석의 연령이 많을수록 해저에서 퇴적물이 퇴적된 시간이 많았기 때문에 퇴적물의 두께가 두꺼울 것이다.

22 ㄷ, ㅁ

해설 | B 지역은 해양판이 섭입되면서 안산암질 마그마가 생성되기 때문에 화산 분출이 격렬한 성층화산이 형성된다. 이에 반해 A 지역은 현무암질 마그마가 생성되면서 순상 화산이 우세하게 형성된다.

ㄹ. 제주도 한라산은 주로 현무암으로 이루어져 있으며 경사가 완만한 순상 화산으로 A와 유사하다.

ㅁ. 해저 산맥에서 새로 생성된 해양 지각은 판의 이동에 의해 대륙과 충돌한 후 대륙판 밑으로 섭입하게 된다.

23 (1)

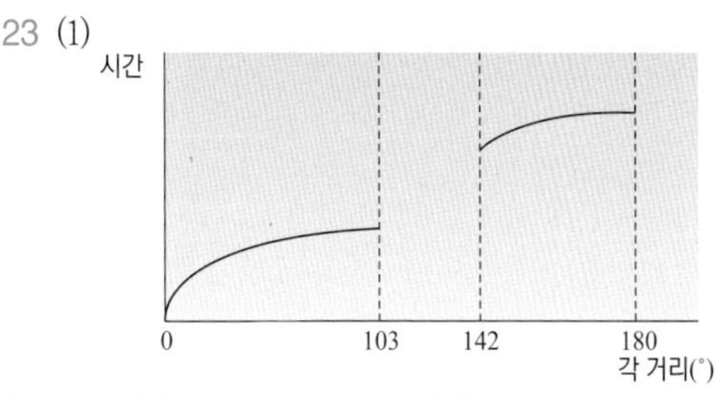

(2) 지구 내부로 갈수록 구성 물질이 달라지면서 굴절하게 되는데,

깊이 들어갈수록 물질의 지진파의 속도가 증가하여 굴절각이 입사각보다 커진다. 이것이 반복되면서 깊이 들어갈수록 계속 굴절각이 입사각보다 커져 아래로 휘어져 전파한다.

해설 | 지구 표면이 곡면이고, 깊이에 따라 지진파의 속도가 증가하기 때문에 각거리에 따른 도달 시간이 위로 볼록한 형태로 휘어지게 된다. 지진파의 속도가 깊이에 따라 증가하므로 입사각보다 굴절각이 크게 나타나기 때문에 스넬의 법칙에 의해 아래로 볼록한 모양으로 굴절한다. 암영대에는 지진파가 도달하지 않는다.

24 (1) ③ (2) ↖

해설 | 열점은 판의 경계가 아니지만 판 아래의 깊은 곳에서 마그마가 생성되는 곳이다. 열점의 위치는 고정되어 있고, 마그마의 분출로 생긴 화산섬은 판의 이동에 따라 움직임을 알 수 있으며, 화산섬의 나이는 열점에서 멀어질수록 많아진다. 따라서, 열점에서 생성되어 일렬로 배열된 화산섬의 위치와 나이를 통해 과거 판의 이동 방향과 이동 속도를 알 수 있다. 하와이 열도를 이루고 있는 섬들은 현재의 하와이 섬 남동쪽 부근의 태평양 판 아래에 있는 열점으로부터 마그마가 분출하여 형성되어 북서쪽으로 이동했다는 것을 알 수 있다.

25

작용하는 힘	서로 미는 힘(횡압력)	서로 당기는 힘(장력)
지질 구조	(가) 습곡, (나) 역단층	(다) 정단층

해설 | 습곡과 역단층은 서로 미는 힘이 작용한다. 역단층은 상반이 올라간 지층, 정단층은 서로 당기는 힘을 받아 상반이 내려간 지층이다.

Imagine Infinitely

142~143쪽

독도(450만 년 전 ~ 250만 년 전) → 한라산의 백록담(5천 년 전) → 백두산의 천지(1205년)

Ⅲ. 수권의 구성과 순환

개념 보기

Q1 수증기 Q2 A : 바닷물 B : 빙하

Q3 바닷물 1kg이 기준이므로 염분값은 35.5 ‰이 된다.

Q4 바닷물 1kg이 기준이므로 염분값은 35.0 ‰이 된다.

Q5 1kg : 0.035kg = x : 140kg, x(필요한 바닷물) = 4000kg

Q6 혈액 1g 속에는 무기염류가 0.009g 포함되므로 혈액 1kg에는 9g의 염류가 들어있다. 따라서 염분은 9 ‰이다.

Q7 없다(모두 녹아있다.) Q8 적도 부근

Q9 태양 복사에너지량 Q10 a, d

Q11 황해 Q12 심해저 평원

Q13 a. 해구 Q14 대륙붕

Q15 편서풍 때문에 만들어지는 해류 : 북태평양 해류
무역풍 때문에 만들어지는 해류 : 북적도 해류

Q16 따뜻한 북대서양 해류가 흐르기 때문에 Q17 한류

Q18 쿠로시오 해류 Q19 동한 난류

Q20 A : 바람 B : 달의 인력

Q21 동해안은 넓은 대양과 연결되어 있고 서해안이 좁은 해협으로 되어 있어 서해안의 간만의 차가 더 크다.

Q22 만조에서 간조까지는 대략 6시간 13분이 걸리므로 오후 2시 13분 경에 간조가 된다.

교과 탐구 문제

156 ~157쪽

[탐구 Ⅰ] 해수의 연직 수온 분포

탐구 과정 이해하기

01 깊이에 따른 수온 분포를 알아보기 위해서

02 전등을 켜면 표면부터 가열되므로 수심에 따라 수온은 낮아진다.

03 부채질을 하면 표층으로부터 물이 혼합되어 온도가 일정한 층이 형성된다.

가설 설정 : 표면으로부터 열을 받아 깊이에 따라서 온도가 낮아지는 상태의 물 표면에 부채질을 하면 물이 섞여 표면으로부터 일정 깊이까지 온도가 일정한 층이 만들어질 것이다.

결과 해석 1 : 전등을 켜 가열하기 전에는 깊이에 따른 수온 변화가 없었으나, 전등을 켜 가열하면서부터 표층 수온이 상승하여 깊이에 따라 수온이 낮아진다. 이는 전구의 복사 에너지가 대부분 표층에서 흡수되고 깊이 들어갈수록 흡수량이 감소하기 때문이다.

결과 해석 2 : 부채질을 함에 따라 수면으로부터 일정 깊이까지 수온이 일정한 층이 형성되었다. 이것은 부채질을 통해 나오는 바람때문에 표면으로부터 일정 깊이의 물까지 서로 섞이기 때문이다.

※ **일반화 :** 적도 해역(저위도 지역)에서는 중위도 지역보다 바람이 약하게 불어 표층에서 섞이는 물의 깊이가 중위도 지역보다 얕아 혼합층의 두께가 중위도 지역보다 얇아진다. 또한 적도 해역(저위도 지역)에서는 태양 복사 에너지를 많이 받아서 표층 수온이 높게 나타나고, 연중 일정한 온도 분포를 유지하는 온난한 기후 조건이 일반적이므로 표층수와 심층수 사이의 수온 차이가 상대적으로 크지 않아 심해층의 깊이가 중위도 지역보다 얕게 형성되고 혼합층과 심해층 사이의 수온약층의 두께가 상대적으로 얇게 형성된다.

※ 자료 해석 및 일반화

01 (혼합층, 수온약층, 심해층), 수온약층, 연직

탐구 II 밀물과 썰물

※ 탐구 1

① 점점 낮아진다.

② 약 1.5m, 썰물(바다쪽으로 흐른다.)

③ 약 -2m, 밀물(육지쪽으로 흐른다.)

④ 썰물(0~3시) → 밀물(3~9시) → 썰물(9~15시30분) → 밀물(15시 30분~21시 30분) → 썰물(21시30분~24시)

⑤ 만조는 바닷물 높이가 최대인 시각이다. 그래프에서 9시 경에 만조가 되었고, 다음 만조는 21시 30분 경이다. 조석은 달의 영향을 가장 많이 받는데, 달과 지구가 같은 위치이며 지구가 자전만 한다면 달과 정면으로 위치할 때와 달의 반대편에 있을 때 만조가 일어나므로, 만조→다음 만조까지 12시간이 걸려야 한다. 그러나 달이 12시간 동안 6.5°만큼 공전하므로 다음 만조가 되기 위해서는 지구가 6.5°만큼 더 자전해야 하므로 그 시간인 약 26분이 더 걸려 12시간 30분으로 측정되는 것이다.

⑥ 간조 전후 (새벽 2 ~ 4시, 오후 2 ~ 4시)

※ 탐구 2

해수면의 높이 변화 그래프

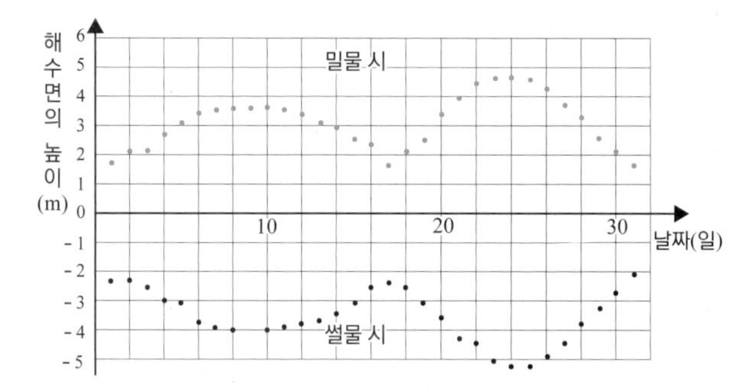

※ 자료 해석 및 일반화

02 24일(9.8m), 사리

03 31일(3.8m), 조금

개념 확인 문제

정답 158~164쪽

01 ④ **02** ② **03** ② **04** ㄴ, ㄹ **05** ⑤
06 19g **07** ⑤ **08** 강수량(<)증발량 → 염분(↑)
09 (1) 34.0‰ (2) 6.96g **10** ④ **11** ②
12 ① **13** ③
14 해수의 온도 분포는 바람의 영향을 받는다.
15 ③
16 황해 : ㄱ 동해 : ㄱ, ㄴ, ㄷ, ㅁ
17 (1) A : 대륙붕 (2) E : 해령 (3) C : 해구
18 평정 해산(기요) **19** ② **20** ① **21** ①, ④
22 ④ **23** ③ **24** ⑤ **25** (해설 참조)
26 ㄱ **27** ③ **28** ㄴ, ㄷ, ㄹ **29** ③
30 ② **31** ④ **32** ④ **33** ②
34 (해설 참조) **35** (1) 10일 (2) 2회 (3) 약 380cm
36 (1) ㄱ, ㄷ, ㄹ (2) 14시(오후 2시)경 (3) ④
37 (가) 사리 (나) 조금
38 (1) 점점 낮아진다. (2) 해수면 아래 약 1.8m, 밀물 (3) 4번 (4) 상현 또는 하현

01 ④

해설 | 지구상의 물은 바닷물 > 빙하 > 지하수 > 강물(강, 호수) > 수증기(대기 중의 물)의 순서로 많이 분포되어 있다.

02 ②

해설 | 지구를 이루는 기본 원소와 물질이 다양한 형태로 결합하여 지각, 해수, 대기를 구성한다. 주요 구성 물질을 보면 지각은 산소 > 규소 > 알루미늄 > 철 > 칼슘 ..., 해수는 염화 나트륨 > 염화 마그네슘 > 황산 마그네슘 ..., 대기는 질소 > 산소 > 이산화 탄소 ... 순으로 구성되어 있다.

03 ②

해설 | 염분은 증발량이 클수록, 강물의 유입량이나 강수량이 적을수록 커진다.

04 ㄴ, ㄹ

해설 | 해수의 염분은 강물이 유입되거나 비가 많이 오는 지역 또는 해빙이 이루어지는 곳에서 낮게 나타난다. 반면에 바닷물이 계속 얼어 결빙이 이루어지거나 가뭄이 지속되는 곳에서는 높게 나타난다.

05 ⑤

해설 | 우리나라의 큰 강들은 대부분 황해로 흐른다. 그러므로 황해가 동해보다 염분이 낮다.

06 19g

해설 | 해수1kg에 염분이 40g(40‰)일 때, 3.8g의 B염류가 들어 있다면 염분비 일정의 법칙에 의해 200g(200‰)일 경우에는 비례식에 의해 3.8 : 40 = x : 200이다. 따라서, 사해의 바닷물 1kg에는 19g의 B 염류가 들어있다.

07 ⑤
해설 | 연안 해역에서 '염분비 일정의 법칙'이 성립되기 어려운 이유는 많은 양의 하천수가 연안 해역으로 유입되기 때문이다.

08 강수량 (<) 증발량 → 염분 (↑)
해설 | 위도 30˚부근 지역은 증발량이 많아서 평균 염분보다 염분값이 높게 나타난다.

09 (1) 34.0‰ (2) 6.96g
해설 | (1) 동해의 바닷물 1kg 에 포함되어 있는 동해의 염류의 총량은 34.0g이다.
(2) 바닷물 1kg에 포함되어 있는 황해의 염화 마그네슘의 양은 3.48g이므로 바닷물 2kg에 포함된 양은 두 배인 6.96g이 된다.

10 ④
해설 | 중위도 지역은 강수량은 적고 증발량은 많아 염분값이 높게 나타난다. 위도별 강수량, 증발량을 보면 적도지방은 증발량이 많지만 적도 저압부에 의해 연중 강수량도 많다. 중위도 지역은 고압대에 해당되어 맑은 날이 많아 강수량이 적다. 따라서 중위도 지역에서는 증발량 - 강수량 값이 가장 크게 나타나며 해역에서 염분이 높게 나타난다.

11 ②
해설 | 건조 지대는 위도 30˚ 지역으로 중위도에 해당하며, 사막이 발달한다. 이 지역은 강수량이 적고, 증발량이 많아 해수의 염분이 높다.
③ 저위도 지방은 항상 저압대가 형성되어 있어서 비가 많이 오므로 염분이 낮다.

12 ①
해설 | ㄱ. 일사량이 크면 표층 수온이 높다.
ㄴ. 혼합층의 두께는 바람의 세기와 관련이 있다. 바람이 강할수록 해수의 혼합 작용이 활발하므로 혼합층이 깊게 발달한다.

13 ③
해설 | ①, ② A는 수온의 변화가 거의 없는(혼합 작용 활발) 혼합층이다. 이 층은 바람이 강한 중위도 지역에서 매우 두껍게 나타난다.
③ B는 수온약층으로서 대류가 거의 일어나지 않아 잘 섞이지 않는다.
⑤ C는 심해층으로서 연중, 위도와 관계없이 항상 수온이 매우 낮다.

14 해수의 연직 온도 분포는 바람의 영향을 받는다.
해설 | 해수의 온도는 수심에 따라 낮아지며, 해면 위를 부는 바람이 표층수를 혼합하여 온도가 일정한 혼합층이 나타난다.

15 ③
해설 | 대륙붕의 넓이는 지역에 따라 아주 좁게 나타나는 지역도 있지만 대부분의 지역에서 해저지형의 첫 부분에 나타난다.

16 황해 : ㄱ 동해 : ㄱ, ㄴ, ㄷ, ㅁ
해설 | 황해는 대륙붕으로만 구성되어 있으며, 동해에는 해구가 나타나지 않는다.

17 (1) A : 대륙붕 (2) E : 해령 (3) C : 해구

18 평정해산(기요)
해저면 근처에서 파도와 바람에 의해 화산섬의 정상부가 침식된 후, 지각이 침강하면서 현재의 해수면 아래로 잠긴 것을 말한다.

19 ②
해설 | 적도 ~ 30˚사이에는 무역풍이 불며, 이 바람에 의한 마찰력으로 북적도 해류가 흐르고 바람의 방향에 대해 오른쪽(북반구)으로 꺾이는 해류가 흐르는 것을 볼 수 있다.

20 ①
해설 | 해류는 일정한 방향과 속도로 이동하는 바닷물의 흐름이다. 조류는 해류와는 다르게 하루를 주기로 바닷물의 방향이 바뀐다.

21 ①, ④
해설 | ①, ② 북적도 해류는 북반구 북동 무역풍에 의한 해류이다.
③ 쿠로시오 해류는 북적도 해류가 바다의 서쪽 해안과 부딪혀서 북쪽으로 흐르는 서안 경계류로 난류이다.
④, ⑤ 북태평양 해류는 편서풍에 의한 해류로 난류이다.

22 ④
해설 | 쿠로시오 해류는 동한 난류와 황해 난류의 근원이 된다.

23 ③
해설 | 여름철은 강수량이 많고 황해는 우리나라 대부분의 강물이 흘러 내려가는 곳이므로 우리나라는 여름철 황해의 염분이 가장 낮다.

24 ⑤
해설 | ① 적도 지방의 해류는 무역풍의 영향을 받는다.
② 중위도 지역의 해수는 편서풍의 영향을 받아 서에서 동으로 이동한다.
③ 북적도 해류처럼 저위도 지방의 해수는 무역풍의 영향을 받아 서쪽으로 이동하기도 하지만, 적도 반류처럼 동쪽으로 이동하기도 한다.
④ 북태평양은 시계 방향, 남태평양은 반시계 방향으로 순환한다.
⑤ 북태평양 해류는 전향력의 영향으로 북반구에서 편서풍이 부는 방향에 대해 오른쪽으로 치우쳐 흐른다.

25 플랑크톤과 산소가 풍부하여 조경수역을 이룬다.
해설 | (가) 지역은 한류와 난류가 만나는 지역이므로 플랑크톤과 산소가 풍부하여 다양한 어종의 물고기가 사는 조경수역이 된다.

26 ㄱ
해설 | ㄴ. 주로 바람의 변화에 의하여 표층해류가 만들어진다.
ㄷ. 북반구 태평양에서의 해류 순환은 시계 방향이다.

27 ③
해설 | ③ 수온과 바람 등은 표층 염분에 큰 영향을 주지 못한다.

28 ㄴ, ㄷ, ㄹ
해설 | ㄱ. 일반적으로 한류는 난류에 비해 수온이 낮아서 용존 산소량이 많고 그에 따른 영양 염류가 많이 포함된다. 염분은 온도가 높아 물질을 많이 녹일 수 있는 난류가 한류보다 더 높다.

29 ③
해설 | 표층수가 가라앉을 때는 표층에서 심층으로 산소가 공급되며, 심층수가 떠오를 때는 심층에서 표층으로 영양 염류가 공급된다.

30 ②
해설 | ① 북한 한류는 추운 겨울에 크게 발달한다.
②,③ 황해 바다는 북쪽이 막힌 지역이므로 해류의 유입이 원활하지 못하므로 해류보다는 조류의 영향이 강하다.
④ 동해에서 난류가 한류가 만나는 위치는 쿠로시오 해류가 강해지는 여름철에 더 북쪽이 된다.
⑤ 우리나라 전역의 해류는 쿠로시오 해류를 본류로 하여 갈라져 나온 지류의 영향을 받는다.

31 ④
해설 | ① ㉠은 표층수이다.
② ㉡은 심층수이다.
③ 표층수가 가라앉을 때는 표층에서 심층으로 산소가 공급된다.
④ 표층수와 심층수는 서로 컨베이어 벨트처럼 연결되어 순환한다.
⑤ 표층수가 수온이 낮아지고 염분이 높아져서 밀도가 커지기 때문에 가라앉아 심층수가 된다.

32 ④
해설 | ① 심층수의 상승속도는 하루에 1cm로 매우 느리고, 해수면까지 올라가는데는 약1000년 정도 걸린다.
② 심층 해류는 바다 깊은 곳에서 매우 느리게 흐르는 해류이다.
③ 극지방에서 냉각된 해수는 가라앉아서 해저를 따라 적도 쪽으로 이동하면서 바다 전체를 순환한다.
⑤ 심층수가 떠오를 때는 표층으로 영양 염류를 공급한다.

33 ②
해설 | 극 지방에서 냉각되어 수온이 낮고, 염분이 높아진 해수가 가라앉는다. → 해저를 따라 적도 쪽으로 이동하면서 바다 전체를 순환한다. → 따뜻해진 해수는 다시 떠오른다. → 적도 지방에서 가열된 해수는 극 지방으로 이동한다.

34 조석은 달의 인력의 영향을 받는데, 달은 매일 50분씩 늦게 뜨기 때문에 12시간 25분 주기로 조석이 일어난다.
해설 | 달이 50분씩 늦게 뜨는 이유는 지구가 하루 자전하는 동안 달이 지구 둘레를 13°(50분)공전하기 때문이다.

35 (1) 10일 (2) 각 2회 (3) 약 380cm
해설 | (3) 조차가 가장 큰 8일 만조 수위는 약 560cm, 이웃하는 간조 수위는 약 180 cm이므로 조차는 560-180 = 약 380cm이다.

36 (1) ㄱ, ㄷ, ㄹ (2) 14시(오후 2시)경 (3) ④
해설 | (1) ㄴ. 조류는 달의 인력에 의한 바닷물의 흐름이다.
(3) 조석 주기는 약 12시간 25분(하루에 50분씩 늦어진다)이다.

37 (가) 사리 (나) 조금
해설 | 태양과 지구와 달이 일직선을 이룰 때 인력이 가장 커서 사리(조차가 가장 큰 날)가 되고, 태양-지구-달이 수직을 이룰 때 조금(조차가 가장 작은 날)이 된다.

38 (1) 점점 낮아진다. (2) 해수면 아래 약 1.8m, 밀물 (3) 4번
(4) 상현 또는 하현
해설 | (3) 하루 동안 썰물은 3회, 밀물은 2회이다.
(4) 이날은 '조금'이며 달과 태양이 지구를 중심으로 수직 위치이다.

개념 심화 문제

정답 165~177쪽

01 ~ **02** (해설 참조) **03** ㄱ, ㄷ
04 (1) 11월, (해설 참조) (2) 8월, (해설 참조) (3) (해설 참조)
05 (해설 참조) **06** ㄱ, ㄴ, ㄷ **07** ②
08 (해설 참조) **09** (1) ㄱ, ㄹ (2) (해설 참조)
10 ㄷ, ㄹ **11** (1) Cl (2) 17.5g (3) 23.32g
12 ㄴ. ㄷ. ㄹ. ㅁ **13** (1) ③, ④ (2) 쿠로시오 해류
14 (1) ④ (2) ㄷ **15** (1) ㄴ (2) 동해
16 (마) 평정해산(기요) **17** ㄱ, ㄹ **18** ㄱ, ㄴ
19 ㄱ, ㄴ, ㄹ **20** (1) ㄴ, ㄷ, ㄹ (2) (해설 참조)
21 (해설 참조) **22** ⑤ **23** (해설 참조)
24 (1) 약 2회 (2) ㄱ, ㄷ

01 (1) A : 동해 B : 황해 · 판단한 근거 : 수심이 350m 이상 내려가는 곳은 동해뿐이므로 A가 동해이다. (2) ㄴ, ㄷ
(3)

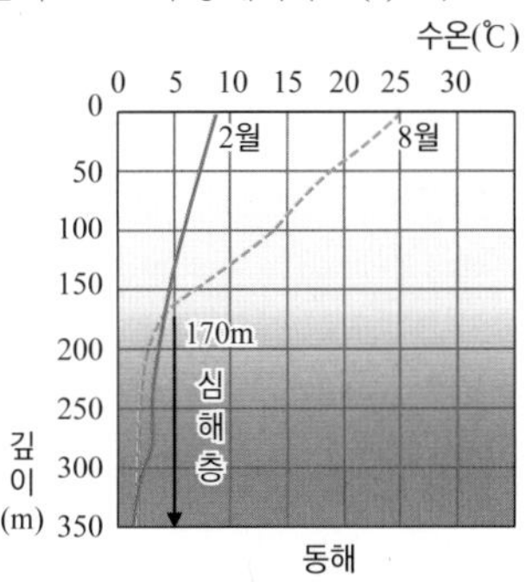

해설 | ㄱ. A 지역의 표층 수온의 차이는 약 17℃, B 지역의 표층 수온의 차이는 약 20℃이므로 B지역이 더 크다.
ㄷ. 동해의 경우 수심이 깊어 심해층이 나타난다. 8월의 우리나라 해역에서는 바람이 적어 혼합층이 얇게 발달하며, 황해의 경우 수심이 낮아 혼합층이 우세하게 분포한다.

02 (1)

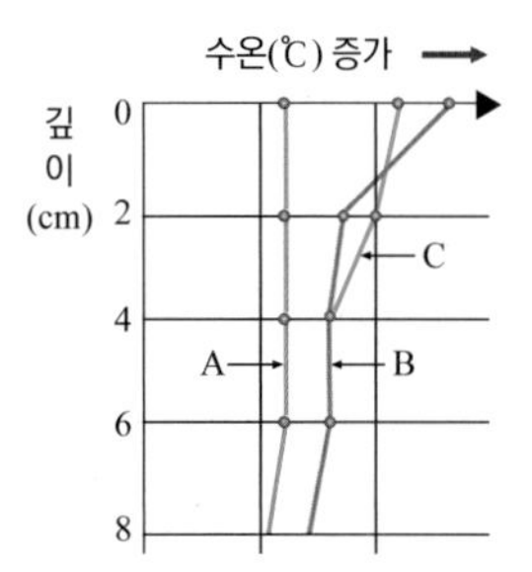

(2) B와 C는 온도의 수직 분포에 있어서 차이가 발생한다. B와는 다르게 C에서는 해수에서처럼 혼합층이 만들어질 것이다.
해수 수온의 연직 분포는 태양 복사에너지와 바람에 의해 결정된다. 이 실험에서 전등은 태양 복사에너지, 부채질은 바람에 해당된다. 하층은 바람 영향이 거의 없으므로 큰 변화는 없고 온도만 조금 더 올라갈 것이다.

03 ㄱ, ㄷ
해설 | 수온은 햇빛에 의한 일조량, 강수, 강물의 유입 등에 따라 달라진다. 깊이에 따른 해수의 수온 분포 차이를 알아보기 위해서는 이를 일정하게 통제해야 한다.
ㄴ. 황해는 장마철에 강물의 유입이 높으며, 강과 가깝고 먼 정도에 따라 수온차가 불균형하게 나타나기 때문에 수온이 일정하지 않다.

04 (1) 11월, 이때 바람이 강하게 불기 때문이다.
(2) 8월, 태양 복사에너지가 가장 강하기 때문이다.
(3) 점차 두꺼워진다. 이를 통해 여름에서 겨울로 갈 때 바람이 강해지는 것을 알 수 있다.
해설 | 혼합층은 태양 복사에너지를 받아 수온이 높으며, 바람에 의한 혼합 작용으로 바람의 영향을 받는 깊이까지 수온이 일정하다. 그러므로 혼합층의 두께는 바람의 세기가 강할수록 두껍다. 혼합층의 아래에는 수온이 급격히 감소하는 수온약층이 존재하는데, 대류가 일어나지 않고 안정되어 있어 혼합층과 심해층 사이의 물질과 열 교환을 차단한다. 심해층은 밀도가 큰 물이 침강하여 생긴 수온이 낮고 일정한 층이다.

05 세계 여러 바다에서 염분비가 일정하게 유지되는 이유는 해수가 오랜 시간에 걸쳐 순환하며 충분히 섞였기 때문이다. 해수에 녹는 각 염류의 비율이 전체 바다에서 적정 수준을 유지하기 때문이다.

06 ㄱ. ㄴ. ㄷ
해설 | ㄹ. 1000m 이상의 깊이는 심해이다. 이 심해층의 해수는 고위도에서 냉각되어 밀도가 커진 해수가 침강하여 형성된 것이다. 해수는 4℃에서 밀도가 가장 크기 때문에 심해층에 침강되어 있다.
ㅁ. A와 같이 깊이에 따른 수온 변화가 거의 나타나지 않는 수온 분포는 고위도 지방(위도 60°이상)에서 잘 나타나는 모양이다.

07 ②
해설 | 문제의 그래프는 월별 수심에 따른 수온의 분포를 나타낸 그래프이며, 일반적으로 표현되는 수심에 따른 온도 그래프로 변환해 보면 다음과 같이 그려진다.

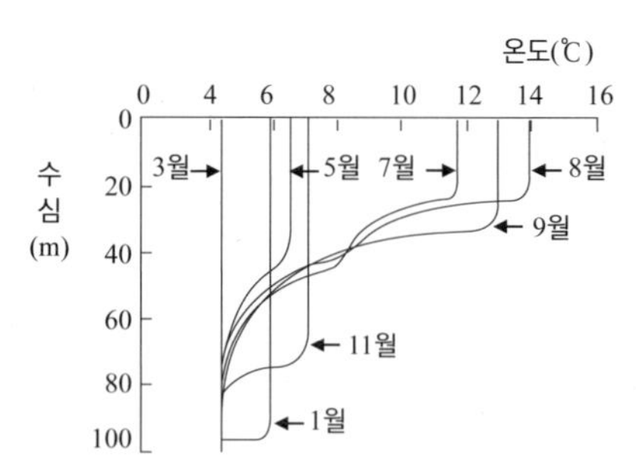

ㄱ. 이 해역의 수온 분포를 볼 때 7, 8, 9월의 수온이 높게 나타나므로 북반구에 위치한 해역이다.
ㄴ. 바람이 강하게 불게 되면 수온의 연직 분포에서 혼합층과 수온약층이 깊게 발달하는 경향을 보인다. 따라서 여름보다는 겨울에 바람이 강하게 불었음을 알 수 있다.
ㄷ. 수온약층은 혼합층에서 심해층까지의 온도 변화가 수심에 따라 서서히 변화할 때 발달한다. 위 그림에서 1, 3월 이 해역에서는 수온약층이 나타나지 않는다.
ㄹ. 이 해역에서는 수온약층이 최대 100m까지 나타나고 있다. 이후 깊이에서는 수온이 일정한 심해층에 분포하고 있다. 따라서 100m 보다 깊은 수심까지 태양 복사에너지가 영향을 주지 않음을 알 수 있다.

08 북쪽의 요르단 강물로부터 사해로 물의 유입은 일어나지만 사해에서 물이 배출이 되는 곳이 없으며, 이 지역은 매우 건조하고 요르단 강에서 들어오는 물의 양과 거의 같은 양의 수분이 증발하기 때문에 염류의 농도가 매우 높아서 높은 염분에 의해 물의 밀도가 커져 사람 몸이 물에 뜨는 것이다.

09 (1) ㄱ, ㄹ (2) (증발량 - 강수량)값은 위도 30°부근에서 가장 높게 나타나며 따라서 염분 값도 가장 높게 나타난다.
해설 | 중위도 지역(위도 30°부근)은 공기가 하강하는 지역으로서 고기압대가 형성되어 강수량이 적고 증발량이 많으며, 사막 지형 등 건조 기후가 많이 형성되어 있다. 따라서 염분이 높게 나타난다. 적도 지방과 위도 40° ~ 60°지역은 저압대가 형성되어 구름이 많이 발생하고 강수량은 많고 증발량은 적다. 따라서 염분이 낮게 나타난다.

10 ㄷ, ㄹ
해설 | ㄱ. 육지에서 유입되는 하천수의 영향으로 육지에 가까울수록 염분이 낮다.
ㄴ. 위도에 따른 염분의 분포는 강수량과 증발량이 가장 큰 영향을 미친다.
ㄷ. 적도 지방은 저기압대로 강수량이 증발량보다 많다.
ㄹ. 바다의 면적이 상대적으로 넓은 남반구는 남극 대륙을 중심으로 흐르는 편서풍에 의한 서풍 피류(남극 순환류)가 발달하여 표층수가 잘 혼합되므로 같은 위도의 북반구보다 염분의 변화가 적다.

11 (1) Cl (2) 17.5g (3) 23.32g
해설 | (1) 녹아있는 염류 중 가장 많은 이온은 Cl^-이다. 그 이유는 가장 많은 양을 차지하는 것이 NaCl인데, Na과 Cl 중에서 Cl의 원자량이 더 크기 때문이다.

(2) 이 해수 1000g(1kg)을 증발시켜 얻는 양이 35g이므로 그 절반인 500g을 증발시키면 17.5g을 얻을 수 있다.
(3) 해수 염분의 총량은 달라질지 모르지만 염분들 간의 성분비는 항상 일정하다(염분비 일정의 법칙). 이 해수의 염분은 35‰이고 이 때 27.21g 이므로 비례식 35 : 27.21 = 30 : x에 의해 x = 23.32g이다.

12 ㄴ, ㄷ, ㄹ, ㅁ
해설 | ㄱ. 그림만으로는 북극해가 남극해보다 표층 해수의 밀도가 크다는 것은 알 수 없다.
A는 바람에 의해 해수 표층을 따라 이동하는 고온 · 저밀도의 표층수,
B는 고위도로 흐르는 표층수와 극에서 저위도로 흐르는 해수가 만나 수렴대를 형성하며 침강하는 중층수,
C는 북대서양의 그린란드 연안에서 침강하여 적도를 거쳐 남극 저층수 위를 이동하여 남극 부근에서 표층으로 나타나는 심층수,
D는 낮은 수온과 해수가 결빙할 때 방출된 염류에 의해 밀도가 커진 해수가 대서양 해저면을 따라 이동하는 저층수이다.

13 (1) ③, ④ (2) 쿠로시오 해류
해설 | (1) ①, ③ 그림 (나)에서 B 해역의 경우가 연중 28 ~ 34‰의 염분 변화로 가장 크게 나타난다. 수온 변화도 비교적 크게 나타나는데 수심과 관계가 있기 때문이다.
②, ④ 밀도에 영향을 주는 요인은 염분과 수온 변화로 수온이 낮을수록, 염분이 높을수록 밀도가 크다. A, B 해역은 8월에 중국 연안수의 유입이 많아 염분이 낮아지고 수온이 높아 밀도가 작고, C 해역은 상대적으로 염분이 높고 수온이 낮아 밀도가 크다.
⑤ A, B, C 모든 해역은 쿠로시오 해류의 영향을 받는다.

14 (1) ④ (2) ㄷ
해설 | (1) 심해저평원의 평균 수심이 4000 ~ 6000m로 해저 면적의 대부분을 차지한다. 우리나라의 개발 광구는 하와이 동남쪽 클라리온 - 클리퍼턴 해역이다.
(2) ㄱ. 망가니즈 단괴는 전 세계 해양 전역에서 발견되는 광물이다.
ㄴ. 인공위성으로는 해저 지형 탐사가 가능하다. 망가니즈 단괴는 규모가 작아 발견할 수 없다.
ㄷ. 망가니즈 단괴는 망가니즈을 주성분으로 하는 덩어리를 말하며 심해저에서만 발견된다.

15 (1) ㄴ (2) 동해
해설 | (1), (2) A는 대륙붕으로 평균 수심 200m 미만이다. B는 대륙사면으로 기울기가 3 ~ 6˚이다. C는 대륙대이다. 이와 같은 해저 지형은 우리나라 동해에서 잘 발달하며, 황해와 남해는 대륙붕만으로 구성되어 있다.

16 (마) 평정해산(기요)
해설 | (가)는 대륙붕, (나)는 대륙사면, (다)는 해구, (라)는 해양지각 (마)는 평정해산(guyot)를 나타낸다. 표에서 깊이를 계산해 보면 0 ~ 15km, 45~75km는 깊이가 약 5,000m 정도 비슷하게 나오는 것으로 보아 평탄한 심해저(대양저) 평원임을 알 수 있다. 25 ~ 35km사이에는 깊이가 1,800m정도로써 상층부가 침식되어 솟아있는 평정해산(기요)이 있는 것을 알 수 있다. (수심 = $\frac{1}{2}$ × v × t, v : 음파의 속도, t : 음파 왕복시간)

17 ㄱ, ㄹ
해설 | 탐사 지역은 심해저평원에서 원뿔 모양으로 솟아오른 해산 지역임을 알 수 있다.

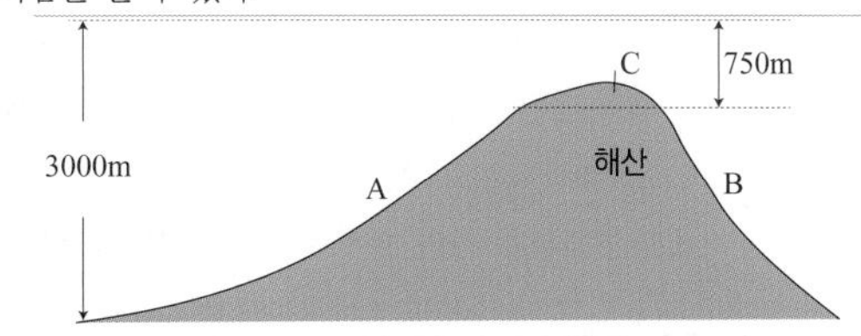

ㄱ. C를 둘러싼 지점의 초음파의 왕복시간은 1초이므로 계산해 보면 750m가 나온다. 그러므로 C지점은 이보다 더 얕은 곳임을 알 수 있다.
ㄹ. B쪽의 경사는 A쪽보다 더 가파른 것을 알 수 있다.

18 ㄱ, ㄴ
해설 | ㄱ, ㄷ, ㄹ. 황해, 남해는 모두 대륙붕으로 되어있다. 동해에도 좁지만 대륙붕이 나타나며 대륙사면, 대륙대가 잘 발달되어 있다.
ㄴ. 융기 해안은 지반이 해면에 대하여 상대적으로 융기하여 육지에 접한 해저면이 해면 상으로 나타나서 생긴 해안으로서 동해안이 이에 속한다. 침강 해안은 육지의 침강이나 해수면의 상승 등으로 인해 지반이 상대적으로 침강하여 육지가 바다 속에 가라앉아 이루어진 해안으로서 서해안이 이에 속한다.

19 ㄱ. ㄴ, ㄹ
해설 | ㄷ. 같은 위도에서 겨울철에는 동해가 황해보다 수온이 더 높은데 그 이유는 동해가 난류의 영향을 받기 때문이다.
ㄹ. 일사량의 분포는 위도에 나란하며 저위도에서 고위도로 갈수록 감소한다. 따라서 해양에서의 등온선도 위도에 나란하다. 그러나 대륙에 가까워지면 등온선이 해안선에 나란한(평행한) 경향을 보이는데 이는 해수면의 온도가 육지의 영향을 받기 때문이다. 즉, 대륙에서 내려오는 강물과 육지 온도의 영향을 받기 때문이다.

20 (1) ㄴ, ㄷ, ㄹ (2) 우리나라의 경우 8월에 강수량이 집중되기 때문에 8월에는 항상 2월보다 염분값이 더 낮게 유지된다.
해설 | ㄱ. 2월과 8월의 표층(깊이 0m) 수온차는 동해가 16.8˚ 황해가 19.6˚로 황해가 더 크다.
ㄴ. 황해는 대륙의 영향과 수심이 얕고 면적이 작아 바닷물의 양이 적어 적은 열용량으로 인해 계절에 따른 수온차가 크게 나타난다.
(참고) 남해는 계절에 따른 수온차가 가장 적게 나는데(동해 : 17℃, 황해 : 20℃, 남해 : 11℃) 이유는 계절에 관계없이 난류인 쿠로시오 해류의 영향을 받기 때문이다.
ㄷ. 황해는 동해보다 수온이 높은데도(일반적으로 수온이 높으면 염류가 많이 녹을 수 있으므로 염분이 높다.) 염분이 작은 이유는 강물의 유입이 많기 때문이다.
ㄹ. 동해에서는 수심 150m 이상에서 8월의 수온이 2월보다 더 낮게 나타난다.

21

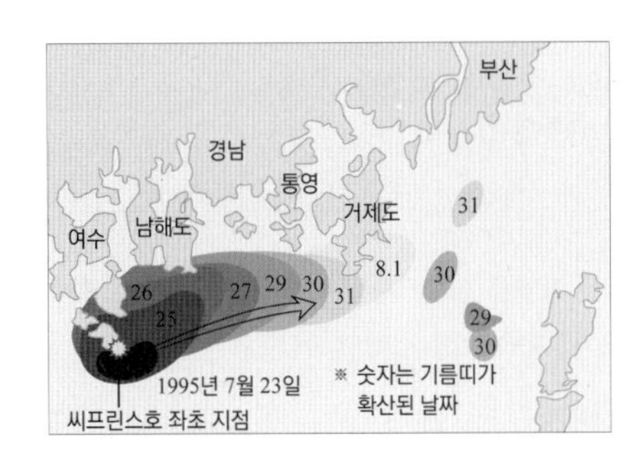

우리나라의 남해에서는 쿠로시오 해류의 영향으로 서에서 동으로 해류가 흐르므로 기름띠가 해류를 따라 서에서 동으로 흘러간다.

22 ⑤

해설 | ㄱ. 북반구와 남반구에서는 지구 자전에 의한 전향력이 반대 방향으로 작용한다. 또한 수륙 분포가 서로 달라 해수 흐름에 변화를 준다. 북태평양의 경우 표층 순환이 시계 방향의 환류를 이루고 남태평양의 경우 반시계 방향의 흐름으로 나타난다.

ㄴ. A는 저위도에서 가열된 해수가 고위도로 흐르는 난류로 수온이 높고, B는 고위도에서 냉각되어 저위도로 내려오는 해수로 수온이 낮다.

ㄷ. A는 서안 경계류, B는 동안 경계류로 서안 경계류는 폭이 좁고, 빠르며, 두껍다. 쿠로시오 해류, 멕시코 만류가 여기에 해당된다. 상대적으로 동안 경계류는 폭이 넓고, 느리며, 얇다. 캘리포니아 해류, 카나리아 해류가 있다. 서안 경계류에서는 서안 강화 현상이 나타나는데 서안 강화(western intensification)는 대양의 해류계가 동서로 대칭을 이루고 있지 않고 중심이 서쪽으로 치우쳐 있어서, 서쪽 해안 쪽의 해류가 동쪽 해안보다 월등히 강한 것을 말한다.

ㄹ. 북태평양 해류와 남극순환류는 편서풍에 의해 발생되며 북적도 해류와 남적도 해류는 무역풍에 의해 발생한다.

23 (1) 일정한 방향으로 지속적으로 부는 바람 때문이다.

(2) 동한 난류와 북한 난류가 만나는 지역(조경 수역)으로 해수의 연직 순환이 활발하여 영양염류가 충분히 공급되어 한류성 어종과 난류성 어종이 공존하기 때문이다.

(3) 쿠로시오 난류로부터 갈라져 나와 우리나라의 동해를 따라 북쪽으로 이동하는 따뜻한 동한 난류의 영향을 받기 때문이다.

24 (1) 약 2회 (2) ㄱ, ㄷ

해설 | (2) ㄴ. 4월 19일은 조금이며, 달의 위상은 상현 또는 하현이다.

ㄷ. 만조가 나타나는 시각은 매일 약 50분 쯤 늦어진다. 그 이유는 달의 공전현상(달은 하루에 13˚를 공전한다.) 때문이다.

창의력을 키우는 문제

178 ~ 189쪽

01. 단계적 문제해결형

(1) 남반구

(2) 7 : 3

(3) 식량 자원 공급, 광물 자원 공급의 유리, 이동 수단으로 활용 가능, 환경 변화에 적절한 대처 가능 등

(4)

1. 불필요한 플라스틱 사용 줄이기
2. 지속가능한 방식으로 해산물을 공급하는 상점, 기업 살리기
3. 풍선이나 랜턴 날리기 중지하기
4. 세제로 무독성 저인산염 세제인 식초, 베이킹 소다, 레몬 쥬스 등 사용하기
5. 바다쓰레기 폐기 모임에 참여하여 활동하기
6. 소셜미디어에 해양폐기물, 쓰레기에 대하여 알리기
7. 수중 다이빙 배우기 등

02. 단계적 문제해결형

(1) A

(2) 대서양은 대륙대가 나타나지만 태평양은 대륙대가 나타나지 않는다. 태평양은 해구가 나타나지만 대서양은 해구가 나타나지 않는다.

해설 | (1) A는 대륙붕, B는 대륙사면, C는 해구, D는 평정해산, E는 해령이다.

(2) 태평양 해저 지형에서는 두 판이 수렴하는 지역이 나타나기 때문에 두 판의 경계부를 중심으로 급경사의 수심이 깊은 해구가 나타나며 대륙대가 발달하지 않는다.

03. 단계적 문제해결형

(1) ④

(2) ㉠ : 대서양, 대서양형 해저 지형은 해령에서 생성된 해양 지각이 주변으로 확장되면서 발달한 지형이므로 대륙주변부와 심해저 지형이 연속선상에 놓여있어 해구가 발달하지 않고 대륙대가 발달하는 특징을 보인다.

㉡ : 태평양, 태평양형 해저 지형은 맨틀 대류로 인해 이동하던 해양판이 대륙판과 만나 맨틀 하강부에서 수렴되면서 판 경계의 섭입대에서 해구 지형이 나타나는 특징을 보인다.

해설 | (1) 그림 (가)는 해저가 확장되는 모습을, (나)는 대서양, 인도양 해저 지형과 동아프리카 열곡대를 나타낸 것이다. 대서양은 그림

(가)와 같이 대륙이 갈라져 바다가 형성되었고, 동아프리카 열곡대(B)에서는 지금도 대륙이 갈라지고 있다. 시간이 흐르면 동아프리카 열곡대도 그림 (가)와 같이 새로운 바다가 생성되어 해저 지형이 만들어질 것이다. 두 판이 수렴하는 C 지역이나, 두 판이 멀어지는 A 지역(인도양 해령 부근), 열곡대(B)에서는 지진과 화산 활동이 활발하게 일어난다.

④ (나)의 C 지역은 맨틀 하강부에 위치하지만, 대륙이 갈라지는 B지역, 해령(A)는 맨틀 상승부에 해당된다.

04. 단계적 문제해결형

(1) A : (다) - 수조에 온도계를 표면에서부터 2cm 간격으로 설치하고 온도를 측정한다.
B : (나) - 전등을 켠 후 10분 후에 온도를 측정한다.
C : (가) - 전등을 끄고 부채질을 몇 분간 한 후 온도를 측정한다.

(2) 그래프의 C에서 온도가 일정한 부분(혼합층)의 두께가 더 두꺼워질 것이다.

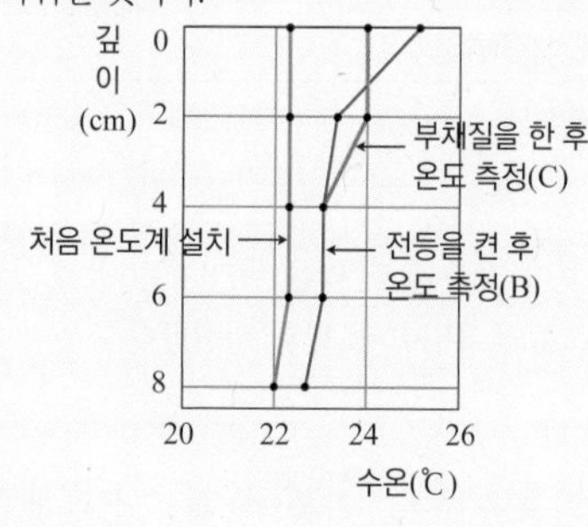

(3) 해수 수온의 연직 분포는 태양 복사에너지와 바람에 의해 결정된다. 이 실험에서 전등은 태양 복사에너지, 부채질은 바람에 해당된다. 태양 복사에너지가 지금보다 더 커진다면 B 그래프는 더 오른쪽으로 이동할 것이고, 바람이 더 강해진다면 C 그래프의 혼합층(온도가 일정한 부분)의 두께가 더 두꺼워질 것이다.

05. 단계적 문제해결형

(1) 황해, 바다의 깊이가 얕아서 열용량이 작아 대륙의 영향을 더 많이 받아 계절별로 온도 차이가 가장 크다.

(2) 대체로 수온 분포는 태양 복사 에너지양에 따라 위도와 나란하지만 대륙 부근에서는 대륙 온도의 영향을 받아서 바닷물의 수온 분포가 대륙의 해안선 모양과 나란한 모양을 하게 된다.

(3) 8월의 염분이 더 낮다. 그 이유는 여름철에 비가 많이 오기 때문이다.

(4) 수온이 높을수록 염분이 더 높게 나타난다.

해설 | (4) 일반적으로 수온이 높을수록 물에 용해되는 염류의 양이 많아지므로 염분이 높게 나타난다.

06. 단계적 문제해결형

(1) 푸른색 잉크를 섞은 소금물은 보통 물보다 밀도가 크므로 바닥으로 가라앉는 것이다.

(2) · A 과정에서 수조에 상온의 물 대신 더운 물을 채운다.
· B 과정에서 종이컵에 더 차가운 소금물을 붓는다.
· B 과정에서 종이컵에 더 짠 소금물을 붓는다.

(3) 고위도 지방, 고위도 지방의 해수는 염분이 높고 해수의 수온이 낮아 밀도가 높게 나타난다. 따라서 극 지방의 해수가 가장 침강이 잘 일어날 것이다.

해설 | (3) 극지방에서는 낮은 온도로 인해 해수가 얼 때 민물만 얼음이 되므로 얼지않은 해수의 염분이 높게 나타난다.

07. 단계적 문제해결형

(1) 염전

(2) 염류(염화 나트륨, 염화 마그네슘 등 여러 물질이 포함)

(3) 9‰, 염분은 천분률(‰)로 표시하는데, 1kg 중에 포함된 염류의 g수를 의미한다.

08. 단계적 문제해결형

· 가장 높은 곳 : 위도 30° 부근의 대륙으로부터 멀리 떨어져 있는 바다 한가운데, 위도 30° 부근은 고기압대이므로 증발량이 강수량보다 커 염분이 높게 나타난다.

· 가장 낮은 곳 : 적도, 위도 45° 이상의 대륙과 가까운 곳, 저기압대이며, 육지가 많아 강물의 유입이 많아 염분이 낮게 나타난다.

09. 단계적 문제해결형

(1) ㄱ, ㄴ, ㄷ, ㄹ

(2) 중위도 지역, 곡선 B(염분)를 보면 중위도 지역에서 최고값을 나타낸다. 이것은 이 지역이 강수량은 적고 증발량이 많다는 것을 의미한다. 따라서 이 지역에서 비가 잘 오지 않는 고기압 기후대가 형성되어있을 것으로 판단된다.

해설 | (1) 밀도(C)는 온도(A)가 증가(감소)하면 감소(증가)하는경향을 보이나 염분(B)는 A와의 연관성이 잘 나타나지 않는다.
(2) 염분(B)는 강수량과 증발량에 크게 영향을 받는다.
(3) 고위도 지역에서는 온도(A)가 낮고 해수의 결빙에 의해 염분이 커서 밀도(C)가 커져서 해수가 침강한다.
(4) 위도 30°부근에는 염분이 높게 나타나는데, 그 이유는 증발량이 많고 강우량이 적기 때문이다. 따라서 건조한 기후가 된다.

10. 논리 서술형

(1) 건조 기후로 인해 유입량과 같은 양의 수분이 증발되므로 유입된 강물의 염류가 쌓이게 된다.
(2) 염분값이 높으면 바닷물의 밀도가 커지고(무거워지고) 바닷물에 들어갔을 때 부력이 커져서 사람이 물에 뜨게 된다.
(3) 브로민(Br), 포타슘(K), 진흙, 화장품 등
(4) 여름철 수분의 증발량이 많고, 강물을 차단하여 조정하기 때문이다.

11. 단계적 문제해결형

(1) 물에 소금을 많이 녹여 염분을 높이면 소금때문에 달걀보다 밀도가 커지므로 이 물에 달걀을 띄우면 달걀이 뜬다.
(2) · 적도 지방 : 강수량 > 증발량
· 중위도 지방 : 강수량 < 증발량
(3) · 적도 지방 : 강수량 > 증발량이므로 염분이 낮다.
· 중위도 지방 : 강수량 < 증발량이므로 염분이 높다.
· 고위도 지방 : 수온약층이 존재하지 않아 심해의 염분이 표층수로 올라오고 표층수가 얼면 염분만 빠져나오므로 표층수의 염분이 높다.

12. 논리 서술형

(1)

염류	동해		황해	
	질량(g)	구성비(%)	질량(g)	구성비(%)
염화 나트륨	25.64	(77.7)	24.10	77.7
염화 마그네슘	3.60	10.9	3.38	(10.9)
황산 마그네슘	1.55	(4.7)	1.46	4.7
황산 칼슘	1.19	3.6	1.11	(3.6)
황산 칼륨	0.83	(2.5)	0.77	2.5
기타	0.19	0.6	0.18	(0.6)
합계	33g	100.0	31g	100.0

(2) 동해 : 33‰, 황해 : 31‰
(3) 동해의 물 1kg에 포함된 염화 나트륨의 양이 황해보다 많지만 전체 염류에 대한 그 구성 비율은 같다.
(4) 염분비 일정의 법칙

13. 단계적 문제해결형

(1) ㄴ, ㄹ
(2) A 해류(난류)는 8월(여름철)에 높게 북상한다. 이것은 여름철에 남북간 수온차가 적게 나타나며 여름철에 동해의 최북단의 수온이 거의 20℃까지 올라가는 것을 보고 알 수 있다. 그러나 겨울철에는 한류가 남쪽으로 많이 남하하여 동해의 수온은 겨울철에 남북간 차이가 커진다.

해설 | (1) 해류 A는 쿠로시오 해류로서 8월에 위도 40° 이상의 고위도 지방까지 높이 북상하고, 해류 B는 북한 한류로서 2월에 위도 40° 이하까지 하강하는 것을 온도 분포(단, 황해에 영향을 미치지 못한다.)로서 알 수 있다.
ㄷ. 해수의 온도가 높을수록 기체는 적게 녹아 있다. 즉, 용존 산소량이 적다.
ㄹ. 남해의 해수의 수온이 가장 높은 것은 A(쿠로시오 해류) 때문이다

14. 단계적 문제해결형

(1) 봄
(2) 혼합층이 거의 존재하지 않으므로 연중 바람이 적게 불고, 봄보다 가을에 더 많은 비가 내린다. 또한 봄보다 가을에 강물의 유입이 더 많이 일어난다.

해설 | (1) 봄의 표층 수온이 가을보다 낮고, 봄의 표층 염분이 가을보다 높으므로 봄의 표층수의 밀도가 가을보다 높다.
(2) (가)의 해수 평균 온도를 보았을 때 혼합층은 거의 존재하지 않고 바로 온도가 내려가는 수온 약층이 존재한다. 이것을 통해 이 해역에서는 바람이 거의 불지 않아 표층 해수가 잘 섞이지 않았다는 것을 알 수 있다. 또한 (나)에서 봄과 가을의 평균 염분을 비교해 보면 가을의 표층 염분이 봄에 비해 매우 낮으므로 봄보다 가을에 더 많은 비가 내리거나 강물의 유입이 많이 일어나 염분이 낮아졌으리라고 추리할 수 있다.

15. 단계적 문제해결형

(1) D
(2) (가)는 밀도가 커진 표층 해수가 심층 해류로 하강하는 곳으로, 고위도이지만 표층 해수가 가져온 태양 복사 에너지에 의해 (나)보다 수온이 높다. 반면에 (나)는 해저에 있던 차가운·심층 해류가 올라오고 있으므로 온도가 낮아 난류성 어류가 더 잡히기 어렵다.

해설 | 해수의 밀도가 높을수록 아래쪽으로 내려가게 되는데, A ~ D 중 가장 아래에 있는 것은 D이다. A는 중앙 표층수, B는 남극 중층수, C는 북대서양 심층수, D는 남극 저층수이다.

16. 단계적 문제해결형

(1) 망
(2) 조석. 파랑은 바람에 의해 생성되어 해안에 도달하는 것으로 해수면 높이가 짧은 시간 내에 변화하기 쉽지만 조석은 달의 기조력에 의한 것이므로 해수면 높이 변화가 일정한 주기를 가지고 규칙적으로 일어나기 때문이다.
(3) 서해안인 인천 연안은 동해안인 묵호 연안보다 수심이 얕고, 해안선이 복잡하며 전체적으로 만의 형태를 하고 있어 밀려온 물이 해안에 쌓여 조차가 크다.

해설 | (1) 조석 간만의 차가 큰 사리일 때는 달의 위상이 삭이나 망이고, 조석 간만의 차가 작은 조금일 때는 달의 위상이 상현이나 하현이다. 달의 위상은 상현 → 망 → 하현 → 삭의 순서로 변화한다. 16일의 조금일 때 달의 위상이 하현이었으므로, 그 직전의 사리일 때의 달의 위상은 망이다.
(3) 서해안은 해안선이 복잡하면서 전체적으로 오목한 만의 형태를 가지고 있어 밀물 때 밀려온 물이 해안에 쌓여 수위가 높이 올라가는데 반해 썰물 때는 큰 바다인 태평양을 향해 쉽게 빠져나가게 되기 때문에 조석 간만의 차가 매우 크게 나타난다. 또한 서해안은 동해안보다 수심이 얕으므로 밀물 때 앞서 밀려들어오던 해수가 얕은 해저 바닥과의 마찰로 속도가 늦어지면서 뒤에서 밀려오는 바닷물과 합쳐져 수면이 더욱 높아지기 때문에 조차가 더욱 커진다.

17. 단계적 문제해결형

(1) 조석간만의 차가 큰 곳에서 간조 시에 주위보다 높은 해저 지형이 해상으로 노출되어 마치 바다를 양쪽으로 갈라놓은 것 같이 보이는 현상이 일어나기 때문이다.
(2) 강 입구의 수면보다 해수면이 높아지므로 해수에서 강쪽으로 물이 역류하게 된다. 즉, 높은 조차의 영향으로 강이 하루에 두 번씩 하류에서 상류로 거꾸로 흐른다.

18. 단계적 문제해결형

(1) 15일 (2) 2회씩 (3) 달과 태양의 인력 (4) t_2

해설 | (1) t_1 ~ t_3까지는 조금에서 다시 조금이 일어날 때까지의 시간으로 달이 상현(하현)에서 하현(상현)이 될 때까지 기간에 해당된다.
(2) 보통 하루에 간조 2회 만조 2회가 나타난다.
(4) 그림에서 B는 최초로 조금이 일어나는 위치로서 t_1에 해당되고, C는 최초로 사리가 일어나는 위치로서 t_2에 해당되며, 15 ~ 16일에 해당된다. 즉, t_2 또는 t_4는 사리에 해당하는 시기로 태양과 지구, 달이 일직선 상에 위치해 기조력이 최대를 보일 때이다. 따라서 이 시기에 조차가 가장 커지고, 바다 갈라짐 현상이 나타나게 된다.

19. 단계적 문제해결형

(1) ㄴ, ㄷ
(2) 9월 2, 3일 혹은 9월 17, 18일 일 것이다. 그 이유는 조차가 가장 큰 사리는 음력으로 그믐이나 보름달에 나타나는데 현재가 음력으로 7, 8일 경이므로 그믐은 7, 8일 전인 9월 17, 18일이며, 또, 보름은 그믐의 15일 전이므로 9월 2, 3일에 해당될 것이다.

해설 | (1) ㄱ. 상현에는 달의 인력과 태양의 인력이 90˚를 이루므로 조차가 작다.(조금)
ㄴ. 상현이 지나면 망에 가까워지면서 해수면이 높이가 증가할 것이다.
ㄷ. 상현은 음력으로 7 ~ 8일이며, 망은 음력으로 15일 전후이다.
(2) 9월 25일이 상현이므로 7, 8일 전과 7, 8일 후에는 사리(삭과 망)가 된다. 7, 8일 전에는 9월 17, 18일으로 삭이고, 삭 15일 전은 9월 2, 3일로 망이다.

대회 기출 문제

정답 190 ~ 201쪽

01 ~ 02 (해설 참조) **03** 30g
04 (가) 3.63 (나) 34.0 **05 ~ 06** (해설 참조)
07 (1) 인천 (2) (해설 참조) **08** 약 295g
09 (1) 351cm (2) (해설 참조)
10 (1) 3월 (2) 8월 (3) 수온약층이 두꺼울수록 해수는 더 안정해진다.
11 (해설 참조) **12** (가) 31.1g (나) 3.6%
13 ④ **14** ① **15** ⑤ **16** ④ **17** 600m
18 ③ **19** ⑤
20 (1) 약 0.0279℃/년 (2) 약 12.79℃ (3) (해설 참조) (4) 오징어, 해파리 등 번식
21 (해설 참조) **22** (1) A 또는 D (2) 지구가 1회 자전하는 동안 달이 공전하기 때문
23 (1) 동해 : 34‰, 황해 : 32‰ (2) 27.2g
24 (1) 이오 (2) (해설 참조)
25 ㄴ **26** ㄱ, ㄴ **27** ㄱ **28** ㄱ, ㄴ

01 해수 표면에서 흐르는 해류가 고위도로 가면서 차가워져서 밀도가 커진다. 그 결과 해수가 밑으로 가라앉아 저위도로 일정한 방향으로 흐른 후(심층류) 다시 용승하여 표층류가 된다.

02 지구 표면의 기온은 지표면에서 흡수하는 태양 에너지의 양에 좌우된다. 이 태양 애너지 양은 태양 광선이 지표면에 비추는 각도에 따라 결정되는데 위도가 높을수록 태양의 고도가 더 기울어져 태양 복사에너지를 덜 받게 된다. 그러나 위도가 높은 영국이나 북유럽

정답 및 해설

겨울의 기후는 우리나라보다 더 따뜻한데 그것은 남쪽에서 올라오는 난류의 영향으로 인한 것이다. 우리나라는 상대적으로 난류의 영향이 적고 겨울에 한류의 영향을 더 많이 받는다.

03 30g

해설 | 어느 해양에서나 염분비는 일정하므로 비례식 36 : 27 = 40 : ㉠에 의해 B 해역의 바닷물 1kg에 포함된 염화 나트륨의 양은 30g이다.

04 (가) 3.63 (나) 34.0

해설 | 어느 해양에서나 염분비는 일정하므로

비례식 25.9 : (가) = 26.4 : 3.7에 의해 남해 바닷물 1kg에 포함된 염화 나트륨의 양은 3.63g이다.

비례식 33.4 : 25.9 = (나) : 26.4이므로 동해의 염분은 34.0(‰)이다.

05 황해는 평균 수심이 동해나 남해보다 매우 낮고 육지의 영향을 받기 때문이다. 다른 조건이 동일한 상태에서 같은 양의 태양 에너지가 동해, 황해, 남해 바다로 들어온다고 하면 얕은 바다의 해수면 온도가 깊은 바다의 해수면 온도보다 더 빨리 증가한다. 겨울에도 황해의 수층이 얇기 때문에 차가운 대기에 의해 해수면 온도가 더 빨리 떨어진다. 황해의 강한 조석은 해수를 수직적으로 잘 혼합하여 이러한 반응을 도와주고 있다. 또한 황해는 육지로 둘러싸여 있어서 육지의 영향을 많이 받으며 쉽게 가열되고 냉각된다. 동해 남부는 지속적인 동안 난류의 유입으로 인해 황해에 비하여 해수면 온도의 연교차가 상대적으로 적다.

06 (1) 각각의 해역에서 염분비가 일정하게 나타나므로 염분비 일정의 법칙이 성립함을 알 수 있다.

(2) 강수와 증발량, 강물의 유입량 등의 영향을 받기 때문이다.

해설 | 아래와 같이 각 해수의 염분비를 아래와 같이 구해보았다.

화학 성분	A	B	C
Na^+	0.306	0.307	0.307
Mg^{2+}	0.0399	0.4	0.04
Ca^{2+}	0.0133	0.133	0.0133
Cl^-	0.553	0.553	0.553
SO_4^{2-}	0.0798	0.08	0.08
기타	7.99×10^{-3}	6.67×10^{-3}	6.67×10^{-3}
총 염분	37.6 ‰	30 ‰	15 ‰

07 (1) 인천 (2) 조차(인접한 만조와 간조 사이의 해수면 높이 차)는 해역의 형태에 따라 달라진다. 큰 해역의 주변부, 특히 조석파의 에너지가 집중되는 만의 입구에서 조차가 커진다.

해설 | 인천 연안은 수심이 얕고, 해안선이 복잡하며 전체적으로 만의 형태를 하고 있어 밀려온 물이 해안에 쌓여 동, 남해안 해역이나 같은 서해안인 군산 해역보다 조차가 크다.

08 약 295g

해설 | 염분비 일정의 법칙에 따르면 A 해역에 들어 있는 NaCl의 양의 비율(‰)과 B 해역에 들어 있는 NaCl의 양의 비율은 같다. 따라서 A 해역의 염분을 x라고 할 때 $22.9 : x = 25.3 : 32.6$에서 $x = 29.508 ≒ 29.5$(‰)이다. 이것은 A 해역의 해수 1kg 중에 총 염류가 29.5g 들어 있는 것이므로 10kg에서 얻을 수 있는 염류 총량은 약 295g이다.

09 (1) 351cm (2) 달의 공전으로 남중 시각이 하루에 약 50분씩 늦어지므로 보통 하루에 만조 2회, 간조 2회이지만, 둘 중 하나가 1회만 나타날 수 있다. 5월 4일 18시 34분 만조가 나타나고 하루가 넘어가서 5월 5일 00시 28분에 간조가 나타났다.

해설 | (1) 만조 중 최대값을 찾으면 7일 08시 13분에 383cm이고 최저는 7일 01시 46분에 32cm이다. 인접한 최고 만조과 최저 간조의 차가 조차이므로 383cm - 32cm = 351cm

10 (1) 3월 (2) 8월 (3) 수온약층이 강할수록(두꺼울수록) 해수는 더 안정해진다.

해설 | 수온약층이 두꺼워지면 혼합층과 심해층의 온도차가 커져 더 안정해진다. 즉, 무거운 심해층이 가라앉고 혼합층은 떠 있는 형태이므로 바다는 더 안정해진다.

(1) 3월에는 바람이 강해 혼합층이 매우 두꺼워져 수온약층이 나타나지 않아 깊이에 따른 온도차가 없다.

(2) 8월에는 연직으로 섞이지 않는 수온약층이 가장 두꺼워 심층과 표층간 온도차가 가장 크게 나타나고 물질과 에너지 교환이 가장 어렵다.

11 (1) 북극 그린란드 연안에서 해수의 냉각으로 인한 수온 감소와 결빙으로 인한 염분 증가로 인해 해수의 밀도가 커져 표층수가 침강하여 심층수가 형성된다. (2) 지구온난화로 의해 지구 평균 기온이 상승하여 심층수가 형성되는 해역에 빙산이 녹아 이 해역의 염분이 감소한다. 염분이 감소하면 해수 밀도가 작아져 표층수의 침강이 어려워진다.

12 (가) 31.1g (나) 3.6%

해설 | (가) 평균 해수에서 염화 나트륨 양은 전체 35g 중에서 $\frac{27.21g}{35g} \times 100\% = 77.74\%$를 차지한다. 염분비 일정의 법칙에 따라 홍해에서도 염화 나트륨의 비는 전체의 약 77.74% 정도 차지한다. 홍해 염화 나트륨의 양을 x라고 하면 전체 40g 중에서 $x = 40g \times \frac{77.74\%}{100\%} = 31.1g$이 존재할 것이다.

(나) $\frac{1.44g}{40.00g} \times 100\% = 3.6\%$

13 ④

해설 | 해양에서 방출되는 물의 총량 = 해양으로 유입되는 물의 총량이다. 따라서 바다 높이는 거의 일정하다.

14 ①

해설 | 가. 빙산이 녹으면 염류의 양이 상대적으로 감소하므로 염분은 감소한다. 그러나 반대로 해수가 결빙이 되면 염류는 빠져 나가고

물만 얼게 되므로 주변 해수의 염분이 증가하게 된다. 따라서 빙산은 더 뜬다.
나. 주변 해수가 얼면 염분이 증가하여 해수의 밀도가 커지므로 빙산이 상대적으로 가벼워져 더 떠오르게 된다.
다. 정역학 평형에 의해 노출된 빙산을 깎아내면 깎아낸 부피만큼의 얼음이 떠오르는 것이 아니라 해수와 빙산의 밀도차에 따른 비율만큼이 떠오르게 되어 있다. 다시 말해, 만약 빙산 전체 부피의 10%가 해수면 위로 노출되어 있을 때 이것을 깎아내면 남은 빙산(90%)의 10% 만큼이 또 떠오르게 된다.

15 ⑤
해설 | ㄱ. 조석 주기는 약 12시간이다.
ㄷ. 인천과 동해 모두 하루에 2번의 만조와 2번의 간조가 발생한다.

16 ④
해설 | ㄹ. 사해 표층수 1kg에는 200g의 염류가 녹아 있다. ‰(퍼밀)은 1000분의 1을 뜻하는 기호이다.

17 600m
해설 | 주어진 표에서 수온 13℃, 염분 35의 해수는 1.0265g/cm^{3}의 밀도를 가진다. 만에서 외해로 흘러가는 동안 섞이지 않는다고 하였으므로 만에서 나온 해수는 일정 시간이 지난 후 자신과 동일한 밀도를 가진 해수 층을 따라 이동할 것이다. 그림 (나)에서 1.0265g/cm^{3}에 해당하는 깊이는 600m이다.

18 ③
해설 | 빙산의 녹는점이 0℃라는 것은 빙산이 순수한 물로 이루어져 있음을 뜻한다.
① 빙산이 모두 녹으면 주변의 바닷물의 염분이 감소해 밀도는 낮아질 것이다.
②, ③ 빙산은 순수한 물이므로 염분을 포함하고 있지 않으며, 빙산을 녹인 물의 끓는점은 육지에 존재하는 물의 끓는점과 같다.
④ 4℃에서 부피가 가장 감소한 후, 온도가 증가할수록 부피가 증가한다.
⑤ 빙산이 녹아 바닷물이 될 때에는 해수면은 빙산이 녹지않고 떠 있을 때와 똑같이 유지된다.

19 ⑤
해설 | ① 비로 인한 해양의 냉각 효과는 미미하다. 바다는 깊이 내려갈수록 수온이 급격히 떨어진다. 태풍은 주로 강력한 바람에 의한 해수의 수직적 혼합으로 표층의 온도를 떨어뜨린다.
② 대기에 비해 바다의 비열이 크므로 빨리 가열하기 어렵다.
③ 태풍이 발생한 직후는 바람 세기가 그다지 강하지 않다.
④, ⑤ 중위도 여름철 해양은 표층 수온이 높고 수직적으로 성층이 잘 이루어져 있어서 안정적이지만, 태풍의 강력한 바람은 해수를 아래위로 섞어서 혼합층을 깊게 만든다.

20 (1) 약 0.0279℃/년 (2) 약 12.79℃ (3) 동한 난류의 북상이 발생하지 않았을 가능성이 있다. (4) 오징어, 해파리 등 번식
해설 | (1) 해수면 온도의 상승률은 그림에서 붉은 색으로 표시한 직선의 기울기이다. 상승률 = 선의 기울기

$$= \frac{\text{수온 2 - 수온 1}}{\text{연도차}} \fallingdotseq \frac{11.4℃ - 10.2℃}{2004\text{년} - 1961\text{년}} \fallingdotseq \frac{0.0279℃}{\text{년}}$$

(2) 약 100년 뒤이므로 1960년도 수온(10℃)에 100년 동안의 상승분(2.79℃)만큼 더해주면 된다.
(3) 우리나라 동해안은 쿠로시오 난류의 지류인 동한 난류가 북상하고 있다. 1981년에 전 해역의 온도가 다른 해에 비해 매우 낮았다는 것은 엘리뇨 현상에 의한 이상 기후로 동한 난류가 이 시기에 북상하지 않았을 가능성이 있다. 대기 요인으로 보면 대기 온도가 다른 해에 비해 매우 낮았고, 지난 겨울철 한랭한 대기와 해양이 상호 작용하여 차가운 물이 많이 형성되었을 것으로 유추해 볼 수 있다.
(4) 한류성 어족에서 지구 온난화, 수온 상승으로 인해 난류성 어족으로 바뀌고 있다.

21 (1)

구분	장점	단점
판옥선	· 바닥이 편평하여 선회 능력이 뛰어나다. · 썰물 때 수심이 낮은 곳에서도 배가 넘어지지 않고 안정하다.	물의 저항이 많아 속도가 느리다.
안택선	물의 저항이 적어 속도를 빠르게 할 수 있다.	· 바닥이 뾰족하여 급히 선회할 경우 좌초되기 쉽다. · 수심이 낮은 곳에서 배가 안정하지 못하다.

(2) 울돌목에서 빠른 조류에 의해 밀려 오던 일본 수군이 방향을 돌려 후퇴하기 힘들었을 것이고, 조차가 큰 곳에서 썰물 때 수심이 낮은 곳에서 배가 안정하지 못하여 전투에 불리하였을 것이다.

22 (1) A 또는 D (2) 지구가 1회 자전하는 동안 달은 13°를 공전하기 때문에 조석 주기는 약 12시간 25분이 된다.
해설 | (1) 서해안에서 조차가 8m 이상이 나면 사리인 경우이다. 따라서 보름(망)이나 삭 위치가 된다.

23 (1) 동해 : 34‰, 황해 : 32‰ (2) 27.2g
해설 | (1) 염분은 1kg에 들어있는 각 염류의 총 질량이다.
(2)어느 해양에서나 염분비는 일정하므로 비례식 34 : 26.43 = 35 : x에 의해 바닷물 1kg에 포함된 염화 나트륨의 양은 27.2g이다.

24 (1) 이오 (2) 달 : 질량 중심이 지구쪽으로 쏠린다. 또는 용암대지(달의 바다)가 지구를 향한 쪽으로 치우쳐 분포한다. 이오 : 화산 활동이 일어난다. 유로파 : 갈라진 얼음층이 있다. 또는 얼음층 밑에 바다가 있다.
해설 | (1) 이오는 목성으로부터 조석력을 받는데, 목성의 질량이 가장 크므로 이오는 가장 큰 조석력을 받는다. 거리는 비슷하다.
(2) 이오는 목성과 다른 위성의 조석력으로 열이 발생하여 400개 이상의 활화산을 가지며, 유로파는 조석력에 의해 열이 발생하여 이 열

에 의해 내부의 얼음이 녹아 지하바다를 만들고 있는 상태로 알려져 있고, 또 선 모양의 표면 균열이 관측되었다.

25 ㄴ

해설 | ㄱ. A는 약 35N° 해역에 위치해 있으며 편서풍이 부는 곳이다. 따라서 A를 항해할 때는 편서풍을 이용하여 서쪽(아메리카)에서 동쪽(유럽)으로 항해하였을 것이다.

ㄴ. B에서 부는 바람(무역풍)과 해류(북적도 해류)의 방향은 모두 동쪽(유럽)에서 서쪽(아메리카)이므로 B를 통과할 때는 동쪽에서 서쪽으로 항해하였을 것이다.

ㄷ. 북대서양 아열대 순환 중 동쪽 해역인 C에서는 고위도에서 저위도로 카나리아 한류가 흐른다.

26 ㄱ, ㄴ

해설 | ㄱ. 용존 물질 중 Ca^{2+}의 비율은 하천수에서 $\frac{15}{120}$ = 12.5%이고, 해수에서 $\frac{400}{35000}$ ≒ 1.1%이므로 하천수보다 해수에서 더 낮다.

ㄴ. 해저 화산 활동 시 화산 가스에 포함된 Cl^-이 해수 속으로 녹아 들어가는 것은 지권이 수권에 영향을 주는 상호 작용 (라)에 해당한다.

ㄷ. HCO_3^-는 바다에서 Ca^{2+}과 반응하여 탄산 칼슘($CaCO_3$) 형태로 침전되기 때문에 비율이 낮아진다. 따라서 해수에서 HCO_3^-의 비율이 낮은 이유는 주로 (다) 때문이다.

27 ㄱ

해설 | A는 담수에서 가장 많은 빙하이며, B는 두 번째로 많은 지하수이다.

ㄱ. 지구 온난화가 진행되면 극지방의 빙하가 녹아 해수의 양이 증가할 것이다.

ㄴ. 담수 중에서 수자원으로 가장 많이 이용되는 것은 하천과 호수이다. 고체 상태의 빙하(A)는 수자원으로 활용하기 어렵다.

ㄷ. 암석의 절리와 토양의 공극(작은 구멍이나 빈틈)에 있는 물은 지하수이다. B는 담수의 22.1%를 차지하는 지하수이며, 수권 전체에서 약 0.6%를 차지한다.

28 ㄱ, ㄴ

해설 | ㄱ. A는 쿠로시오 해류로서 북태평양 아열대 표층 순환의 일부이다.

ㄴ. B는 동한 난류로서 겨울철에 주변 대기보다 따뜻하여 열을 공급해 주는 역할을 한다.

ㄷ. 용존 산소량은 수온에 반비례하므로 한류인 C가 난류인 B보다 많다.

imagine infinitely

202 ~ 203쪽

Q1. ❶ 사리 ❷ 조류

Q2. 만조 : 08시 09분, 20시 37분(최고 조위)
간조 : 02시 20분, 14시 45분(최저 조위)

Q3. 06시, 잘 안보이는 밤에 밀물일 때 남해→서해로 이동하려 했다. 밤에 물길이 썰물에서 밀물로 바뀌는 시각이 새벽 05시 18분이고 08시 09분에 육지(서해쪽)가 만조가 되므로 06시에 빠른 밀물을 이용하여 빨리 울돌목을 통과하려 하였다.

Q4. 울돌목에서 빠른 조류에 의해 밀려오던 일본 수군이 방향을 돌려 후퇴하기가 힘들었을 것이므로 전투에서 불리하였을 것으로 생각된다. 따라서 조류의 변화를 고려한 전투를 고려하여 밀물 때 울돌목을 통과하는 적에게 공격을 단행한다.

창·의·력·과·학 아이앤아이 시리즈

무한상상

무한상상 교재 활용법

무한상상은 상상이 현실이 되는 차별화된 창의교육을 만들어갑니다.

아이앤아이 시리즈

특목고, 영재교육원 대비서

	아이앤아이 영재들의 수학여행	아이앤아이 꾸러미	아이앤아이 꾸러미 120제	아이앤아이 꾸러미 48제	아이앤아이 꾸러미 과학대회	창의력과학 아이앤아이 I&I
	수학 (단계별 영재교육)	수학, 과학	수학, 과학	수학, 과학	과학	과학
6세~초1	수, 연산, 도형, 측정, 규칙, 문제해결력, 워크북 (7권)					
초 1~3	수와 연산, 도형, 측정, 규칙, 자료와 가능성, 문제해결력, 워크북 (7권)					
초 3~5	수와 연산, 도형, 측정, 규칙, 자료와 가능성, 문제해결력 (6권)		수학, 과학 (2권)	수학, 과학 (2권)		
초 4~6	수와 연산, 도형, 측정, 규칙, 자료와 가능성, 문제해결력 (6권)				과학토론 대회, 과학산출물 대회, 발명품 대회 등 대회 출전 노하우	
초 6	수와 연산, 도형, 측정, 규칙, 자료와 가능성, 문제해결력 (6권)					
중등			수학, 과학 (2권)	수학, 과학 (2권)		물리(상,하), 화학(상,하), 생명과학(상,하), 지구과학(상,하) (8권)
고등					과학토론 대회, 과학산출물 대회, 발명품 대회 등 대회 출전 노하우	